# 모든 개념을 다 보는 해결의 법칙

수학

6·2

6-2

| 1일차 월 일 | 2일차 월 일 | 3일차 월 일 | 4일차 월 일 | 5일차 월 일 |
|---|---|---|---|---|
| 1. 분수의 나눗셈 10쪽 ~ 15쪽 | 1. 분수의 나눗셈 16쪽 ~ 19쪽 | 1. 분수의 나눗셈 20쪽 ~ 23쪽 | 1. 분수의 나눗셈 24쪽 ~ 27쪽 | 1. 분수의 나눗셈 28쪽 ~ 31쪽 |

| 6일차 월 일 | 7일차 월 일 | 8일차 월 일 | 9일차 월 일 | 10일차 월 일 |
|---|---|---|---|---|
| 1. 분수의 나눗셈 32쪽 ~ 35쪽 | 1. 분수의 나눗셈 36쪽 ~ 39쪽 | 2. 소수의 나눗셈 42쪽 ~ 47쪽 | 2. 소수의 나눗셈 48쪽 ~ 51쪽 | 2. 소수의 나눗셈 52쪽 ~ 55쪽 |

| 11일차 월 일 | 12일차 월 일 | 13일차 월 일 | 14일차 월 일 | 15일차 월 일 |
|---|---|---|---|---|
| 2. 소수의 나눗셈 56쪽 ~ 59쪽 | 2. 소수의 나눗셈 60쪽 ~ 63쪽 | 3. 공간과 입체 66쪽 ~ 71쪽 | 3. 공간과 입체 72쪽 ~ 77쪽 | 3. 공간과 입체 78쪽 ~ 83쪽 |

| 16일차 월 일 | 17일차 월 일 | 18일차 월 일 | 19일차 월 일 | 20일차 월 일 |
|---|---|---|---|---|
| 3. 공간과 입체 84쪽 ~ 87쪽 | 4. 비례식과 비례배분 90쪽 ~ 95쪽 | 4. 비례식과 비례배분 96쪽 ~ 99쪽 | 4. 비례식과 비례배분 100쪽 ~ 103쪽 | 4. 비례식과 비례배분 104쪽 ~ 107쪽 |

| 21일차 월 일 | 22일차 월 일 | 23일차 월 일 | 24일차 월 일 | 25일차 월 일 |
|---|---|---|---|---|
| 4. 비례식과 비례배분 108쪽 ~ 111쪽 | 4. 비례식과 비례배분 112쪽 ~ 115쪽 | 5. 원의 넓이 118쪽 ~ 123쪽 | 5. 원의 넓이 124쪽 ~ 127쪽 | 5. 원의 넓이 128쪽 ~ 131쪽 |

| 26일차 월 일 | 27일차 월 일 | 28일차 월 일 | 29일차 월 일 | 30일차 월 일 |
|---|---|---|---|---|
| 5. 원의 넓이 132쪽 ~ 135쪽 | 5. 원의 넓이 136쪽 ~ 139쪽 | 6. 원기둥, 원뿔, 구 142쪽 ~ 147쪽 | 6. 원기둥, 원뿔, 구 148쪽 ~ 155쪽 | 6. 원기둥, 원뿔, 구 156쪽 ~ 159쪽 |

### 스케줄표 활용법

1 먼저 스케줄표에 공부할 날짜를 적습니다.
2 날짜에 따라 스케줄표에 제시한 부분을 공부합니다.
3 채점을 한 후 확인란에 부모님이나 선생님께 확인을 받습니다.

예 〉

| 1일차 월 일 |
|---|
| 1. 분수의 나눗셈 10쪽 ~ 15쪽 |

# 모든 개념을
# 다 보는
# 해결의 법칙

수학

6·2

# 개념 해결의 법칙만의 학습 관리

## 1 개념 파헤치기

교과서 개념을 만화로 쉽게 익히고 기본 문제, 쌍둥이 문제를 풀면서 개념을 제대로 이해했는지 확인할 수 있어요.

개념 동영상 강의 제공

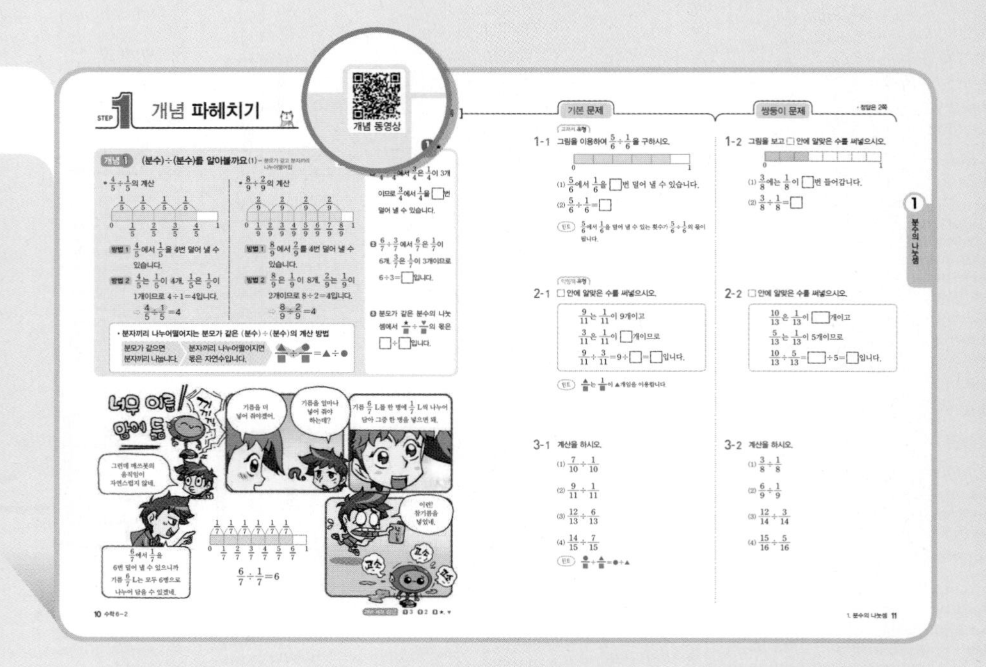

## 2 개념 확인하기

다양한 교과서, 익힘책 문제를 풀면서 앞에서 배운 개념을 완전히 내 것으로 만들어 보세요.

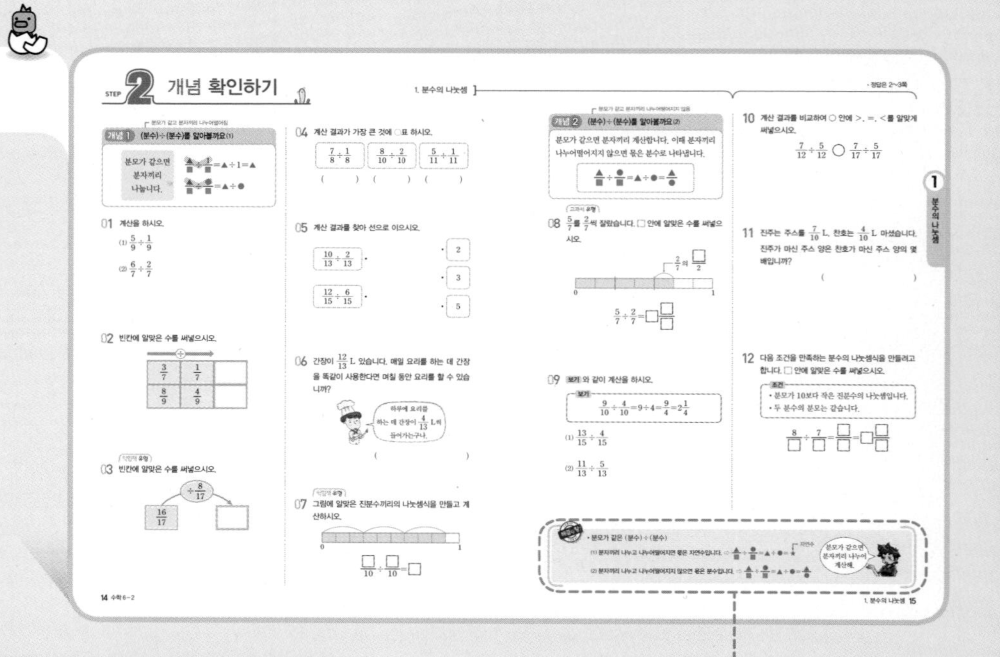

꼭 알아야 할 개념, 주의해야 할 내용 등을 아래에 해결의 창으로 정리했어요. 해결의 창을 통해 문제 해결 방법을 찾아보아요.

## 3 단원 마무리 평가

단원 마무리 평가를 풀면서 앞에서 공부한 내용을 정리해 보세요.

유사 문제 제공

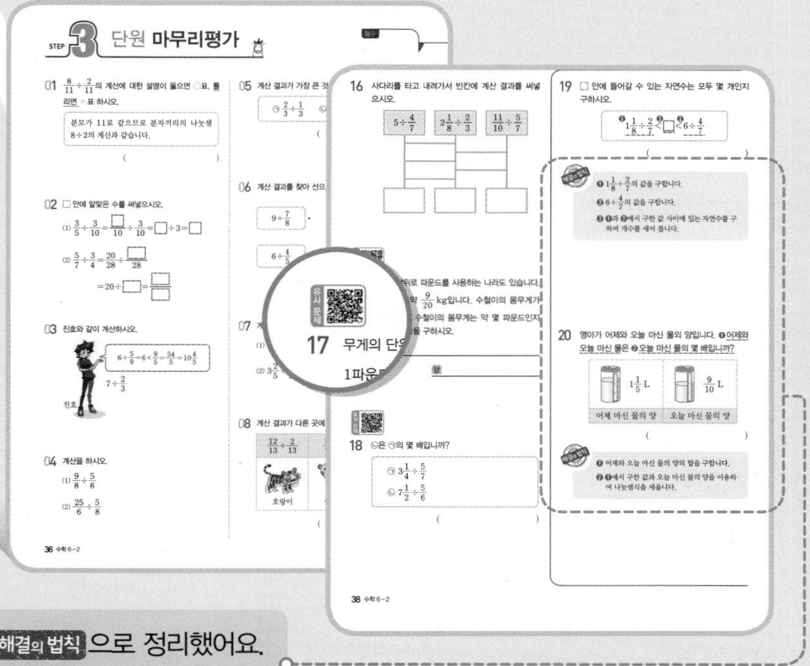

응용 문제를 단계별로 자세히 분석하여 해결의 법칙으로 정리했어요.
해결의 법칙을 통해 한 단계 더 나아간 응용 문제를 풀어 보세요.

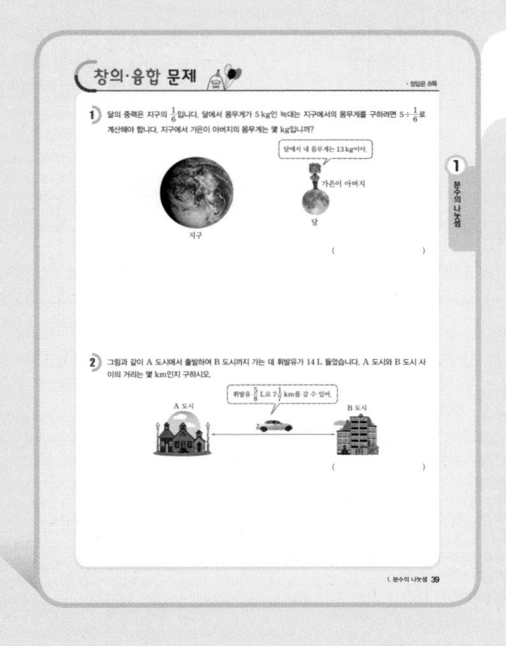

## 창의 · 융합 문제

단원 내용과 관련 있는 창의 · 융합 문제를 쉽게 접근할 수 있어요.

개념 해결의 법칙

# QR 활용법

! 모바일 코칭 시스템 : 모바일 동영상 강의 서비스

## 개념 동영상 강의

개념에 대해 선생님의 더 자세한 설명을 듣고 싶을 때 찍어 보세요. 교재 내 QR 코드를 통해 개념 동영상 강의를 무료로 제공하고 있어요.

1단계 개념 동영상 강의

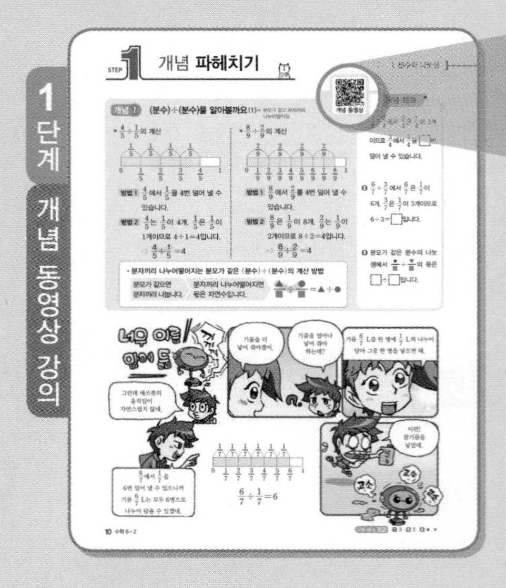

## 유사 문제

3단계에서 비슷한 유형의 문제를 더 풀어 보고 싶다면 QR 코드를 찍어 보세요. 추가로 제공되는 유사 문제를 풀면서 앞에서 공부한 내용을 정리할 수 있어요.

3단계 유사 문제

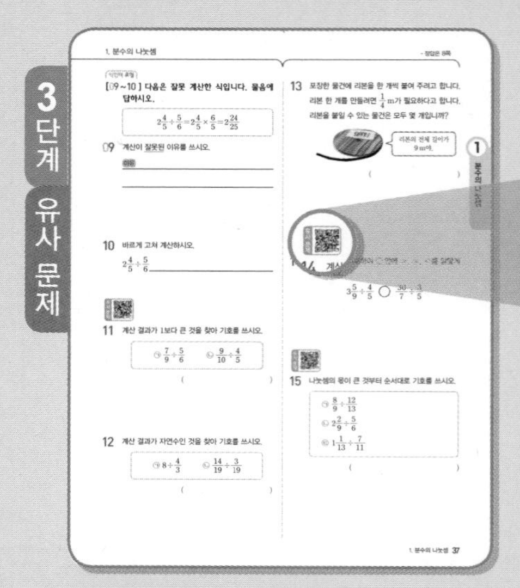

# 해결의 법칙 이럴 때 필요해요!

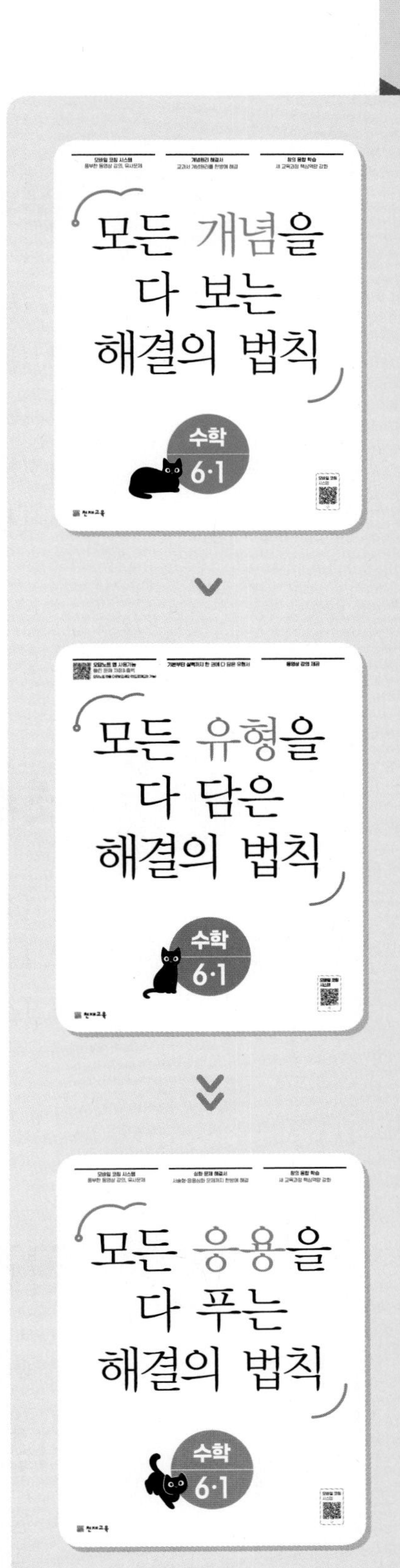


우리 아이에게 수학 개념을 탄탄하게 해 주고 싶을 때

>>>

**교과서 개념, 한 권으로 끝낸다!**

개념을 쉽게 설명한 교재로 개념 동영상을 확인하면서 차근차근 실력을 쌓을 수 있어요. 교과서 내용을 충실히 익히면서 자신감을 가질 수 있어요.

개념이 어느 정도 갖춰진 우리 아이에게 공부 습관을 키워 주고 싶을 때

>>>

**기초부터 심화까지 몽땅 잡는다!**

다양한 유형의 문제를 풀어 보도록 지도해 주세요. 이렇게 차근차근 유형을 익히며 수학 수준을 높일 수 있어요.

개념이 탄탄한 우리 아이에게 응용 문제로 수학 실력을 길러 주고 싶을 때

>>>

**응용 문제는 내게 맡겨라!**

수준 높고 다양한 유형의 문제를 풀어 보면서 성취감을 높일 수 있어요.

개념 해결의 법칙

# 차례

## 1 분수의 나눗셈 8쪽

1. (분수)÷(분수)를 알아볼까요(1)
2. (분수)÷(분수)를 알아볼까요(2)
3. (분수)÷(분수)를 알아볼까요(3)
4. (분수)÷(분수)를 알아볼까요(4)
5. (자연수)÷(분수)를 알아볼까요
6. (분수)÷(분수)를 (분수)×(분수)로 나타내어 볼까요
7. (분수)÷(분수)를 계산해 볼까요(1)
8. (분수)÷(분수)를 계산해 볼까요(2)
9. (분수)÷(분수)를 계산해 볼까요(3)

## 2 소수의 나눗셈 40쪽

1. (소수)÷(소수)를 알아볼까요(1)
2. (소수)÷(소수)를 알아볼까요(2)
3. (소수)÷(소수)를 알아볼까요(3)
4. (자연수)÷(소수)를 알아볼까요
5. 몫을 반올림하여 나타내어 볼까요
6. 나누어 주고 남는 양을 알아볼까요

## 3 공간과 입체 64쪽

1. 어느 방향에서 보았을까요
2. 쌓은 모양과 쌓기나무의 개수를 알아볼까요(1)
3. 쌓은 모양과 쌓기나무의 개수를 알아볼까요(2)
4. 쌓은 모양과 쌓기나무의 개수를 알아볼까요(3)
5. 쌓은 모양과 쌓기나무의 개수를 알아볼까요(4)
6. 여러 가지 모양을 만들어 볼까요

6-2


## 4 비례식과 비례배분 88쪽

1. 비의 성질을 알아볼까요(1)
2. 비의 성질을 알아볼까요(2)
3. 간단한 자연수의 비로 나타내어 볼까요(1)
4. 간단한 자연수의 비로 나타내어 볼까요(2)
5. 비례식을 알아볼까요
6. 비례식의 성질을 알아볼까요
7. 비례식을 활용해 볼까요
8. 비례배분을 해 볼까요

## 5 원의 넓이 116쪽

1. 원주와 지름의 관계를 알아볼까요
2. 원주율을 알아볼까요
3. 원주와 지름을 구해 볼까요
4. 원의 넓이를 어림해 볼까요
5. 원의 넓이를 구하는 방법을 알아볼까요
6. 여러 가지 원의 넓이를 구해 볼까요

## 6 원기둥, 원뿔, 구 140쪽

1. 원기둥을 알아볼까요
2. 원기둥의 전개도를 알아볼까요
3. 원뿔을 알아볼까요
4. 구를 알아볼까요
5. 여러 가지 모양을 만들어 볼까요

# 1 분수의 나눗셈

## 제1화 매쓰봇의 탄생

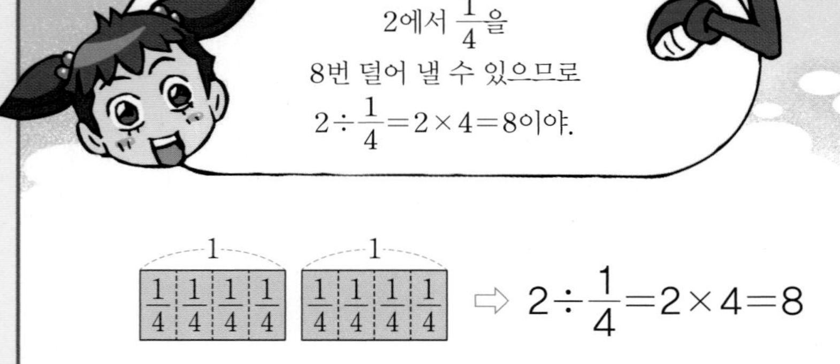

이번에 **배울 내용**

| 이미 배운 내용 | 이번에 배울 내용 | 앞으로 배울 내용 |
|---|---|---|
| [6-1 분수의 나눗셈]<br>• (자연수)÷(자연수)<br>• (분수)÷(자연수)를 곱셈으로 나타내기<br>• (가분수)÷(자연수)<br>• (대분수)÷(자연수) | • (분수)÷(분수)<br>• (자연수)÷(분수)<br>• (분수)÷(분수)를 (분수)×(분수)로 나타내기<br>• 분수의 나눗셈 계산하기 | [6-2 소수의 나눗셈]<br>• (소수)÷(소수)<br>• (자연수)÷(소수)<br>• 몫을 반올림하여 나타내기<br>• 나누어 주고 남는 양 알아보기 |

$$\frac{3}{4} \div \frac{2}{7} = \frac{21}{28} \div \frac{8}{28} = \frac{21}{8} = 2\frac{5}{8}$$

# STEP 1 개념 파헤치기

## 개념 1 (분수)÷(분수)를 알아볼까요 (1) – 분모가 같고 분자끼리 나누어떨어짐

개념 동영상

• $\frac{4}{5}\div\frac{1}{5}$의 계산

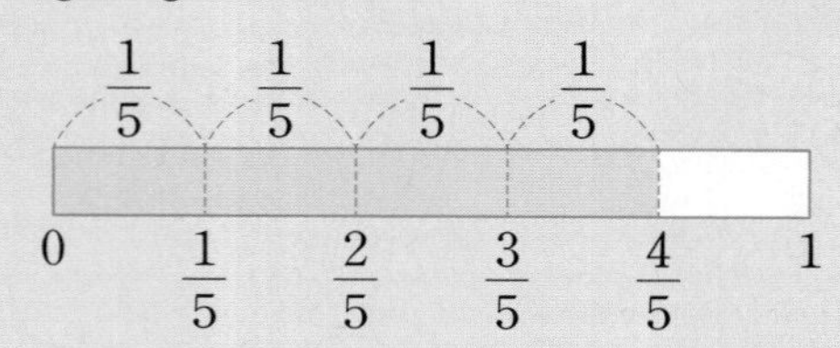

**방법 1** $\frac{4}{5}$에서 $\frac{1}{5}$을 4번 덜어 낼 수 있습니다.

**방법 2** $\frac{4}{5}$는 $\frac{1}{5}$이 4개, $\frac{1}{5}$은 $\frac{1}{5}$이 1개이므로 $4\div1=4$입니다.

⇨ $\frac{4}{5}\div\frac{1}{5}=4$

• $\frac{8}{9}\div\frac{2}{9}$의 계산

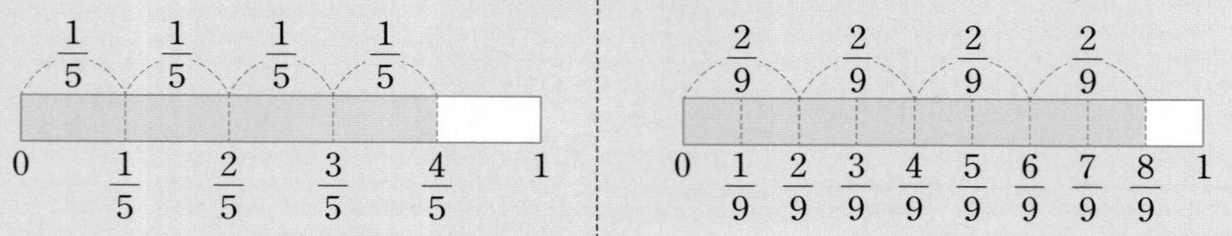

**방법 1** $\frac{8}{9}$에서 $\frac{2}{9}$를 4번 덜어 낼 수 있습니다.

**방법 2** $\frac{8}{9}$은 $\frac{1}{9}$이 8개, $\frac{2}{9}$는 $\frac{1}{9}$이 2개이므로 $8\div2=4$입니다.

⇨ $\frac{8}{9}\div\frac{2}{9}=4$

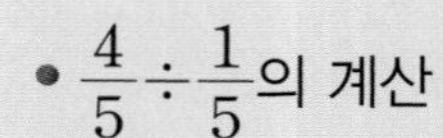

**• 분자끼리 나누어떨어지는 분모가 같은 (분수)÷(분수)의 계산 방법**

분모가 같으면 분자끼리 나눕니다. → 분자끼리 나누어떨어지면 몫은 자연수입니다.

$\frac{▲}{■}\div\frac{●}{■}=▲\div●$

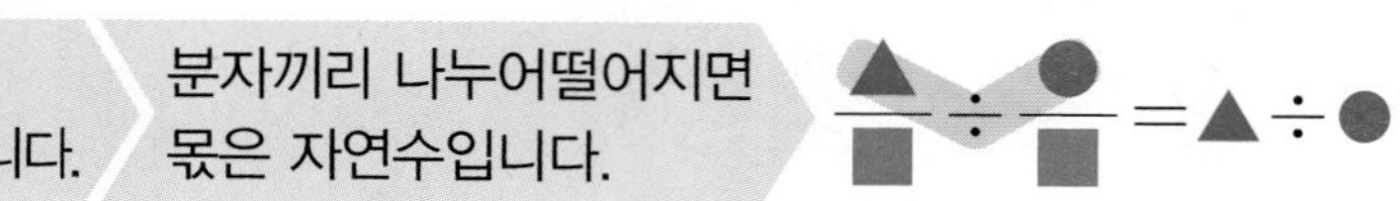

### 개념 체크

❶ $\frac{3}{4}\div\frac{1}{4}$에서 $\frac{3}{4}$은 $\frac{1}{4}$이 3개이므로 $\frac{3}{4}$에서 $\frac{1}{4}$을 □번 덜어 낼 수 있습니다.

❷ $\frac{6}{7}\div\frac{3}{7}$에서 $\frac{6}{7}$은 $\frac{1}{7}$이 6개, $\frac{3}{7}$은 $\frac{1}{7}$이 3개이므로 $6\div3=$□입니다.

❸ 분모가 같은 분수의 나눗셈에서 $\frac{★}{■}\div\frac{♥}{■}$의 몫은 □÷□입니다.

개념 체크 정답 ❶ 3 ❷ 2 ❸ ★, ♥

## 기본 문제

교과서 유형

**1-1** 그림을 이용하여 $\frac{5}{6} \div \frac{1}{6}$을 구하시오.

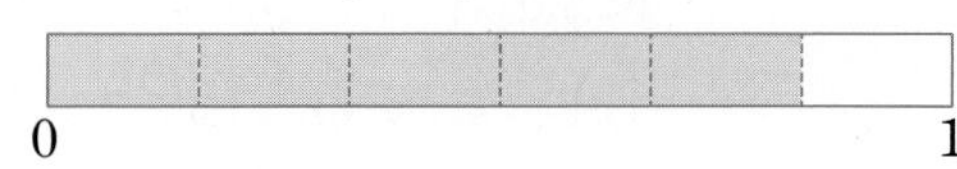


(1) $\frac{5}{6}$에서 $\frac{1}{6}$을 $\square$번 덜어 낼 수 있습니다.

(2) $\frac{5}{6} \div \frac{1}{6} = \square$

힌트 $\frac{5}{6}$에서 $\frac{1}{6}$을 덜어 낼 수 있는 횟수가 $\frac{5}{6} \div \frac{1}{6}$의 몫이 됩니다.

익힘책 유형

**2-1** $\square$ 안에 알맞은 수를 써넣으시오.

> $\frac{9}{11}$는 $\frac{1}{11}$이 9개이고
> $\frac{3}{11}$은 $\frac{1}{11}$이 $\square$개이므로
> $\frac{9}{11} \div \frac{3}{11} = 9 \div \square = \square$입니다.

힌트 $\frac{▲}{■}$는 $\frac{1}{■}$이 ▲개임을 이용합니다.

**3-1** 계산을 하시오.

(1) $\frac{7}{10} \div \frac{1}{10}$

(2) $\frac{9}{11} \div \frac{1}{11}$

(3) $\frac{12}{13} \div \frac{6}{13}$

(4) $\frac{14}{15} \div \frac{7}{15}$

힌트 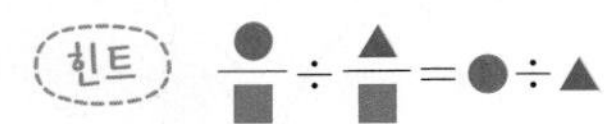

## 쌍둥이 문제

• 정답은 2쪽

**1-2** 그림을 보고 $\square$ 안에 알맞은 수를 써넣으시오.

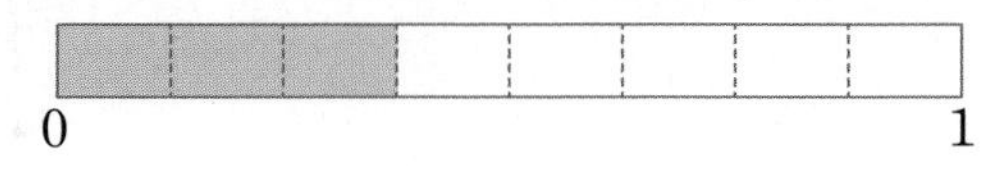


(1) $\frac{3}{8}$에는 $\frac{1}{8}$이 $\square$번 들어갑니다.

(2) $\frac{3}{8} \div \frac{1}{8} = \square$

**2-2** $\square$ 안에 알맞은 수를 써넣으시오.

> $\frac{10}{13}$은 $\frac{1}{13}$이 $\square$개이고
> $\frac{5}{13}$는 $\frac{1}{13}$이 5개이므로
> $\frac{10}{13} \div \frac{5}{13} = \square \div 5 = \square$입니다.

**3-2** 계산을 하시오.

(1) $\frac{3}{8} \div \frac{1}{8}$

(2) $\frac{6}{9} \div \frac{1}{9}$

(3) $\frac{12}{14} \div \frac{3}{14}$

(4) $\frac{15}{16} \div \frac{5}{16}$

## 개념 2 (분수)÷(분수)를 알아볼까요 (2) – 분모가 같고 분자끼리 나누어떨어지지 않음

• $\frac{9}{11} \div \frac{2}{11}$의 계산

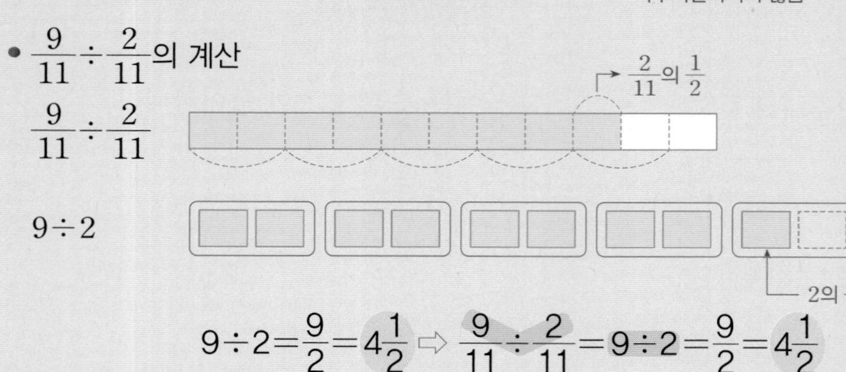


$9 \div 2 = \frac{9}{2} = 4\frac{1}{2} \Rightarrow \frac{9}{11} \div \frac{2}{11} = 9 \div 2 = \frac{9}{2} = 4\frac{1}{2}$

자연수 $9 \div 2$의 몫과 분자 $9 \div 2$의 몫이 같습니다.

**• 분자끼리 나누어떨어지지 않는 분모가 같은 (분수)÷(분수)의 계산 방법**

① 분자끼리 계산합니다.

② 분자끼리 나누어떨어지지 않을 때에는 몫을 분수로 나타냅니다.

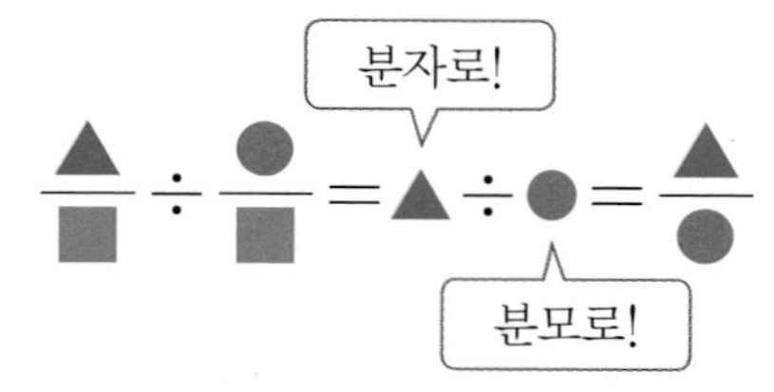


### 개념 체크

❶ $\frac{7}{9}$은 $\frac{1}{9}$이 □개,
$\frac{2}{9}$는 $\frac{1}{9}$이 2개이므로
$\frac{7}{9} \div \frac{2}{9} = \square \div 2 = \frac{\square}{2}$
$= \square\frac{\square}{2}$입니다.

❷ 분모가 같은 (분수)÷(분수)는 ( 분자 , 분모 )끼리 계산합니다. 이때 나누어떨어지지 않으면 몫은 ( 자연수 , 분수 )가 됩니다.

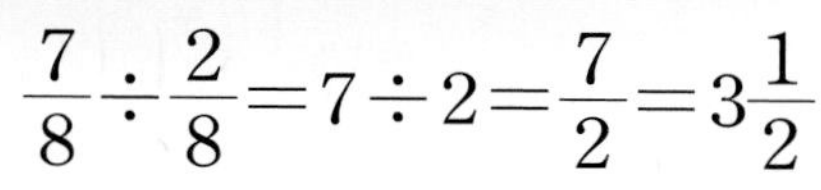

개념 체크 정답 ❶ 7, 7, 7, 3, 1 ❷ 분자에 ○표, 분수에 ○표

## 기본 문제

## 쌍둥이 문제

• 정답은 2쪽

교과서 유형

**1-1** 종이띠를 이용하여 $\frac{8}{9} \div \frac{5}{9}$를 구하시오.

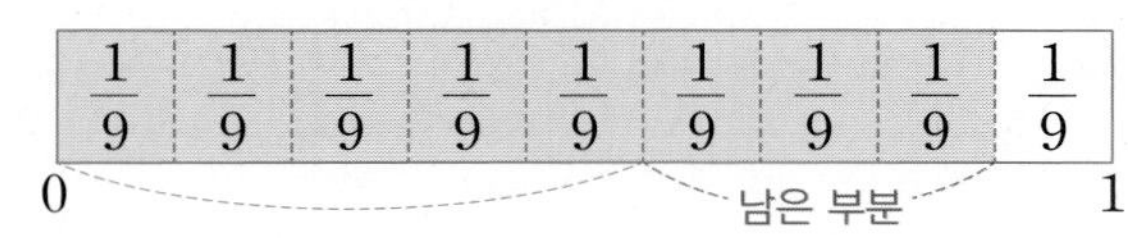


(1) $\frac{8}{9}$을 $\frac{5}{9}$씩 자르면 □조각이 나오고

$\frac{5}{9}$의 $\frac{\square}{5}$이 남습니다.

(2) $\frac{8}{9} \div \frac{5}{9} = \square\frac{\square}{5}$

힌트 자르고 남은 부분이 나누는 수의 몇 분의 몇인지 알아봅니다.

**1-2** 그림을 이용하여 $\frac{7}{10} \div \frac{3}{10}$을 구하시오.

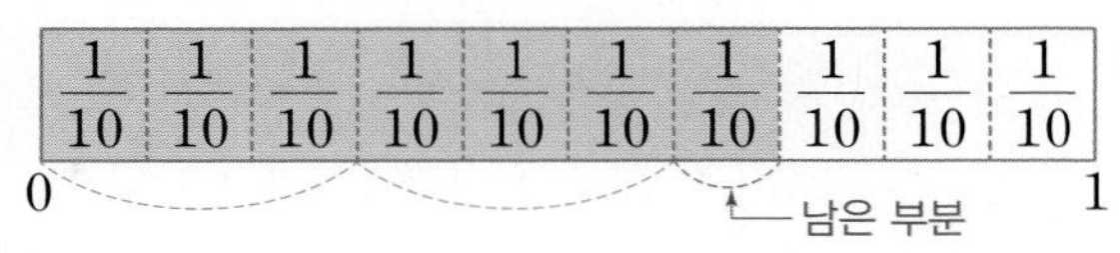


(1) $\frac{7}{10}$을 $\frac{3}{10}$씩 자르면 □조각이 나오고

$\frac{3}{10}$의 $\frac{\square}{3}$이 남습니다.

(2) $\frac{7}{10} \div \frac{3}{10} = \square\frac{\square}{3}$

**2-1** □ 안에 알맞은 수를 써넣으시오.

$\frac{9}{11}$는 $\frac{1}{11}$이 9개, $\frac{4}{11}$는 $\frac{1}{11}$이 □개입니다.

⇨ $\frac{9}{11} \div \frac{4}{11} = 9 \div \square = \frac{9}{\square} = \square\frac{\square}{\square}$

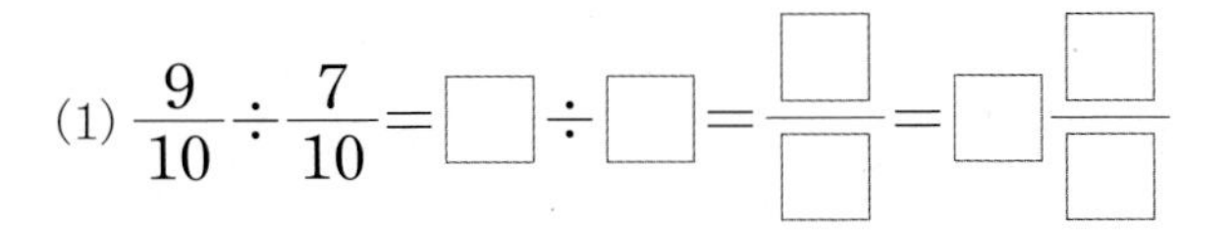

힌트 분모가 같은 (분수)÷(분수)의 계산은 분자끼리의 나눗셈으로 고쳐서 계산합니다.

**2-2** □ 안에 알맞은 수를 써넣으시오.

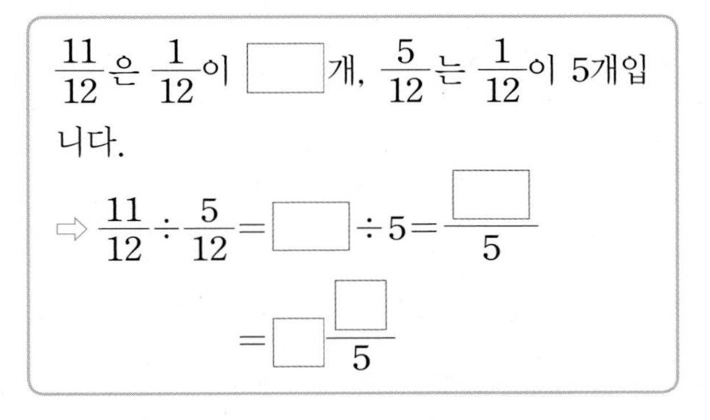

$\frac{11}{12}$은 $\frac{1}{12}$이 □개, $\frac{5}{12}$는 $\frac{1}{12}$이 5개입니다.

⇨ $\frac{11}{12} \div \frac{5}{12} = \square \div 5 = \frac{\square}{5}$

$= \square\frac{\square}{5}$

익힘책 유형

**3-1** □ 안에 알맞은 수를 써넣으시오.

(1) $\frac{9}{10} \div \frac{7}{10} = \square \div \square = \frac{\square}{\square} = \square\frac{\square}{\square}$

(2) $\frac{12}{13} \div \frac{5}{13} = \square \div \square = \frac{\square}{\square} = \square\frac{\square}{\square}$

(3) $\frac{10}{11} \div \frac{3}{11} = \square \div \square = \frac{\square}{\square} = \square\frac{\square}{\square}$

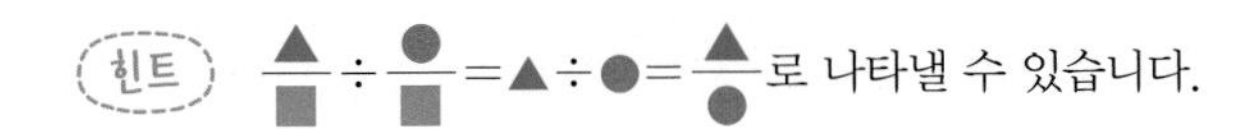

힌트 $\frac{▲}{■} \div \frac{●}{■} = ▲ \div ● = \frac{▲}{●}$로 나타낼 수 있습니다.

**3-2** □ 안에 알맞은 수를 써넣으시오.

(1) $\frac{7}{8} \div \frac{3}{8} = \square \div \square = \frac{\square}{\square} = \square\frac{\square}{\square}$

(2) $\frac{9}{12} \div \frac{7}{12} = \square \div \square = \frac{\square}{\square} = \square\frac{\square}{\square}$

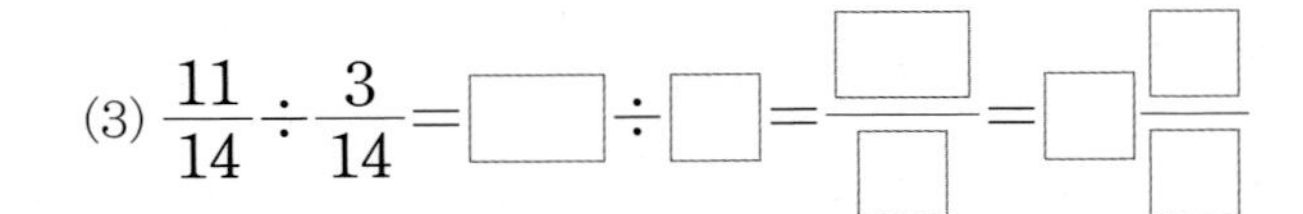

(3) $\frac{11}{14} \div \frac{3}{14} = \square \div \square = \frac{\square}{\square} = \square\frac{\square}{\square}$

# 개념 확인하기

분모가 같고 분자끼리 나누어떨어짐

## 개념 1 (분수)÷(분수)를 알아볼까요(1)

분모가 같으면 분자끼리 나눕니다.

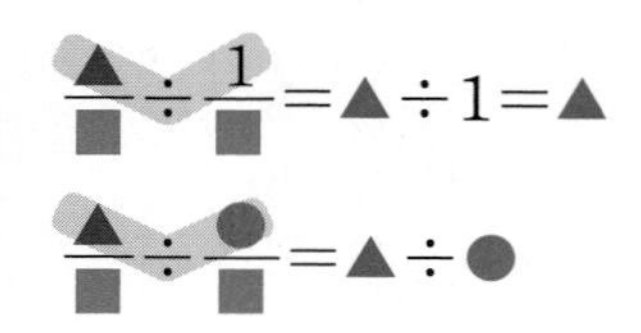


**01** 계산을 하시오.

(1) $\frac{5}{9}\div\frac{1}{9}$

(2) $\frac{6}{7}\div\frac{2}{7}$

**02** 빈칸에 알맞은 수를 써넣으시오.

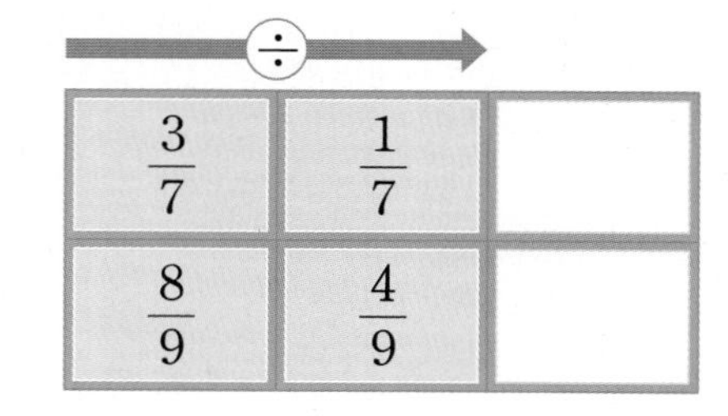


익힘책 유형

**03** 빈칸에 알맞은 수를 써넣으시오.

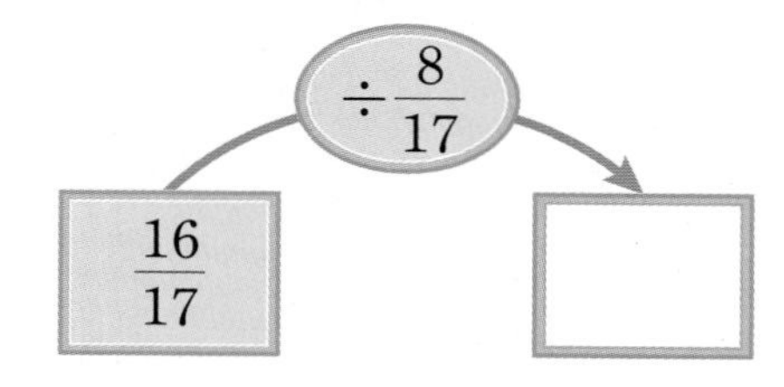


**04** 계산 결과가 가장 큰 것에 ○표 하시오.

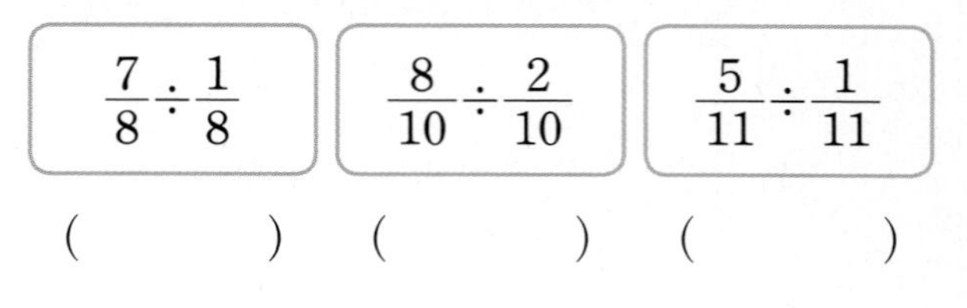


( ) ( ) ( )

**05** 계산 결과를 찾아 선으로 이으시오.

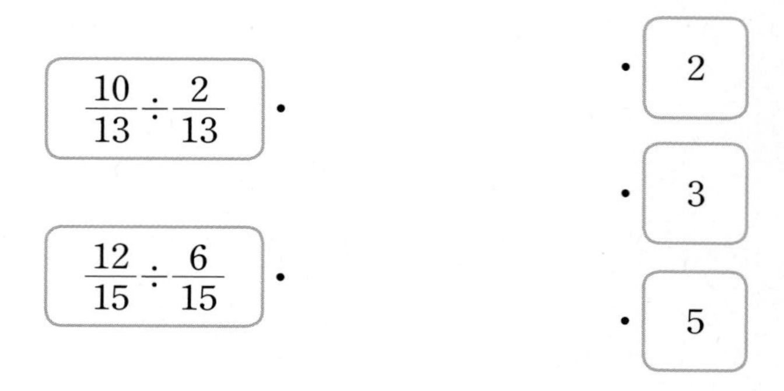


**06** 간장이 $\frac{12}{13}$ L 있습니다. 매일 요리를 하는 데 간장을 똑같이 사용한다면 며칠 동안 요리를 할 수 있습니까?

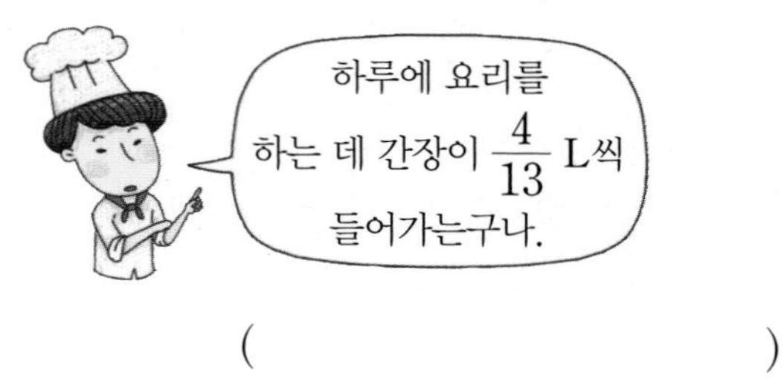


( )

익힘책 유형

**07** 그림에 알맞은 진분수끼리의 나눗셈식을 만들고 계산하시오.

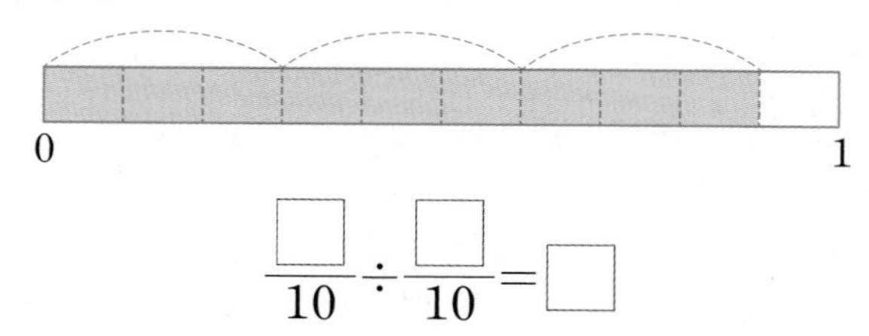


$\frac{\square}{10}\div\frac{\square}{10}=\square$

분모가 같고 분자끼리 나누어떨어지지 않음

## 개념 2 (분수)÷(분수)를 알아볼까요 (2)

분모가 같으면 분자끼리 계산합니다. 이때 분자끼리 나누어떨어지지 않으면 몫은 분수로 나타냅니다.

$\frac{▲}{■} \div \frac{●}{■} = ▲ \div ● = \frac{▲}{●}$

교과서 유형

**08** $\frac{5}{7}$를 $\frac{2}{7}$씩 잘랐습니다. □ 안에 알맞은 수를 써넣으시오.

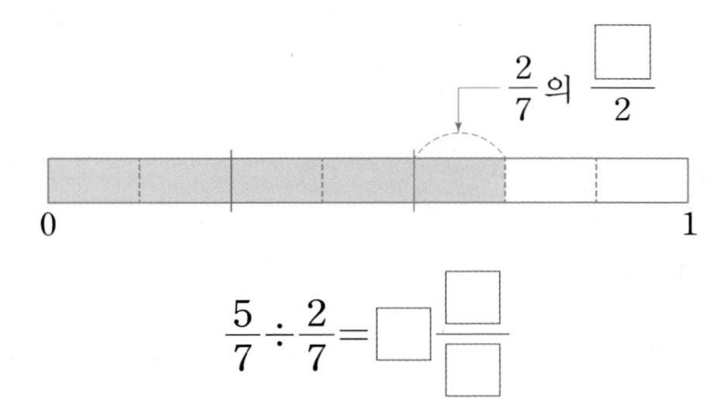


$\frac{5}{7} \div \frac{2}{7} = □\frac{□}{□}$

**09** 보기 와 같이 계산을 하시오.

보기

$\frac{9}{10} \div \frac{4}{10} = 9 \div 4 = \frac{9}{4} = 2\frac{1}{4}$

(1) $\frac{13}{15} \div \frac{4}{15}$

(2) $\frac{11}{13} \div \frac{5}{13}$

**10** 계산 결과를 비교하여 ○ 안에 >, =, <를 알맞게 써넣으시오.

$\frac{7}{12} \div \frac{5}{12}$ ○ $\frac{7}{17} \div \frac{5}{17}$

**11** 진주는 주스를 $\frac{7}{10}$ L, 찬호는 $\frac{4}{10}$ L 마셨습니다. 진주가 마신 주스 양은 찬호가 마신 주스 양의 몇 배입니까?

( )

**12** 다음 조건을 만족하는 분수의 나눗셈식을 만들려고 합니다. □ 안에 알맞은 수를 써넣으시오.

조건

- 분모가 10보다 작은 진분수의 나눗셈입니다.
- 두 분수의 분모는 같습니다.

$\frac{8}{□} \div \frac{7}{□} = \frac{□}{□} = □\frac{□}{□}$

• 분모가 같은 (분수)÷(분수)

(1) 분자끼리 나누어떨어지면 몫은 자연수입니다. ⇨ $\frac{▲}{■} \div \frac{●}{■} = ▲ \div ● = ★$ (자연수)

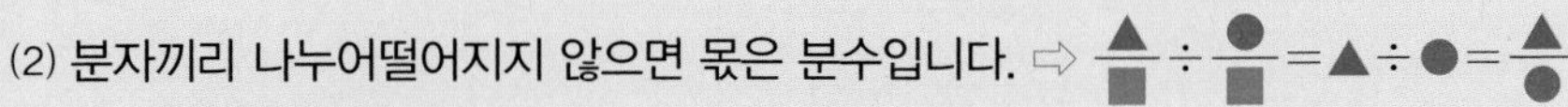
(2) 분자끼리 나누어떨어지지 않으면 몫은 분수입니다. ⇨ $\frac{▲}{■} \div \frac{●}{■} = ▲ \div ● = \frac{▲}{●}$

1 분수의 나눗셈

# 개념 파헤치기

개념 동영상

## 개념 3 (분수)÷(분수)를 알아볼까요 (3) – 분모가 다르고 분자끼리 나누어떨어짐

• $\frac{2}{3} \div \frac{2}{9}$의 계산

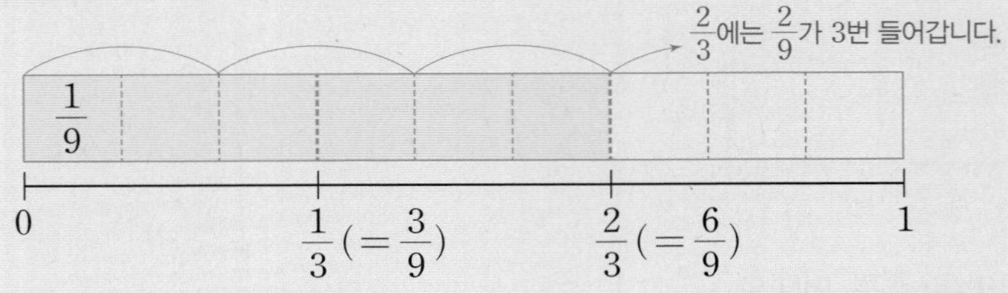


$$\frac{2}{3} \div \frac{2}{9} = \frac{6}{9} \div \frac{2}{9} = 6 \div 2 = 3$$

분모를 같게 통분합니다. / 분자끼리 나눕니다. / 분자끼리 나누어떨어지면 몫은 자연수가 됩니다.

• **분자끼리 나누어떨어지는 분모가 다른 (분수)÷(분수)의 계산 방법**
① 분모를 같게 통분합니다.
② 분자끼리 나누어 구합니다. 이때 나누어지는 수의 분자가 나누는 수의 분자의 배수이면 몫은 자연수가 됩니다.

### 개념 체크

❶ 분모가 다른 분수의 나눗셈은 분모를 같게 [ ] 하여 계산합니다.

❷ $\frac{6}{7} \div \frac{3}{14}$을 통분하여 계산하면

$\frac{6}{7} \div \frac{3}{14} = \frac{[\ ]}{14} \div \frac{3}{14}$

$= [\ ] \div 3$

$= [\ ]$

입니다.

개념 체크 정답 ❶ 통분 ❷ 12, 12, 4

## 기본 문제

## 쌍둥이 문제

• 정답은 3쪽

익힘책 유형

**1-1** 그림을 보고 □ 안에 알맞은 수를 써넣으시오.

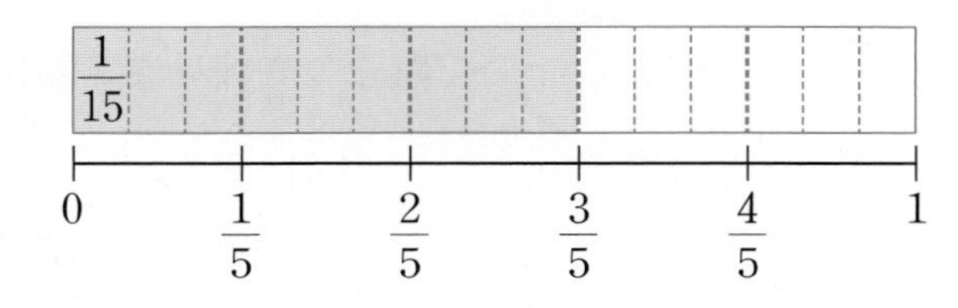

$$\frac{3}{5} \div \frac{1}{15} = \square$$

힌트 $\frac{3}{5}=\frac{9}{15}$이므로 $\frac{9}{15}$에서 $\frac{1}{15}$을 몇 번 덜어 낼 수 있는지 생각해 봅니다.

**1-2** 그림을 보고 □ 안에 알맞은 수를 써넣으시오.

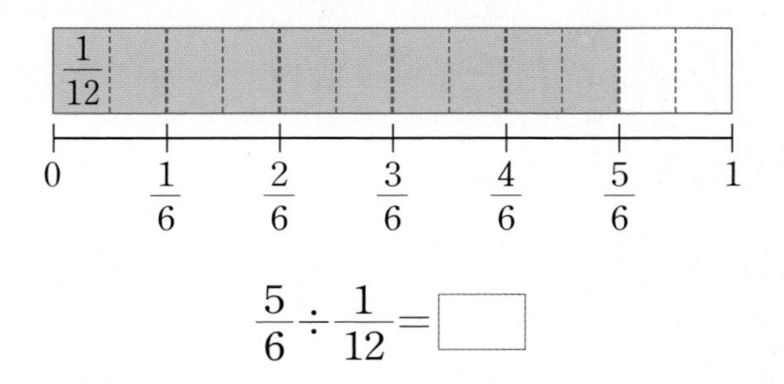

$$\frac{5}{6} \div \frac{1}{12} = \square$$

교과서 유형

**2-1** 보기 와 같이 계산을 하시오.

보기

$$\frac{2}{3} \div \frac{2}{15} = \frac{10}{15} \div \frac{2}{15} = 10 \div 2 = 5$$

(1) $\frac{1}{3} \div \frac{1}{6}$

(2) $\frac{5}{6} \div \frac{5}{18}$

힌트 분모를 같게 통분하여 분자끼리 계산합니다.

**2-2** □ 안에 알맞은 수를 써넣으시오.

(1) $\frac{12}{14} \div \frac{3}{7} = \frac{12}{14} \div \frac{\square}{14}$

$= 12 \div \square = \square$

(2) $\frac{9}{12} \div \frac{1}{4} = \frac{9}{12} \div \frac{\square}{12}$

$= 9 \div \square = \square$

**3-1** 계산을 하시오.

(1) $\frac{4}{7} \div \frac{4}{21}$

(2) $\frac{1}{2} \div \frac{3}{18}$

힌트 분모를 같게 통분하여 분자끼리 계산합니다.

**3-2** 계산을 하시오.

(1) $\frac{10}{15} \div \frac{2}{3}$

(2) $\frac{14}{16} \div \frac{1}{8}$

1 분수의 나눗셈

## 개념 4 (분수)÷(분수)를 알아볼까요 (4) – 분모가 다르고 분자끼리 나누어떨어지지 않음

• $\frac{6}{7}\div\frac{4}{5}$의 계산

$$\frac{6}{7}\div\frac{4}{5}=\frac{30}{35}\div\frac{28}{35}=30\div28=\frac{\overset{15}{\cancel{30}}}{\underset{14}{\cancel{28}}}=\frac{15}{14}=1\frac{1}{14}$$

분모를 7과 5의 최소공배수로 통분! 분자끼리 나누기! 분자끼리 나누어떨어지지 않으면 몫은 분수로!

• **분자끼리 나누어떨어지지 않는 분모가 다른 (분수)÷(분수)의 계산 방법**

① 분모를 같게 통분합니다.

② 분자끼리 나누어 구합니다. 이때 나누어떨어지지 않으면 몫을 분수로 나타냅니다.

### 개념 체크

❶ $\frac{2}{5}\div\frac{3}{4}$에서 분모를 5와 4의 최소공배수인 $\square$으로 통분하여 계산합니다.

$\frac{2}{5}\div\frac{3}{4}=\frac{8}{20}\div\frac{\square}{20}$

$=8\div\square$

$=\frac{8}{15}$

❷ ▲÷●에서 ▲가 ●로 나누어떨어지지 않을 때 ▲를 ( 분자 , 분모 )로, ●를 ( 분자 , 분모 )로 하여 몫을 분수로 나타냅니다.

개념 체크 정답 ❶ 20, 15, 15 ❷ 분자에 ○표, 분모에 ○표

## 기본 문제

**1-1** $\frac{2}{3} \div \frac{3}{4}$을 통분하여 분모가 같은 진분수끼리의 나눗셈으로 바르게 고친 것을 찾아 ○표 하시오.

$\frac{2}{12} \div \frac{3}{12}$ ( )

$\frac{8}{12} \div \frac{9}{12}$ ( )

힌트 분모의 공배수를 공통분모로 하여 통분합니다.

교과서 유형

**2-1** □ 안에 알맞은 수를 써넣으시오.

(1) $\frac{7}{8} \div \frac{3}{5} = \frac{\square}{40} \div \frac{\square}{40} = \square \div \square = \frac{\square}{\square} = \square\frac{\square}{\square}$

(2) $\frac{2}{3} \div \frac{5}{9} = \frac{\square}{9} \div \frac{\square}{9} = \square \div \square = \frac{\square}{\square} = \square\frac{\square}{\square}$

힌트 분모를 같게 통분하여 분자끼리 나눕니다.

익힘책 유형

**3-1** 계산을 하시오.

(1) $\frac{5}{8} \div \frac{7}{9}$

(2) $\frac{9}{10} \div \frac{2}{5}$

힌트 분모의 곱이나 최소공배수를 공통분모로 하여 통분한 다음 분자끼리 나눕니다.

## 쌍둥이 문제

• 정답은 3쪽

**1-2** $\frac{3}{5} \div \frac{4}{7}$를 통분하여 분모가 같은 진분수끼리의 나눗셈으로 바르게 고친 것을 찾아 ○표 하시오.

$\frac{21}{35} \div \frac{20}{35}$ ( )

$\frac{20}{35} \div \frac{21}{35}$ ( )

**2-2** □ 안에 알맞은 수를 써넣으시오.

(1) $\frac{5}{6} \div \frac{2}{7} = \frac{\square}{42} \div \frac{\square}{42} = \square \div \square = \frac{\square}{\square} = \square\frac{\square}{\square}$

(2) $\frac{1}{2} \div \frac{3}{8} = \frac{\square}{8} \div \frac{\square}{8} = \square \div \square = \frac{\square}{\square} = \square\frac{\square}{\square}$

**3-2** 계산을 하시오.

(1) $\frac{3}{7} \div \frac{2}{3}$

(2) $\frac{11}{12} \div \frac{3}{4}$

# 개념 확인하기

분모가 다르고 분자끼리 나누어떨어짐

## 개념 3 (분수)÷(분수)를 알아볼까요 (3)

① 분모를 같게 통분합니다.

② 분자끼리 나눕니다.
이때 나누어지는 수의 분자가 나누는 수의 분자의 배수이면 몫은 자연수가 됩니다.

교과서 유형

**01** 그림을 보고 □ 안에 알맞은 수를 써넣으시오.

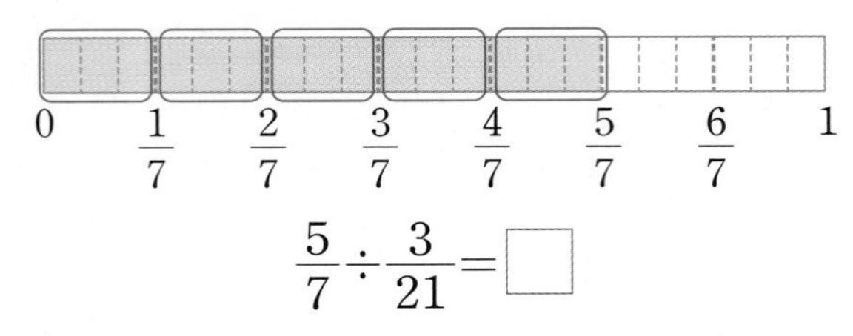


$\frac{5}{7} \div \frac{3}{21} = \square$

**02** □ 안에 알맞은 수를 써넣으시오.

(1) $\frac{12}{16} \div \frac{3}{8} = \frac{12}{16} \div \frac{\square}{16}$
$= 12 \div \square = \square$

(2) $\frac{3}{7} \div \frac{3}{14} = \frac{\square}{14} \div \frac{3}{14}$
$= \square \div 3 = \square$

**03** 계산을 하시오.

(1) $\frac{5}{6} \div \frac{3}{18}$

(2) $\frac{12}{14} \div \frac{2}{7}$

**04** 빈칸에 알맞은 수를 써넣으시오.

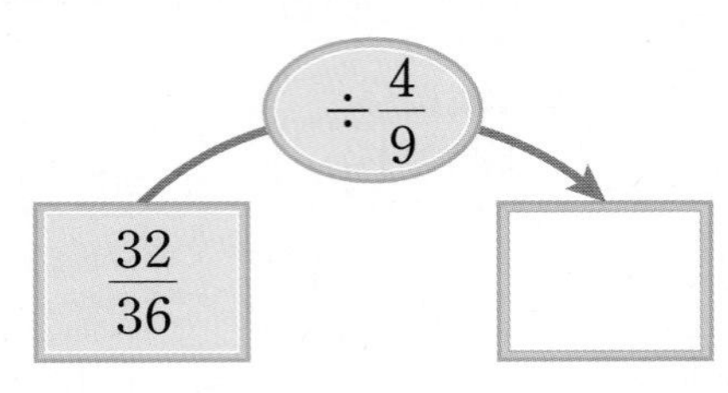


**05** 계산 결과가 자연수인 것에 ○표 하시오.

$\frac{6}{8} \div \frac{3}{16}$ ( )

$\frac{9}{10} \div \frac{3}{5}$ ( )

**06** 계산 결과를 비교하여 ○ 안에 >, =, <를 알맞게 써넣으시오.

$\frac{4}{10} \div \frac{1}{5}$ ○ $\frac{5}{9} \div \frac{5}{27}$

**07** 냉장고에 우유가 $\frac{12}{15}$ L 있고, 주스가 $\frac{2}{5}$ L 있습니다. 우유 양은 주스 양의 몇 배입니까?

( )

분모가 다르고 분자끼리 나누어떨어지지 않음

## 개념 4 (분수)÷(분수)를 알아볼까요 (4)

① 분모를 같게 통분합니다.
② 분자끼리 나눕니다.
이때 나누어떨어지지 않으면 몫은 분수로 나타냅니다.

교과서 유형

**08** 계산을 하시오.

(1) $\frac{5}{6} \div \frac{4}{5}$

(2) $\frac{6}{7} \div \frac{3}{4}$

**09** 진호가 잘못 계산한 곳을 찾아 바르게 계산하시오.

진호

$$\frac{10}{13} \div \frac{8}{9} = 10 \div 8 = \frac{\cancel{10}^{5}}{\cancel{8}_{4}} = \frac{5}{4} = 1\frac{1}{4}$$

바른 계산

**10** 계산 결과를 찾아 선으로 이으시오.

$\frac{6}{7} \div \frac{8}{9}$ •

$\frac{9}{10} \div \frac{8}{15}$ •

• $1\frac{11}{16}$

• $1\frac{1}{27}$

• $\frac{27}{28}$

**11** 계산 결과가 1보다 작은 것을 찾아 기호를 쓰시오.

㉠ $\frac{8}{9} \div \frac{5}{6}$ ㉡ $\frac{7}{8} \div \frac{11}{12}$

( )

익힘책 유형

**12** □ 안에 알맞은 수를 구하시오.

$\square \times \frac{5}{9} = \frac{4}{5}$

( )

1 분수의 나눗셈

## 개념 5 (자연수)÷(분수)를 알아볼까요

• 철근 $\frac{4}{5}$ m의 무게가 12 kg일 때 철근 1 m의 무게 구하기

$12 \div \frac{4}{5}$

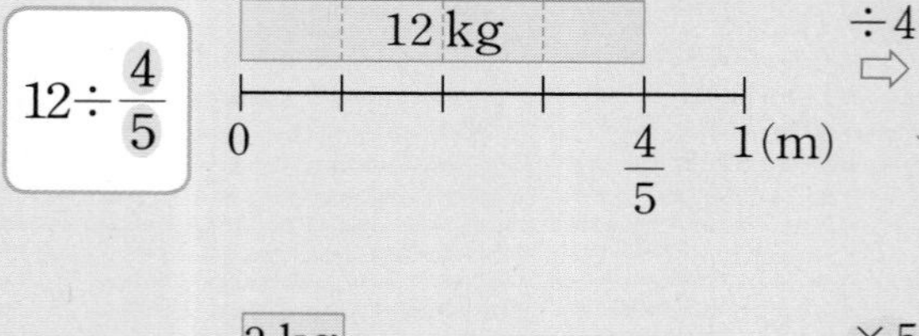


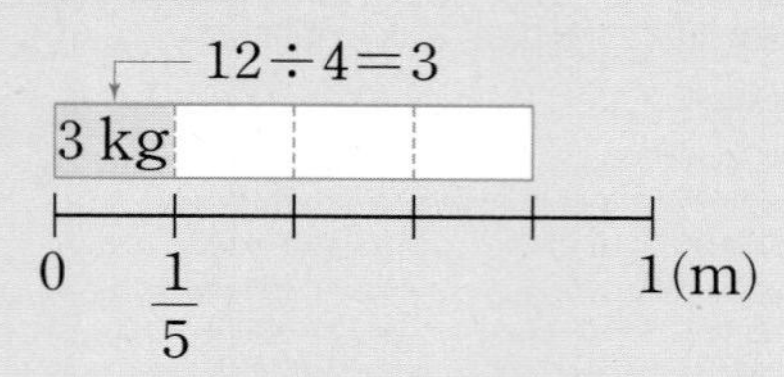


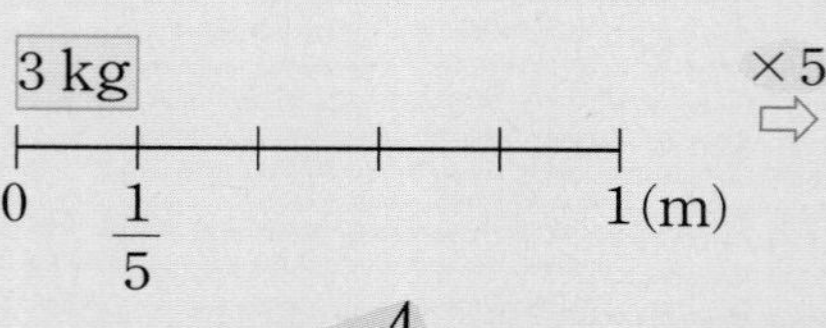


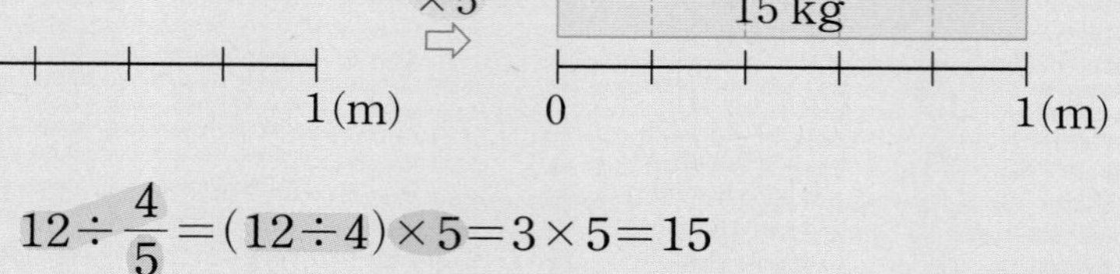


$$12 \div \frac{4}{5} = (12 \div 4) \times 5 = 3 \times 5 = 15$$

• ■ ÷ $\frac{▲}{●}$의 계산 방법

① $\frac{1}{●}$의 값을 먼저 구합니다. ⇨ ■ ÷ ▲

② ■ ÷ ▲의 값에 ●배를 합니다. ⇨ (■ ÷ ▲) × ●

나누는 분수의 분자로 나눈 다음 분모를 곱해요!

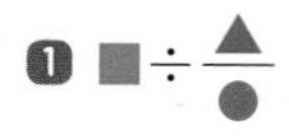


❶ ■ ÷ $\frac{▲}{●}$

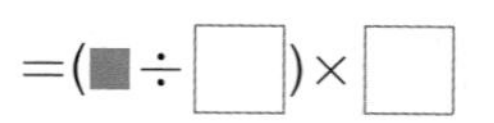


❷ $10 \div \frac{2}{3}$는 $(10 \div 2) \times 3$으로 나타내어 계산합니다. ……………… ( ○ , × )

❸ $20 \div \frac{4}{5}$는 $(20 \div 5) \times 4$로 나타내어 계산합니다. ……………… ( ○ , × )

(자연수)÷(분수)의 계산은 자연수를 분수의 분자로 나눈 다음 그 값에 분모를 곱하여 계산할 수 있어. 답은 14야.

$$8 \div \frac{4}{7} = (8 \div 4) \times 7 = 2 \times 7 = 14$$

개념 체크 정답 ❶ ▲, ● ❷ ○에 ○표 ❸ ×에 ○표

## 기본 문제

## 쌍둥이 문제

• 정답은 5쪽

익힘책 유형

**1-1** 설탕 $\frac{3}{4}$봉지의 무게가 6 kg입니다. 설탕 1봉지의 무게를 구하시오.

(1) 설탕 $\frac{1}{4}$봉지의 무게를 구하려고 합니다. □ 안에 알맞은 수를 써넣으시오.

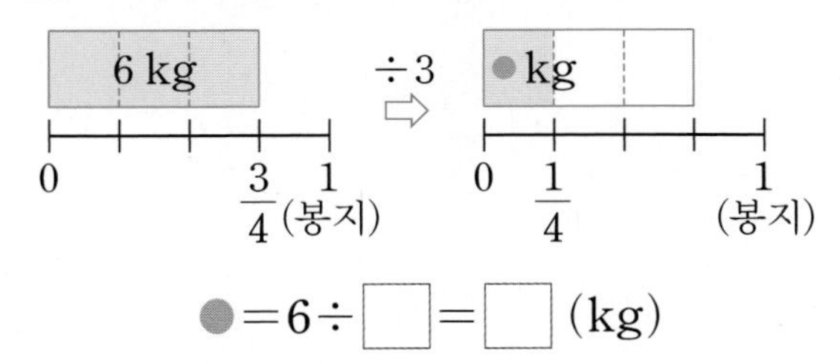


$●=6÷\square=\square$ (kg)

(2) 설탕 1봉지의 무게를 구하려고 합니다. □ 안에 알맞은 수를 써넣으시오.

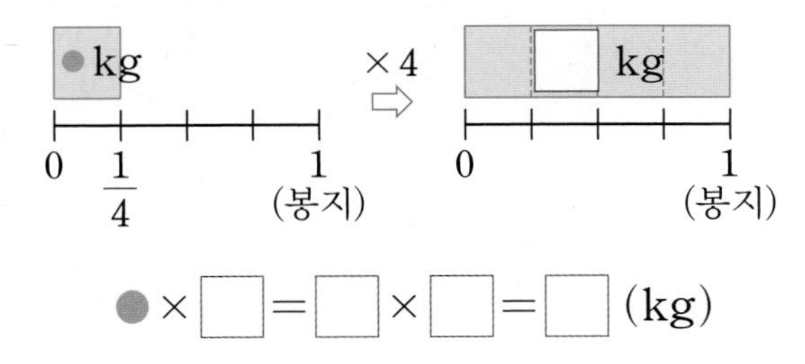


$●\times\square=\square\times\square=\square$ (kg)

(3) □ 안에 알맞은 수를 써넣으시오.

$$6\div\frac{3}{4}=(6\div\square)\times\square=\square$$

힌트 전체의 $\frac{1}{■}$이 얼마인지 먼저 알아봅니다.

**1-2** 딸기 8 kg을 따는 데 $\frac{4}{5}$시간이 걸렸습니다. 1시간 동안 딸 수 있는 딸기의 무게를 구하시오.

(1) $\frac{1}{5}$시간 동안 딸 수 있는 딸기의 무게를 구하려고 합니다. □ 안에 알맞은 수를 써넣으시오.

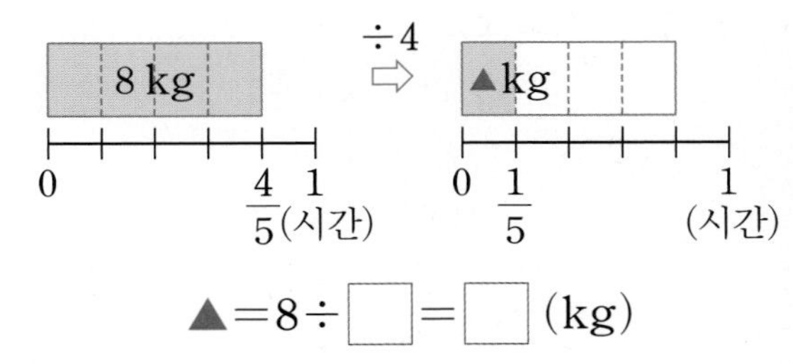


$▲=8÷\square=\square$ (kg)

(2) 1시간 동안 딸 수 있는 딸기의 무게를 구하려고 합니다. □ 안에 알맞은 수를 써넣으시오.

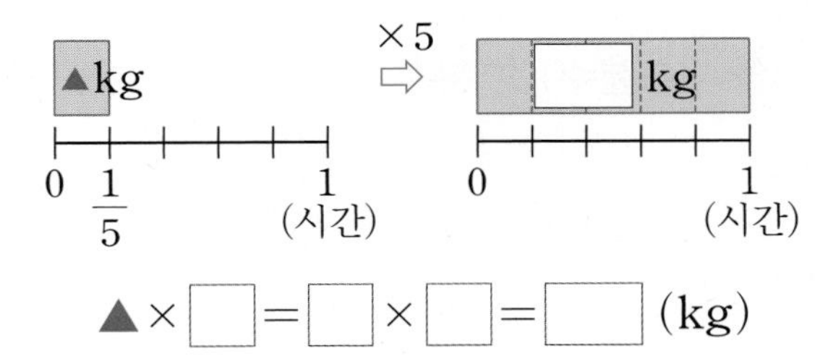


$▲\times\square=\square\times\square=\square$ (kg)

(3) □ 안에 알맞은 수를 써넣으시오.

$$8\div\frac{4}{5}=(8\div\square)\times\square=\square$$

교과서 유형

**2-1** 보기 와 같이 계산을 하시오.

보기

$$15\div\frac{3}{8}=(15\div3)\times8=40$$

(1) $14\div\frac{2}{7}$

(2) $15\div\frac{3}{5}$

힌트 ㉠÷$\frac{㉢}{㉡}$=(㉠÷㉢)×㉡

**2-2** □ 안에 알맞은 수를 써넣으시오.

(1) $12\div\frac{4}{9}=(12\div\square)\times\square$

$=\square$

(2) $24\div\frac{3}{8}=(24\div\square)\times\square$

$=\square$

1 분수의 나눗셈

## 개념 6 (분수)÷(분수)를 (분수)×(분수)로 나타내어 볼까요

• 통의 $\frac{2}{3}$를 채운 쌀의 무게가 $\frac{6}{7}$kg일 때 한 통을 가득 채운 쌀의 무게 구하기

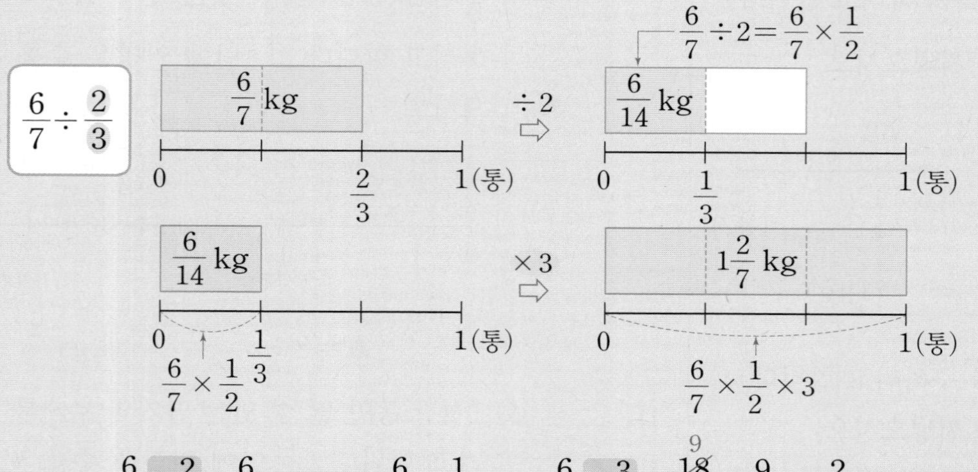


$$\frac{6}{7} \div \frac{2}{3} = \frac{6}{7} \div 2 \times 3 = \frac{6}{7} \times \frac{1}{2} \times 3 = \frac{6}{7} \times \frac{3}{2} = \frac{\overset{9}{\cancel{18}}}{\underset{7}{\cancel{14}}} = \frac{9}{7} = 1\frac{2}{7}$$

• (분수)÷(분수)를 (분수)×(분수)로 나타내는 방법
① 나눗셈을 곱셈으로 바꾸고
② 나누는 분수의 분모와 분자를 바꾸어 줍니다.

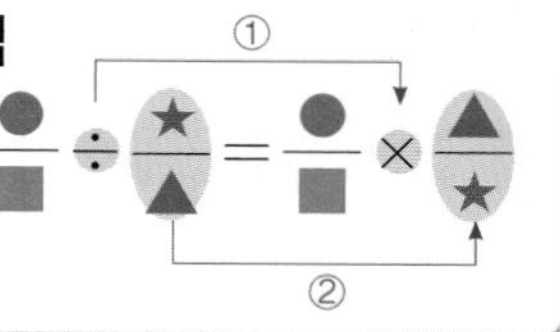


### 개념 체크

❶ $\frac{4}{5} \div \frac{2}{3}$
$= \left(\frac{4}{5} \div 2\right) \times \square$
$= \frac{4}{5} \times \frac{1}{2} \times \square$
$= \frac{4}{5} \times \frac{\square}{\square}$

❷ (분수)÷(분수)의 계산은 나눗셈을 곱셈으로 바꾸고 나누는 분수의 분모와 $\square$를 바꾸어 줍니다.

(분수)÷(분수)의 계산은 나눗셈을 곱셈으로 바꾸고 나누는 분수의 분모와 분자를 바꾸어 계산할 수 있어. 전체의 $\frac{9}{11}$만큼 마시면 돼.

$$\frac{6}{11} \div \frac{2}{3} = \frac{6}{11} \times \frac{3}{2} = \frac{\overset{9}{\cancel{18}}}{\underset{11}{\cancel{22}}} = \frac{9}{11}$$

개념 체크 정답 ❶ 3, 3, $\frac{3}{2}$ ❷ 분자

## 기본 문제

## 쌍둥이 문제

• 정답은 5쪽

익힘책 유형

**1-1** 봉지의 $\frac{4}{5}$를 채운 밀가루의 무게가 $\frac{6}{7}$ kg입니다. 한 봉지를 가득 채운 밀가루의 무게를 구하시오.

(1) 한 봉지를 가득 채운 밀가루의 무게를 구하는 과정입니다. $\square$ 안에 알맞은 수를 써넣으시오.

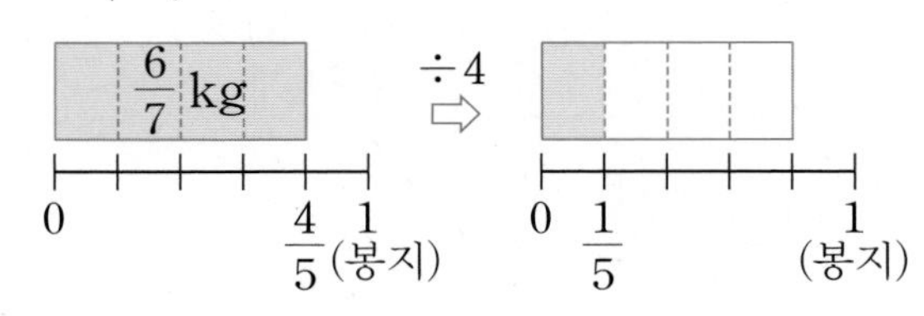


$$\frac{6}{7}\div 4=\left(\frac{6}{7}\times\frac{1}{\square}\right)(\text{kg})$$

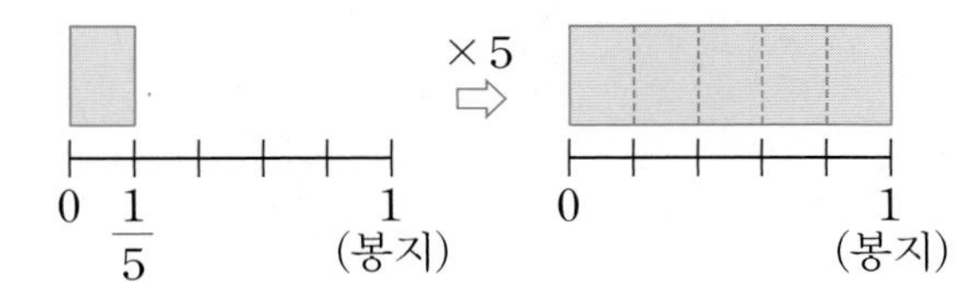


$$\frac{6}{7}\times\frac{1}{\square}\times\square=\frac{\square}{14}(\text{kg})$$

(2) $\square$ 안에 알맞은 수를 써넣으시오.

$$\frac{6}{7}\div\frac{4}{5}=\frac{6}{7}\div 4\times 5=\frac{6}{7}\times\frac{1}{\square}\times\square$$

$$=\frac{6}{7}\times\frac{\square}{\square}=\frac{\square}{14}=\square\frac{\square}{\square}$$

힌트

**1-2** 상자의 $\frac{3}{4}$을 채운 소금의 무게가 $\frac{5}{9}$ kg입니다. 한 상자를 가득 채운 소금의 무게를 구하시오.

(1) 한 상자를 가득 채운 소금의 무게를 구하는 과정입니다. $\square$ 안에 알맞은 수를 써넣으시오.

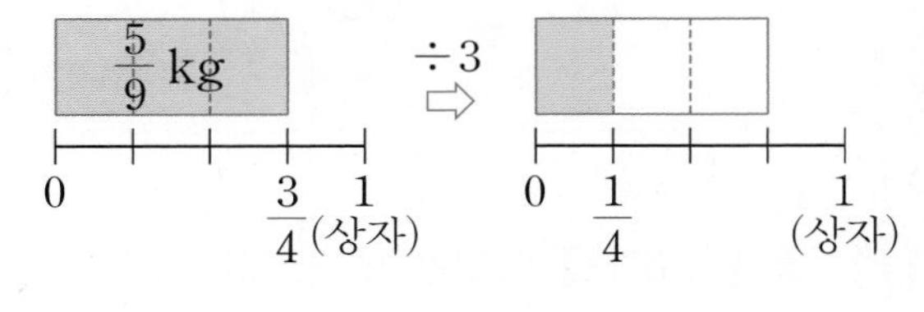


$$\frac{5}{9}\div 3=\left(\frac{5}{9}\times\frac{1}{\square}\right)(\text{kg})$$

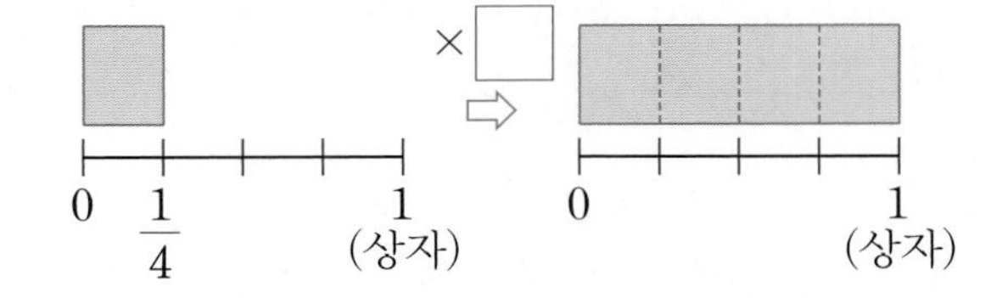


$$\frac{5}{9}\times\frac{1}{\square}\times\square=\frac{\square}{\square}(\text{kg})$$

(2) $\square$ 안에 알맞은 수를 써넣으시오.

$$\frac{5}{9}\div\frac{3}{4}=\frac{5}{9}\div 3\times 4=\frac{5}{9}\times\frac{1}{\square}\times\square$$

$$=\frac{5}{9}\times\frac{\square}{\square}=\frac{\square}{\square}$$

교과서 유형

**2-1** 나눗셈식을 곱셈식으로 나타내어 계산하시오.

(1) $\frac{2}{5}\div\frac{3}{4}=\frac{2}{5}\times\frac{\square}{\square}=\frac{\square}{\square}$

(2) $\frac{5}{7}\div\frac{3}{5}=\frac{5}{7}\times\frac{\square}{\square}=\frac{\square}{\square}=\square\frac{\square}{\square}$

힌트 나누는 분수의 분모와 분자를 바꾸어 곱합니다.

**2-2** 나눗셈식을 곱셈식으로 나타내어 계산하시오.

(1) $\frac{7}{9}\div\frac{4}{5}=\frac{7}{9}\times\frac{\square}{\square}=\frac{\square}{\square}$

(2) $\frac{5}{6}\div\frac{3}{7}=\frac{5}{6}\times\frac{\square}{\square}=\frac{\square}{\square}=\square\frac{\square}{\square}$

# 개념 확인하기

## 개념 5 (자연수)÷(분수)를 알아볼까요

$15 \div \frac{3}{7} = (15 \div 3) \times 7 = 35$ (15÷3: 15의 $\frac{1}{7}$)

■÷$\frac{▲}{●}$=(■÷▲)×●

교과서 유형

**01** 꽃잎 16개를 오리는 데 $\frac{4}{9}$시간이 걸렸습니다. 1시간 동안 오릴 수 있는 꽃잎의 수를 구하시오.

(1) $\frac{1}{9}$시간 동안 오릴 수 있는 꽃잎의 수를 구하시오.

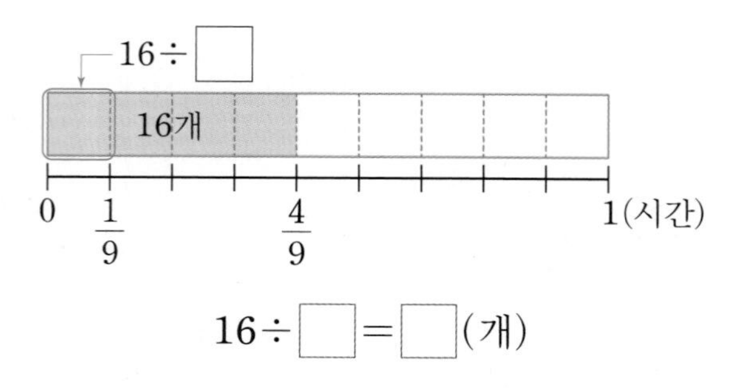


16÷☐=☐(개)

(2) 1시간 동안 오릴 수 있는 꽃잎의 수를 구하시오.

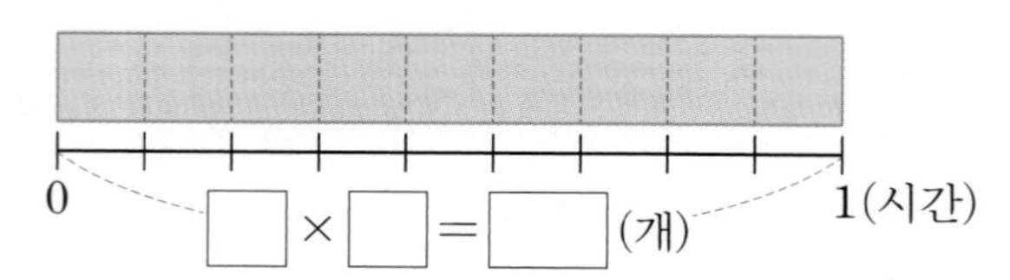


**02** 바르게 고친 것에 ○표 하시오.

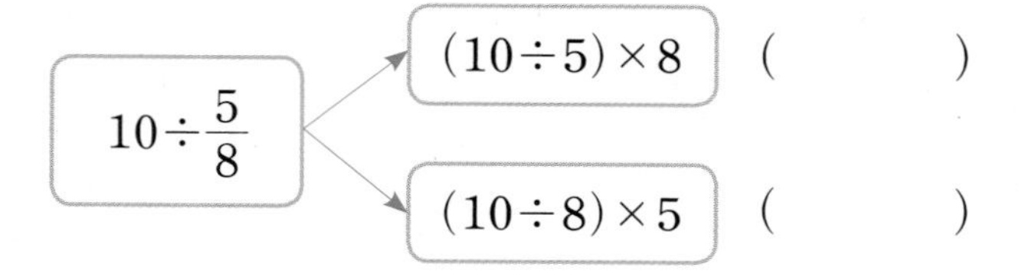


**03** 혜수와 같이 계산하시오.

$9 \div \frac{3}{7} = (9 \div 3) \times 7 = 21$

(1) $15 \div \frac{5}{8}$

(2) $8 \div \frac{4}{9}$

익힘책 유형

**04** 계산 결과를 비교하여 ○ 안에 >, =, <를 알맞게 써넣으시오.

$18 \div \frac{6}{7}$ ○ $16 \div \frac{8}{9}$

**05** ㉠과 ㉡의 계산 결과의 차를 구하시오.

㉠ $10 \div \frac{2}{5}$    ㉡ $14 \div \frac{7}{9}$

(                    )

## 개념 6 (분수)÷(분수)를 (분수)×(분수)로 나타내어 볼까요

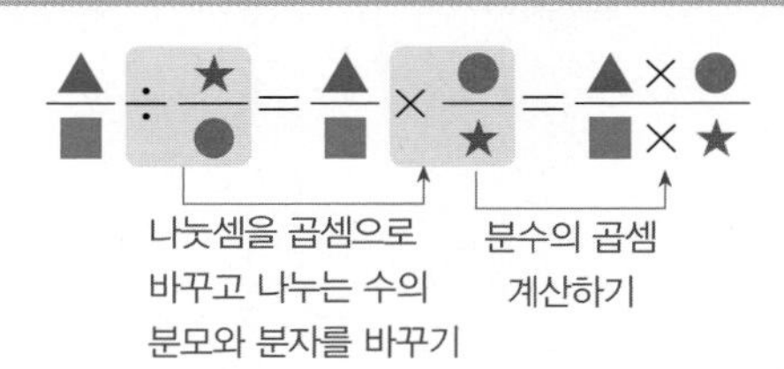


교과서 유형

**06** ㉠, ㉡, ㉢에 알맞은 수의 합을 구하시오.

$$\frac{7}{11} \div \frac{3}{5} = \frac{7}{11} \times \frac{㉡}{㉠} = \frac{㉢}{33}$$

(　　　　　　　　　　)

**07** 나눗셈식을 곱셈식으로 나타내어 계산하시오.

(1) $\frac{3}{8} \div \frac{5}{7}$

(2) $\frac{6}{13} \div \frac{7}{9}$

(3) $\frac{5}{9} \div \frac{10}{13}$

(4) $\frac{14}{15} \div \frac{2}{3}$

**08** 빈칸에 알맞은 수를 써넣으시오.

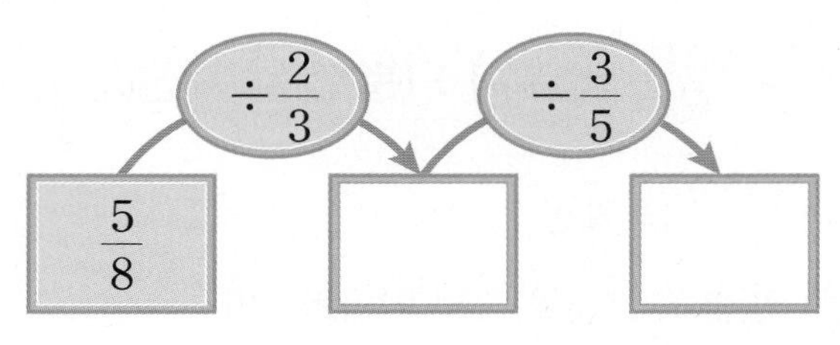


익힘책 유형

**09** 넓이가 $\frac{7}{12}$ $m^2$인 직사각형이 있습니다. 가로가 $\frac{5}{9}$ m일 때 세로는 몇 m입니까?

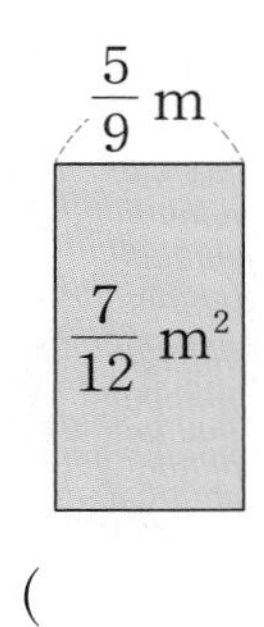


(　　　　　　　　　　)

**10** 책의 무게는 $\frac{5}{6}$ kg이고 수첩의 무게는 $\frac{3}{8}$ kg입니다. 책 무게는 수첩 무게의 몇 배입니까?

(　　　　　　　　　　)

나누는 수가 분수일 때
① 나눗셈을 곱셈으로 바꿉니다.
② 나누는 분수의 분모와 분자를 바꾸어 계산합니다.

잘못된 계산

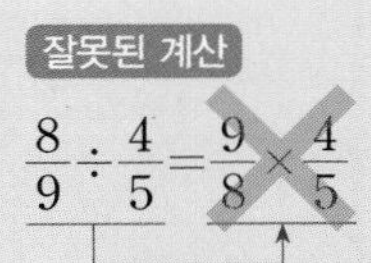


바른 계산

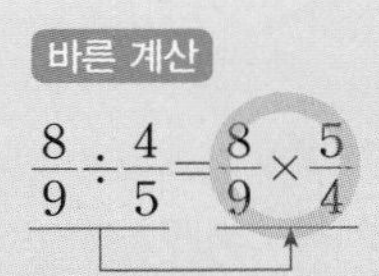


나누어지는 분수는 그대로 두고 나누는 분수의 분모와 분자를 바꿉니다.

## 개념 7 (분수)÷(분수)를 계산해 볼까요(1) – (자연수)÷(분수)

• $3\div\frac{7}{8}$의 계산

**방법 1** 그림을 그려 알아봅니다.

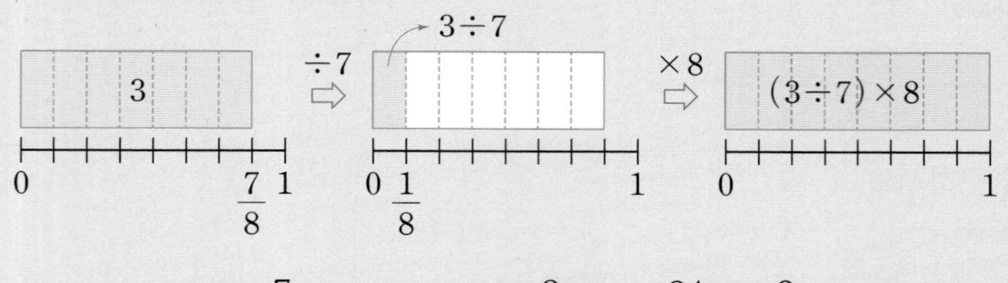


$$3\div\frac{7}{8}=(3\div7)\times8=\frac{3}{7}\times8=\frac{24}{7}=3\frac{3}{7}$$

**방법 2** 나눗셈을 곱셈으로 바꾸어 계산합니다.

$$3\div\frac{7}{8}=3\times\frac{8}{7}=\frac{24}{7}=3\frac{3}{7}$$

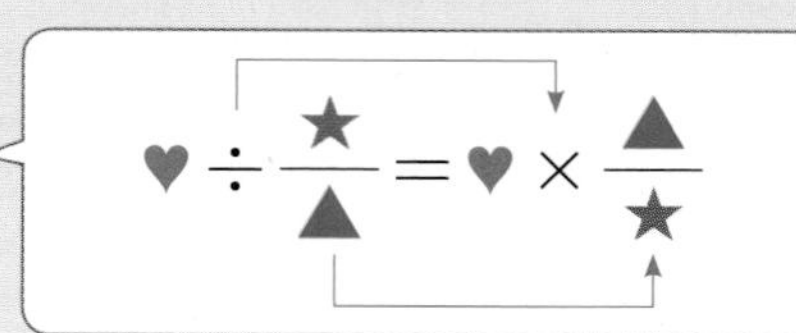


### 개념 체크

❶ $2\div\frac{3}{4}$

$=(2\div\square)\times4$

$=\frac{2}{\square}\times4$

$=\frac{8}{\square}=\square\frac{\square}{\square}$

❷ $2\div\frac{3}{4}$은 $2\times\frac{4}{3}$로 나타내어 계산합니다. ……………… ( ○ , × )

매쓰봇에게 기름을 다시 넣어 줘야겠어.

당연히 그래야 함!

참기름을 넣어서 너의 수학 풀이 능력이 떨어졌는지 확인해 봐야겠어! $9\div\frac{6}{7}$은?

(자연수)÷(분수)의 계산은 나눗셈을 곱셈으로 바꾸고 나누는 분수의 분모와 분자를 바꾸어 나타낸 후

$9\div\frac{6}{7}=9\times\frac{7}{6}$

분모는 그대로 쓰고 자연수와 분자를 곱하여 계산하면 $10\frac{1}{2}$이 됨.

$9\div\frac{6}{7}=9\times\frac{7}{6}$

$=\frac{9\times7}{6}$

$=\frac{\overset{21}{\cancel{63}}}{\underset{2}{\cancel{6}}}=\frac{21}{2}=10\frac{1}{2}$

개념 체크 정답 ❶ 3, 3, 3, $2\frac{2}{3}$ ❷ ○에 ○표

## 기본 문제

• 정답은 6쪽

익힘책 유형

**1-1** 그림을 보고 □ 안에 알맞은 수를 써넣으시오.

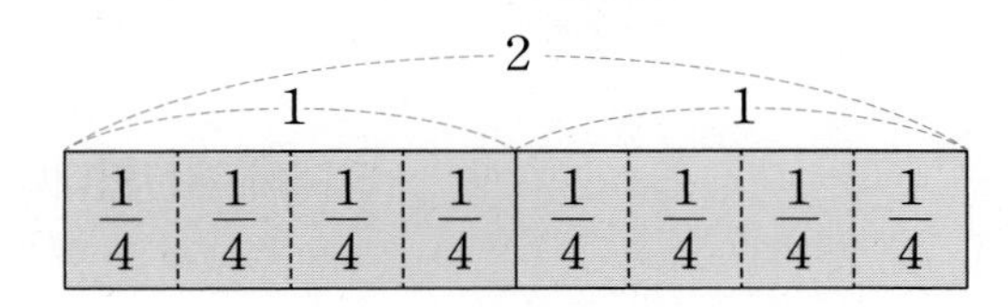


(1) 1은 $\frac{1}{4}$이 □개이므로 $1\div\frac{1}{4}=$□입니다.

(2) 2는 $\frac{1}{4}$이 □개이므로 $2\div\frac{1}{4}=$□입니다.

힌트 1에서 $\frac{1}{4}$을 몇 번 덜어 낼 수 있는지 그림에서 알아봅니다.

**2-1** □ 안에 알맞은 수를 써넣으시오.

(1) $2\div\frac{2}{3}=\overset{1}{\cancel{2}}\times\frac{\square}{\underset{1}{\cancel{2}}}=\square$

(2) $8\div\frac{3}{5}=8\times\frac{\square}{3}=\frac{\square}{3}=\square\frac{\square}{3}$

힌트 나눗셈을 곱셈으로 바꾸고 나누는 분수의 분모와 분자를 바꾸어 계산합니다.

**3-1** 계산을 하시오.

(1) $5\div\frac{2}{3}$

(2) $7\div\frac{4}{5}$

힌트 $\blacksquare\div\frac{\blacktriangle}{\bullet}=\blacksquare\times\frac{\bullet}{\blacktriangle}$

## 쌍둥이 문제

**1-2** 그림을 보고 □ 안에 알맞은 수를 써넣으시오.

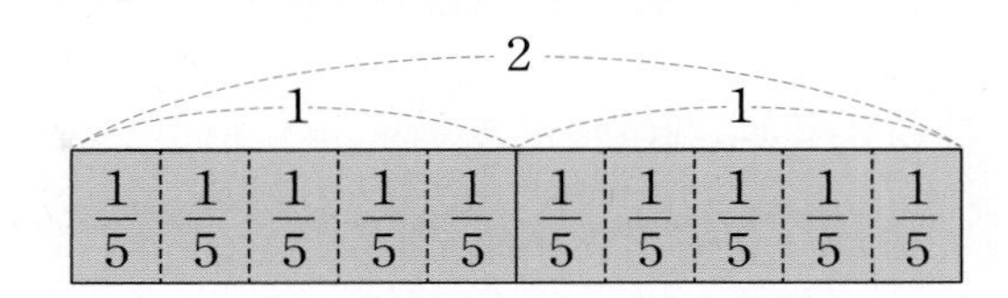


(1) 1은 $\frac{1}{5}$이 □개이므로 $1\div\frac{1}{5}=$□입니다.

(2) 2는 $\frac{1}{5}$이 □개이므로 $2\div\frac{1}{5}=$□입니다.

**2-2** □ 안에 알맞은 수를 써넣으시오.

(1) $3\div\frac{2}{5}=3\times\frac{\square}{\square}=\frac{\square}{\square}=\square\frac{\square}{\square}$

(2) $6\div\frac{5}{7}=6\times\frac{\square}{\square}=\frac{\square}{\square}=\square\frac{\square}{\square}$

**3-2** 계산을 하시오.

(1) $7\div\frac{3}{4}$

(2) $8\div\frac{5}{6}$

1 분수의 나눗셈

## 개념 8 (분수)÷(분수)를 계산해 볼까요(2) – (가분수)÷(분수)

→ 분자가 분모와 같거나 분모보다 큰 분수

개념 동영상

- $\frac{5}{4}\div\frac{2}{3}$의 계산

**방법 1** 통분하여 계산합니다.

$$\frac{5}{4}\div\frac{2}{3}=\frac{15}{12}\div\frac{8}{12}=15\div8=\frac{15}{8}=1\frac{7}{8}$$

**방법 2** 분수의 곱셈으로 바꾸어 계산합니다.

$$\frac{5}{4}\div\frac{2}{3}=\frac{5}{4}\times\frac{3}{2}=\frac{15}{8}=1\frac{7}{8}$$

**• 분수의 나눗셈의 계산 결과가 맞는지 확인하는 방법**

자연수의 나눗셈과 마찬가지로 나누는 수와 계산 결과를 곱했을 때 나누어지는 수가 나오는지 확인합니다.

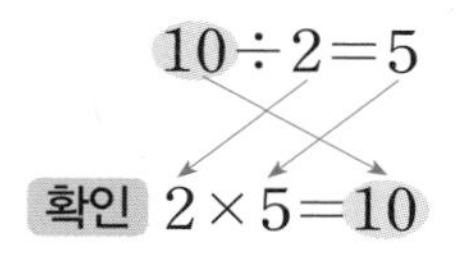

$10\div2=5$

확인 $2\times5=10$

나누는 수와 계산 결과를 곱하면 나누어지는 수가 나오므로 계산 결과는 맞습니다.

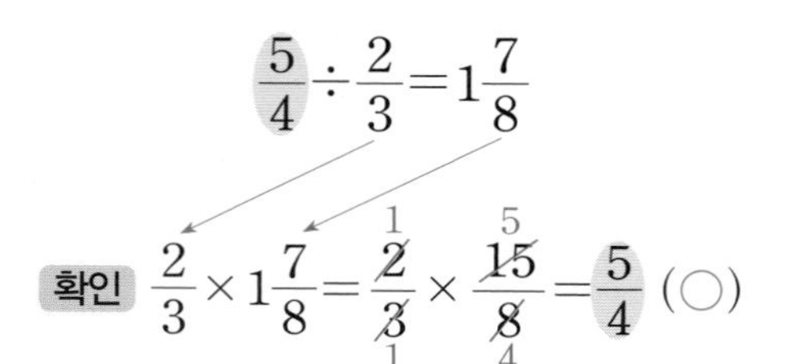

$\frac{5}{4}\div\frac{2}{3}=1\frac{7}{8}$

확인 $\frac{2}{3}\times1\frac{7}{8}=\frac{\cancel{2}^{1}}{\cancel{3}_{1}}\times\frac{\cancel{15}^{5}}{\cancel{8}_{4}}=\frac{5}{4}$ (○)

### 개념 체크

❶ $\frac{10}{7}\div\frac{4}{5}$는 $\frac{7}{10}\times\frac{4}{5}$로 나타내어 계산합니다.
………………( ○ , × )

❷ $\frac{5}{3}\div\frac{2}{5}$를 분수의 곱셈으로 고쳐서 계산하면

$\frac{5}{3}\div\frac{2}{5}=\frac{5}{3}\times\frac{\square}{\square}$

$=\frac{\square}{6}$

$=\square\frac{\square}{\square}$

입니다.

개념 체크 정답 ❶ ×에 ○표 ❷ $\frac{5}{2}$, 25, $4\frac{1}{6}$

## 기본 문제

• 정답은 6쪽

**1-1** $\frac{7}{5} \div \frac{2}{3}$를 분수의 곱셈으로 바르게 고친 것을 찾아 ○표 하시오.

$\frac{7}{5} \times \frac{3}{2}$　　$\frac{5}{7} \times \frac{2}{3}$

(　　　)　(　　　)

힌트 $\div \frac{●}{■}$는 $\times \frac{■}{●}$로 고칩니다.

교과서 유형

**2-1** □ 안에 알맞은 수를 써넣으시오.

(1) $\frac{7}{6} \div \frac{2}{5} = \frac{\square}{30} \div \frac{\square}{30} = \square \div \square$
$= \frac{\square}{\square} = \square\frac{\square}{\square}$

(2) $\frac{7}{6} \div \frac{2}{5} = \frac{7}{6} \times \frac{\square}{\square} = \frac{\square}{\square} = \square\frac{\square}{\square}$

힌트 통분하거나 나눗셈을 곱셈으로 바꾸어 계산합니다.

**3-1** 계산을 하시오.

(1) $\frac{9}{5} \div \frac{2}{3}$

(2) $\frac{11}{7} \div \frac{5}{6}$

힌트 통분하거나 나눗셈을 곱셈으로 바꾸어 계산합니다.

## 쌍둥이 문제

**1-2** $\frac{8}{7} \div \frac{3}{5}$을 분수의 곱셈으로 바르게 고친 것을 찾아 ○표 하시오.

$\frac{8}{7} \times \frac{3}{5}$　　$\frac{8}{7} \times \frac{5}{3}$

(　　　)　(　　　)

**2-2** □ 안에 알맞은 수를 써넣으시오.

(1) $\frac{5}{3} \div \frac{4}{7} = \frac{\square}{21} \div \frac{\square}{21} = \square \div \square$
$= \frac{\square}{\square} = \square\frac{\square}{\square}$

(2) $\frac{5}{3} \div \frac{4}{7} = \frac{5}{3} \times \frac{\square}{\square} = \frac{\square}{\square} = \square\frac{\square}{\square}$

**3-2** 계산을 하시오.

(1) $\frac{7}{6} \div \frac{5}{7}$

(2) $\frac{8}{5} \div \frac{3}{4}$

## 개념 9 (분수)÷(분수)를 계산해 볼까요(3) – (대분수)÷(분수)

• $2\frac{2}{3}\div\frac{4}{5}$의 계산

**방법 1** 대분수를 가분수로 바꾼 후 통분하여 계산합니다.

$$2\frac{2}{3}\div\frac{4}{5}=\frac{8}{3}\div\frac{4}{5}=\frac{40}{15}\div\frac{12}{15}=40\div12=\frac{\overset{10}{\cancel{40}}}{\underset{3}{\cancel{12}}}=\frac{10}{3}=3\frac{1}{3}$$

**방법 2** 대분수를 가분수로 바꾼 후 분수의 곱셈으로 바꾸어 계산합니다.

$$2\frac{2}{3}\div\frac{4}{5}=\frac{8}{3}\div\frac{4}{5}=\frac{\overset{2}{\cancel{8}}}{3}\times\frac{5}{\underset{1}{\cancel{4}}}=\frac{10}{3}=3\frac{1}{3}$$

**주의** 대분수가 있는 분수의 나눗셈에서는 대분수를 가분수로 바꿉니다.

바른 계산 $1\frac{2}{3}\div\frac{3}{4}=\frac{5}{3}\div\frac{3}{4}=\frac{5}{3}\times\frac{4}{3}=\frac{20}{9}=2\frac{2}{9}$

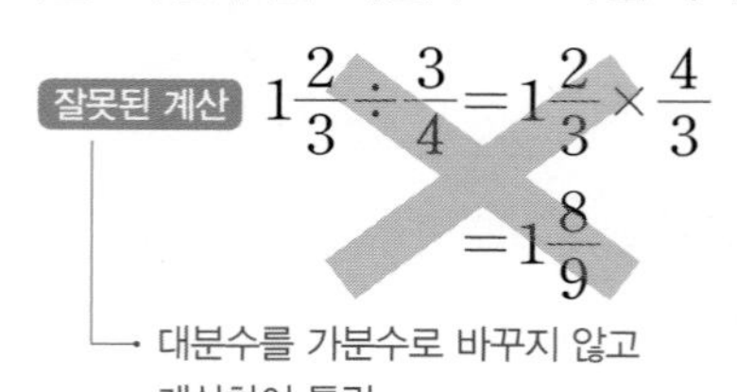

잘못된 계산 $1\frac{2}{3}\div\frac{3}{4}=1\frac{2}{3}\times\frac{4}{3}=1\frac{8}{9}$

대분수를 가분수로 바꾸지 않고 계산하여 틀림.

### 개념 체크

❶ $1\frac{4}{5}\div\frac{2}{3}$에서 $1\frac{4}{5}$를 가분수로 나타내면 $\frac{\square}{5}$이므로

$1\frac{4}{5}\div\frac{2}{3}=\frac{\square}{5}\div\frac{2}{3}$

$=\frac{\square}{5}\times\frac{3}{2}$

$=\frac{\square\times3}{5\times2}$

$=\frac{\square}{10}$

$=\square\frac{\square}{10}$

입니다.

개념 체크 정답 ❶ 9, 9, 9, 9, 27, 2, 7

## 기본 문제

## 쌍둥이 문제

• 정답은 6쪽

**1-1** □ 안에 알맞은 수를 써넣으시오.

$$2\frac{1}{3} \div \frac{6}{7} = \frac{\square}{3} \div \frac{6}{7} = \frac{\square}{21} \div \frac{18}{21}$$
$$= \square \div 18 = \frac{\square}{18}$$
$$= \square\frac{\square}{18}$$

힌트 대분수를 가분수로 바꾼 후 분수를 통분하여 분자끼리의 나눗셈으로 고쳐서 계산합니다.

**1-2** □ 안에 알맞은 수를 써넣으시오.

$$2\frac{3}{4} \div \frac{5}{6} = \frac{\square}{4} \div \frac{5}{6} = \frac{\square}{12} \div \frac{10}{12}$$
$$= \square \div 10 = \frac{\square}{10}$$
$$= \square\frac{\square}{10}$$

교과서 유형

**2-1** □ 안에 알맞은 수를 써넣으시오.

(1) $1\frac{3}{4} \div \frac{3}{5} = \frac{\square}{4} \div \frac{3}{5} = \frac{\square}{4} \times \frac{\square}{3}$
$$= \frac{\square}{12} = \square\frac{\square}{12}$$

(2) $2\frac{4}{5} \div \frac{7}{9} = \frac{\square}{5} \div \frac{7}{9} = \frac{\overset{2}{\cancel{14}}}{5} \times \frac{\square}{\underset{1}{\cancel{7}}}$
$$= \frac{\square}{5} = \square\frac{\square}{5}$$

힌트 대분수를 가분수로 바꾼 후 $\div \frac{●}{■}$는 $\times \frac{■}{●}$로 고칩니다.

**2-2** □ 안에 알맞은 수를 써넣으시오.

(1) $2\frac{2}{3} \div \frac{3}{4} = \frac{\square}{3} \div \frac{3}{4} = \frac{\square}{3} \times \frac{\square}{\square}$
$$= \frac{\square}{9} = \square\frac{\square}{9}$$

(2) $4\frac{1}{2} \div \frac{6}{7} = \frac{\square}{2} \div \frac{6}{7} = \frac{\overset{3}{\cancel{9}}}{2} \times \frac{\square}{\underset{2}{\cancel{6}}}$
$$= \frac{\square}{4} = \square\frac{\square}{4}$$

교과서 유형

**3-1** 계산을 하시오.

(1) $1\frac{1}{4} \div \frac{2}{5}$

(2) $2\frac{3}{7} \div \frac{2}{3}$

힌트 대분수를 가분수로 바꾼 후 분수를 통분하여 계산하거나 $\div \frac{●}{■}$를 $\times \frac{■}{●}$로 고쳐서 계산합니다.

**3-2** 계산을 하시오.

(1) $2\frac{1}{2} \div \frac{3}{7}$

(2) $3\frac{2}{3} \div \frac{6}{7}$

1 분수의 나눗셈

# 개념 확인하기

(자연수) ÷ (분수)

## 개념 7 (분수) ÷ (분수)를 계산해 볼까요 (1)

분수의 곱셈으로 바꾸어 계산합니다.

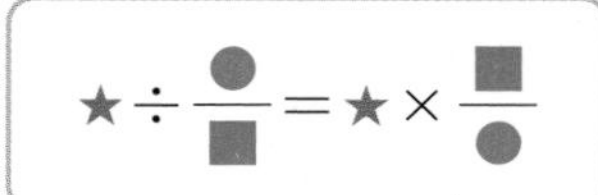

교과서 유형

**01** 계산을 하시오.

(1) $3 \div \frac{5}{7}$

(2) $6 \div \frac{8}{9}$

**02** 자연수를 분수로 나눈 몫을 빈칸에 써넣으시오.

| $\frac{9}{10}$ | 12 |
| --- | --- |
| | |

**03** 계산 결과가 자연수인 것을 찾아 ○표 하시오.

$9 \div \frac{2}{3}$ ( )　　$12 \div \frac{6}{7}$ ( )

**04** 맷돌 무게는 믹서 무게의 몇 배입니까?

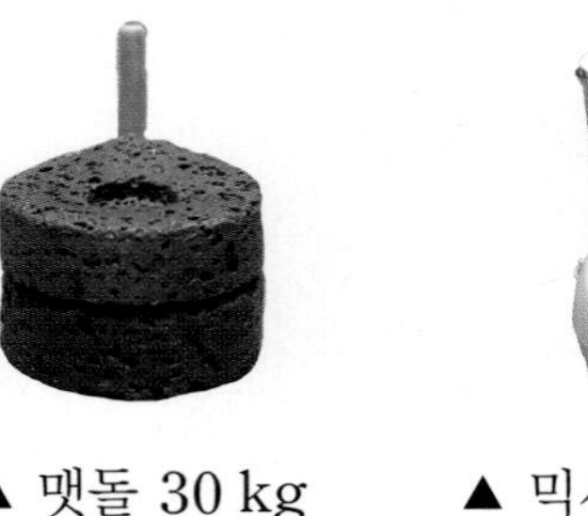

▲ 맷돌 30 kg　　▲ 믹서 $\frac{10}{7}$ kg

( )

(가분수) ÷ (분수)

## 개념 8 (분수) ÷ (분수)를 계산해 볼까요 (2)

분수의 곱셈으로 바꾸어 계산합니다.

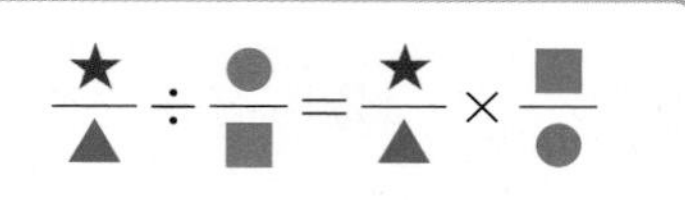

교과서 유형

**05** 계산을 하시오.

(1) $\frac{7}{4} \div \frac{2}{3}$

(2) $\frac{20}{9} \div \frac{3}{5}$

**06** 큰 수를 작은 수로 나눈 몫을 구하시오.

$\frac{6}{7}$　　$\frac{9}{4}$

( )

**07** 계산 결과를 비교하여 ○ 안에 >, =, <를 알맞게 써넣으시오.

$$\frac{16}{3} \div \frac{2}{7} \bigcirc \frac{63}{10} \div \frac{9}{11}$$

**08** □ 안에 들어갈 수 있는 수를 구하시오.

$$\frac{4}{5} \times \square = \frac{15}{8}$$

(                    )

→ (대분수)÷(분수)

## 개념 9 (분수)÷(분수)를 계산해 볼까요(3)

대분수를 가분수로 바꾼 후 분수의 곱셈으로 바꾸어 계산합니다.

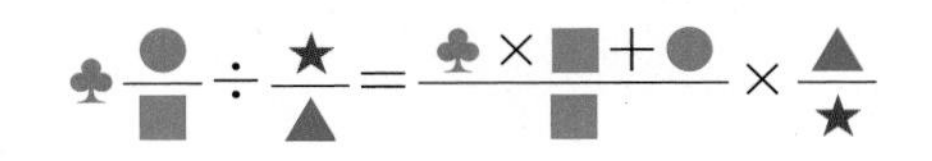

교과서 유형

**09** 계산을 하시오.

(1) $2\frac{1}{5} \div \frac{2}{3}$

(2) $2\frac{2}{3} \div \frac{7}{9}$

**10** 빈칸에 알맞은 수를 써넣으시오.

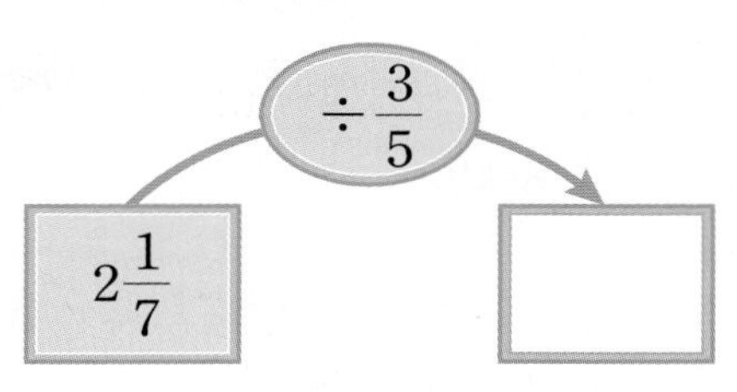


**11** □ 안에 들어갈 수 있는 자연수를 모두 구하시오.

$$4\frac{2}{7} \div \frac{5}{6} > \square$$

(                    )

**12** 학교에서 집까지의 거리는 학교에서 학원까지의 거리의 몇 배입니까?

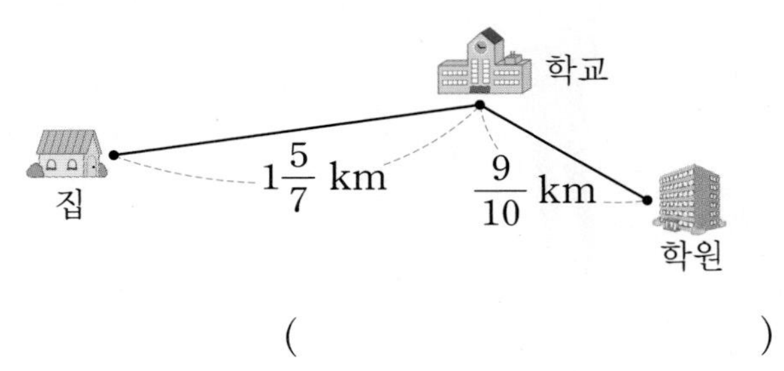


(                    )

• (대분수)÷(분수)

① 대분수를 가분수로 바꿉니다. → ② 나눗셈을 곱셈으로 고칩니다. → ③ 나누는 분수의 분모와 분자를 바꾸어 계산합니다.

$$1\frac{1}{4} \div \frac{2}{3} = \frac{5}{4} \div \frac{2}{3} = \frac{5}{4} \times \frac{3}{2} = \frac{15}{8} = 1\frac{7}{8}$$

# 단원 마무리평가

점수

**01** $\frac{8}{11} \div \frac{2}{11}$의 계산에 대한 설명이 옳으면 ○표, 틀리면 ×표 하시오.

> 분모가 11로 같으므로 분자끼리의 나눗셈 $8 \div 2$의 계산과 같습니다.

(　　　　　　　　)

**02** □ 안에 알맞은 수를 써넣으시오.

(1) $\frac{3}{5} \div \frac{3}{10} = \frac{\square}{10} \div \frac{3}{10} = \square \div 3 = \square$

(2) $\frac{5}{7} \div \frac{3}{4} = \frac{20}{28} \div \frac{\square}{28}$
$= 20 \div \square = \frac{\square}{\square}$

**03** 진호와 같이 계산하시오.

$7 \div \frac{2}{3}$

**04** 계산을 하시오.

(1) $\frac{9}{8} \div \frac{5}{6}$

(2) $\frac{25}{6} \div \frac{5}{8}$

**05** 계산 결과가 가장 큰 것을 찾아 기호를 쓰시오.

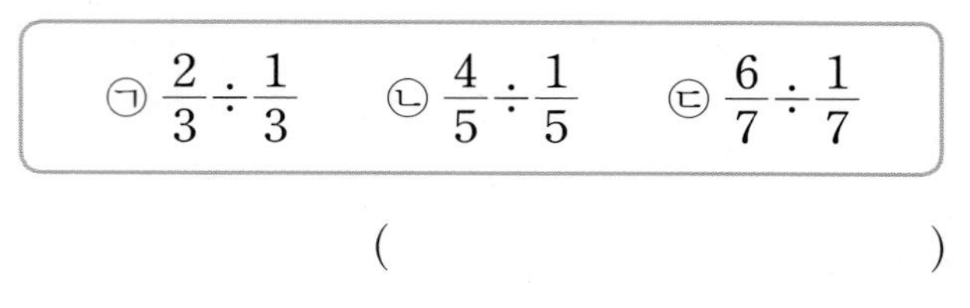
㉠ $\frac{2}{3} \div \frac{1}{3}$　　㉡ $\frac{4}{5} \div \frac{1}{5}$　　㉢ $\frac{6}{7} \div \frac{1}{7}$

(　　　　　　　　)

**06** 계산 결과를 찾아 선으로 이으시오.

| | |
|---|---|
| $9 \div \frac{7}{8}$ • | • $7\frac{1}{2}$ |
| $6 \div \frac{4}{5}$ • | • $10\frac{2}{7}$ |
| | • $12\frac{1}{7}$ |

**07** 계산을 하시오.

(1) $2\frac{2}{3} \div \frac{7}{8}$

(2) $3\frac{2}{5} \div \frac{2}{3}$

**08** 계산 결과가 다른 곳에 있는 동물을 쓰시오.

| $\frac{12}{13} \div \frac{2}{13}$ | $\frac{5}{7} \div \frac{1}{7}$ | $3 \div \frac{1}{2}$ |
|---|---|---|
| 호랑이 | 원숭이 | 돼지 |

(　　　　　　　　)

익힘책 유형

**[09~10] 다음은 잘못 계산한 식입니다. 물음에 답하시오.**

$$2\frac{4}{5} \div \frac{5}{6} = 2\frac{4}{5} \times \frac{6}{5} = 2\frac{24}{25}$$

**09** 계산이 잘못된 이유를 쓰시오.

이유 ______________________

______________________

**10** 바르게 고쳐 계산하시오.

$2\frac{4}{5} \div \frac{5}{6}$ ______________________

**11** 계산 결과가 1보다 큰 것을 찾아 기호를 쓰시오.

㉠ $\frac{7}{9} \div \frac{5}{6}$ ㉡ $\frac{9}{10} \div \frac{4}{5}$

( )

**12** 계산 결과가 자연수인 것을 찾아 기호를 쓰시오.

㉠ $8 \div \frac{4}{3}$ ㉡ $\frac{14}{19} \div \frac{3}{19}$

( )

**13** 포장한 물건에 리본을 한 개씩 붙여 주려고 합니다. 리본 한 개를 만들려면 $\frac{1}{4}$ m가 필요하다고 합니다. 리본을 붙일 수 있는 물건은 모두 몇 개입니까?

리본의 전체 길이가 9 m야.

( )

유사문제

**14** 계산 결과를 비교하여 ○ 안에 >, =, <를 알맞게 써넣으시오.

$3\frac{5}{9} \div \frac{4}{5}$ ○ $\frac{30}{7} \div \frac{3}{5}$

**15** 나눗셈의 몫이 큰 것부터 순서대로 기호를 쓰시오.

㉠ $\frac{8}{9} \div \frac{12}{13}$

㉡ $2\frac{2}{9} \div \frac{5}{6}$

㉢ $1\frac{1}{13} \div \frac{7}{11}$

( )

• 정답은 8쪽

**16** 사다리를 타고 내려가서 빈칸에 계산 결과를 써넣으시오.

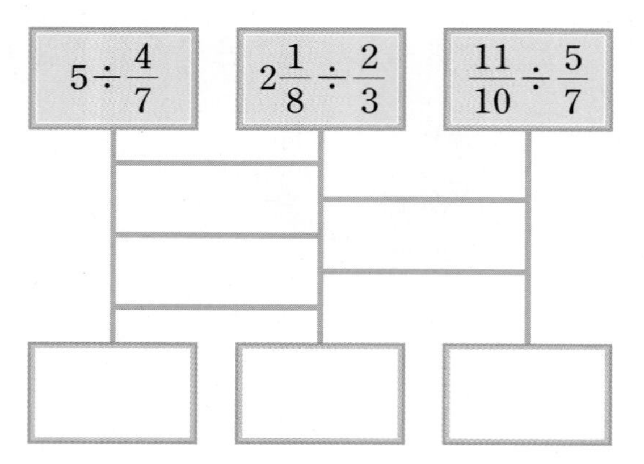

**17** 무게의 단위로 파운드를 사용하는 나라도 있습니다. 1파운드는 약 $\frac{9}{20}$ kg입니다. 수철이의 몸무게가 70 kg일 때 수철이의 몸무게는 약 몇 파운드인지 식을 쓰고 답을 구하시오.

**18** ㉡은 ㉠의 몇 배입니까?

㉠ $3\frac{1}{4}\div\frac{5}{7}$

㉡ $7\frac{1}{2}\div\frac{5}{6}$

(　　　　　　　　)

**19** □ 안에 들어갈 수 있는 자연수는 모두 몇 개인지 구하시오.

$$1\frac{1}{8}\div\frac{2}{7}<\square<6\div\frac{4}{7}$$

(　　　　　　　　)

❶ $1\frac{1}{8}\div\frac{2}{7}$의 값을 구합니다.

❷ $6\div\frac{4}{7}$의 값을 구합니다.

❸ ❶과 ❷에서 구한 값 사이에 있는 자연수를 구하여 개수를 세어 봅니다.

**20** 영아가 어제와 오늘 마신 물의 양입니다. ❶어제와 오늘 마신 물은 ❷오늘 마신 물의 몇 배입니까?

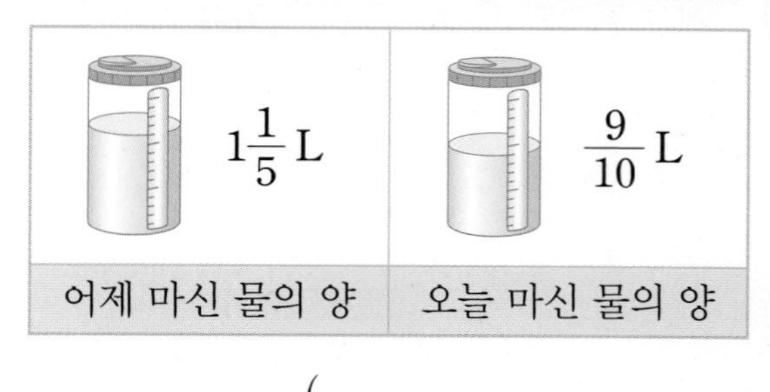


(　　　　　　　　)

❶ 어제와 오늘 마신 물의 양의 합을 구합니다.

❷ ❶에서 구한 값과 오늘 마신 물의 양을 이용하여 나눗셈식을 세웁니다.

# 창의·융합 문제

• 정답은 8쪽

**1** 달의 중력은 지구의 $\frac{1}{6}$입니다. 달에서 몸무게가 5 kg인 늑대는 지구에서의 몸무게를 구하려면 $5 \div \frac{1}{6}$로 계산해야 합니다. 지구에서 가은이 아버지의 몸무게는 몇 kg입니까?

(　　　　　　　　　　)

**2** 그림과 같이 A 도시에서 출발하여 B 도시까지 가는 데 휘발유가 14 L 들었습니다. A 도시와 B 도시 사이의 거리는 몇 km인지 구하시오.

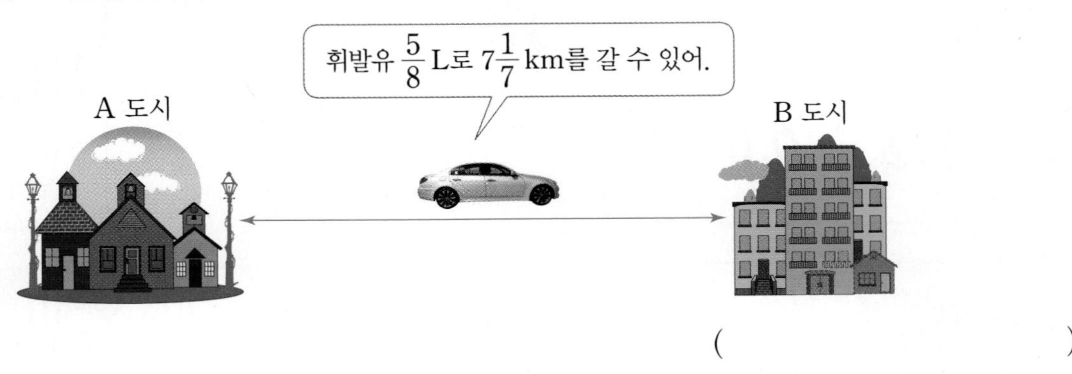


(　　　　　　　　　　)

1 분수의 나눗셈

# 2 소수의 나눗셈

## 제2화 이상형을 찾아 주는 신호기

나누는 수와 나누어지는 수의 소수점을 똑같이 오른쪽으로 한 자리씩 옮겨서 계산할 수 있어.

$$0.6\overline{)4.8} \Rightarrow 0.6\overline{)4.8}$$

$$\begin{array}{r} 8 \\ 0.6\overline{)4.8} \\ 4\ 8 \\ \hline 0 \end{array}$$

**이미 배운 내용**

**[6-1 소수의 나눗셈]**
- (소수)÷(자연수)
- (자연수)÷(자연수)

**[6-2 분수의 나눗셈]**
- (분수)÷(분수)

▶

**이번에 배울 내용**

- **(소수)÷(소수)**
- **(자연수)÷(소수)**
- **몫을 반올림하여 나타내기**
- **나누어 주고 남는 양 알아보기**

▶

**앞으로 배울 내용**

**[중학교]**
- 유리수의 계산

소수 두 자리 수끼리의 나눗셈이므로
나누는 수와 나누어지는 수의 소수점을 똑같이
오른쪽으로 두 자리씩 옮겨서 계산하면 돼.

$$0.26\overline{)1.04} \Rightarrow 0.26\overline{)1.04} \quad 1.04 \div 0.26 = 4, \quad 104 - 104 = 0$$

# 개념 파헤치기

## 개념 1 (소수)÷(소수)를 알아볼까요 (1)

• 자연수의 나눗셈을 이용하여 소수의 나눗셈 계산하기

예 $138 \div 6$을 이용하여 $13.8 \div 0.6$과 $1.38 \div 0.06$을 계산하기

$13.8 \div 0.6$ → (10배, 10배) → $138 \div 6 = 23$

$13.8 \div 0.6 = 23$

$1.38 \div 0.06$ → (100배, 100배) → $138 \div 6 = 23$

$1.38 \div 0.06 = 23$

나눗셈에서 나누는 수와 나누어지는 수에 같은 수를 곱하여도 몫은 변하지 않아요!

$13.8 \div 0.6$, $1.38 \div 0.06$을 각각 나누는 수와 나누어지는 수에 똑같이 10배, 100배를 하면 $138 \div 6$이 되어 몫이 같습니다.

• (자연수)÷(자연수)를 이용하여 (소수)÷(소수) 계산하는 방법

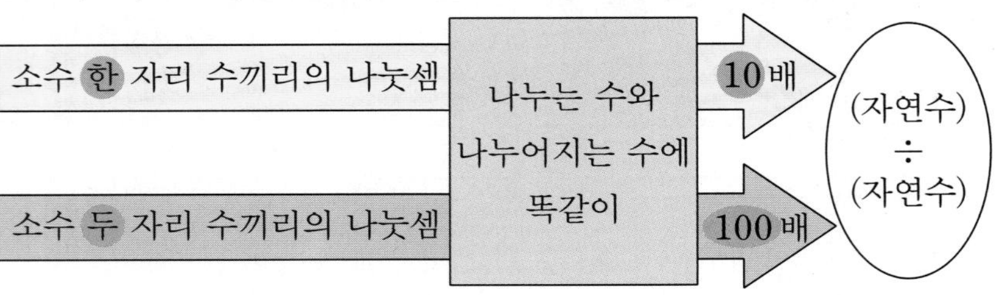


### 개념 체크

❶ $11.5 \div 0.5$에서 나누는 수와 나누어지는 수에 똑같이 10배를 하면 $115 \div$ □ $=$ □ 이 됩니다. 따라서 $11.5 \div 0.5 =$ □ 입니다.

❷ $1.68 \div 0.07$에서 나누는 수와 나누어지는 수에 똑같이 100배를 하면 $168 \div$ □ $=$ □ 가 됩니다. 따라서 $1.68 \div 0.07 =$ □ 입니다.

나누는 수와 나누어지는 수에 똑같이 10배를 하면 $12.6 \div 0.6 = 126 \div 6 = 21$이군.

$12.6 \div 0.6$ → (10배, 10배) → $126 \div 6 = 21$

$12.6 \div 0.6 = 21$

개념 체크 정답 ❶ 5, 23, 23 ❷ 7, 24, 24

## 기본 문제

## 쌍둥이 문제

• 정답은 10쪽

교과서 유형

**1-1** 색 테이프 23.4 cm를 0.9 cm씩 자르려고 합니다. 색 테이프를 몇 도막으로 자를 수 있는지 알아보시오.

(1) 색 테이프를 몇 도막으로 자를 수 있는지 구하는 소수의 나눗셈식을 쓰시오.

□ ÷ □

(2) cm를 mm로 바꾸어 계산하시오.

23.4 cm=□ mm, 0.9 cm=9 mm

23.4 cm를 0.9 cm씩 자르는 것은 □ mm를 9 mm씩 자르는 것과 같습니다.

⇨ 23.4÷0.9=□÷9
=□

힌트 1 cm=10 mm이므로 23.4 cm와 0.9 cm를 mm 단위로 나타내어 자연수의 나눗셈으로 고칩니다.

**1-2** 철사 1.84 m를 0.08 m씩 잘라 열쇠고리를 만들려고 합니다. 열쇠고리를 몇 개 만들 수 있는지 알아보시오.

(1) 열쇠고리를 몇 개 만들 수 있는지 구하는 소수의 나눗셈식을 쓰시오.

□ ÷ □

(2) m를 cm로 바꾸어 계산하시오.

1.84 m=□ cm, 0.08 m=8 cm

1.84 m를 0.08 m씩 자르는 것은 □ cm를 8 cm씩 자르는 것과 같습니다.

⇨ 1.84÷0.08=□÷8
=□

익힘책 유형

**2-1** 소수의 나눗셈을 자연수의 나눗셈을 이용하여 계산하시오.

25.6 ÷ 0.8
□배 10배
□ ÷ □ = □

25.6÷0.8=□

힌트 나누는 수와 나누어지는 수에 똑같이 ■배를 하면 몫은 변하지 않습니다.

**2-2** 소수의 나눗셈을 자연수의 나눗셈을 이용하여 계산하시오.

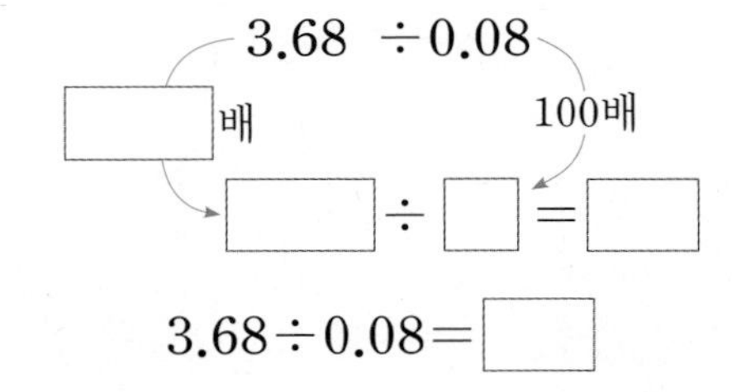


3.68÷0.08=□

**3-1** 자연수의 나눗셈을 이용하여 □ 안에 알맞은 수를 써넣으시오.

72÷6=□ ⇨ 7.2÷0.6=□

힌트 소수의 나눗셈을 자연수의 나눗셈이 되도록 고쳐 봅니다.

**3-2** 자연수의 나눗셈을 이용하여 □ 안에 알맞은 수를 써넣으시오.

245÷5=□ ⇨ 2.45÷0.05=□

2 소수의 나눗셈

## 개념 2 (소수)÷(소수)를 알아볼까요(2)

• 자릿수가 같은 (소수)÷(소수)

| | 2.8÷0.4의 계산 | 1.05÷0.15의 계산 |
|---|---|---|
| 방법 1 분수의 나눗셈으로 계산하기 | $2.8\div0.4=\frac{28}{10}\div\frac{4}{10}$ $=28\div4$ $=7$ | $1.05\div0.15=\frac{105}{100}\div\frac{15}{100}$ $=105\div15$ $=7$ |
| 방법 2 세로로 계산하기 | 나누는 수와 나누어지는 수의 소수점을~ / 오른쪽으로 한 자리씩 옮기면 돼! / $0.4\overline{)2.8}$ → 몫 7, 28, 0 | 이번에도 한 자리씩만 옮기면 될까? / 아니, 소수 두 자리 수이므로 오른쪽으로 두 자리씩 옮겨야 해! / $0.15\overline{)1.05}$ → 몫 7, 105, 0 |

⇨ 몫의 소수점은 나누어지는 수의 옮긴 소수점의 위치와 같습니다.

### 개념 체크

❶ (소수 한 자리 수)÷(소수 한 자리 수)는 나누는 수와 나누어지는 수의 소수점을 각각 오른쪽으로 ( 한 , 두 ) 자리씩 옮겨서 (자연수)÷(자연수)로 계산합니다.

❷ (소수 두 자리 수)÷(소수 두 자리 수)는 나누는 수와 나누어지는 수의 소수점을 각각 오른쪽으로 ( 한 , 두 ) 자리씩 옮겨서 계산합니다.

개념 체크 정답 ❶ 한에 ○표 ❷ 두에 ○표

## 기본 문제

## 쌍둥이 문제

• 정답은 10쪽

교과서 유형

**1-1** □ 안에 알맞은 수를 써넣으시오.

(1) $3.2 \div 0.8 = \dfrac{32}{10} \div \dfrac{8}{10}$
$= □ \div □ = □$

(2) $1.98 \div 0.22 = \dfrac{198}{100} \div \dfrac{□}{100}$
$= □ \div □ = □$

힌트 소수 한 자리 수는 분모가 10인 분수로 고치고 소수 두 자리 수는 분모가 100인 분수로 고친 후 분자끼리의 나눗셈으로 계산합니다.

**1-2** □ 안에 알맞은 수를 써넣으시오.

(1) $2.4 \div 0.3 = \dfrac{□}{10} \div \dfrac{3}{10}$
$= □ \div □ = □$

(2) $13.84 \div 1.73 = \dfrac{1384}{100} \div \dfrac{□}{100}$
$= □ \div □$
$= □$

**2-1** □ 안에 알맞은 수를 써넣으시오.

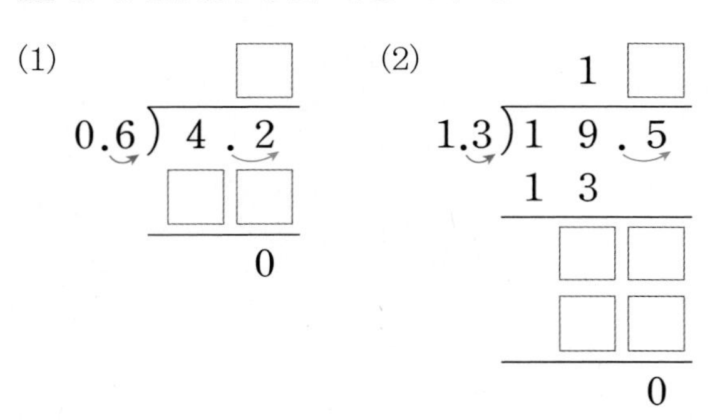


힌트 나누는 수와 나누어지는 수의 소수점을 각각 오른쪽으로 한 자리씩 옮겨서 계산합니다.

**2-2** □ 안에 알맞은 수를 써넣으시오.

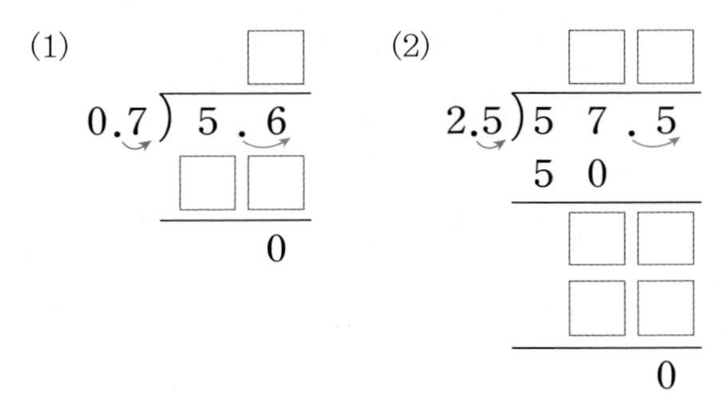


**3-1** □ 안에 알맞은 수를 써넣으시오.

```
          1 □
2.09)2 7 . 1 7
     2 0 9
     □ □ □
     □ □ □
         0
```

힌트 나누는 수와 나누어지는 수의 소수점을 각각 오른쪽으로 두 자리씩 옮겨서 계산합니다.

**3-2** □ 안에 알맞은 수를 써넣으시오.

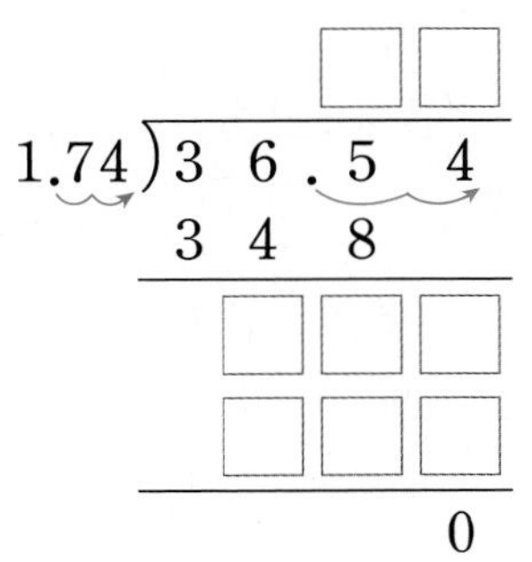


2 소수의 나눗셈

# 개념 확인하기

자연수의 나눗셈을 이용하여 소수의 나눗셈 계산하기

## 개념 1 (소수)÷(소수)를 알아볼까요 (1)

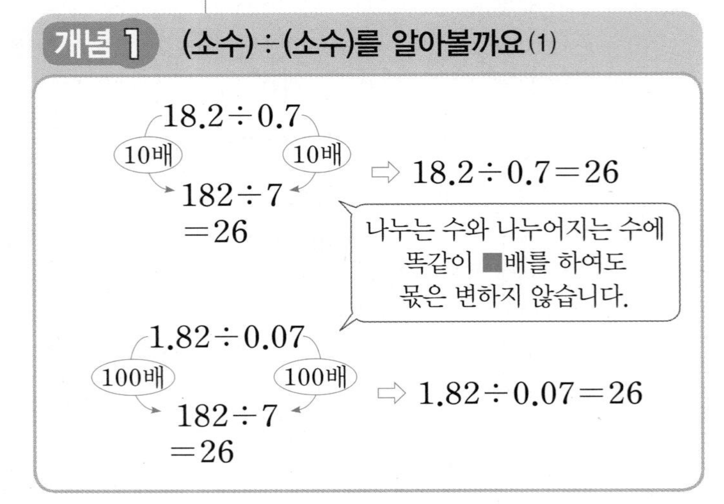


익힘책 유형

**01** 색 테이프 1.5 m를 0.3 m씩 잘라 리본을 만들려고 합니다. 그림을 0.3 m씩 나누어 보고 리본을 몇 개 만들 수 있는지 구하시오.

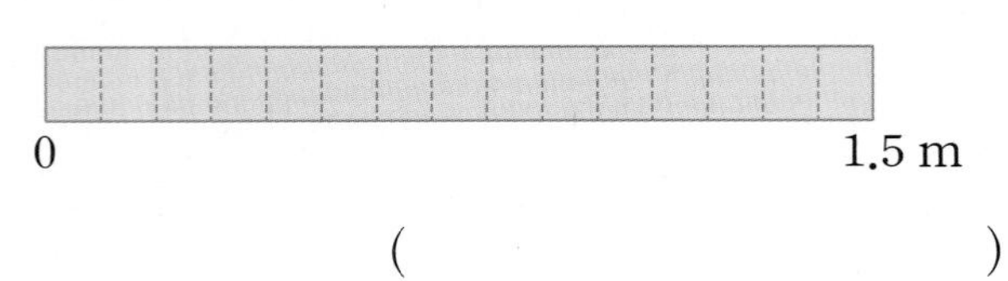


( )

교과서 유형

**02** 소수의 나눗셈을 자연수의 나눗셈을 이용하여 계산하시오.

(1)

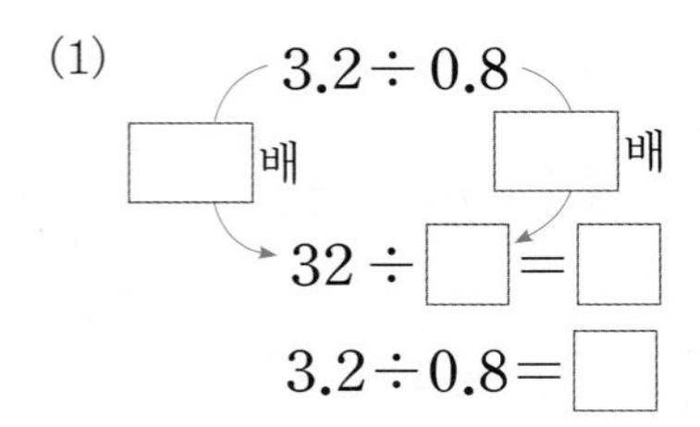


(2)

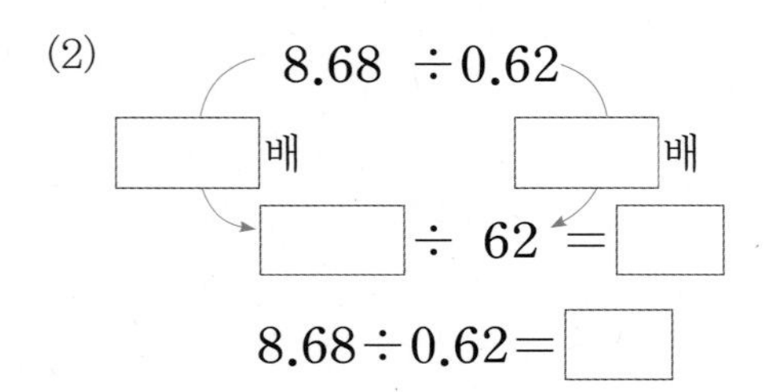


**03** 자연수의 나눗셈을 하고 □ 안에 알맞은 수를 써넣으시오.

231÷33=7

23.1÷3.3=□

2.31÷0.33=□

**04** 종이띠 17.5 cm를 0.7 cm씩 잘라 종이 꽃가루를 만들려고 합니다. cm를 mm로 바꾸어 종이 꽃가루를 몇 개 만들 수 있는지 알아보시오.

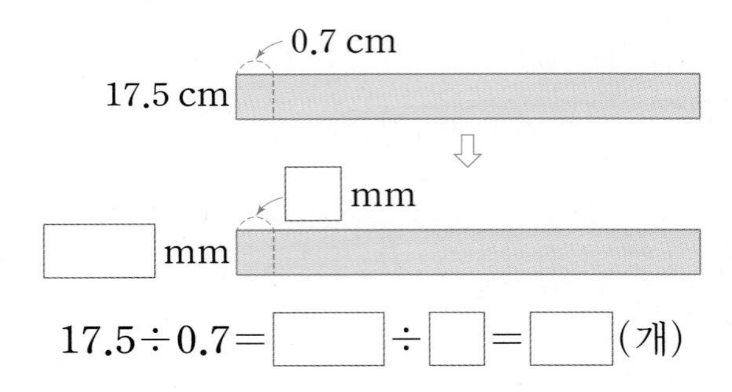


17.5÷0.7=□÷□=□(개)

**05** 막대 1.26 m를 0.14 m씩 자르려고 합니다. m를 cm로 바꾸어 몇 도막이 되는지 알아보시오.

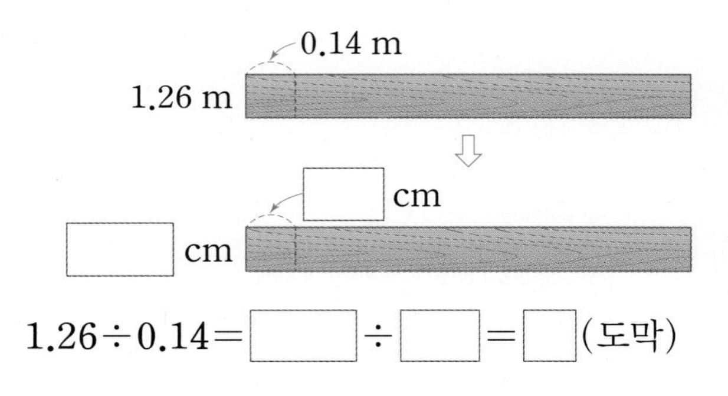


1.26÷0.14=□÷□=□(도막)

자릿수가 같은 (소수)÷(소수)

## 개념 2 (소수)÷(소수)를 알아볼까요 (2)

$$0.4\overline{)2.4}=6,\quad 24,\ 0$$

$$0.46\overline{)3.68}=8,\quad 368,\ 0$$

① 나누는 수와 나누어지는 수의 소수점을 똑같이 옮겨 계산합니다.
② 몫을 쓸 때 옮긴 소수점의 위치에서 소수점을 찍습니다.

**06** 보기 와 같이 분수의 나눗셈으로 계산하시오.

보기

$2.8\div0.7=\frac{28}{10}\div\frac{7}{10}=28\div7=4$

$5.4\div0.9$ ______________

**07** 계산을 하시오.

(1)

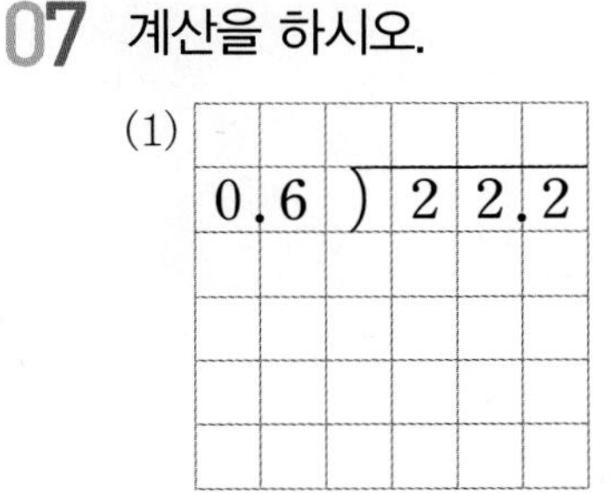


(2) $3.81\overline{)60.96}$

**08** 빈칸에 알맞은 수를 써넣으시오.

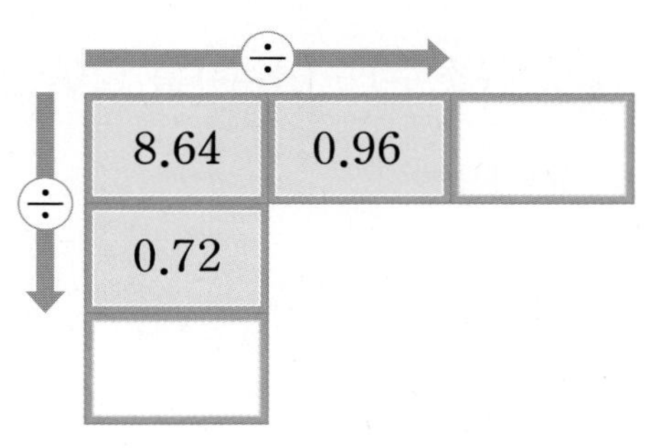


**09** 물 13.2 L가 있습니다. 물을 물통 한 개에 1.2 L씩 담는다면 물을 몇 개의 물통에 담을 수 있습니까?

( )

**10** 평행사변형의 넓이가 40.88 $cm^2$입니다. 이 평행사변형의 높이는 몇 cm입니까?

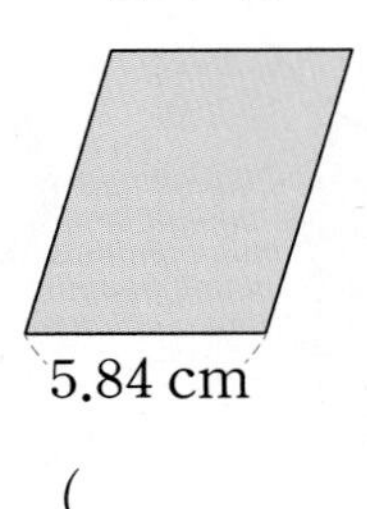


( )

소수의 나눗셈을 세로로 계산할 때 나누는 수와 나누어지는 수의 소수점을 똑같이 옮겨 계산합니다. 이때 몫의 소수점은 옮긴 소수점의 위치에 찍습니다.

잘못된 계산: $0.9\overline{)4.5}=0.5$ ✕, $0.37\overline{)2.22}=0.06$ ✕

바른 계산: $0.9\overline{)4.5}=5$ ○, $0.37\overline{)2.22}=6$ ○

2 소수의 나눗셈

# 개념 파헤치기

## 개념 3 (소수)÷(소수)를 알아볼까요 (3) – 자릿수가 다른 (소수)÷(소수)

• 2.64÷1.1의 계산

$2.64 \div 1.1 = 2.4 \Rightarrow 264 \div 110 = 2.4$ (나누어지는 수 100배, 나누는 수 100배)

$2.64 \div 1.1 = 2.4 \Rightarrow 26.4 \div 11 = 2.4$ (나누어지는 수 10배, 나누는 수 10배)

$$\begin{array}{r} 2.4 \\ 1.10\overline{)2.640} \\ \underline{220} \\ 440 \\ \underline{440} \\ 0 \end{array}$$

소수점을 오른쪽으로 두 자리씩 옮기기!

$$\begin{array}{r} 2.4 \\ 1.1\overline{)2.64} \\ \underline{22} \\ 44 \\ \underline{44} \\ 0 \end{array}$$

소수점을 오른쪽으로 한 자리씩 옮기기!

• **자릿수가 다른 (소수)÷(소수) 계산 방법**

① 나누는 수와 나누어지는 수의 소수점을 똑같이 옮겨 계산합니다.

② 몫을 쓸 때 옮긴 소수점의 위치에서 소수점을 찍습니다.

### 개념 체크

❶ (소수 두 자리 수)÷(소수 한 자리 수)는 나누는 수와 나누어지는 수의 소수점을 각각 ( 오른 , 왼 )쪽으로 한 자리씩 옮겨서 계산할 수 있습니다.

❷ 1.1과 같은 소수 한 자리 수를 100배 한 경우 수의 마지막 끝에 □을 적어 나타냅니다.

나누는 수와 나누어지는 수의 소수점을 각각 오른쪽으로 한 자리씩 옮겨 계산할 수 있음!

$$3.7\overline{)9.25} \rightarrow 3.7\overline{)9.25} \rightarrow \begin{array}{r} 2.5 \\ 37\overline{)92.5} \\ \underline{74} \\ 185 \\ \underline{185} \\ 0 \end{array} \qquad \begin{array}{r} 2.5 \\ 3.7\overline{)9.25} \\ \underline{74} \\ 185 \\ \underline{185} \\ 0 \end{array}$$

개념 체크 정답 ❶ 오른에 ○표 ❷ 0

## 기본 문제

## 쌍둥이 문제

• 정답은 11쪽

교과서 유형

**1-1** 나눗셈을 보고 알맞은 수에 ○표 하시오.

```
         2 3
1.60)3.6 8 0
     3 2 0
     -----
       4 8 0
       4 8 0
       -----
           0
```

3.68÷1.6의 몫은 ( 2.3 , 23 )입니다.

힌트 몫을 쓸 때 옮긴 소수점의 위치에서 소수점을 찍습니다.

**1-2** 나눗셈을 보고 알맞은 수에 ○표 하시오.

```
       6 7
4.4)2 9.4 8
    2 6 4
    -----
      3 0 8
      3 0 8
      -----
          0
```

29.48÷4.4의 몫은 ( 0.67 , 6.7 )입니다.

**2-1** □ 안에 알맞은 수를 써넣으시오.

```
          4 .□
2.30)9. 6  6  0
     9  2  0
     ---------
        □ □ □
        □ □ □
        -------
              0
```

힌트 나누는 수와 나누어지는 수의 소수점을 각각 오른쪽으로 두 자리씩 옮겨서 계산합니다.

**2-2** □ 안에 알맞은 수를 써넣으시오.

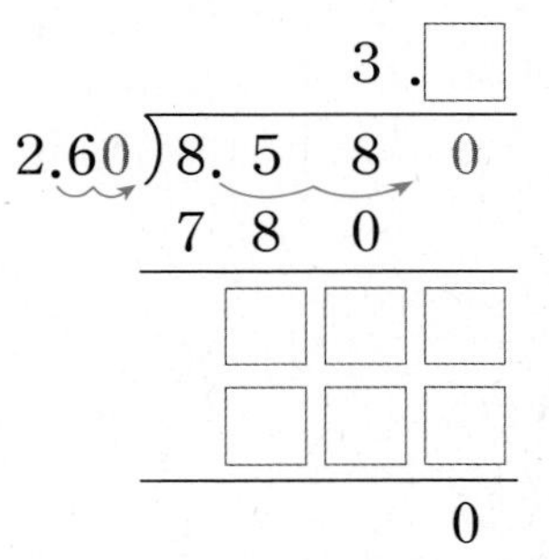

**3-1** □ 안에 알맞은 수를 써넣으시오.

```
           4 .□
3.8) 1  8 . 6  2
     □ □ □
     ------------
        □ □ □
        □ □ □
        ---------
               0
```

힌트 나누는 수와 나누어지는 수의 소수점을 각각 오른쪽으로 한 자리씩 옮겨서 계산합니다.

**3-2** □ 안에 알맞은 수를 써넣으시오.

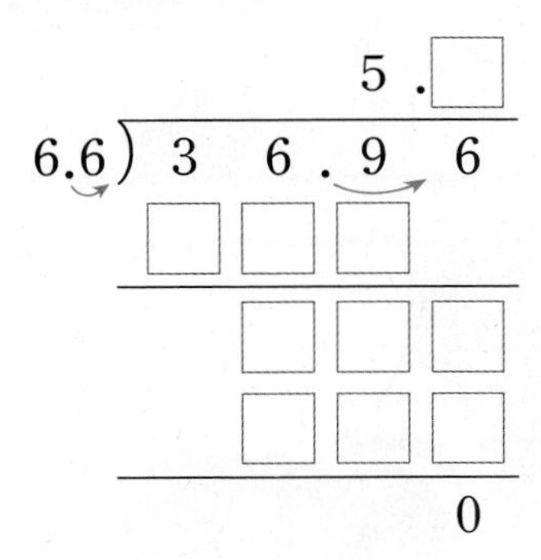

2 소수의 나눗셈

## 개념 4 (자연수)÷(소수)를 알아볼까요

• (자연수)÷(소수 한 자리 수), (자연수)÷(소수 두 자리 수)

| | 12÷2.4의 계산 | 6÷0.24의 계산 |
|---|---|---|
| 방법 1 분수의 나눗셈으로 계산하기 | $12\div2.4=\frac{120}{10}\div\frac{24}{10}=120\div24=5$ | $6\div0.24=\frac{600}{100}\div\frac{24}{100}=600\div24=25$ |
| 방법 2 세로로 계산하기 | $2.4\overline{)12.0}$ → 몫 5, 120, 0<br>나누는 수와 나누어지는 수의 소수점을 오른쪽으로 한 자리씩 옮겨! | $0.24\overline{)6.00}$ → 몫 25, 48, 120, 120, 0<br>나누는 수와 나누어지는 수의 소수점을 오른쪽으로 두 자리씩 옮겨! |

### 개념 체크

❶ (자연수)÷(소수 한 자리 수)는 나누는 수와 나누어지는 수의 소수점을 각각 오른쪽으로 ( 한 , 두 ) 자리씩 옮겨서 계산합니다.

❷ (자연수)÷(소수 두 자리 수)는 분모가 100인 분수로 고쳐서 분수의 나눗셈으로 계산합니다. ( ○ , × )

(자연수)÷(소수 한 자리 수)는 나누는 수가 자연수가 되도록 나누는 수와 나누어지는 수의 소수점을 각각 오른쪽으로 한 자리씩 옮겨서 계산하면 부품은 5덩어리군.

$2.4\overline{)12.0}$ → 몫 5, 120, 0

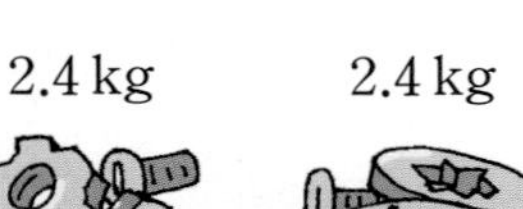

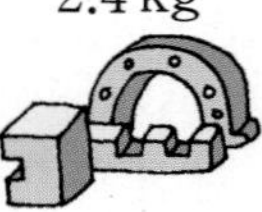

개념 체크 정답 ❶ 한에 ○표 ❷ ○에 ○표

## 기본 문제

## 쌍둥이 문제

• 정답은 11쪽

교과서 유형

**1-1** □ 안에 알맞은 수를 써넣으시오.

$$6 \div 1.5 = \frac{60}{10} \div \frac{15}{10}$$
$$= \square \div \square$$
$$= \square$$

힌트 자연수와 소수 한 자리 수를 분모가 10인 분수로 고치고, 분자끼리의 나눗셈으로 계산합니다.

**1-2** □ 안에 알맞은 수를 써넣으시오.

$$11 \div 2.75 = \frac{1100}{100} \div \frac{275}{100}$$
$$= \square \div \square$$
$$= \square$$

익힘책 유형

**2-1** □ 안에 알맞은 수를 써넣으시오.

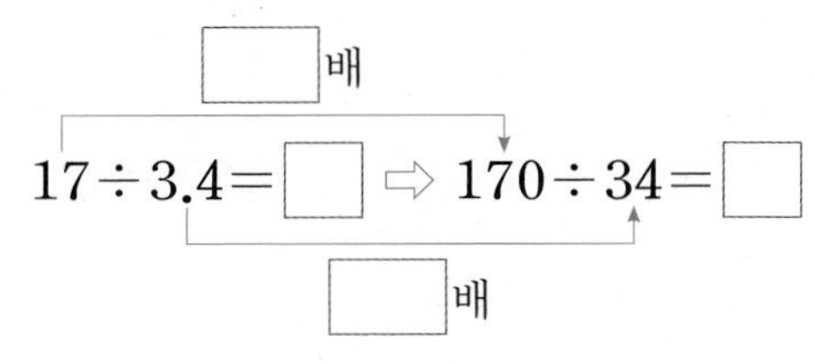


힌트 나누는 수가 자연수가 되도록 곱한 수만큼 나누어지는 수에도 똑같이 곱합니다.

**2-2** □ 안에 알맞은 수를 써넣으시오.

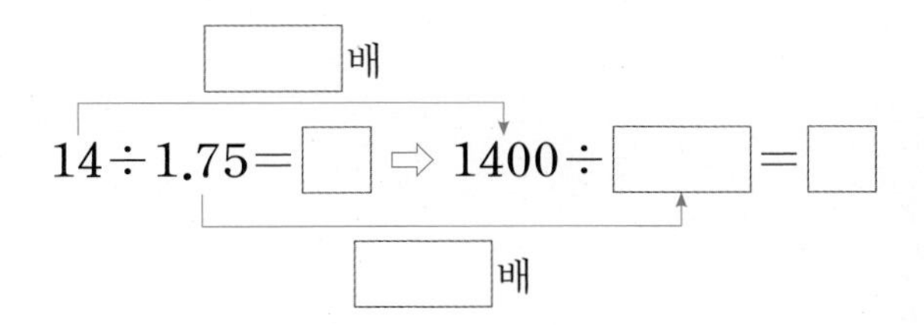


**3-1** □ 안에 알맞은 수를 써넣으시오.

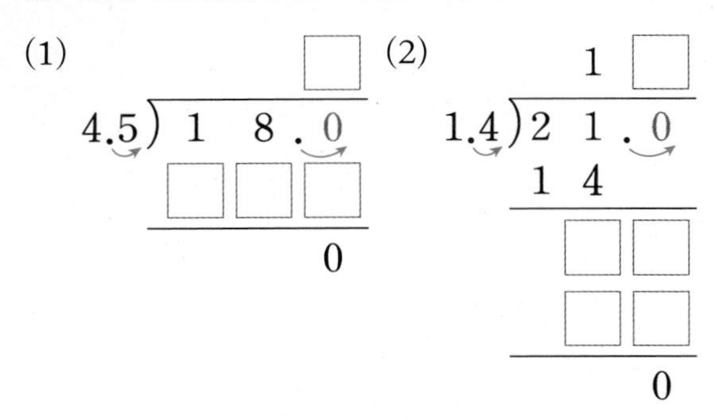


힌트 나누는 수가 자연수가 되도록 나누는 수와 나누어지는 수의 소수점을 각각 오른쪽으로 한 자리씩 옮겨서 계산합니다.

**3-2** □ 안에 알맞은 수를 써넣으시오.

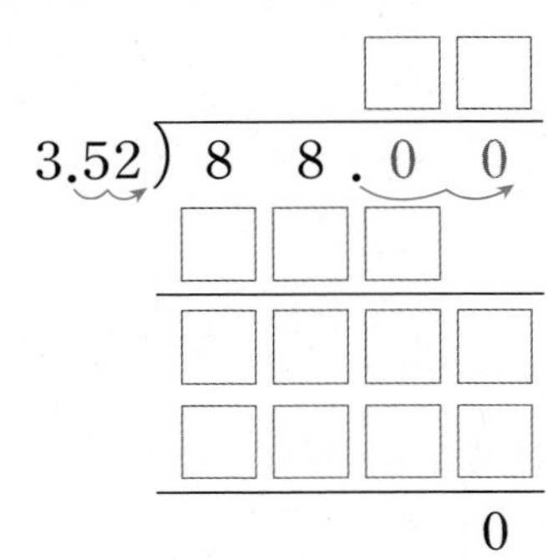


2 소수의 나눗셈

# 개념 확인하기

자릿수가 다른 (소수)÷(소수)

## 개념 3 (소수)÷(소수)를 알아볼까요 (3)

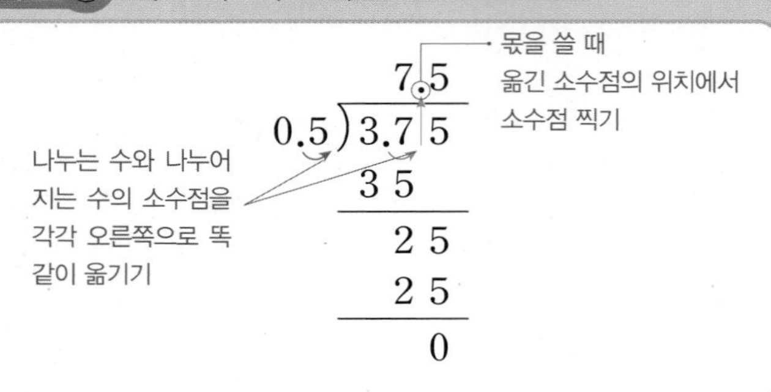


교과서 유형

**01** 계산을 하시오.

(1)

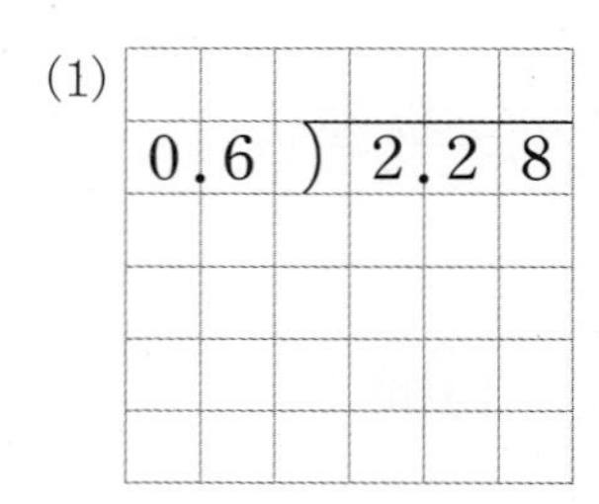


(2) $3.5\overline{)8.75}$

**02** 빈칸에 알맞은 수를 써넣으시오.

6.48 →(÷1.8)→ ☐

익힘책 유형

**03** 계산 결과를 비교하여 ○ 안에 >, =, <를 알맞게 써넣으시오.

5.32÷1.9 ○ 9.03÷4.3

**04** 다음은 잘못 계산한 식입니다. 바르게 고쳐 보시오.

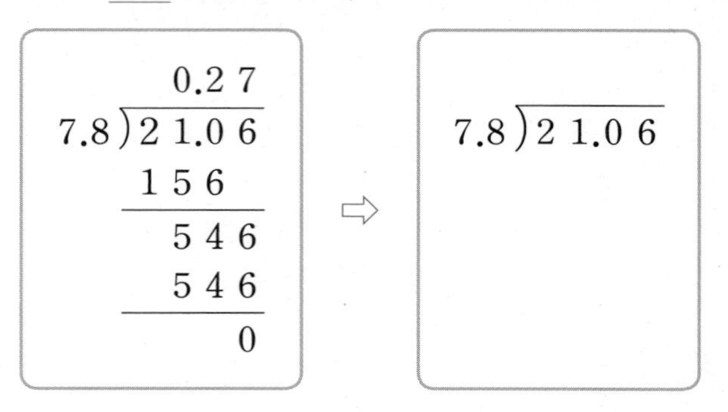


**05** 큰 수를 작은 수로 나눈 몫을 구하시오.

3.9　　25.35

(　　　　　　　　)

**06** 김홍도의 대표적인 그림인 '서당'입니다. 이 직사각형 그림의 넓이가 $595.84\text{ cm}^2$일 때 세로는 몇 cm입니까?

▲ 서당

(　　　　　　　　)

**07** ☐ 안에 알맞은 수를 써넣으시오.

☐×3.6=7.56

→ (자연수)÷(소수 한 자리 수), (자연수)÷(소수 두 자리 수)

## 개념 4 (자연수)÷(소수)를 알아볼까요

• $21\div4.2=\frac{210}{10}\div\frac{42}{10}$ 
소수 한 자리 수이므로 분모가 10인 분수로!
$=210\div42$
$=5$

$4.2\overline{)21.0}$, 몫 5 (오른쪽으로 한 자리 옮기기) 
210 
0

• $1\div0.25=\frac{100}{100}\div\frac{25}{100}$ 
소수 두 자리 수이므로 분모가 100인 분수로!
$=100\div25$
$=4$

$0.25\overline{)1.00}$, 몫 4 (오른쪽으로 두 자리 옮기기) 
100 
0

**08** 보기 와 같이 분수의 나눗셈으로 계산하시오.

보기

$10\div1.25=\frac{1000}{100}\div\frac{125}{100}$
$=1000\div125=8$

$13\div3.25$ ________________

교과서 유형

**09** 계산을 하시오.

(1) $3.5\overline{)21}$

(2) $4.75\overline{)19}$

**[10~11]** □ 안에 알맞은 수를 써넣으시오.

**10** $45\div9=$ □

$45\div0.9=$ □

$45\div0.09=$ □

**11** $1.84\div0.08=$ □

$18.4\div0.08=$ □

$184\div0.08=$ □

**12** 엄마의 몸무게는 민우 몸무게의 몇 배입니까?

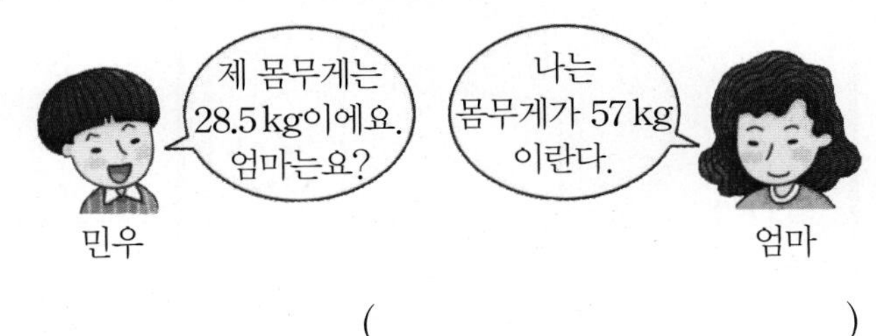


(                    )

2 소수의 나눗셈

해결의 창

(자연수)÷(소수)에서 소수점을 옮겨서 계산하는 경우, 몫의 소수점은 옮긴 위치에 찍어야 합니다.

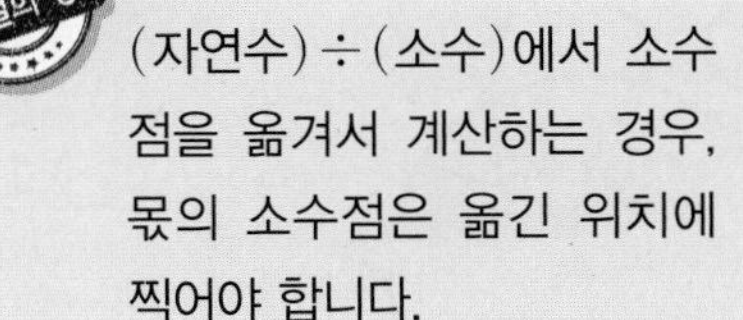

잘못된 계산

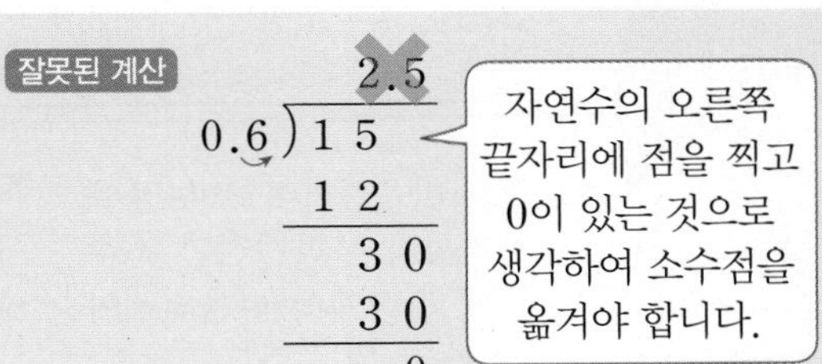


바른 계산

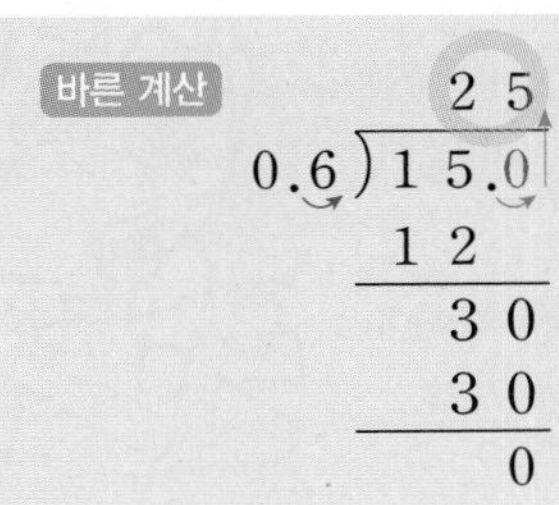

# STEP 1 개념 파헤치기

## 개념 5 몫을 반올림하여 나타내어 볼까요

반올림: 구하려는 자리 바로 아래 자리의 숫자가 0, 1, 2, 3, 4이면 버리고, 5, 6, 7, 8, 9이면 올리는 방법

개념 동영상

- 7.9÷7의 몫을 반올림하여 자연수로 나타내기

몫을 소수 첫째 자리에서 반올림

난 5보다 작아서 올라갈 수 없어.

1.1 → 1

- 7.9÷7의 몫을 반올림하여 소수 첫째 자리까지 나타내기

몫을 소수 둘째 자리에서 반올림

난 5보다 작아서 올라갈 수 없어.

1.12 → 1.1

- 7.9÷7의 몫을 반올림하여 소수 둘째 자리까지 나타내기

몫을 소수 셋째 자리에서 반올림

난 5보다 커서 올라갈 수 있지!

1.128 → 1.13

7.9÷7=1.128······ 반올림하여 나타낼 때에는 구하려는 자리 바로 아래 자리의 숫자를 살펴봐!

### 개념 체크

❶ 몫이 간단한 소수로 구해지지 않을 경우 몫을 반올림하여 나타내면 좋습니다. ( ○ , × )

❷ 몫을 반올림하여 소수 첫째 자리까지 나타내려면 몫을 소수 ( 둘째 , 셋째 ) 자리에서 반올림해야 합니다.

① 몫을 반올림하여 소수 첫째 자리까지 나타내려면 소수 둘째 자리에서 반올림해야 해.
27.5÷7=3.92······ → 3.9

② 몫을 반올림하여 소수 둘째 자리까지 나타내려면 소수 셋째 자리에서 반올림해야 한다고~ 멍!
27.5÷7=3.928······ → 3.93

```
      3.9 2 8
 7)2 7.5 0 0
   2 1
     6 5
     6 3
       2 0
       1 4
         6 0
         5 6
           4
```



개념 체크 정답 ❶ ○에 ○표 ❷ 둘째에 ○표

## 기본 문제

## 쌍둥이 문제

• 정답은 13쪽

교과서 유형

**1-1** 오른쪽 나눗셈식을 보고 □ 안에 알맞은 말이나 수를 써넣으시오.

4.4÷3의 몫을 반올림하여 소수 둘째 자리까지 나타내려면 소수 □ 자리에서 반올림해야 하므로 몫은 □입니다.

```
      1.4 6 6
  3 ) 4.4 0 0
      3
      1 4
      1 2
        2 0
        1 8
          2 0
          1 8
            2
```

힌트 구하려는 자리 바로 아래의 숫자가 0, 1, 2, 3, 4이면 버리고 5, 6, 7, 8, 9이면 올리는 방법이 반올림입니다.

**1-2** 오른쪽 나눗셈식을 보고 □ 안에 알맞은 말이나 수를 써넣으시오.

23.05÷6의 몫을 반올림하여 소수 첫째 자리까지 나타내려면 소수 □ 자리에서 반올림해야 하므로 몫은 □입니다.

```
        3.8 4 1
  6 ) 2 3.0 5 0
      1 8
        5 0
        4 8
          2 5
          2 4
            1 0
              6
              4
```

**2-1** 16÷7의 몫을 보고 물음에 답하시오.

(1) 몫을 소수 둘째 자리까지 계산하시오.

7)16

(2) 몫을 반올림하여 자연수로 나타내시오.

( )

(3) 몫을 반올림하여 소수 첫째 자리까지 나타내시오.

( )

힌트 몫을 반올림하여 나타내려면 구하려는 자리보다 한 자리 아래에서 반올림해야 합니다.

**2-2** 1.4÷3의 몫을 보고 물음에 답하시오.

(1) 몫을 소수 셋째 자리까지 계산하시오.

3)1.4

(2) 몫을 반올림하여 소수 첫째 자리까지 나타내시오.

( )

(3) 몫을 반올림하여 소수 둘째 자리까지 나타내시오.

( )

## 개념 6 나누어 주고 남는 양을 알아볼까요

개념 동영상

- 테이프 14.3 m를 한 사람에게 3 m씩 나누어 주는 경우

| 3 m | 3 m | 3 m | 3 m | 2.3 m |
|---|---|---|---|---|

14.3 m

$14.3-3-3-3-3=2.3$

3이 4번 포함돼요.

⇨ $14.3 \div 3 = 4 \cdots\cdots 2.3$

$$\begin{array}{r} 4 \\ 3\overline{)\,14.3} \\ 12\phantom{.3} \\ \hline 2.3 \end{array}$$

4 ← 몫, 2.3 ← 나머지

⇨ 나누어 줄 수 있는 사람 수: 4명, 남는 테이프의 길이: 2.3 m

- **나누어 주고 남는 양을 구하는 경우**
  1. 몫은 자연수까지 구합니다.
  2. 나머지는 나누어지는 수의 소수점의 위치에 맞게 소수점을 찍습니다.

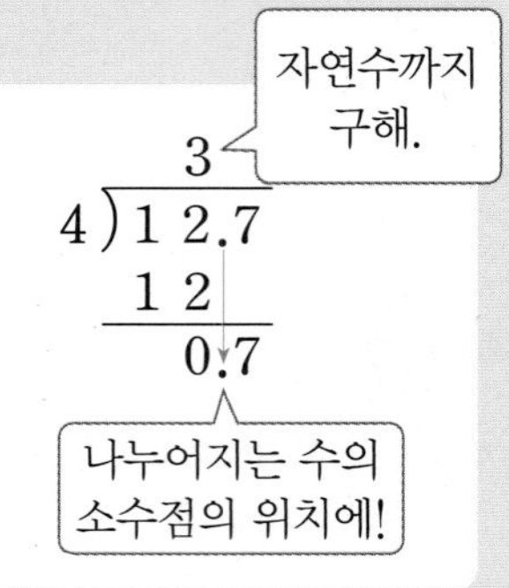


### 개념 체크

❶~❷ 끈 9.5 m를 한 사람에게 3 m씩 나누어 주려고 합니다. 나눗셈을 보고 물음에 답하시오.

$$\begin{array}{r} 3 \\ 3\overline{)\,9.5} \\ 9\phantom{.5} \\ \hline 0.5 \end{array}$$

❶ 나누어 줄 수 있는 사람 수는 3명입니다.
( ○ , × )

❷ 남는 끈의 길이는
( 0.5 m , 5 m )입니다.

개념 체크 정답 ❶ ○에 ○표 ❷ 0.5 m에 ○표

## 기본 문제

## 쌍둥이 문제

• 정답은 13쪽

익힘책 유형

**1-1** 길이가 18.8 m인 끈을 6 m씩 자르려고 합니다. 몇 조각으로 자를 수 있고, 남는 끈의 길이는 몇 m인지 알아보시오.

(1) 18.8−6−6−6=□

(2) 18.8에서 6을 □번 덜어 내면 □이 남습니다.

(3) □조각으로 자를 수 있고, 남는 끈의 길이는 □ m입니다.

힌트 6 m짜리 끈의 조각 수를 구하는 것이므로 몫을 자연수 부분까지 구하는 것과 같습니다.

**1-2** 무게가 29.1 kg인 밀가루를 한 상자당 7 kg씩 나누어 담으려고 합니다. 몇 상자에 담을 수 있고, 남는 밀가루는 몇 kg인지 알아보시오.

(1) 29.1−7−7−7−7=□

(2) 29.1에서 7을 □번 덜어 내면 □이 남습니다.

(3) □상자에 담을 수 있고, 남는 밀가루는 □ kg입니다.

교과서 유형

**2-1** 설탕 26.8 kg을 한 봉지에 5 kg씩 나누어 담으려고 합니다. 나누어 담을 수 있는 봉지 수와 남는 설탕의 양을 구하기 위해 다음과 같이 계산했습니다. 계산 방법이 옳은 사람의 이름을 쓰시오.

진호

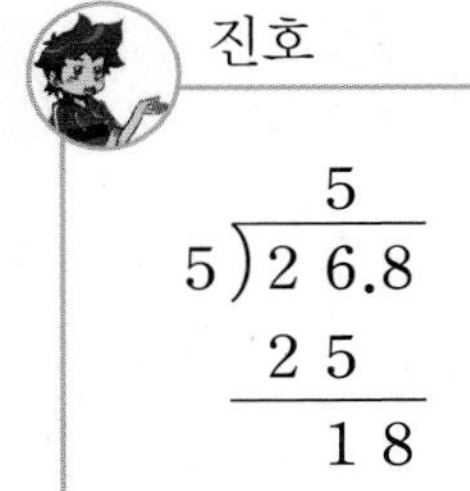

봉지 수: 5봉지
남는 설탕의 양: 18 kg

혜수

5)26.8 → 몫 5, 25, 1.8

봉지 수: 5봉지
남는 설탕의 양: 1.8 kg

(                    )

힌트 나머지는 나누어지는 수의 소수점의 위치에 맞게 소수점을 찍어야 합니다.

**2-2** 물 37.2 L를 한 병에 6 L씩 나누어 담으려고 합니다. 나누어 담을 수 있는 병 수와 남는 물의 양을 구하기 위해 다음과 같이 계산했습니다. 계산 방법이 옳은 사람의 이름을 쓰시오.

민경

6)37.2 → 몫 6.2, 36, 12, 12, 0

병 수: 6병
남는 물의 양: 0.2 L

현태

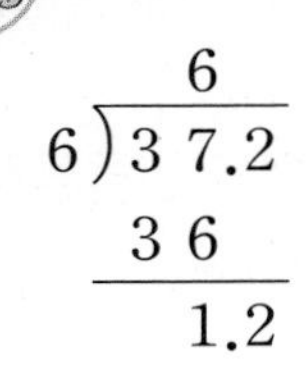

병 수: 6병
남는 물의 양: 1.2 L

(                    )

2 소수의 나눗셈

# 개념 확인하기

## 개념 5 몫을 반올림하여 나타내어 볼까요

$7.6 \div 6 = 1.266\cdots\cdots$

몫을 반올림하여

자연수로 나타내면 1.2 ⇨ 1

소수 첫째 자리까지 나타내면 1.26 ⇨ 1.3

소수 둘째 자리까지 나타내면 1.266 ⇨ 1.27

몫을 반올림하여 나타내려면 구하려는 자리보다 한 자리 아래에서 반올림해야 합니다.

익힘책 유형

**01** 몫을 반올림하여 소수 첫째 자리까지 나타내시오.

$3\overline{)5}$

**02** 몫을 반올림하여 자연수로 나타내시오.

$13.6 \div 7$

(　　　　　　　　)

**03** 소수를 자연수로 나눈 몫을 반올림하여 소수 둘째 자리까지 나타내시오.

9　　7.3

(　　　　　　　　)

교과서 유형

**04** 다음 나눗셈의 몫을 반올림하여 주어진 자리까지 나타내시오.

$8.8 \div 0.9$

소수 첫째 자리까지 나타내기 (　　　　　　　　)

소수 둘째 자리까지 나타내기 (　　　　　　　　)

**05** 감은사지 삼층 석탑은 동, 서 탑 모두 높이가 같습니다. 감은사지 삼층 석탑의 높이는 나무 높이의 몇 배인지 반올림하여 소수 첫째 자리까지 나타내시오.

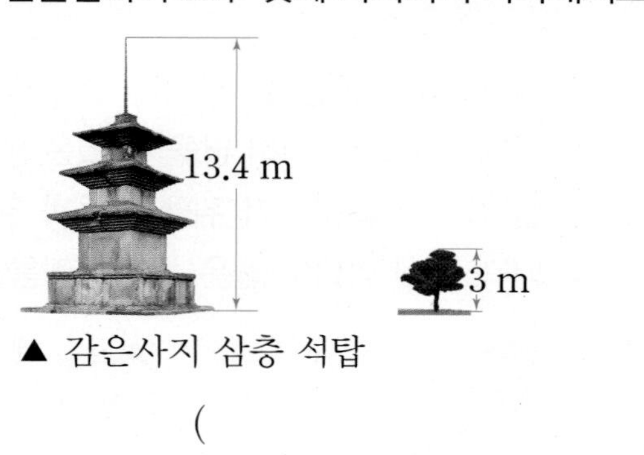


▲ 감은사지 삼층 석탑

(　　　　　　　　)

**06** 몫의 소수 여섯째 자리 숫자를 구하시오.

$28 \div 9$

(　　　　　　　　)

## 개념 6 나누어 주고 남는 양을 알아볼까요

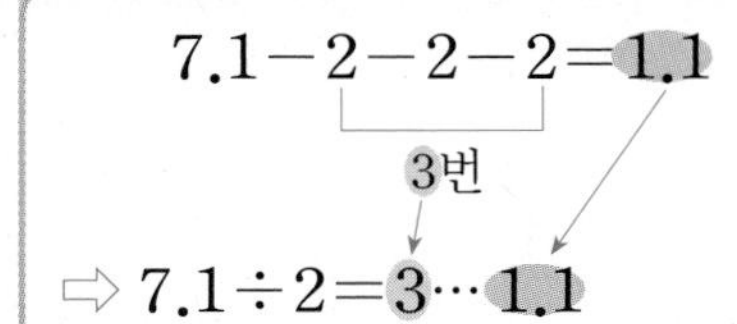


$$\begin{array}{r} 3 \\ 2\overline{)7.1} \\ 6 \\ \hline 1.1 \end{array}$$

몫은 자연수까지!
나머지

익힘책 유형

**[07 ~ 08] 쌀 13.5 kg을 한 봉지에 4 kg씩 나누어 담으려고 합니다. 나누어 담을 수 있는 봉지 수와 남는 쌀의 양을 진호와 혜수는 다른 방법으로 구하려고 합니다. 물음에 답하시오.**

### 07

난 뺄셈식을 세워 구할 거야.
□ 안에 알맞은 수를 써넣어 봐.

$13.5-4-4-4=$ □

⇨ 나누어 담을 수 있는 봉지 수
: □봉지
남는 쌀의 양: □ kg

### 08

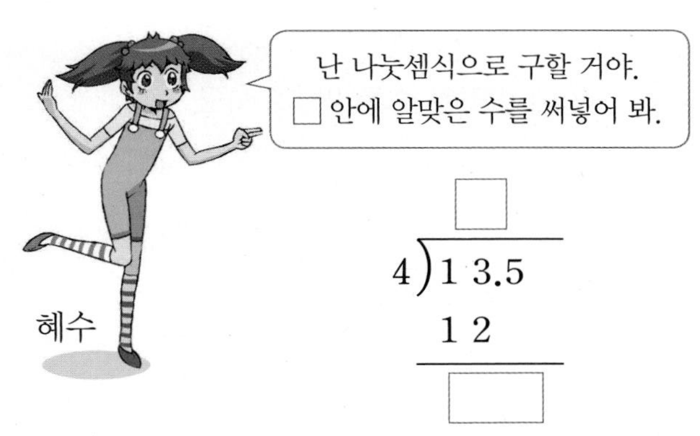


⇨ 나누어 담을 수 있는 봉지 수: □봉지
남는 쌀의 양: □ kg

### 09

나눗셈의 몫을 자연수 부분까지 구하여 □ 안에 쓰고 나머지를 ◯ 안에 써넣으시오.

÷

| 46.2 | 8 | □ | ◯ |
|---|---|---|---|

### 10

귤 21.7 kg을 한 사람당 3 kg씩 나누어 줄 때 몇 명에게 나누어 줄 수 있고 남는 귤은 몇 kg인지 구하려고 합니다. 식을 완성하고 답을 구하시오.

$$\begin{array}{r} \square \\ 3\overline{)2\,1.7} \\ \square \\ \hline \square \end{array}$$

⇨ □명에게 나누어 줄 수 있고 남는 귤은 □ kg입니다.

### 11

상자 한 개를 묶는 데 노끈 3 m가 필요합니다. 길이가 64.1 m인 노끈 한 묶음으로 상자를 몇 개까지 묶을 수 있고 남는 노끈은 몇 m입니까?

묶을 수 있는 상자 수 (　　　　　　)
남는 노끈의 길이 (　　　　　　)

나누어 주고 남는 양을 구할 때 나머지는 나누어지는 수의 소수점의 위치에 맞게 소수점을 찍어야 합니다.

잘못된 계산

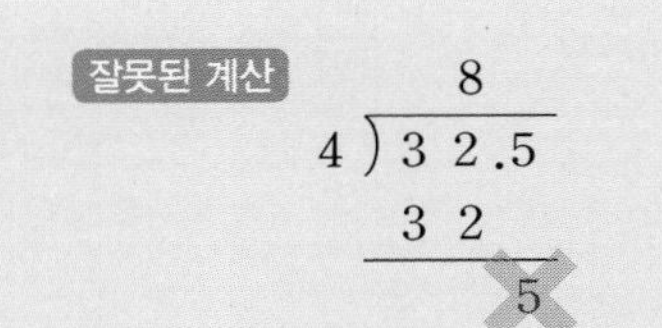


바른 계산

$$\begin{array}{r} 8 \\ 4\overline{)3\,2.5} \\ 3\,2 \\ \hline 0.5 \end{array}$$

2 소수의 나눗셈

# 단원 마무리평가

점수

**01** 소수의 나눗셈을 자연수의 나눗셈을 이용하여 계산하시오.

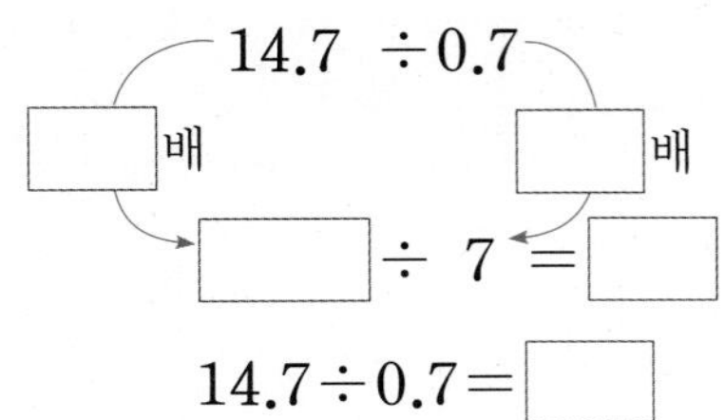


$14.7 \div 0.7 = \square$

**02** □ 안에 알맞은 수를 써넣으시오.

$$2.16 \div 0.27 = \frac{216}{100} \div \frac{\square}{100}$$
$$= \square \div \square = \square$$

**03** □ 안에 알맞은 수를 써넣으시오.

$36.9-8-8-8-8=\square$로 36.9에서 8을 □번 덜어 내면 □가 남습니다.

⇨ $36.9 \div 8 = \square \cdots \square$

**04** □ 안에 알맞은 수를 써넣으시오.

$$\begin{array}{r} \square \\ 9\overline{)6\ 9.2} \\ 6\ 3 \\ \hline \square \end{array}$$

**05** 계산을 하시오.

(1) $0.8\overline{)79.2}$

(2) $6.3\overline{)75.6}$

**06** 몫을 반올림하여 소수 첫째 자리까지 나타내시오.

$1.3\overline{)8.3}$

**07** 빈칸에 알맞은 수를 써넣으시오.

34 → ÷0.85 → □

**08** 큰 수를 작은 수로 나눈 몫을 빈칸에 써넣으시오.

| 2.61 | 33.93 |
|---|---|
| | |

• 정답은 15쪽

**09** 빈칸에 알맞은 수를 써넣으시오.

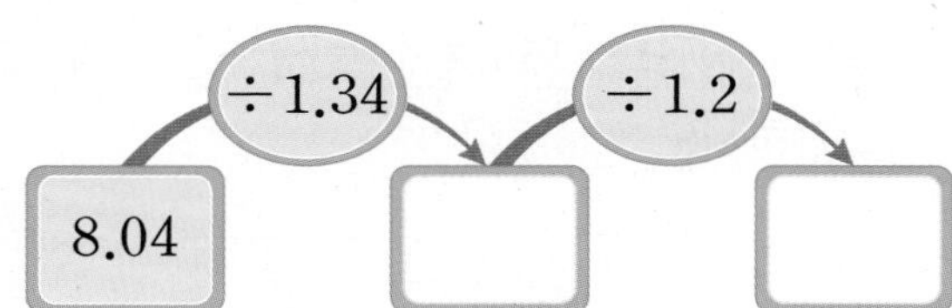

**10** □ 안에 알맞은 수를 써넣으시오.

$56 \div 8 = \square$

$56 \div 0.8 = \square$

$56 \div 0.08 = \square$

**11** 계산 결과를 비교하여 ○ 안에 >, =, <를 알맞게 써넣으시오.

$28.14 \div 6.7 \bigcirc 38.95 \div 9.5$

**12** 잘못 계산한 곳을 찾아 바르게 계산하고, 이유를 쓰시오.

$$\begin{array}{r} 0.58 \\ 3.3\overline{)19.14} \\ 165 \\ \hline 264 \\ 264 \\ \hline 0 \end{array} \Rightarrow \begin{array}{r} 3.3\overline{)19.14} \end{array}$$

이유

**13** 직사각형의 세로가 9.25 cm일 때 가로는 몇 cm입니까?

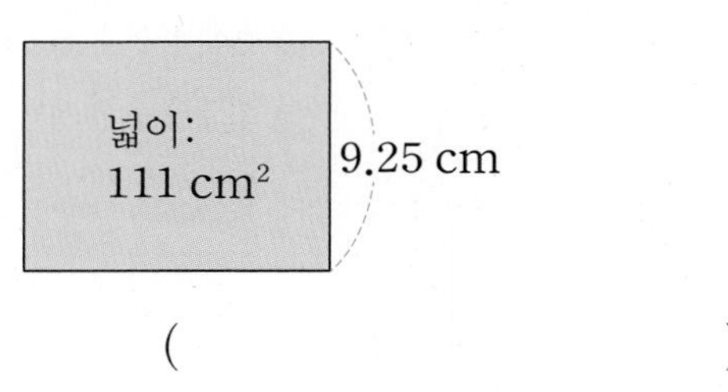


( )

**14** 빈칸에 알맞은 수를 써넣으시오.

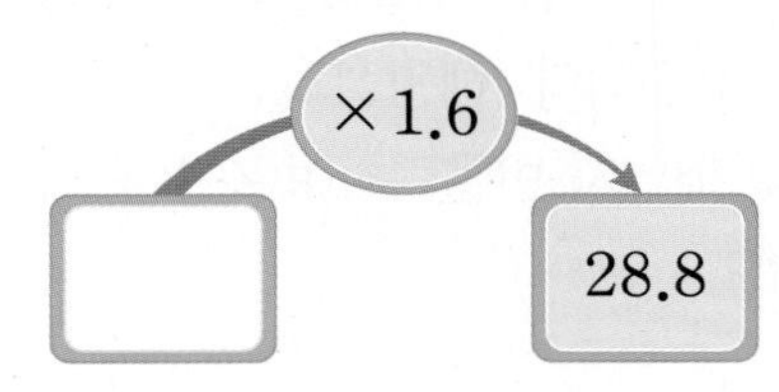


**15** 집에서 공원까지의 거리는 집에서 약국까지의 거리의 몇 배인지 식을 쓰고 답을 구하시오.

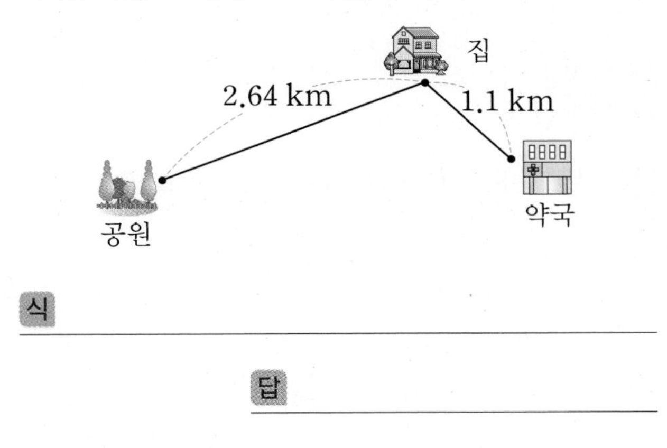


식

답

2 소수의 나눗셈

• 정답은 15쪽

**16** 몫이 큰 것부터 순서대로 기호를 쓰시오.

㉠ $14.4 \div 1.6$
㉡ $4.16 \div 0.52$
㉢ $21.25 \div 2.5$

(　　　　　　　　　　)

유사문제

**17** 지구의 반지름을 1로 했을 때 행성의 반지름을 나타낸 표입니다. 해왕성의 반지름은 금성의 반지름의 몇 배인지 반올림하여 소수 둘째 자리까지 나타내시오.

| 행성 | 반지름 | 행성 | 반지름 | 행성 | 반지름 |
|---|---|---|---|---|---|
| 지구 | 1 | 화성 | 0.5 | 토성 | 9.4 |
| 금성 | 0.9 | 목성 | 11.2 | 해왕성 | 3.9 |

(　　　　　　　　　　)

유사문제

**18** 몫의 소수 11째 자리 숫자를 구하시오.

$6.8 \div 3$

(　　　　　　　　　　)

**19** ❶수 카드 5, 6, 7을 한 번씩만 사용하여 몫이 가장 크게 되도록 나눗셈식을 완성하고/❷몫을 구하시오.

9.□ ) □□

(　　　　　　　　　　)

❶ 몫이 가장 크게 되도록 빈칸에 수를 써넣습니다.
❷ ❶에서 만든 나눗셈식의 몫을 구합니다.

**20** 상혁이는 페트병과 콩을 이용하여 마라카스(흔들어 소리를 내는 간단한 악기)를 만들려고 합니다. ❶콩은 모두 652.7 g이 있을 때/❷마라카스는 몇 개까지 만들 수 있고 남는 콩은 몇 g인지 구하시오.

(　　　　　　), (　　　　　　)

❶ 전체 콩의 무게와 페트병 한 개당 콩의 무게를 이용하여 나눗셈식을 세웁니다.
❷ ❶에서 세운 나눗셈식의 몫과 나머지를 바르게 구합니다.

# 창의·융합 문제

• 정답은 15쪽

**1** 두 비커에 각각 물을 넣은 후 한 비커에는 비닐 랩을 덮어서 밀봉하고, 다른 비커에는 비닐 랩을 덮지 않았습니다. 햇빛이 잘 드는 곳에 놓은 지 며칠 후 비닐 랩을 덮지 않은 비커의 물이 줄어들었습니다. 비닐 랩을 덮지 않은 비커에 처음 들어 있던 물의 양은 줄어든 물의 양의 몇 배입니까?

→ (처음 물의 양) − (남은 물의 양)

(　　　　　　　　　　)

**2** 1585년 네덜란드 수학자 스테빈은 소수 첫째 자리를 ①, 소수 둘째 자리를 ②, 소수 셋째 자리를 ③……으로 나타냈습니다. 스테빈이 나타낸 방법과 같은 방법으로 나타낸 두 소수가 있습니다. 큰 수를 작은 수로 나눈 몫을 구하시오.

| 3⓪1① | 7⓪1①3② |
|---|---|

(　　　　　　　　　　)

1.234를 1⓪2①3②4③과 같이 나타내야지.

▲ 스테빈

# 3 공간과 입체

## 제3화 로봇 기네스 대회에 도전한 로봇의 실력은?

이번에 **배울 내용**

| 이미 배운 내용 | | 이번에 배울 내용 | | 앞으로 배울 내용 |
|---|---|---|---|---|
| **[4-1 평면도형의 이동]**<br>• 밀기, 뒤집기, 돌리기<br><br>**[5-2 직육면체]**<br>• 직육면체 | ▶ | • 여러 방향에서 바라보기<br>• 위, 앞, 옆에서 본 모양<br>• 위에서 본 모양에 수 쓰기<br>• 층별로 나타낸 모양<br>• 여러 가지 모양 만들기 | ▶ | **[6-2 원기둥, 원뿔, 구]**<br>• 원기둥<br>• 원뿔<br>• 구 |

# 개념 파헤치기

## 개념 1 어느 방향에서 보았을까요

개념 동영상

- 사진을 보고 찍은 장소 찾아보기

낮은 건물들이 보이므로 ①번 장소에서 찍은 사진입니다.

높은 건물들이 보이므로 ②번 장소에서 찍은 사진입니다.

건물들이 보이지 않으므로 ③번 장소에서 찍은 사진입니다.

### 개념 체크

❶ 보는 위치와 방향에 따라 보이는 대상이 달라질 수 있습니다.

( ○ , × )

❷

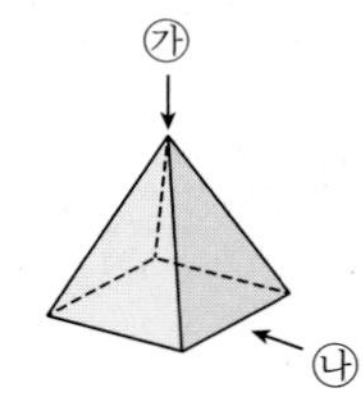


⊠ 모양은 ☐ 방향에서, △ 모양은 ☐ 방향에서 본 것입니다.

이건 매쓰봇이 찍은 사진이구나.

개념 체크 정답 ❶ ○에 ○표 ❷ ㉮, ㉯

## 기본 문제

## 쌍둥이 문제

• 정답은 16쪽

교과서 유형

**1-1** 영우네 모둠 친구들이 공원에 있는 조각상을 여러 방향에서 사진을 찍었습니다. 사진은 각각 누가 찍었는지 알아보시오.

(1) 조각상의 앞모습이 보이므로 ☐가 찍었습니다.

(2) 조각상의 구부러진 팔이 앞쪽에 있고 펼친 팔이 뒤쪽에 있으므로 ☐가 찍었습니다.

(3) 조각상의 뒷모습이 보이므로 ☐가 찍었습니다.

힌트 보는 방향에 따라 조각상의 어떤 부분이 보이는지 살펴봅니다.

**2-1** 화살표 방향에서 찍은 사진에 ○표 하시오.

(　　　)　(　　　)

힌트 화살표 방향에서 찍으면 어떤 부분이 보이는지 살펴봅니다.

**1-2** 유럽의 어느 성을 위, 앞, 옆에서 찍은 사진입니다. 각각의 사진은 어느 방향에서 찍은 것인지 선으로 이으시오.

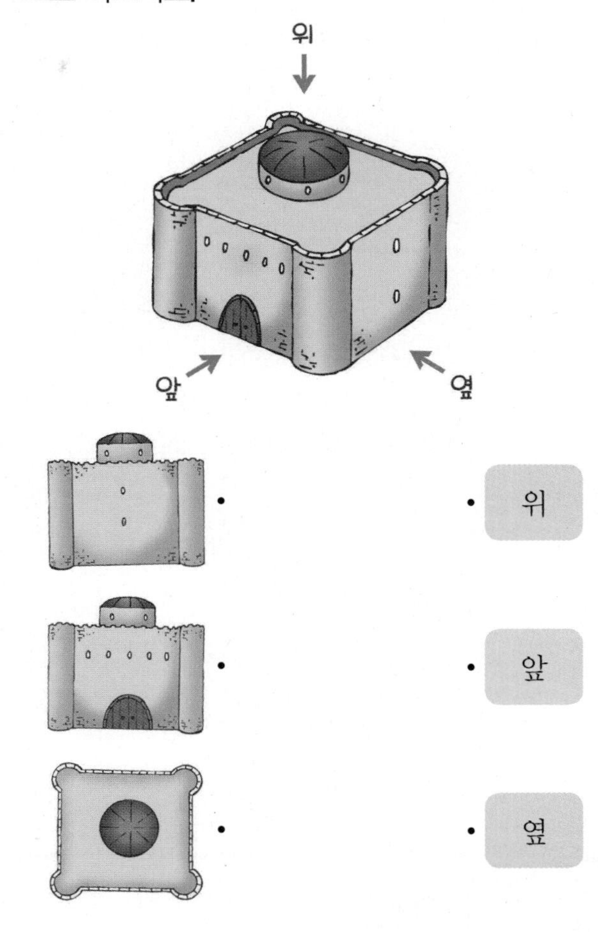


**2-2** 계단을 ㉮, ㉯ 방향에서 찍은 것입니다. 찍은 방향에 맞게 기호를 쓰시오.

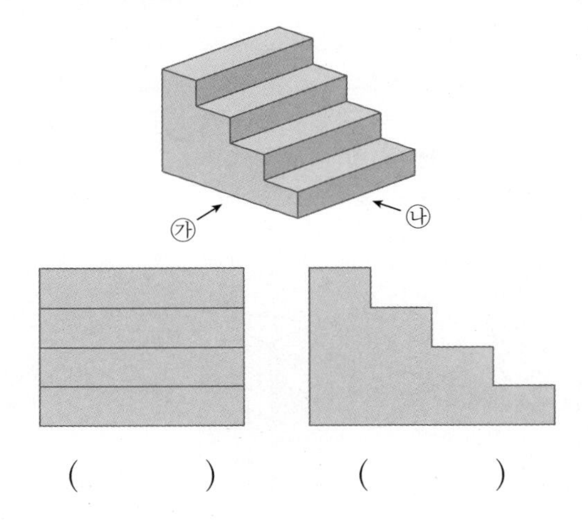


(　　　)　(　　　)

## 개념 2 쌓은 모양과 쌓기나무의 개수를 알아볼까요(1)

• 위에서 본 모양을 보고 쌓기나무의 개수 알아보기

가

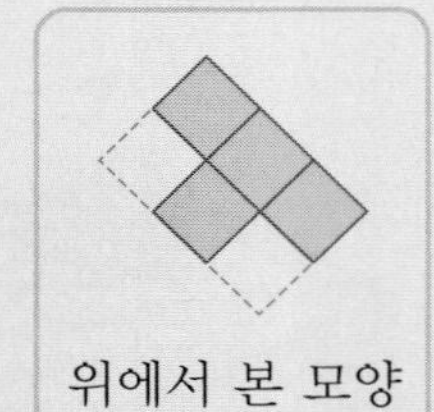


나

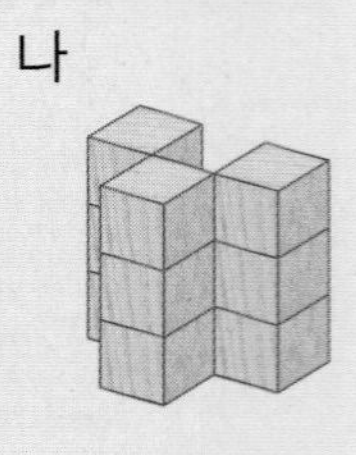

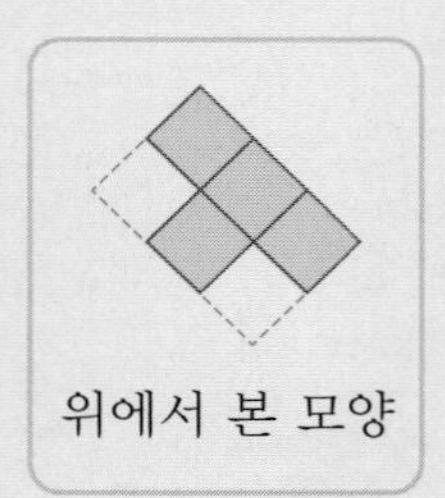


⇨ 가 모양과 나 모양을 위에서 본 모양은 같습니다.
가 모양을 쌓는 데 필요한 쌓기나무는 12개입니다.
나 모양을 쌓는 데 필요한 쌓기나무는 10개 또는 11개입니다.
〈나 모양을 뒤에서 보았을 때〉

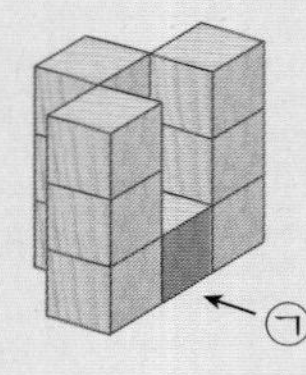


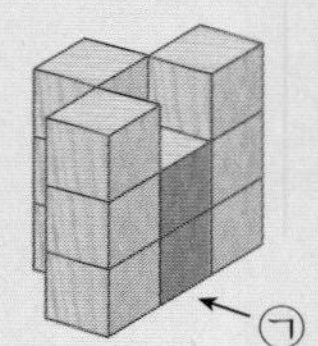


㉠ 자리에 1개 놓이면 10개,
㉠ 자리에 2개 놓이면 11개 필요합니다.

앞쪽에서 보이지 않는 부분의 쌓기나무가 몇 개냐에 따라 필요한 쌓기나무 수가 달라져.

### 개념 체크

**1** 위에서 본 모양이 같을 때 쌓기나무로 쌓은 모양은 항상 같습니다.
( ○ , × )

**2**

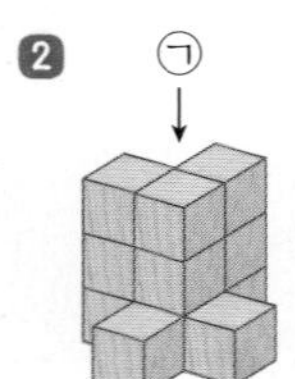


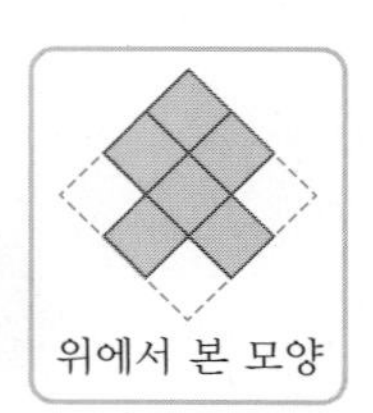


(1) ㉠ 부분에는 쌓기나무가 보이지 않지만 위에서 본 모양으로 보아 쌓기나무가
( 있습니다 , 없습니다 )

(2) ㉠ 부분에는 쌓기나무가 ☐개 또는 ☐개 있을 수 있습니다.

개념 체크 정답 **1** ×에 ○표 **2** (1) 있습니다에 ○표 (2) 1, 2

## 기본 문제

• 정답은 16쪽

익힘책 유형

**1-1** 쌓기나무를 보기 와 같이 쌓았습니다. 돌렸을 때 보기 와 같은 모양을 만들 수 없는 경우를 찾아 ○표 하시오.

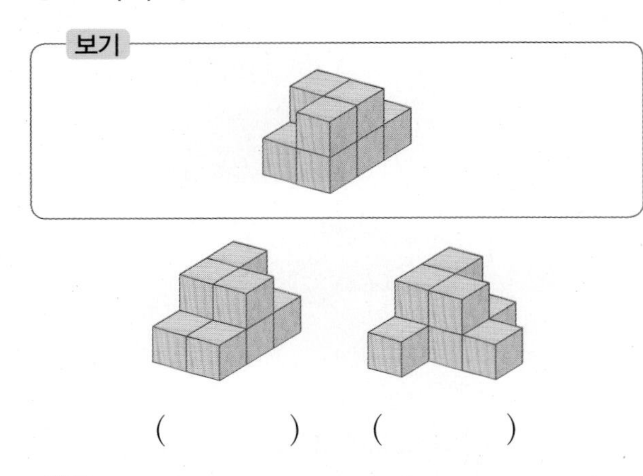

( ) ( )

힌트 두 모양을 돌려 보았을 때 보기 와 같은 모양이 나오지 않는 것을 찾습니다.

**2-1** 주어진 모양과 똑같이 쌓는 데 필요한 쌓기나무의 개수를 구하시오.

(1)

위에서 본 모양

( )

(2)

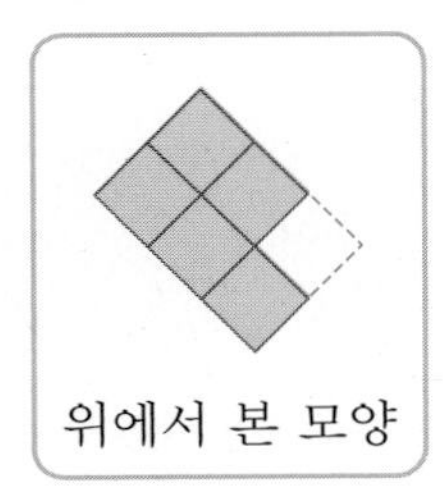

위에서 본 모양

( )

힌트 위에서 본 모양을 보고 뒤에 보이지 않는 쌓기나무가 있는지 없는지 살펴봅니다.

## 쌍둥이 문제

**1-2** 쌓기나무를 보기 와 같이 쌓았습니다. 돌렸을 때 보기 와 같은 모양을 만들 수 없는 경우를 찾아 기호를 쓰시오.

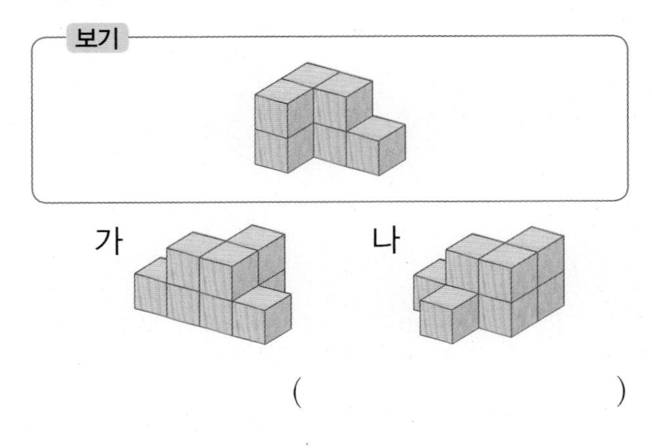


( )

**2-2** 주어진 모양과 똑같이 쌓는 데 필요한 쌓기나무의 개수를 구하시오.

(1)

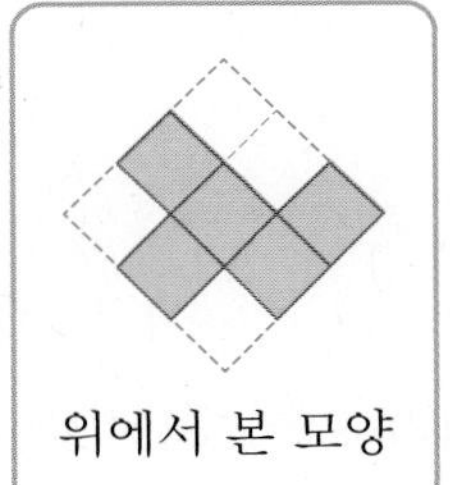

위에서 본 모양

( )

(2)

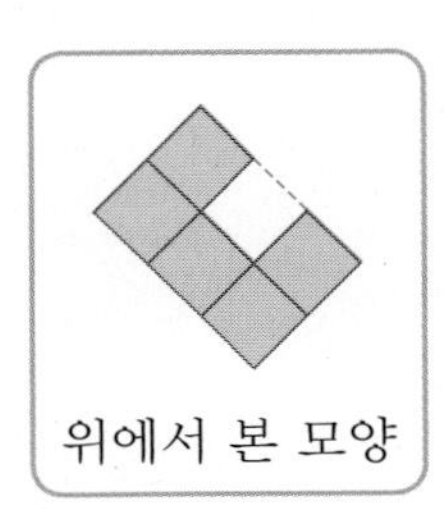

위에서 본 모양

( )

3 공간과 입체

### 개념 1 어느 방향에서 보았을까요

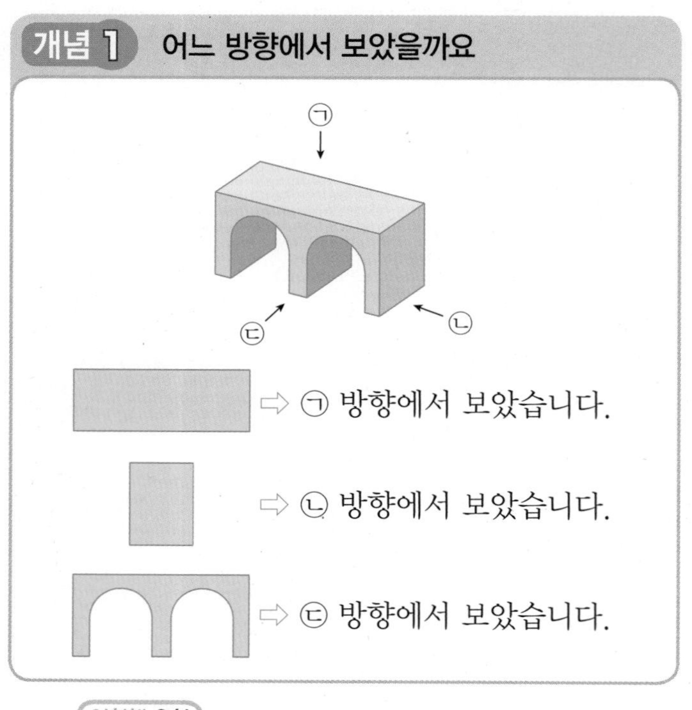


익힘책 유형

**[01 ~ 02] 조각 케이크 사진을 ㉠, ㉡, ㉢ 방향에서 찍으려고 합니다. 물음에 답하시오.**

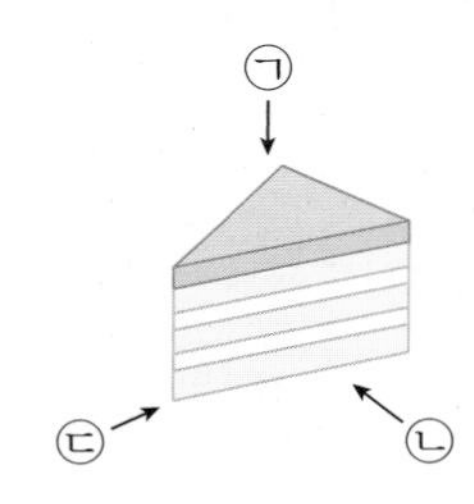


**01** 삼각형 모양이 나오도록 찍으려면 어느 방향에서 찍어야 하는지 기호를 쓰시오.

(　　　　　　　　　)

**02** 각 사진을 찍은 방향을 찾아 기호를 쓰시오.

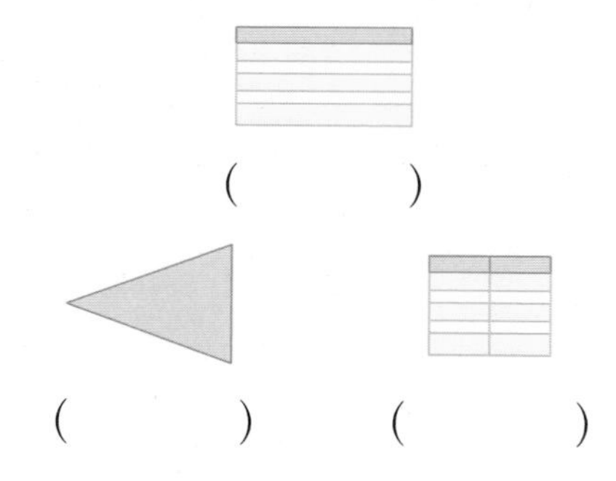

(　　　)　(　　　)　(　　　)

**03** 자동차 사진을 가와 나 방향에서 찍었습니다. 찍은 사진을 선으로 이으시오.

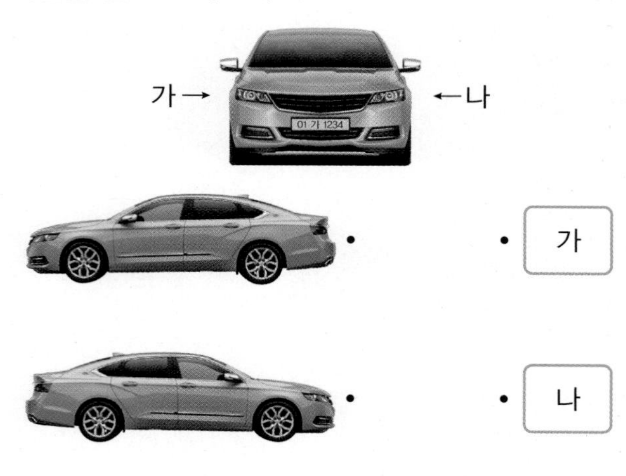


**04** 오른쪽 도형은 밑면이 정사각형인 사각기둥입니다. 정사각형 모양이 나오려면 어느 방향에서 찍어야 하는지 기호를 쓰시오.

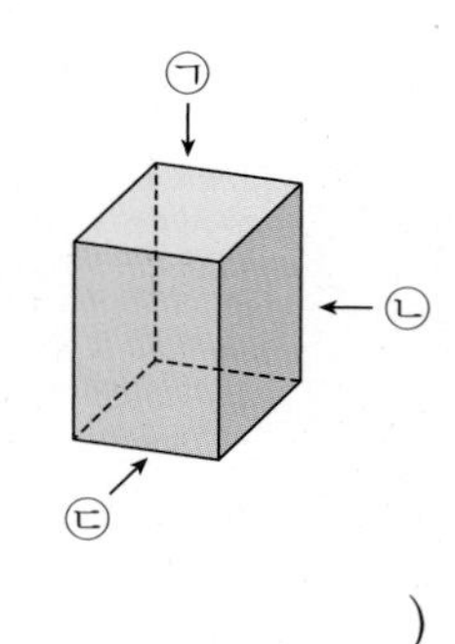


(　　　　　　　　　)

익힘책 유형

**05** 보기 와 같이 컵을 놓았을 때 가능하지 않은 사진을 찾아 ○표 하시오.

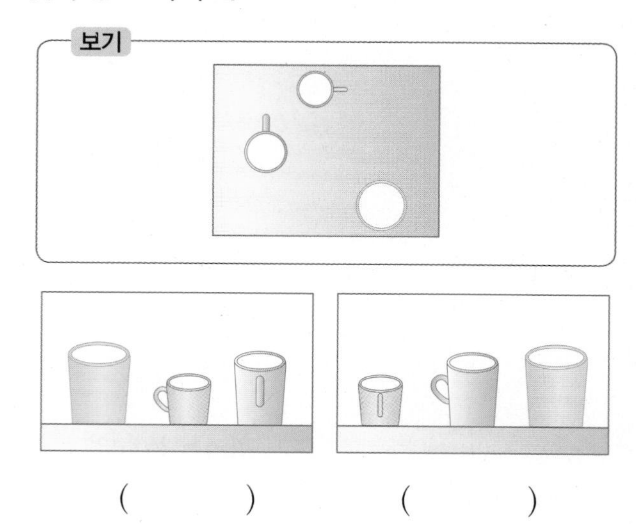


(　　　)　(　　　)

## 개념 2 쌓은 모양과 쌓기나무의 개수를 알아볼까요 (1)

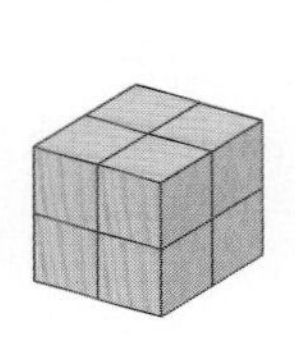

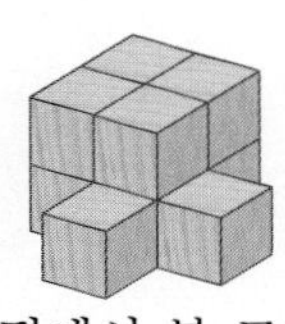

위에서 본 모양

뒤에서 본 모양

⇨ 위에서 본 모양을 보면 뒤에 보이지 않는 쌓기나무가 있음을 알 수 있습니다.

익힘책 유형

**06** 쌓기나무로 쌓은 모양을 보고 위에서 본 모양을 그렸습니다. 관계있는 것끼리 선으로 이으시오.

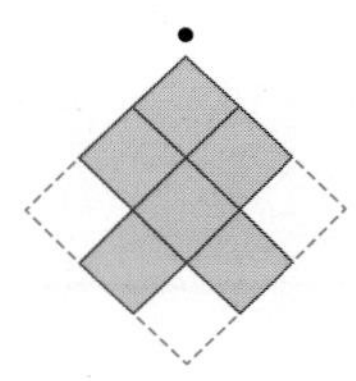

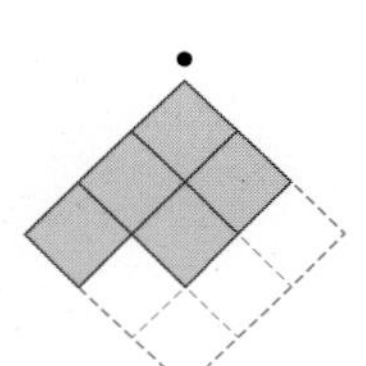

**07** 쌓기나무를 쌓는 데 필요한 쌓기나무의 개수로 가능한 것에 모두 ○표 하시오.

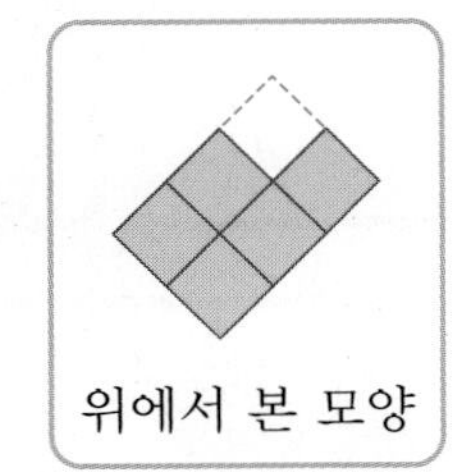

위에서 본 모양

( 11개 , 12개 , 13개 )

**[08~09] 쌓기나무로 쌓은 모양을 보고 위에서 본 모양을 그렸습니다. 물음에 답하시오.**

㉠

위에서 본 모양

㉡

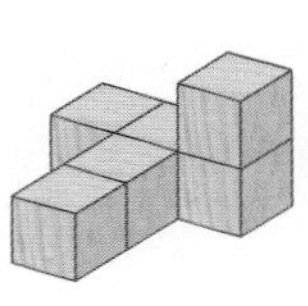

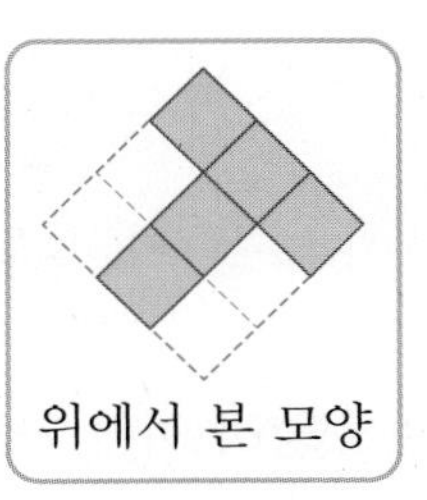

위에서 본 모양

**08** ㉠ 모양과 ㉡ 모양의 같은 점을 쓰시오.

____________________

**09** 똑같은 모양을 쌓는 데 필요한 쌓기나무는 각각 몇 개입니까?

㉠ (                    ), ㉡ (                    )

**10** 주어진 모양과 똑같이 쌓는 데 필요한 쌓기나무의 개수를 구하시오.

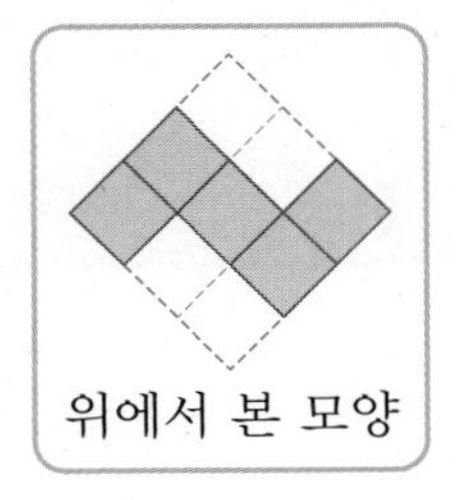

위에서 본 모양

(                    )

쌓기나무로 쌓은 모양은 앞에서 본 모양이 같아도 뒤에 숨겨진 쌓기나무가 있으면 전체 모양이 다릅니다. 따라서 위에서 본 모양을 그리면 뒤에 보이지 않는 쌓기나무가 있는지 없는지 알 수 있습니다.

3 공간과 입체

## 개념 3 쌓은 모양과 쌓기나무의 개수를 알아볼까요(2)

- **위, 앞, 옆에서 본 모양으로 쌓은 모양과 쌓기나무의 개수 알아보기**

① 쌓은 모양이 한 가지인 경우

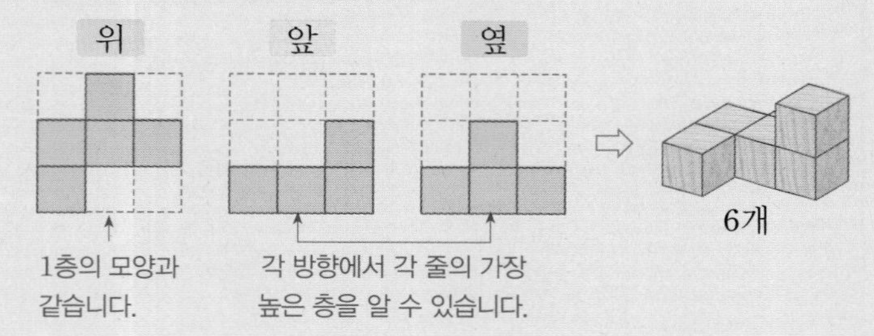


② 쌓은 모양이 여러 가지인 경우

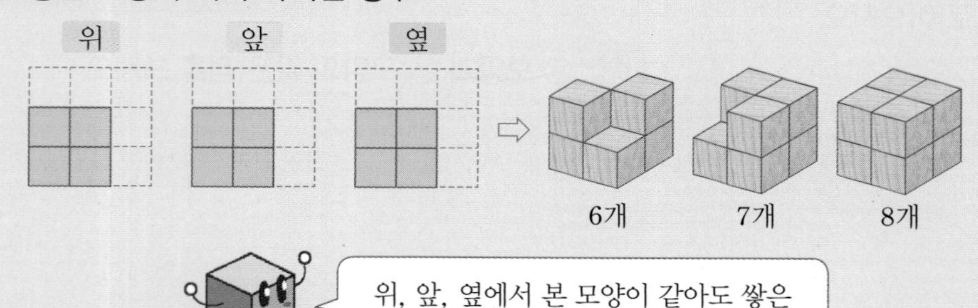


위, 앞, 옆에서 본 모양이 같아도 쌓은 모양은 다를 수 있어.

### 개념 체크

❶ 위에서 본 모양을 보면 ( 1 , 2 )층에 놓인 쌓기나무의 개수를 알 수 있습니다.

❷ 앞, 옆에서 본 모양을 보면 가장 ( 높은 , 낮은 ) 층을 알 수 있습니다.

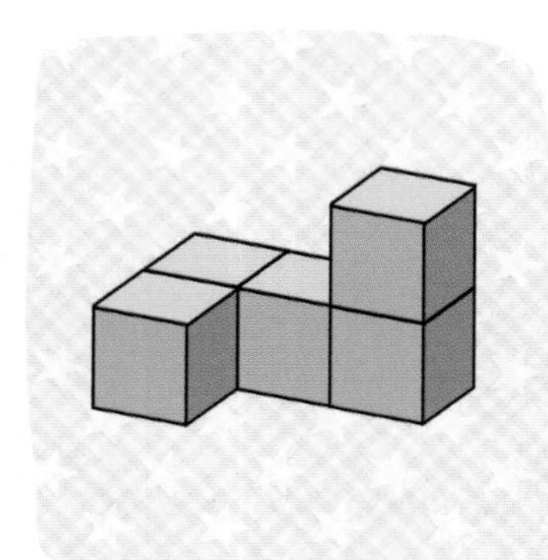

개념 체크 정답 ❶ 1에 ○표 ❷ 높은에 ○표

## 기본 문제

## 쌍둥이 문제

• 정답은 18쪽

익힘책 유형

**1-1** 쌓기나무로 쌓은 모양과 위에서 본 모양을 보고, 앞, 옆에서 본 모양을 각각 찾아 선으로 이으시오.

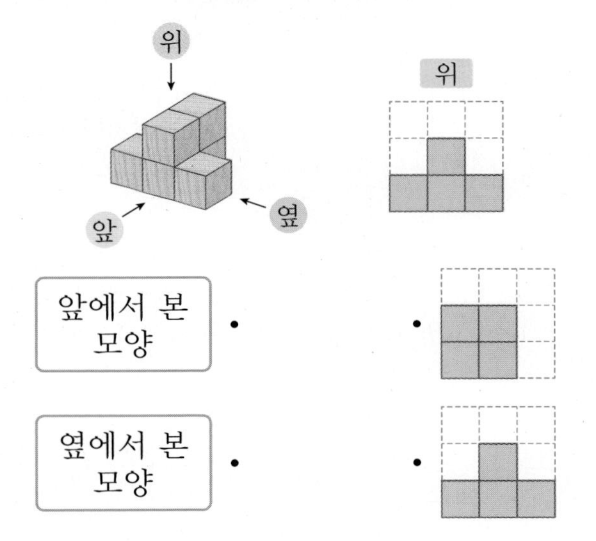


힌트 앞과 옆에서 보았을 때 각 방향에서 가장 높은 층의 모양을 찾아봅니다.

**1-2** 쌓기나무로 쌓은 모양과 위에서 본 모양을 보고, 앞, 옆에서 본 모양을 각각 찾아 선으로 이으시오.

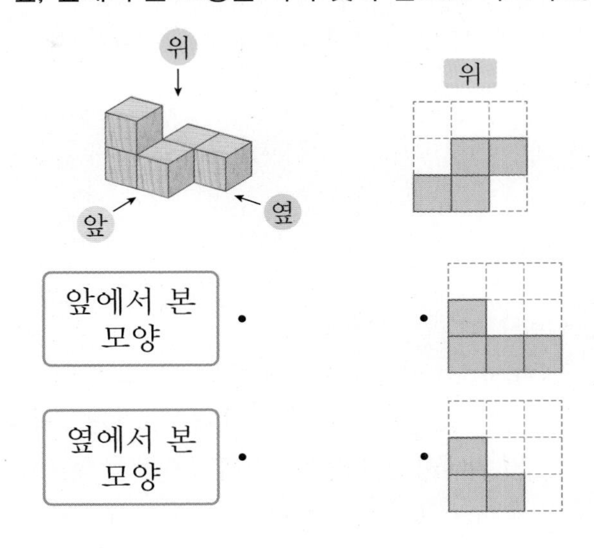


교과서 유형

**2-1** 쌓기나무로 쌓은 모양을 위, 앞, 옆에서 본 모양입니다. 물음에 답하시오.

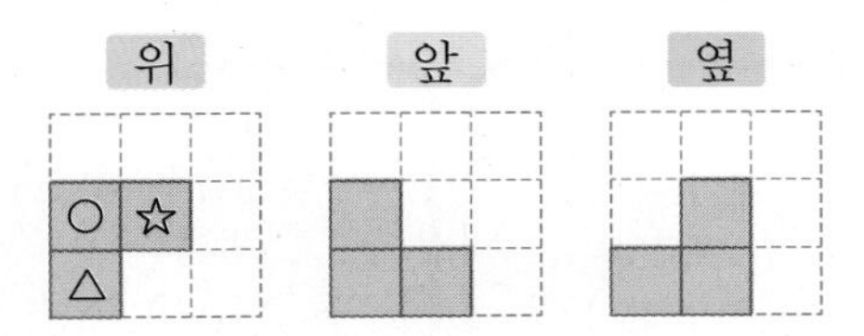


(1) □ 안에 알맞은 수를 써넣으시오.

앞에서 본 모양을 통해 ☆ 부분에는 □개,

옆에서 본 모양을 통해 △ 부분에는 □개,

○ 부분에는 □개입니다.

(2) 쌓은 모양으로 알맞은 모양에 ○표 하고, 필요한 쌓기나무의 개수를 구하시오.

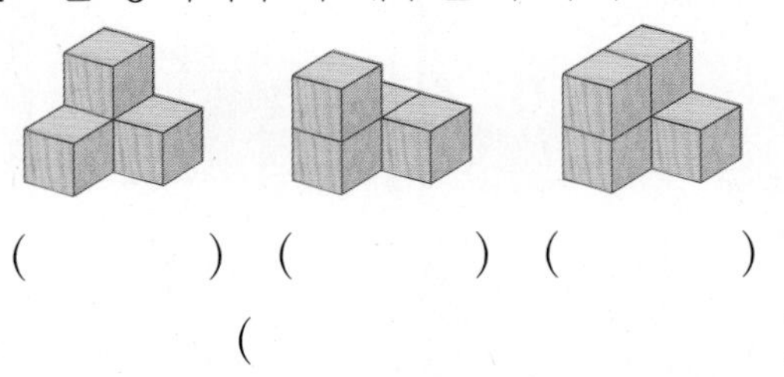

( ) ( ) ( )

( )

힌트 앞, 옆에서 본 모양을 통해 쌓기나무가 몇 층까지 쌓였는지 살펴봅니다.

**2-2** 쌓기나무로 쌓은 모양을 위, 앞, 옆에서 본 모양입니다. 물음에 답하시오.

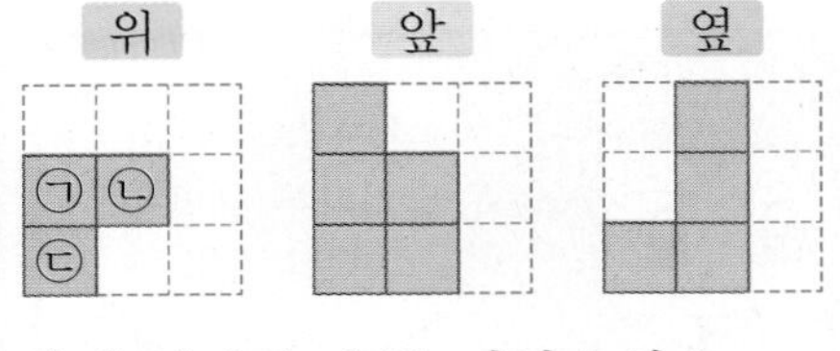


(1) □ 안에 알맞은 수를 써넣으시오.

앞에서 본 모양을 통해 ㉡ 부분에는 □개,

옆에서 본 모양을 통해 ㉢ 부분에는 □개,

㉠ 부분에는 □개입니다.

(2) 쌓은 모양이 맞으면 ○표, 틀리면 ×표 하고, 필요한 쌓기나무의 개수를 구하시오.

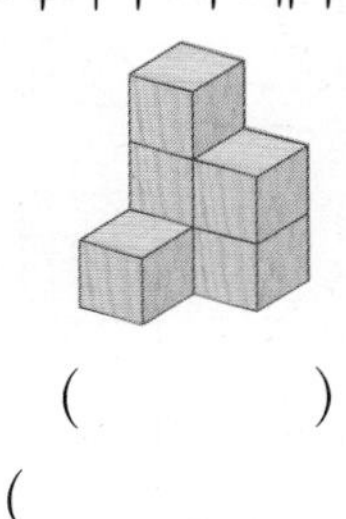

( )

( )

## 개념 4 쌓은 모양과 쌓기나무의 개수를 알아볼까요(3)

개념 동영상

• 위에서 본 모양에 수를 써서 쌓기나무의 개수 알아보기

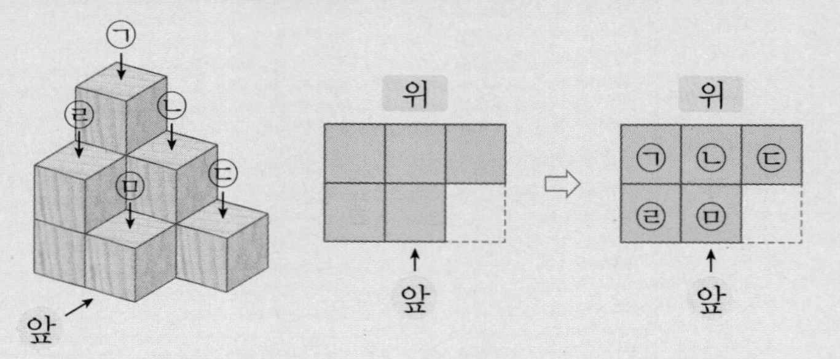


① ㉠, ㉡, ㉢, ㉣, ㉤에 쌓인 쌓기나무의 개수를 알아봅니다.

㉠: 3개, ㉡: 2개, ㉢: 1개, ㉣: 2개, ㉤: 1개

② 위에서 본 모양의 각 자리에 쌓은 쌓기나무의 개수를 씁니다.

| 3 | 2 | 1 |
|---|---|---|
| 2 | 1 | |

필요한 쌓기나무는 모두 $3+2+1+2+1=9$(개)입니다.

각 자리에 쌓은 쌓기나무의 개수를 모두 더하면 필요한 쌓기 나무의 개수를 구할 수 있어!

위에서 본 모양의 각 자리에 쌓은 쌓기나무의 개수를 쓰면 쌓는 모양을 한 가지로 나타낼 수 있습니다.

### 개념 체크

❶ 쌓기나무로 쌓은 모양을 정확하게 나타내려면 ☐에서 본 모양의 각 자리에 쌓은 쌓기나무의 개수를 씁니다.

❷ 위에서 본 모양의 각 자리에 쌓은 쌓기나무의 개수를 쓰시오.

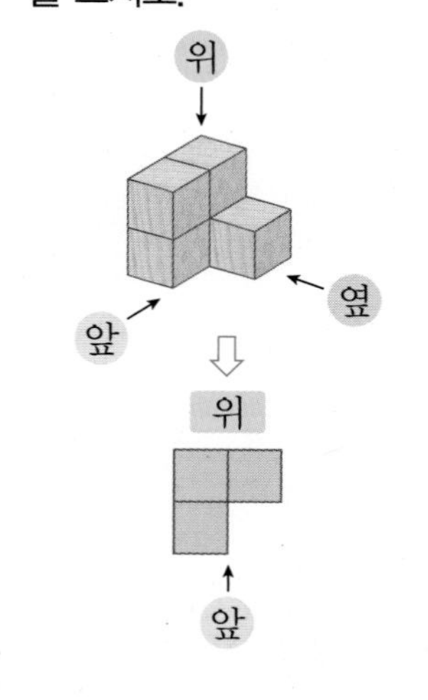

개념 체크 정답 ❶ 위 ❷

| 2 | 1 |
|---|---|
| 2 | |

## 기본 문제

[1-1 ~ 3-1] 쌓기나무로 쌓은 모양과 위에서 본 모양을 보고 물음에 답하시오.

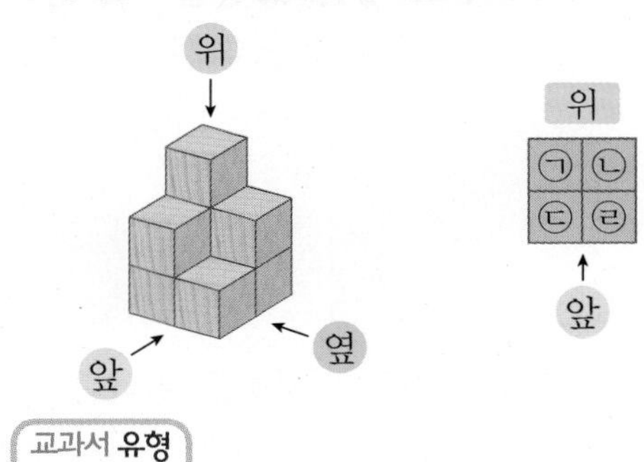


교과서 유형

**1-1** 맞으면 ○표, 틀리면 ×표 하시오.

㉠에 쌓은 쌓기나무는 2개입니다.

( )

힌트 쌓기나무가 1층으로 쌓인 자리의 쌓기나무는 1개, 2층으로 쌓인 자리의 쌓기나무는 2개……입니다.

익힘책 유형

**2-1** 각 자리에 쌓인 쌓기나무의 개수를 구하시오.

㉡ ( )
㉢ ( )
㉣ ( )

힌트 ㉡, ㉢, ㉣ 자리에 쌓기나무가 각각 몇 층으로 쌓여 있는지 알아봅니다.

**3-1** 위에서 본 모양의 각 자리에 쌓은 쌓기나무의 개수를 쓰고, 똑같은 모양으로 쌓는 데 필요한 쌓기나무의 개수를 구하시오.

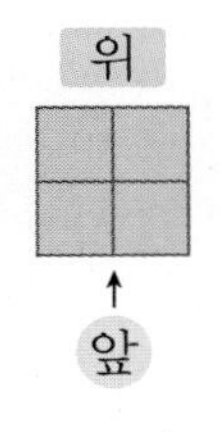


( )

힌트 각 자리에 쌓인 쌓기나무의 개수를 모두 더합니다.

## 쌍둥이 문제

• 정답은 18쪽

[1-2 ~ 3-2] 쌓기나무로 쌓은 모양과 위에서 본 모양을 보고 물음에 답하시오.

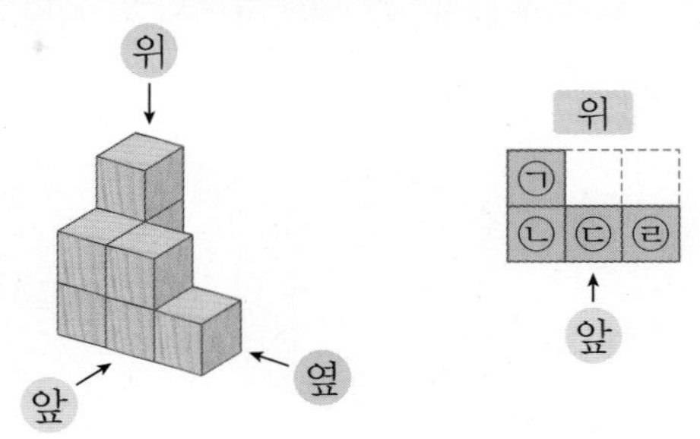


**1-2** 맞으면 ○표, 틀리면 ×표 하시오.

㉠에 쌓은 쌓기나무는 3개입니다.

( )

**2-2** 각 자리에 쌓인 쌓기나무의 개수를 구하시오.

㉡ ( )
㉢ ( )
㉣ ( )

**3-2** 위에서 본 모양의 각 자리에 쌓은 쌓기나무의 개수를 쓰고, 똑같은 모양으로 쌓는 데 필요한 쌓기나무의 개수를 구하시오.

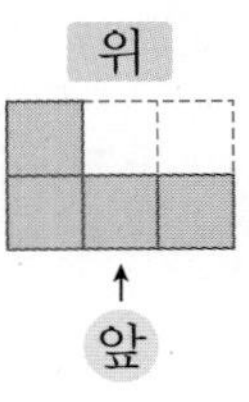


( )

# 개념 확인하기

## 개념 3 쌓은 모양과 쌓기나무의 개수를 알아볼까요(2)

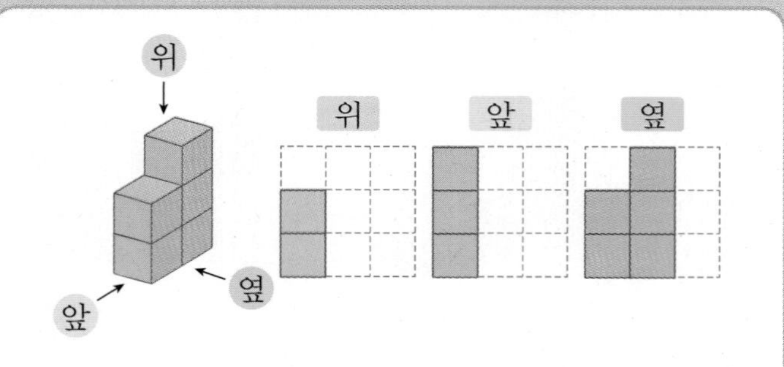


① 앞에서 보면 한 줄이고 가장 높은 층은 3층입니다.

② 옆에서 보면 두 줄이고, 왼쪽 줄에는 2층까지, 오른쪽 줄에는 3층까지 쌓여 있습니다.

익힘책 유형

**[01 ~ 02] 쌓기나무를 쌓은 모양과 이를 위에서 본 모양입니다. 물음에 답하시오.**

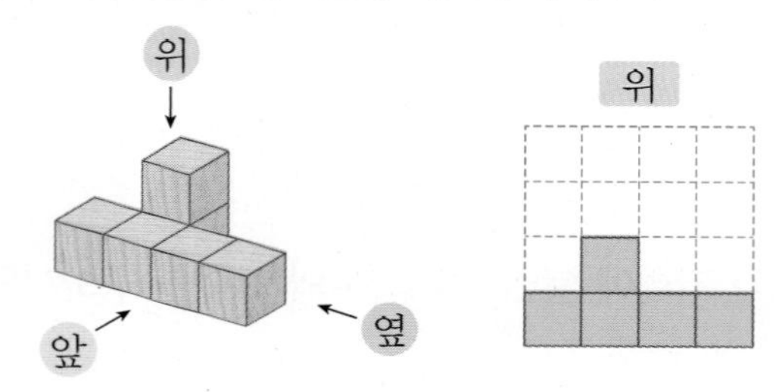


01 앞에서 본 모양을 찾아 ○표 하시오.

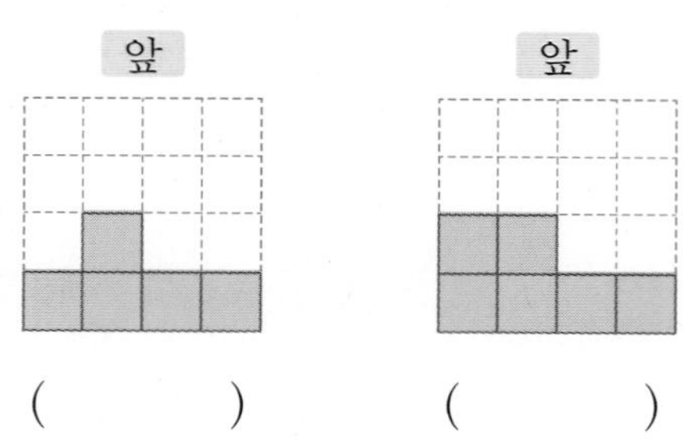


( ) ( )

교과서 유형

02 옆에서 본 모양을 그려 보시오.

**[03 ~ 04] 쌓기나무로 쌓은 모양을 위, 앞, 옆에서 본 모양입니다. 물음에 답하시오.**

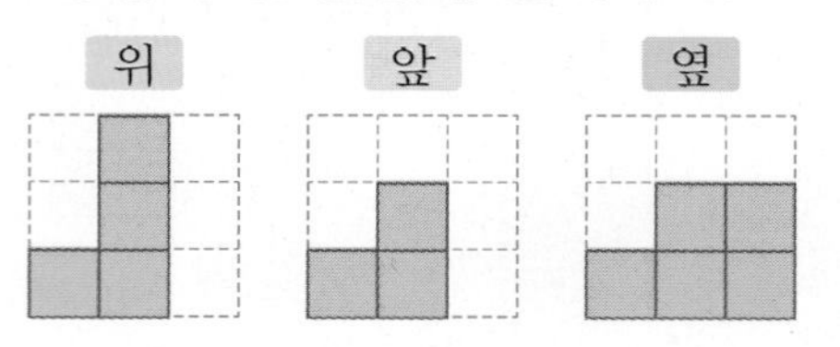


03 쌓은 모양은 어느 것인지 기호를 쓰시오.

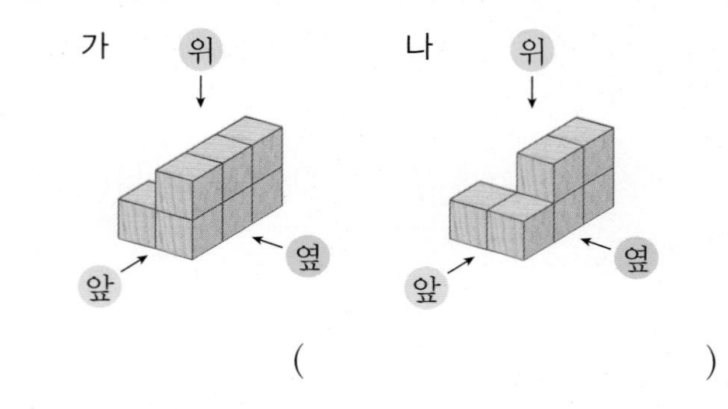


( )

04 똑같은 모양으로 쌓는 데 필요한 쌓기나무는 몇 개입니까?

( )

05 쌓기나무로 쌓은 모양을 위, 앞, 옆에서 본 모양입니다. 가능한 모양을 모두 찾아 기호를 쓰시오.

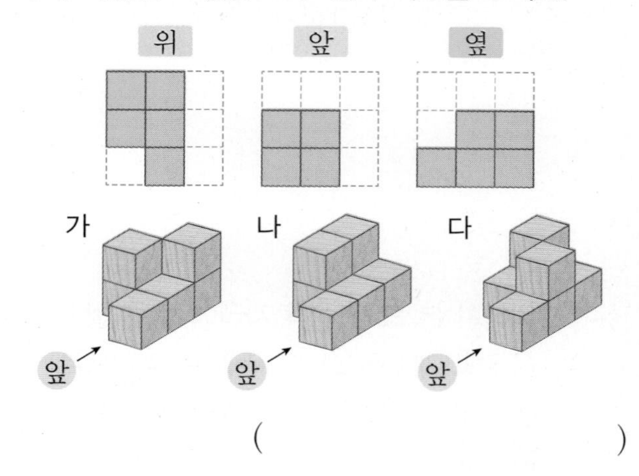


( )

## 개념 4 쌓은 모양과 쌓기나무의 개수를 알아볼까요(3)

- 쌓기나무로 쌓은 모양을 정확히 나타내려면 위에서 본 모양의 각 자리에 쌓은 쌓기나무의 개수를 씁니다.
- 쌓기나무가 ■층으로 쌓인 자리에는 ■로 쓰고, 각 자리에 쓴 쌓기나무의 개수를 모두 더합니다.

**[06 ~ 08] 쌓기나무로 쌓은 모양과 이를 위에서 본 모양입니다. 물음에 답하시오.**

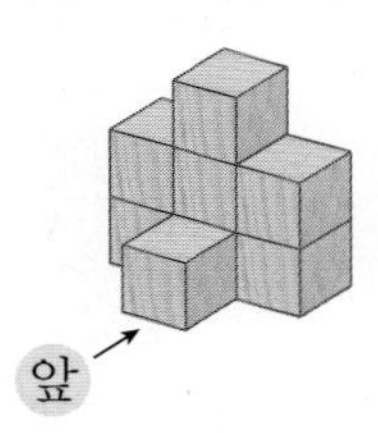


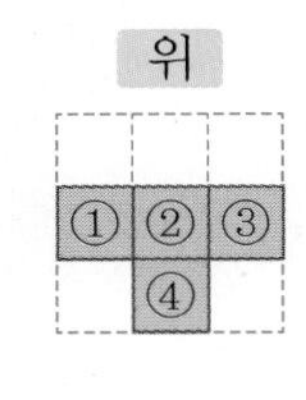


**06** ①에 쌓인 쌓기나무는 몇 개입니까?

( )

**07** 쌓기나무가 3개 쌓인 자리의 번호를 쓰시오.

( )

**08** 똑같은 모양으로 쌓는 데 필요한 쌓기나무는 몇 개입니까?

( )

**09** 쌓기나무로 쌓은 모양을 보고 위에서 본 모양에 수를 썼습니다. 옆에서 본 모양을 찾아 ○표 하시오.

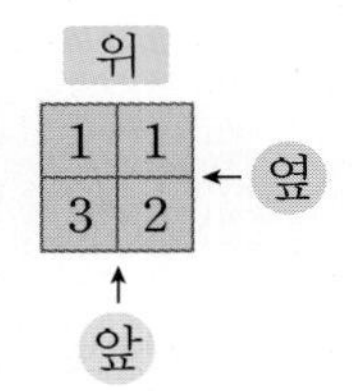


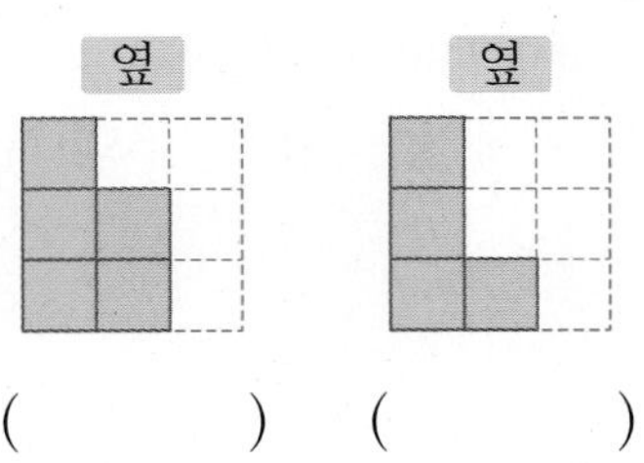


( ) ( )

**[10 ~ 12] 쌓기나무로 쌓은 모양을 위, 앞, 옆에서 본 모양입니다. 물음에 답하시오.**

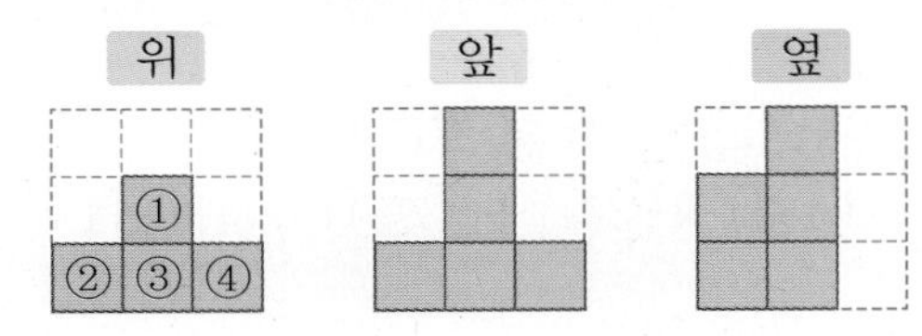


**10** 위와 앞에서 본 모양을 보고 ②와 ④에 각각 쌓인 쌓기나무의 개수를 차례로 구하시오.

( ), ( )

**11** 10의 결과, 위와 옆에서 본 모양을 보고 ①과 ③에 각각 쌓인 쌓기나무의 개수를 차례로 구하시오.

( ), ( )

**12** 똑같은 모양으로 쌓는 데 필요한 쌓기나무는 몇 개입니까?

( )

쌓기나무로 쌓은 모양을 정확히 나타내려면 위에서 본 모양의 각 자리에 쌓은 쌓기나무의 개수를 씁니다.

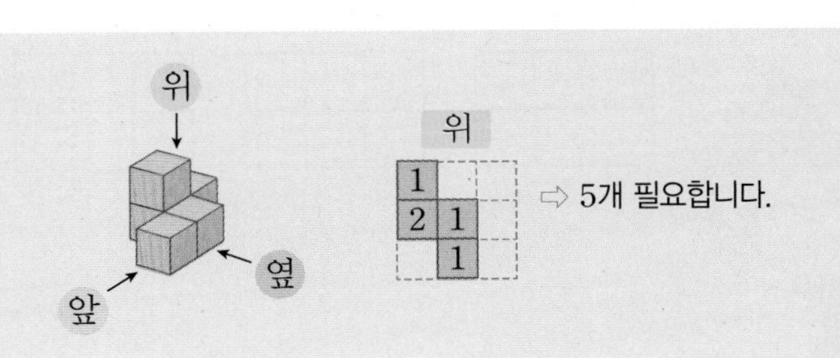


3 공간과 입체

# 개념 파헤치기

## 개념 5 쌓은 모양과 쌓기나무의 개수를 알아볼까요 (4)

- **층별로 쌓은 모양을 보고 쌓기나무의 개수 알아보기**

  ① 아래에서부터 1층, 2층, 3층……으로 표시합니다.

  ② 각 층에 쌓인 쌓기나무의 개수를 구하여 모두 더합니다.

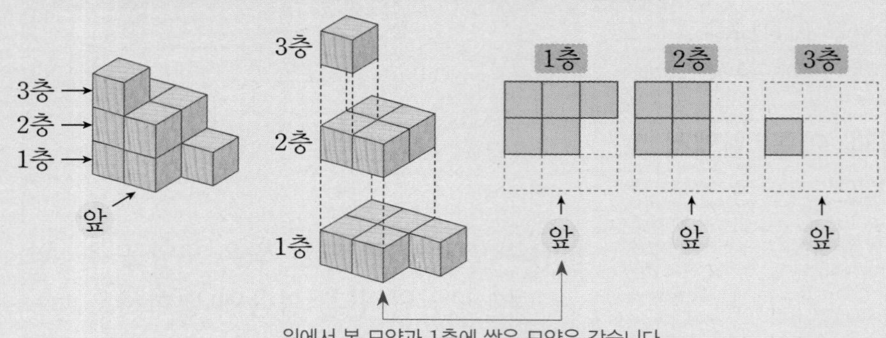


위에서 본 모양과 1층에 쌓은 모양은 같습니다.

⇨ 똑같은 모양으로 쌓는 데 필요한 쌓기나무는
(1층)+(2층)+(3층)=5+4+1=10(개)입니다.

위에서 본 모양에서 같은 위치에 있는 층은 같은 위치에 그려야 해!

### 개념 체크

❶ 위에서 본 모양과 1층에 쌓은 모양은 ( 같습니다 , 다릅니다 ).

❷

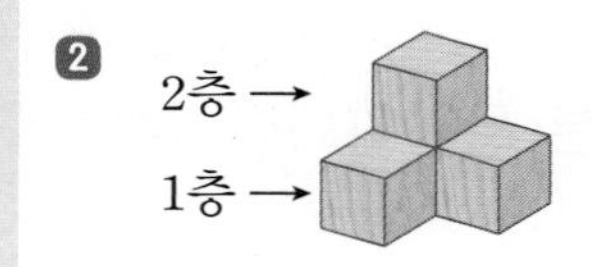


2층의 쌓기나무는 ☐ 자리에 놓아야 합니다.

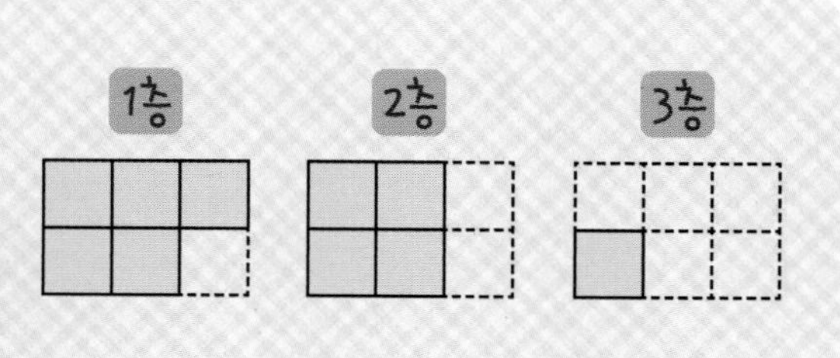

개념 체크 정답 ❶ 같습니다에 ○표 ❷ ㉠

## 기본 문제

교과서 유형

[1-1 ~ 3-1] 쌓기나무로 쌓은 모양을 보고 물음에 답하시오.

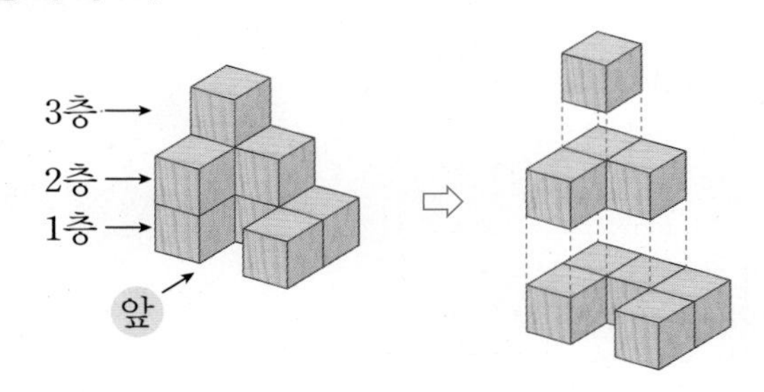


**1-1** 층별로 모양을 그려 보시오.

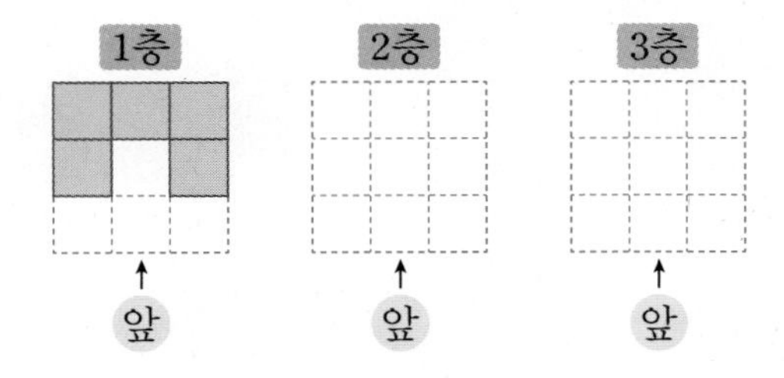


힌트 위에서 본 모양에서 같은 위치에 있는 층은 같은 위치에 놓이도록 그립니다.

**2-1** □ 안에 알맞은 수를 써넣으시오.

1층에 사용된 쌓기나무는 □개이고,

2층에 사용된 쌓기나무는 □개이고,

3층에 사용된 쌓기나무는 □개입니다.

힌트 각 층별로 그린 쌓기나무의 개수를 세어 봅니다.

**3-1** 똑같은 모양으로 쌓는 데 필요한 쌓기나무는 몇 개입니까?

( )

힌트 각 층에 쌓인 쌓기나무의 수를 모두 더합니다.

## 쌍둥이 문제

• 정답은 19~20쪽

[1-2 ~ 3-2] 쌓기나무로 쌓은 모양을 보고 물음에 답하시오.

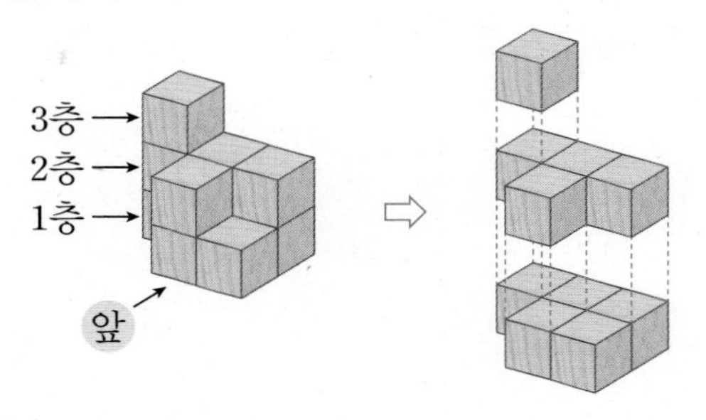


**1-2** 층별로 모양을 그려 보시오.

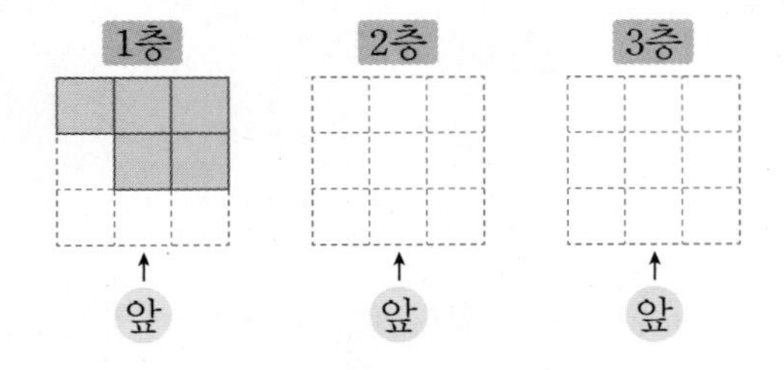


**2-2** □ 안에 알맞은 수를 써넣으시오.

1층에 사용된 쌓기나무는 □개이고,

2층에 사용된 쌓기나무는 □개이고,

3층에 사용된 쌓기나무는 □개입니다.

**3-2** 똑같은 모양으로 쌓는 데 필요한 쌓기나무는 몇 개입니까?

( )

3
공간과 입체

## 개념 6 여러 가지 모양을 만들어 볼까요

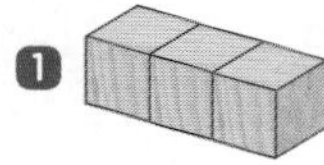


• 쌓기나무 3개로 만든 모양에 1개 더 붙여서 모양 만들기

모양을 뒤집거나 돌려서 모양이 같으면 같은 모양입니다.

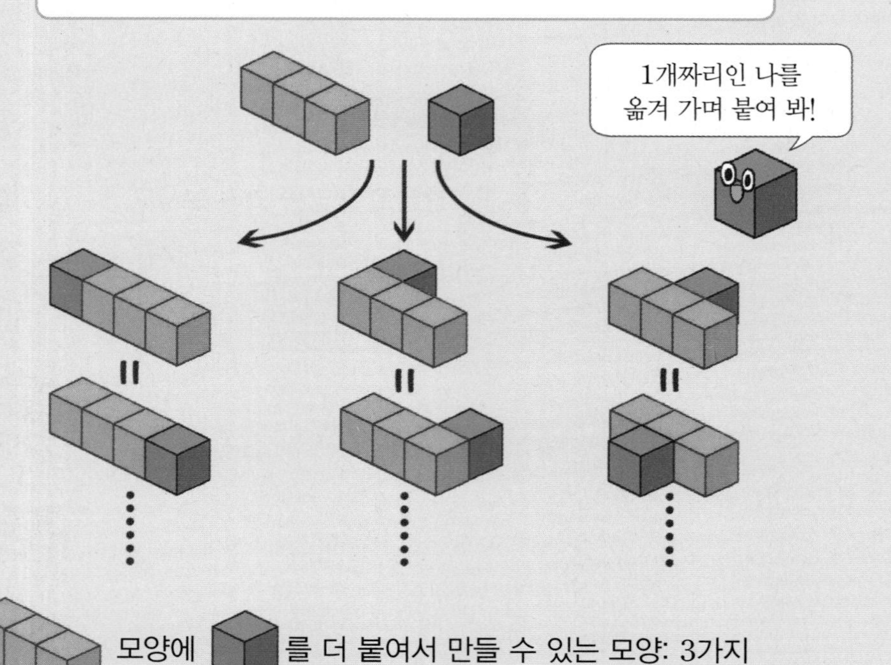


⇨ 모양에 를 더 붙여서 만들 수 있는 모양: 3가지

### 개념 체크

❶ 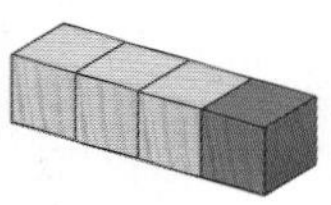 모양에 쌓기나무 1개를 더 붙여서 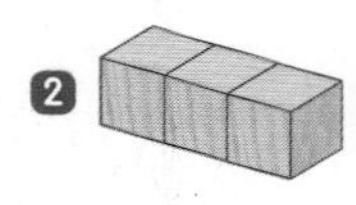 모양을 만들 수 있습니다. ( ○ , × )

❷ 모양에 쌓기나무 1개를 더 붙여서 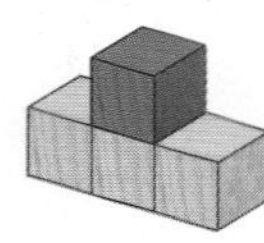 모양을 만들 수 있습니다. ⋯ ( ○ , × )

개념 체크 정답 ❶ ○에 ○표 ❷ ○에 ○표

## 기본 문제

교과서 유형

**1-1** 오른쪽 모양에 쌓기나무 1개를 더 붙여서 만들 수 있는 모양에 ○표 하시오.

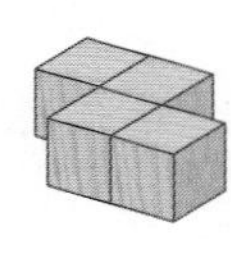 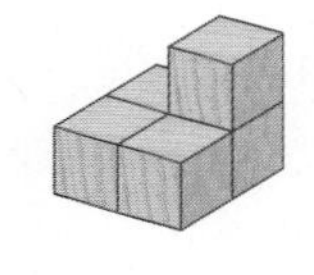

( ) ( )

힌트 만든 모양에서 오른쪽 모양을 찾아본 다음 쌓기나무가 1개 더 있는 모양을 알아봅니다.

교과서 유형

**2-1** 뒤집거나 돌렸을 때 같은 모양이면 ○표, 다른 모양이면 △표 하시오.

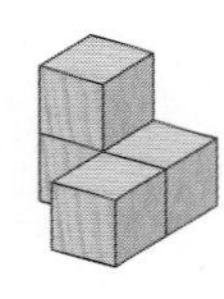  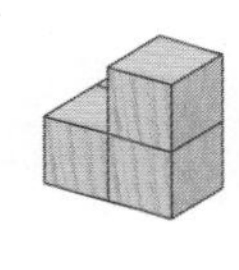

( )

힌트 둘 중 한 가지 모양을 뒤집거나 돌려서 나머지 모양이 되는지 알아봅니다.

교과서 유형

**3-1** 두 쌓기나무 모양을 연결하여 만들 수 있는 모양에 ○표 하시오.

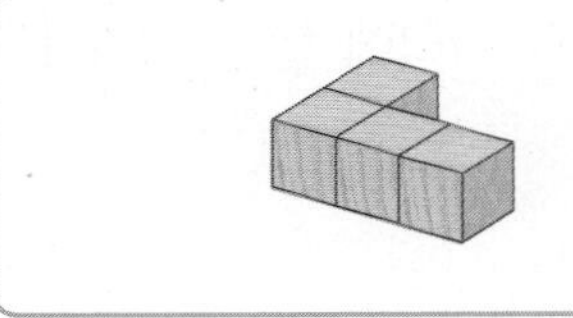 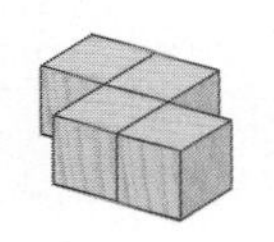

 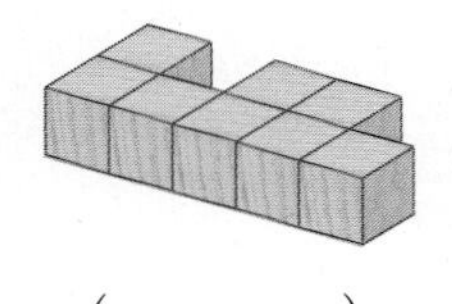

( ) ( )

힌트 만들어진 모양에서 왼쪽 쌓기나무 모양과 오른쪽 쌓기나무 모양을 각각 찾아봅니다.

## 쌍둥이 문제

• 정답은 20쪽

**1-2** 오른쪽 모양에 쌓기나무 1개를 더 붙여서 만들 수 없는 모양에 ×표 하시오.

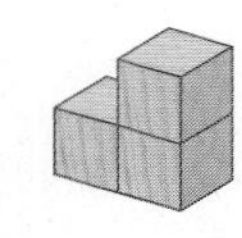

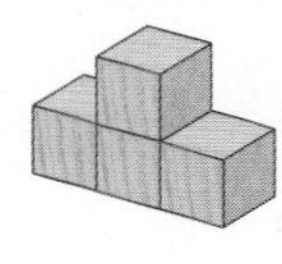 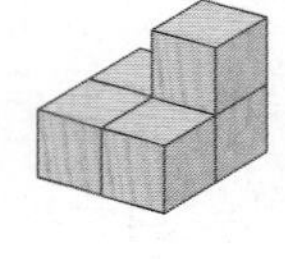

( ) ( )

**2-2** 뒤집거나 돌렸을 때 같은 모양이면 ○표, 다른 모양이면 △표 하시오.

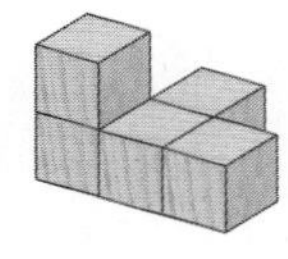  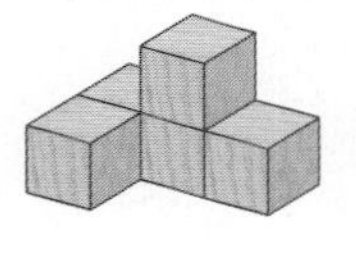

( )

**3-2** 두 쌓기나무 모양을 연결하여 만들 수 있는 모양에 ○표 하시오.

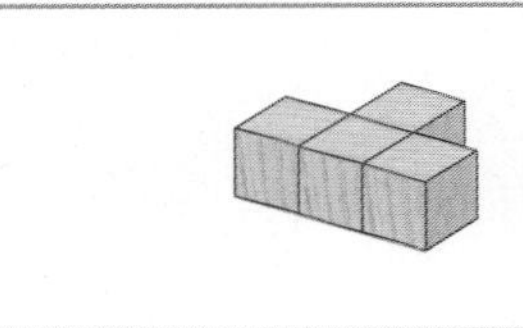 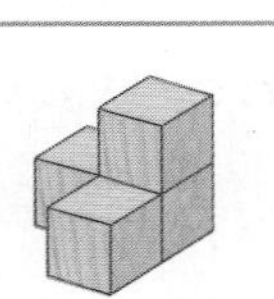

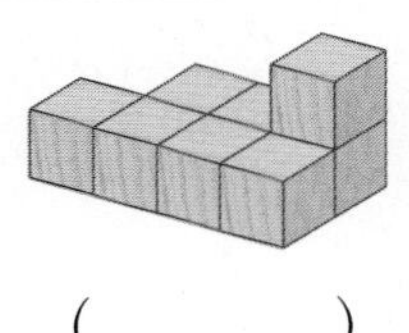 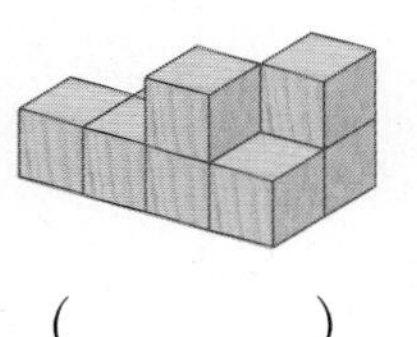

( ) ( )

# 개념 확인하기

**개념 5** 쌓은 모양과 쌓기나무의 개수를 알아볼까요(4)

- 쌓기나무로 쌓은 모양을 층별로 나타내면 쌓은 모양이 하나로 만들어집니다.
- 1층에 쌓은 모양은 위에서 본 모양과 같습니다.

익힘책 유형

**[01 ~ 03] 쌓기나무로 쌓은 모양을 보고 물음에 답하시오.**

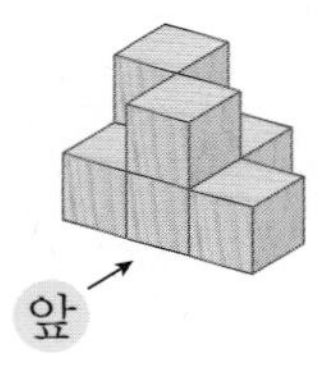


**01** 1층에 쌓인 쌓기나무는 몇 개입니까?

(　　　　　　　　)

**02** 층별로 모양을 그려 보시오.

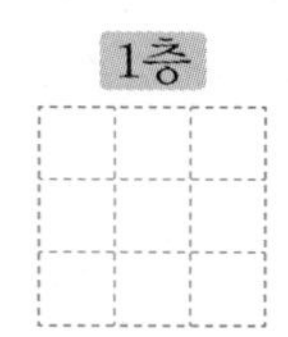

**03** 똑같은 모양으로 쌓는 데 필요한 쌓기나무는 몇 개입니까?

(　　　　　　　　)

**[04 ~ 06] 층별로 나타낸 모양을 보고 물음에 답하시오.**

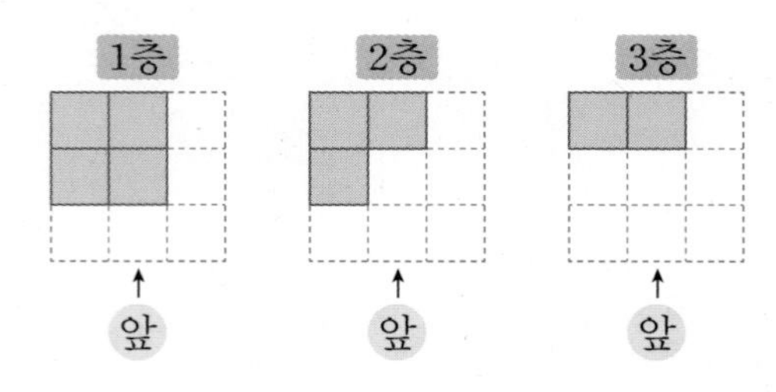


**04** 쌓은 모양으로 알맞은 것에 ○표 하시오.

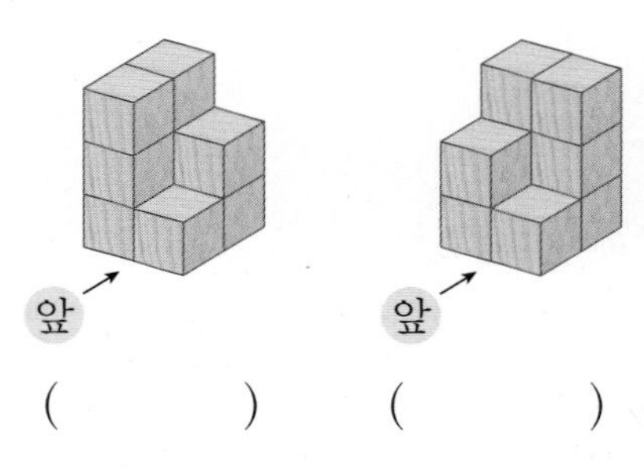


(　　　)　(　　　)

**05** 각 층에 쌓인 쌓기나무의 개수를 쓰고, 똑같은 모양으로 쌓는 데 필요한 쌓기나무의 개수를 구하시오.

| 1층 | 2층 | 3층 |
|---|---|---|
| | | |

(　　　　　　　　)

교과서 유형

**06** 위에서 본 모양의 각 자리에 쌓은 쌓기나무의 개수를 써 보시오.

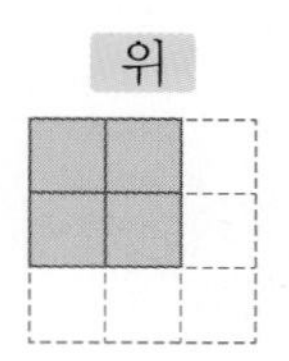

• 정답은 20쪽

## 개념 6 여러 가지 모양을 만들어 볼까요

• 쌓기나무 4개로 만들 수 있는 모양 찾기

① 모양에 쌓기나무 1개를 더 붙여서 서로 다른 모양을 만듭니다.

예 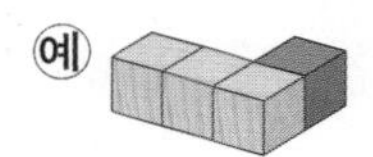 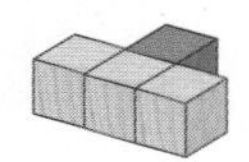

② 모양에 쌓기나무 1개를 더 붙여서 서로 다른 모양을 만듭니다.

예  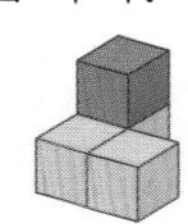

교과서 유형

**[07~08] 쌓기나무 3개로 만든 모양을 보고 물음에 답하시오.**

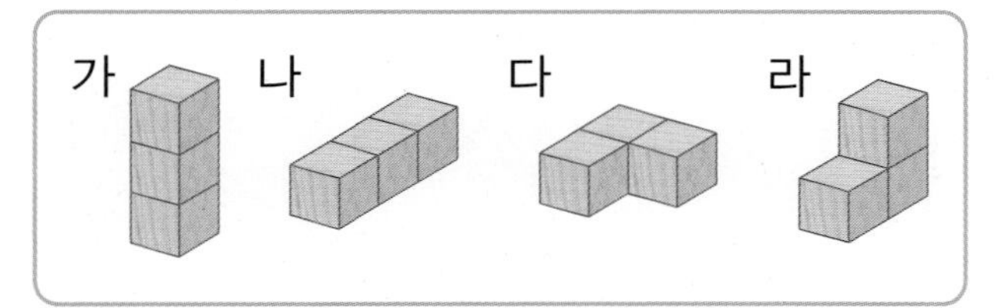


**07** 바르게 말한 사람은 누구입니까?

서로 다른 모양은 4가지야.

돌리거나 뒤집어서 같은 것은 같은 모양이야.

( )

**08** 쌓기나무 3개로 만들 수 있는 서로 다른 모양은 몇 가지입니까?

( )

**09** 오른쪽 모양에 쌓기나무 1개를 더 붙여서 만들 수 없는 모양을 찾아 기호를 쓰시오.

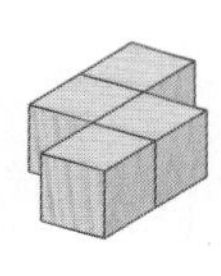

㉠ 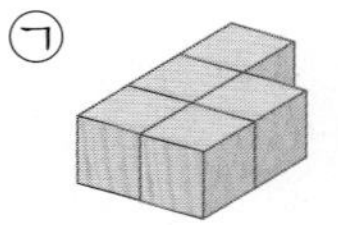

㉡ 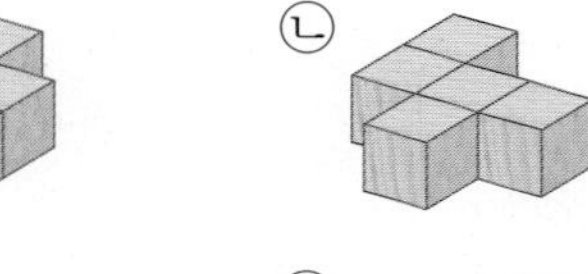

㉢ 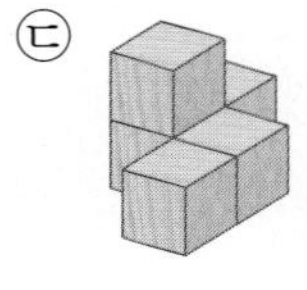

㉣ 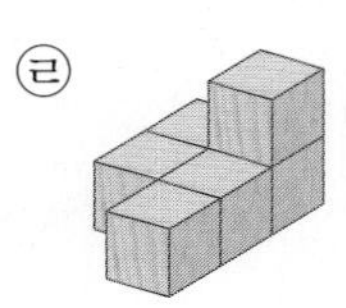

( )

익힘책 유형

**10** 두 쌓기나무 모양을 연결하여 만들 수 있는 모양을 찾아 기호를 쓰시오.

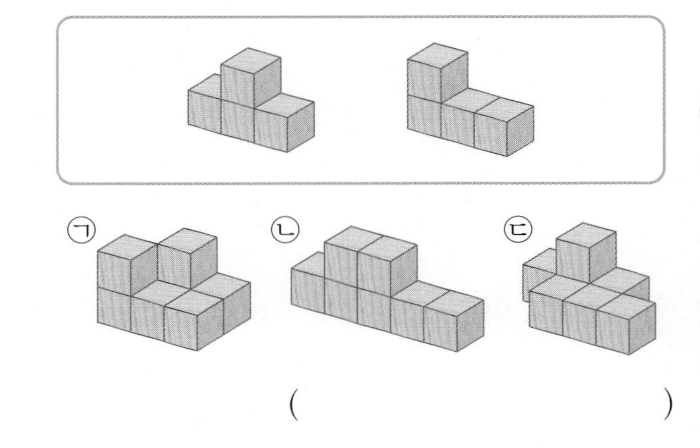


( )

해결의 창

① 쌓기나무로 쌓은 모양을 층별로 나타내면 쌓은 모양을 한 가지로 나타낼 수 있습니다.

② 층별로 쌓은 쌓기나무를 그릴 때 위에서 본 모양에서 같은 위치에 있는 것은 같은 곳에 그려야 합니다.

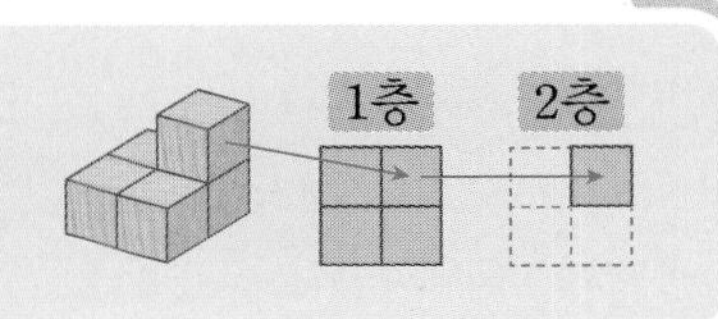

# 단원 마무리평가

점수

[01 ~ 03] 지혜와 친구들이 공원에 있는 조각상 사진을 찍었습니다. 물음에 답하시오.

㉠ 

㉡ 

㉢ 

01 지혜가 찍은 사진을 찾아 기호를 쓰시오.

(　　　　　　　　　　)

02 민호가 찍은 사진을 찾아 기호를 쓰시오.

(　　　　　　　　　　)

03 은지가 찍은 사진을 찾아 기호를 쓰시오.

(　　　　　　　　　　)

[04 ~ 05] 주어진 모양과 똑같이 쌓는 데 필요한 쌓기나무의 개수를 구하시오.

04

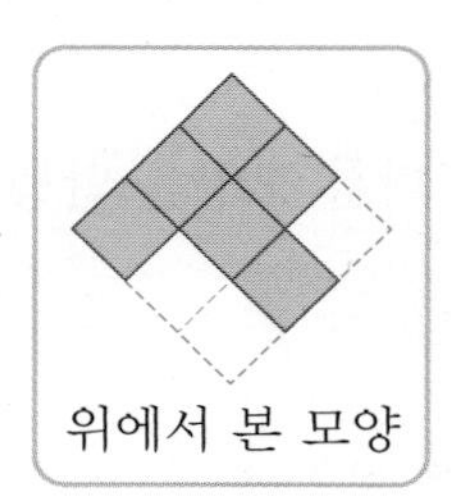

위에서 본 모양

(　　　　　　　　　　)

유사문제

05

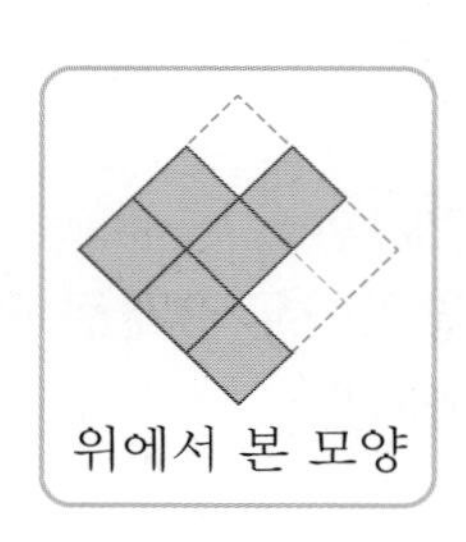

위에서 본 모양

(　　　　　　　　　　)

[06 ~ 07] 쌓기나무로 쌓은 모양을 보고 위에서 본 모양에 수를 쓰려고 합니다. 물음에 답하시오.

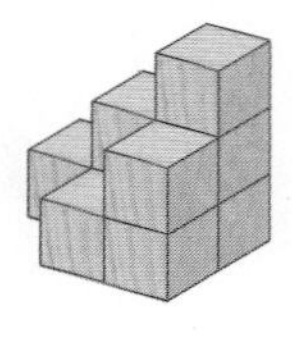

위

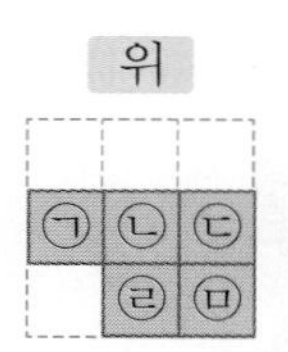


06 각 자리에 쌓인 쌓기나무의 수가 잘못된 것은 어느 것입니까? ··································· (　　　　)

① ㉠: 1개　　② ㉡: 1개　　③ ㉢: 3개
④ ㉣: 1개　　⑤ ㉤: 2개

07 똑같은 모양으로 쌓는 데 필요한 쌓기나무는 몇 개입니까?

(　　　　　　　　　　)

• 정답은 21쪽

**[08 ~ 10] 쌓기나무로 쌓은 모양을 위, 앞, 옆에서 본 모양입니다. 물음에 답하시오.**

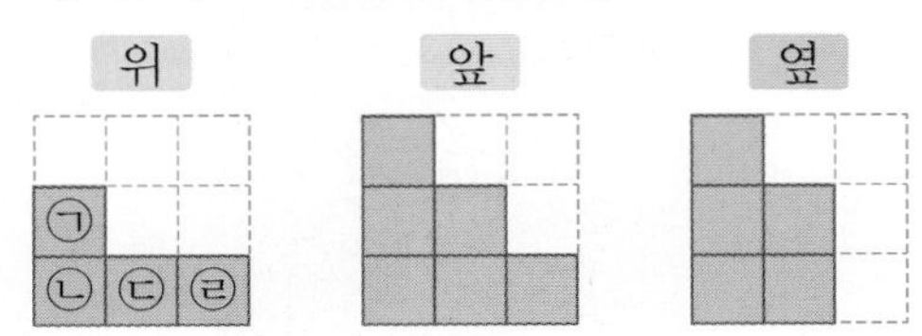


**08** 위와 앞에서 본 모양을 보고 ㉢과 ㉣에 각각 쌓인 쌓기나무의 개수를 구하시오.

㉢ (　　　　　　)
㉣ (　　　　　　)

**09** 08의 결과, 위와 옆에서 본 모양을 보고 ㉠과 ㉡에 각각 쌓인 쌓기나무의 개수를 구하시오.

㉠ (　　　　　　)
㉡ (　　　　　　)

**10** 똑같은 모양으로 쌓는 데 필요한 쌓기나무는 몇 개입니까?

(　　　　　　)

**11** 쌓기나무로 쌓은 모양을 보고 위에서 본 모양에 수를 써넣으시오.

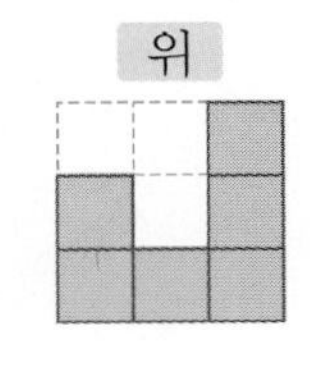


**[12 ~ 13] 오른쪽 쌓기나무로 쌓은 모양을 보고 물음에 답하시오.**

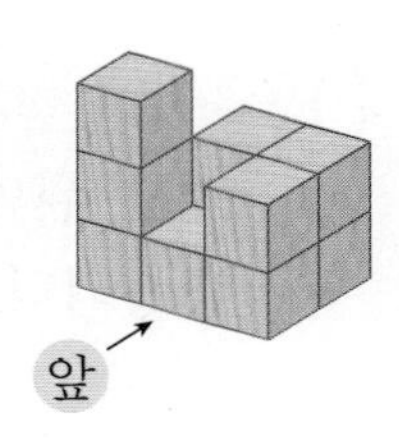


**12** 층별로 나타낸 모양 중 잘못 나타낸 것은 몇 층입니까?

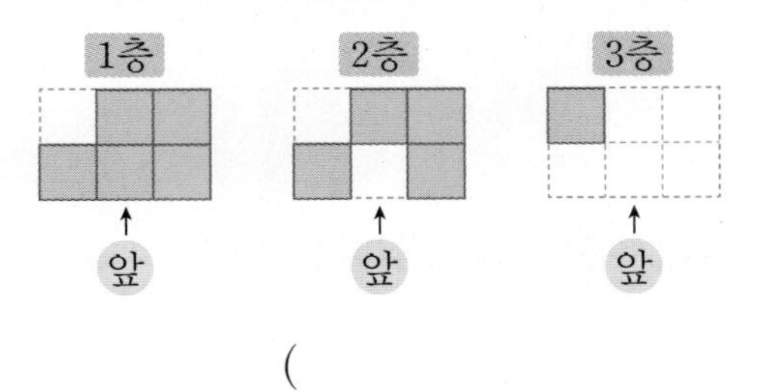


(　　　　　　)

**13** 똑같은 모양으로 쌓는 데 필요한 쌓기나무는 몇 개인지 풀이 과정을 완성하고 답을 구하시오.

풀이 쌓기나무가 1층에 □개, 2층에 □개, 3층에 □개 필요하므로 □개입니다.

답 □개

**14** 쌓기나무로 쌓은 모양을 위, 앞, 옆에서 본 모양입니다. 쌓은 모양을 찾아 기호를 쓰시오.

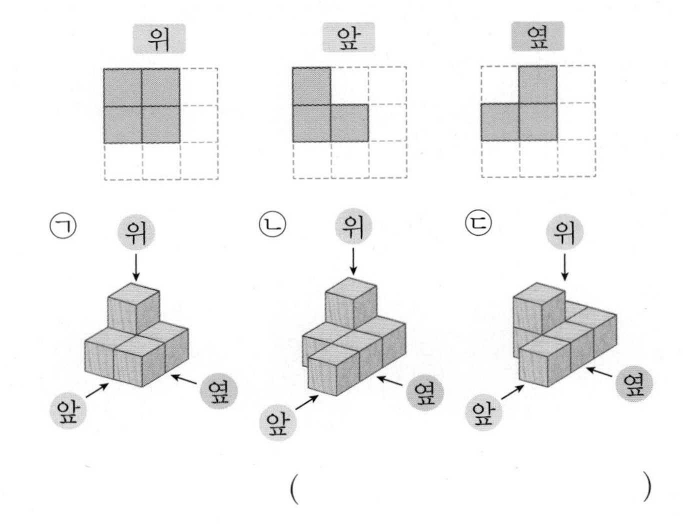


(　　　　　　)

· 정답은 21쪽

**[15~16] 쌓기나무로 쌓은 모양을 보고 위에서 본 모양에 수를 썼습니다. 물음에 답하시오.**

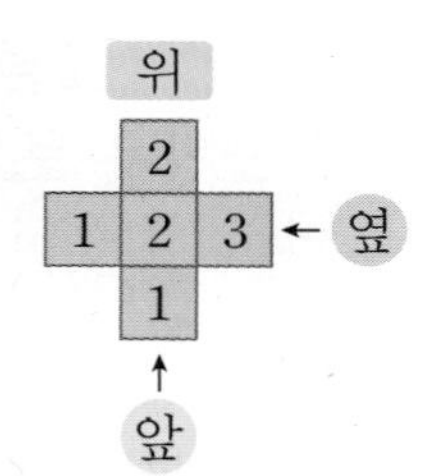


㉠ 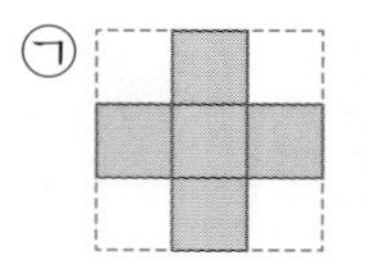 ㉡ 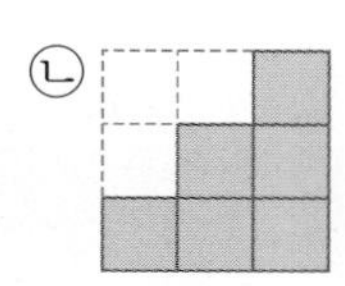 ㉢ 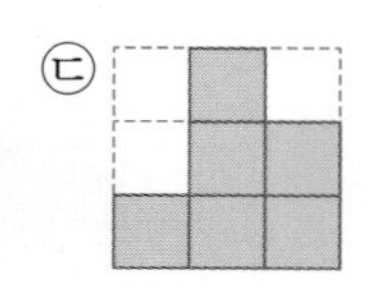

**15** 앞에서 본 모양을 찾아 기호를 쓰시오.

( )

**16** 옆에서 본 모양을 찾아 기호를 쓰시오.

( )

**17** 오른쪽 모양에 쌓기나무 1개를 더 붙여서 만들 수 있는 모양을 찾아 기호를 쓰시오.

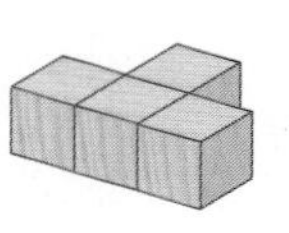

㉠ 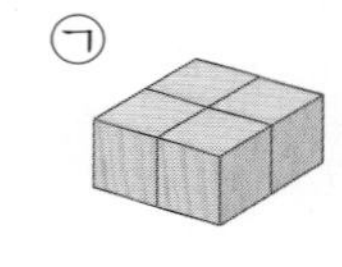 ㉡ 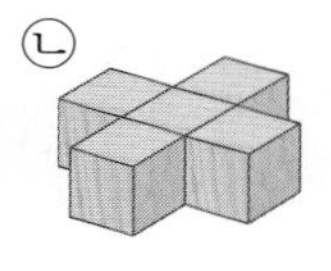 ㉢ 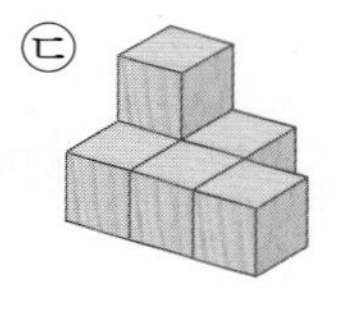

( )

**18** 두 쌓기나무 모양을 연결하여 만들 수 있는 모양을 찾아 기호를 쓰시오.

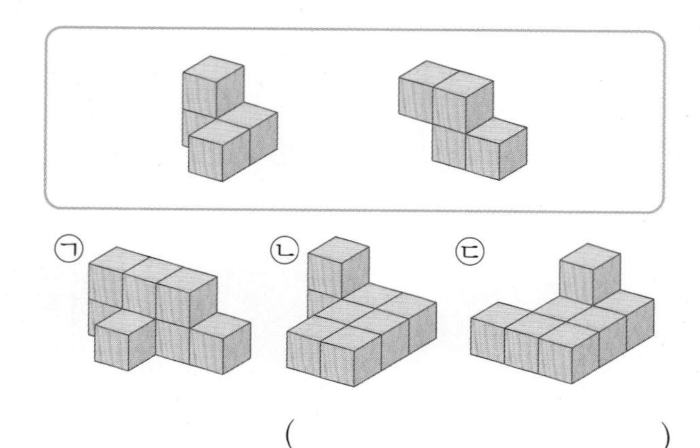


( )

**19** ❶ 1층에 쌓인 쌓기나무는 3층에 쌓인 쌓기나무보다/❷ 몇 개 더 많은지 구하시오.

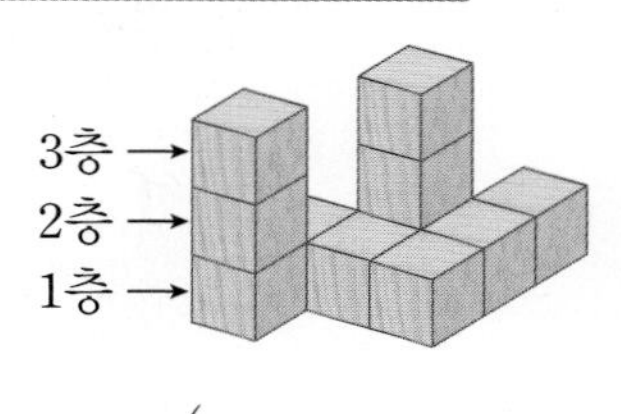


( )

해결의 법칙

❶ 1층과 3층에 쌓인 쌓기나무의 개수를 각각 구합니다.

❷ 1층과 3층에 쌓인 쌓기나무의 개수의 차를 구합니다.

**20** 쌓기나무로 쌓은 모양을 보고 위에서 본 모양에 수를 썼습니다. ❶ 위와 앞에서 본 모양을 보고/❷ 똑같은 모양으로 쌓는 데 필요한 쌓기나무는 몇 개인지 구하시오.

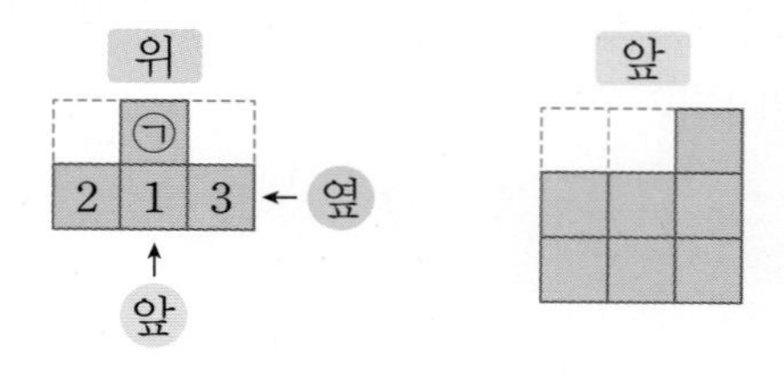


( )

해결의 법칙

❶ 앞에서 본 모양을 통해 ㉠에 알맞은 수를 구합니다.

❷ 위에서 본 모양에 쓴 수를 모두 더합니다.

# 창의·융합 문제

• 정답은 21쪽

**1** 크기가 같은 정육면체 모양의 상자 9개로 쌓은 모양입니다. 빨간색 상자 1개를 빼내고 남은 모양을 위, 앞, 옆에서 본 모양을 그렸을 때 처음과 달라지는 방향을 쓰고 그 방향에서 본 모양을 그리시오.

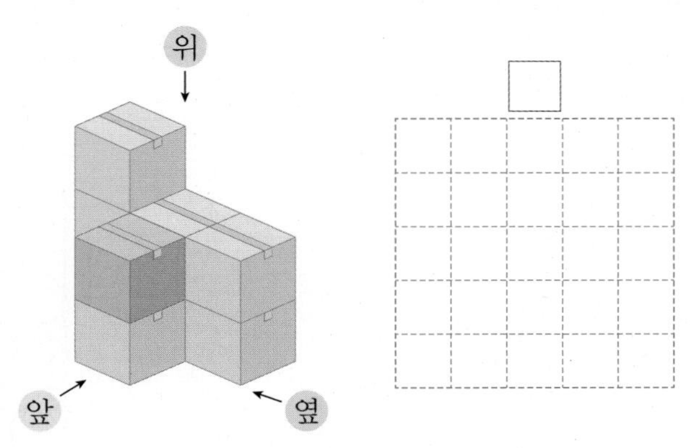


**2** 다음은 1부터 6까지의 눈이 있는 정육면체 모양의 주사위를 쌓은 모양과 이를 위에서 본 모양입니다. 1층과 2층의 맞닿는 면의 눈의 수가 같을 때 바닥에 닿는 모든 면의 눈의 수의 합을 구하시오. (주사위의 마주 보는 면의 눈의 수의 합은 항상 7입니다.)

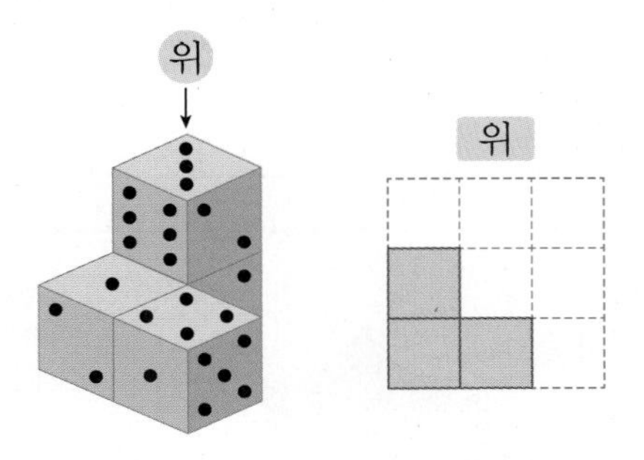


(　　　　　　　　　　)

3 공간과 입체

# 4 비례식과 비례배분

## 제4화 '자동차에 많이 타기' 기네스 도전 결과는?

비례식

외항

2 : 3=4 : 6

내항

외항: 비례식에서 바깥쪽에 있는 2와 6

내항: 비례식에서 안쪽에 있는 3과 4

**이미 배운 내용**

[6-1 비와 비율]

- 비
- 비율
- 백분율

**이번에 배울 내용**

- 비의 성질
- 간단한 자연수의 비
- 비례식
- 비례식의 성질
- 비례배분

**앞으로 배울 내용**

[중학교]

- 정비례와 반비례
- 일차방정식
- 일차함수

$$15\times\frac{2}{2+3}=\overset{3}{\cancel{15}}\times\frac{2}{\underset{1}{\cancel{5}}}=6$$

$$15\times\frac{3}{2+3}=\overset{3}{\cancel{15}}\times\frac{3}{\underset{1}{\cancel{5}}}=9$$

## 개념 1 비의 성질을 알아볼까요 (1)

개념 동영상

- 전항, 후항

비 2 : 3에서 기호 ':' 앞에 있는 2를 전항, 뒤에 있는 3을 후항이라고 합니다.

- 비의 전항과 후항에 0이 아닌 같은 수를 곱하기

(1) 2 : 3의 전항과 후항에 각각 2를 곱하기

2 : 3 ⇨ $\frac{2}{3}$

4 : 6 ⇨ $\frac{4}{6}\left(=\frac{2}{3}\right)$

비율이 같습니다.

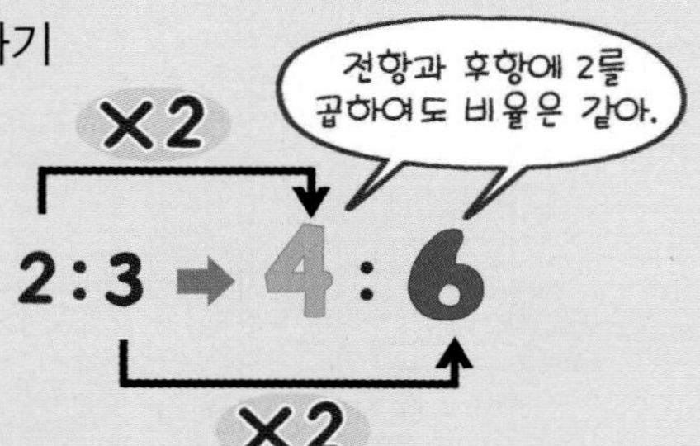


(2) 2 : 3의 전항과 후항에 각각 3을 곱하기

2 : 3 ⇨ $\frac{2}{3}$

6 : 9 ⇨ $\frac{6}{9}\left(=\frac{2}{3}\right)$

비율이 같습니다.

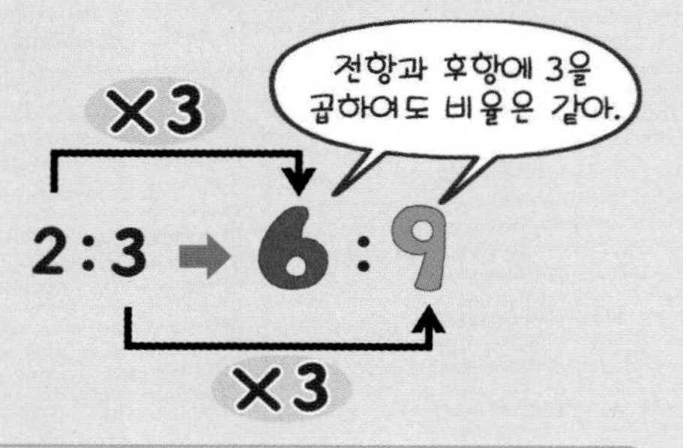


비의 전항과 후항에 0이 아닌 같은 수를 곱하여도 비율은 같습니다.

### 개념 체크

❶ 비 2 : 3에서 전항은 2, 후항은 ☐입니다.

❷ 2 : 3의 전항과 후항에 4를 곱하여도 비율은 ( 같습니다 , 다릅니다 ).

❸ 비의 전항과 후항에 ☐이 아닌 같은 수를 곱하여도 비율은 같습니다.

배터리가 잘 들어가려면 ☐의 값을 입력해야 해.

2 : 3 ⇨ 4 : ☐

개념 체크 정답 ❶ 3 ❷ 같습니다에 ○표 ❸ 0

## 기본 문제

• 정답은 23쪽

**1-1** 맞으면 ○표, 틀리면 ×표 하시오.

비 3 : 4에서 전항은 3입니다.

(                    )

힌트 ■ : ▲ ⇨ 기호 ':' 앞에 있는 ■를 전항, 뒤에 있는 ▲를 후항이라고 합니다.

교과서 유형

**2-1** □ 안에 알맞은 말을 써넣으시오.

$1:4 \Rightarrow 3:12$ (전항 ×3, 후항 ×3)

비의 전항과 후항에 0이 아닌 같은 수를 □ 비율은 같습니다.

힌트 비의 전항과 후항에 0이 아닌 같은 수를 곱하여도 비율은 같습니다.

익힘책 유형

**3-1** 비의 성질을 이용하여 □ 안에 알맞은 수를 써넣으시오.

$3:5 \Rightarrow 6:\square$ (전항 ×2, 후항 ×2)

힌트 비의 전항과 후항에 0이 아닌 같은 수를 곱하여도 비율은 같습니다.

## 쌍둥이 문제

**1-2** 맞으면 ○표, 틀리면 ×표 하시오.

비 5 : 2에서 후항은 2입니다.

(                    )

**2-2** 알맞은 말에 ○표 하시오.

$2:7 \Rightarrow 4:14$ (전항 ×2, 후항 ×2)

비의 전항과 후항에 0이 아닌 같은 수를 곱하여도 비율은 ( 같습니다 , 다릅니다 ).

**3-2** 비의 성질을 이용하여 □ 안에 알맞은 수를 써넣으시오.

$4:3 \Rightarrow \square:9$ (전항 ×3, 후항 ×3)

## 개념 2 비의 성질을 알아볼까요 (2)

• 비의 전항과 후항을 0이 아닌 같은 수로 나누기

(1) 12 : 18의 전항과 후항을 각각 2로 나누기

12 : 18 ⇨ $\frac{12}{18}\left(=\frac{2}{3}\right)$

6 : 9 ⇨ $\frac{6}{9}\left(=\frac{2}{3}\right)$ 비율이 같습니다.

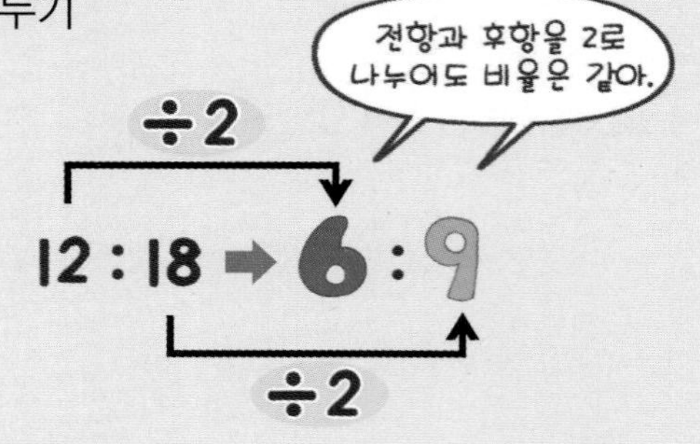


(2) 12 : 18의 전항과 후항을 각각 3으로 나누기

12 : 18 ⇨ $\frac{12}{18}\left(=\frac{2}{3}\right)$

4 : 6 ⇨ $\frac{4}{6}\left(=\frac{2}{3}\right)$ 비율이 같습니다.

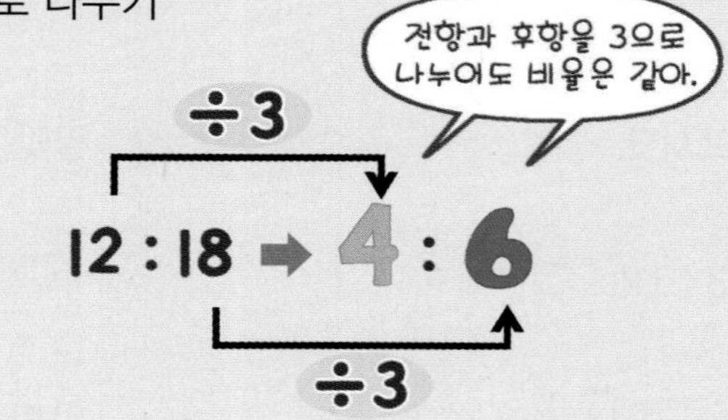


비의 전항과 후항을 0이 아닌 같은 수로 나누어도 비율은 같습니다.

### 개념 체크

❶ 12 : 18의 전항과 후항을 각각 6으로 나누어도 비율은 ( 같습니다 , 다릅니다 ).

❷ 12 : 18의 전항과 후항을 각각 0으로 나눌 수 ( 있습니다 , 없습니다 ).

❸ 비의 전항과 후항을 □ 이 아닌 같은 수로 나누어도 비율은 같습니다.

개념 체크 정답 ❶ 같습니다에 ○표 ❷ 없습니다에 ○표 ❸ 0

## 기본 문제

교과서 유형

**1-1** □ 안에 알맞은 말을 써넣으시오.

$$3:12 \Rightarrow 1:4 \quad (\div 3)$$

비의 전항과 후항을 0이 아닌 같은 수로 □ 비율은 같습니다.

힌트 비의 전항과 후항을 0이 아닌 같은 수로 나누어도 비율은 같습니다.

**2-1** 비의 성질을 이용하여 □ 안에 알맞은 수를 써넣으시오.

$$12:10 \Rightarrow 6:\square \quad (\div 2)$$

힌트 비의 전항과 후항을 0이 아닌 같은 수로 나누어도 비율은 같습니다.

익힘책 유형

**3-1** 비의 성질을 이용하여 □ 안에 알맞은 수를 써넣으시오.

$$15:24 \Rightarrow 5:\square \quad (\div 3,\ \div \square)$$

힌트 15 : 24의 전항을 나눈 수로 후항도 나눕니다.

## 쌍둥이 문제

• 정답은 23쪽

**1-2** 알맞은 말에 ○표 하시오.

$$14:6 \Rightarrow 7:3 \quad (\div 2)$$

비의 전항과 후항을 0이 아닌 같은 수로 나누어도 비율은 ( 같습니다 , 다릅니다 ).

**2-2** 비의 성질을 이용하여 □ 안에 알맞은 수를 써넣으시오.

$$15:12 \Rightarrow \square:4 \quad (\div 3)$$

**3-2** 비의 성질을 이용하여 □ 안에 알맞은 수를 써넣으시오.

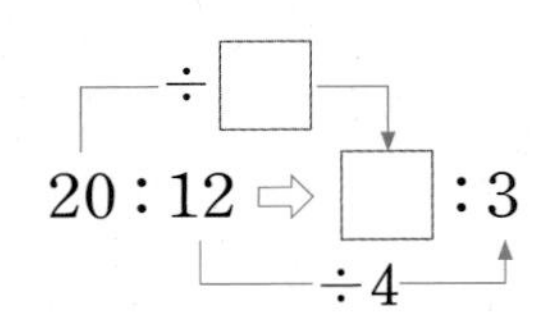

# 개념 확인하기

## 개념 1 비의 성질을 알아볼까요 (1)

전항 → 2 : 3 ← 후항

■ : ▲ ⇨ (■ × ★) : (▲ × ★)

⇨ 비의 전항과 후항에 0이 아닌 같은 수를 곱하여도 비율은 같습니다.

**01** 전항에는 △표, 후항에는 ○표 하시오.

(1) 5 : 6

(2) 11 : 9

**02** 비를 보고 전항과 후항을 찾아 쓰시오.

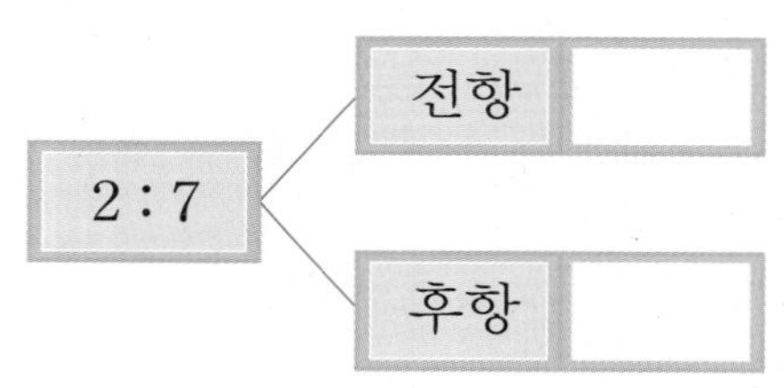


**03** 비의 전항이 후항보다 큰 것을 찾아 기호를 쓰시오.

㉠ 3 : 4 ㉡ 5 : 4
㉢ 2 : 5 ㉣ 3 : 8

( )

**04** 비의 성질을 이용하여 □ 안에 알맞은 수를 써넣으시오.

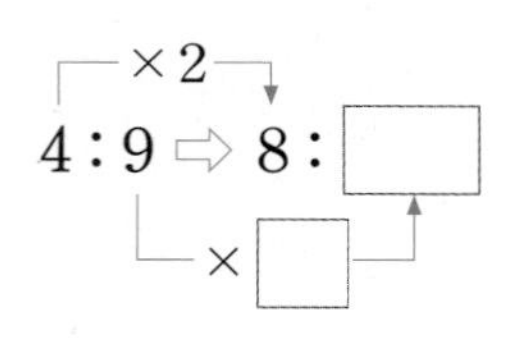


**05** 비의 성질을 이용하여 □ 안에 알맞은 수를 써넣으시오.

× □

3 : 8 ⇨ 15 : □

× 5

**06** 비의 전항과 후항에 0이 아닌 같은 수를 곱하여 비율이 같은 비를 쓴 것입니다. □ 안에 알맞은 수를 써넣으시오.

7 : 3 ⇨ 14 : □

익힘책 유형

**07** 비의 성질을 이용하여 6 : 11과 비율이 같은 비를 2개 쓰시오.

## 개념 2 비의 성질을 알아볼까요 (2)

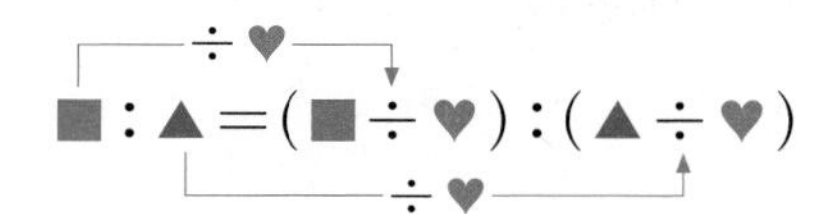

$■ : ▲ = (■ \div ♥) : (▲ \div ♥)$

⇨ 비의 전항과 후항을 0이 아닌 같은 수로 나누어도 비율은 같습니다.

**08** 비의 성질을 이용하여 □ 안에 알맞은 수를 써넣으시오.

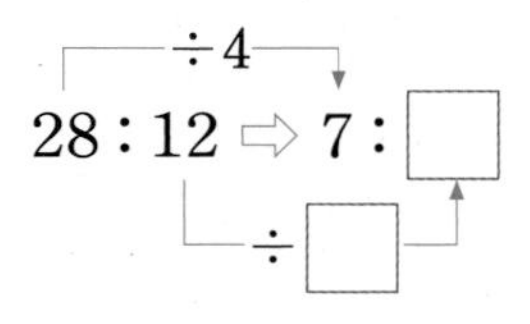

$28 : 12$ ⇨ $7 : □$ (÷4, ÷□)

**09** 비의 성질을 이용하여 □ 안에 알맞은 수를 써넣으시오.

$18 : 12$ ⇨ $3 : □$ (÷□, ÷6)

**10** 비의 전항과 후항을 0이 아닌 같은 수로 나누어 비율이 같은 비를 쓴 것입니다. □ 안에 알맞은 수를 써넣으시오.

$21 : 15$ ⇨ $7 : □$

익힘책 유형

**11** 비의 성질을 이용하여 비율이 같은 비를 찾아 선으로 이으시오.

| | |
|---|---|
| 48 : 42 • | • 7 : 4 |
| 40 : 48 • | • 8 : 7 |
| 70 : 40 • | • 5 : 6 |

**12** 45 : 30과 비율이 같은 비가 아닌 것을 찾아 기호를 쓰시오.

| | |
|---|---|
| ㉠ 15 : 10 | ㉡ 9 : 6 |
| ㉢ 5 : 3 | ㉣ 3 : 2 |

( )

익힘책 유형

**13** 비의 성질을 이용하여 30 : 20과 비율이 같은 비를 2개 쓰시오.

______________________

어떤 비의 전항과 후항에 0을 곱하면 0 : 0이 되므로 비율이 같은 비를 만들 때 0을 곱할 수 없습니다.

어떤 수를 0으로 나눌 수 없으므로 비율이 같은 비를 만들 때 0으로 나눌 수 없습니다.

# STEP 1 개념 파헤치기

## 개념 3 간단한 자연수의 비로 나타내어 볼까요 (1)

- (소수) : (소수)를 간단한 자연수의 비로 나타내기

  소수의 비를 간단한 자연수의 비로 나타내려면 전항과 후항에 소수의 자리 수에 따라 10, 100……을 곱합니다. ─ 전항과 후항에는 0이 아닌 같은 수를 곱합니다.

  예 0.4 : 0.5를 비의 성질을 이용하여 간단한 자연수의 비로 나타내기

  0.4와 0.5는 소수 한 자리 수이므로 전항과 후항에 각각 10을 곱합니다.

  소수에 10을 곱하면 소수점이 오른쪽으로 한 칸 옮겨집니다.

  $0.4 : 0.5 \Rightarrow (0.4 \times 10) : (0.5 \times 10) \Rightarrow 4 : 5$

- (소수) : (분수)를 간단한 자연수의 비로 나타내기

  분수를 소수로 고쳐 (소수) : (소수)로 나타냅니다.

  예 $0.3 : \frac{1}{2}$을 비의 성질을 이용하여 간단한 자연수의 비로 나타내기

  분수를 소수로 고치면 $\frac{1}{2}=\frac{5}{10}=0.5$입니다.

  $0.3 : \frac{1}{2} \Rightarrow 0.3 : 0.5$ ─ 소수 한 자리 수의 비이므로 전항과 후항에 10을 곱합니다.

  $\Rightarrow (0.3 \times 10) : (0.5 \times 10) \Rightarrow 3 : 5$

### 개념 체크

❶ 소수 한 자리 수의 비를 간단한 자연수의 비로 나타내려면 전항과 후항에 ☐을 곱합니다.

❷ 소수 두 자리 수의 비를 간단한 자연수의 비로 나타내려면 전항과 후항에 ☐을 곱합니다.

❸ $0.3 : \frac{1}{2}$을 간단한 자연수의 비로 나타내기 위해 먼저 소수의 비로 나타내면 0.3 : ☐입니다.

0.2 : 0.5 ⇨ (0.2×☐) : (0.5×☐) ⇨ 2 : 5

0.2 : 0.5 ⇨ (0.2× 10 ) : (0.5× 10 ) ⇨ 2 : 5

소수 한 자리 수이므로 각 항에 10을 곱합니다.

개념 체크 정답 ❶ 10 ❷ 100 ❸ 0.5

## 기본 문제

교과서 유형

**1-1** 간단한 자연수의 비로 나타내려고 합니다. □ 안에 알맞은 수를 써넣으시오.

$$0.2 : 0.3 \Rightarrow 2 : \square$$

(×10, ×10)

힌트 소수 한 자리 수의 비이므로 전항과 후항에 10을 곱합니다.

**2-1** 간단한 자연수의 비로 바르게 나타낸 것에 ○표 하시오.

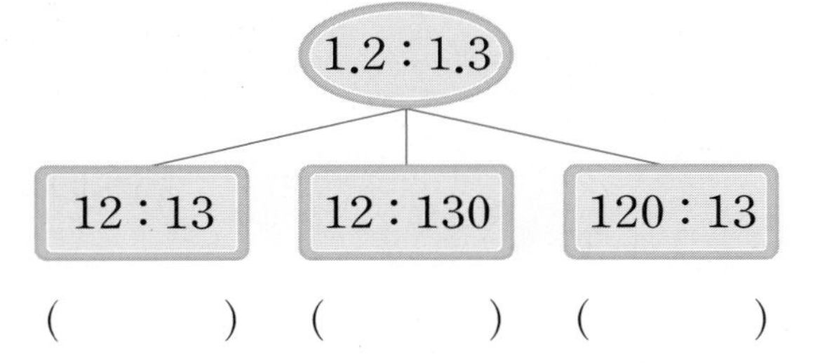


(　　　) (　　　) (　　　)

힌트 소수 한 자리 수의 비이므로 전항과 후항에 10을 곱합니다.

익힘책 유형

**3-1** 분수를 소수로 고쳐 간단한 자연수의 비로 나타내려고 합니다. □ 안에 알맞은 수를 써넣으시오.

$$0.1 : \frac{1}{2} \Rightarrow 0.1 : \square$$

$$\Rightarrow 1 : \square$$

힌트 분수를 소수로 고친 다음 전항과 후항이 모두 소수 한 자리 수이면 10을 곱합니다.

## 쌍둥이 문제

• 정답은 24쪽

**1-2** 간단한 자연수의 비로 나타내려고 합니다. □ 안에 알맞은 수를 써넣으시오.

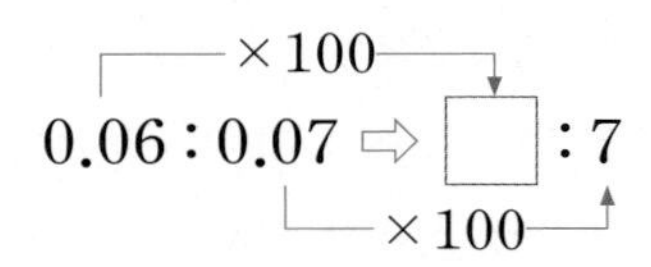


**2-2** 간단한 자연수의 비로 바르게 나타낸 것에 ○표 하시오.

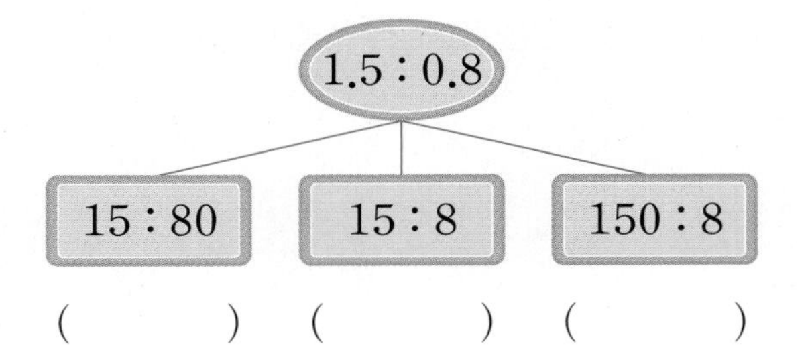


(　　　) (　　　) (　　　)

**3-2** 분수를 소수로 고쳐 간단한 자연수의 비로 나타내려고 합니다. □ 안에 알맞은 수를 써넣으시오.

$$0.4 : \frac{3}{10} \Rightarrow 0.4 : \square$$

$$\Rightarrow 4 : \square$$

## 개념 4 간단한 자연수의 비로 나타내어 볼까요 (2)

개념 동영상

- (분수) : (분수)를 간단한 자연수의 비로 나타내기

분수의 비를 간단한 자연수의 비로 나타내려면 전항과 후항에 두 분모의 공배수를 곱합니다. 두 분모의 공배수 중에서 가장 작은 수인 최소공배수를 곱해도 됩니다.

예 $\frac{1}{2} : \frac{1}{3}$을 비의 성질을 이용하여 간단한 자연수의 비로 나타내기

2와 3의 최소공배수는 6이므로 전항과 후항에 6을 곱하고 약분하여 계산합니다. ─2와 3의 공배수인 6, 12, 18……을 곱해도 됩니다.

$$\frac{1}{2} : \frac{1}{3} \Rightarrow \left(\frac{1}{\cancel{2}_1} \times \cancel{6}^3\right) : \left(\frac{1}{\cancel{3}_1} \times \cancel{6}^2\right) \Rightarrow 3 : 2$$

- (소수) : (분수)를 간단한 자연수의 비로 나타내기

소수를 분수로 고쳐 (분수) : (분수)로 나타냅니다.

예 $0.3 : \frac{1}{2}$을 비의 성질을 이용하여 간단한 자연수의 비로 나타내기

소수를 분수로 고치면 $0.3 = \frac{3}{10}$입니다. ┌ 전항과 후항에 두 분모 10과 2의 최소공배수인 10을 곱합니다.

$$0.3 : \frac{1}{2} \Rightarrow \frac{3}{10} : \frac{1}{2} \Rightarrow \left(\frac{3}{\cancel{10}_1} \times \cancel{10}\right) : \left(\frac{1}{\cancel{2}_1} \times \cancel{10}^5\right) \Rightarrow 3 : 5$$

### 개념 체크

❶ 분수의 비를 간단한 자연수의 비로 나타내려면 전항과 후항에 두 분모의 ( 공약수 , 공배수 )를 곱합니다.

❷ 분모가 2와 3인 두 분수의 비를 간단한 자연수의 비로 나타내려면 전항과 후항에 2와 3의 최소공배수인 ☐을 곱합니다.

❸ $0.3 : \frac{1}{2}$을 간단한 자연수의 비로 나타내기 위해 먼저 분수의 비로 나타내면 $\frac{☐}{10} : \frac{1}{2}$입니다.

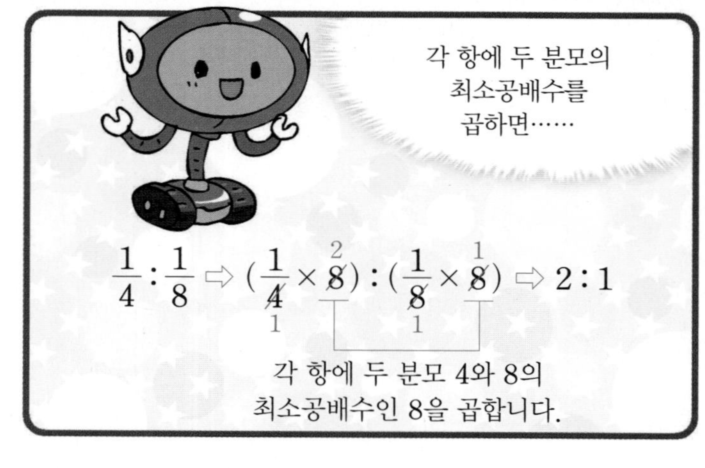

개념 체크 정답 ❶ 공배수에 ○표 ❷ 6 ❸ 3

## 기본 문제

## 쌍둥이 문제

• 정답은 24쪽

**1-1** $\frac{1}{3}:\frac{1}{4}$을 간단한 자연수의 비로 나타내려고 합니다. 전항과 후항에 곱하는 데 알맞은 수를 찾아 ○표 하시오.

| 6 | 10 | 12 |
|---|---|---|
| (　　) | (　　) | (　　) |

힌트 분수의 비이므로 전항과 후항에 두 분모의 공배수를 곱합니다.

**1-2** $\frac{1}{5}:\frac{1}{6}$을 간단한 자연수의 비로 나타내려고 합니다. 전항과 후항에 곱하는 데 알맞은 수를 찾아 ○표 하시오.

| 25 | 30 | 36 |
|---|---|---|
| (　　) | (　　) | (　　) |

교과서 유형

**2-1** 간단한 자연수의 비로 나타내려고 합니다. □ 안에 알맞은 수를 써넣으시오.

$$\frac{1}{2}:\frac{1}{5} \Rightarrow 5:\square$$

(전항 $\times 10$, 후항 $\times 10$)

힌트 전항과 후항에 두 분모 2와 5의 최소공배수인 10을 곱합니다.

**2-2** 간단한 자연수의 비로 나타내려고 합니다. □ 안에 알맞은 수를 써넣으시오.

$$\frac{1}{7}:\frac{1}{8} \Rightarrow \square:7$$

(전항 $\times 56$, 후항 $\times 56$)

**3-1** 소수를 분수로 고쳐 간단한 자연수의 비로 나타내려고 합니다. □ 안에 알맞은 수를 써넣으시오.

$$0.3:\frac{1}{6} \Rightarrow \frac{\square}{10}:\frac{1}{6}$$

$$\Rightarrow \square:5$$

힌트 소수를 분수로 고친 다음 전항과 후항에 두 분모 10과 6의 최소공배수인 30을 곱합니다.

**3-2** 소수를 분수로 고쳐 간단한 자연수의 비로 나타내려고 합니다. □ 안에 알맞은 수를 써넣으시오.

$$0.7:\frac{1}{8} \Rightarrow \frac{\square}{10}:\frac{1}{8}$$

$$\Rightarrow \square:5$$

4 비례식과 비례배분

## 개념 5 비례식을 알아볼까요

- 비례식

비례식: 비율이 같은 두 비를 기호 '='를 사용하여 나타낸 식

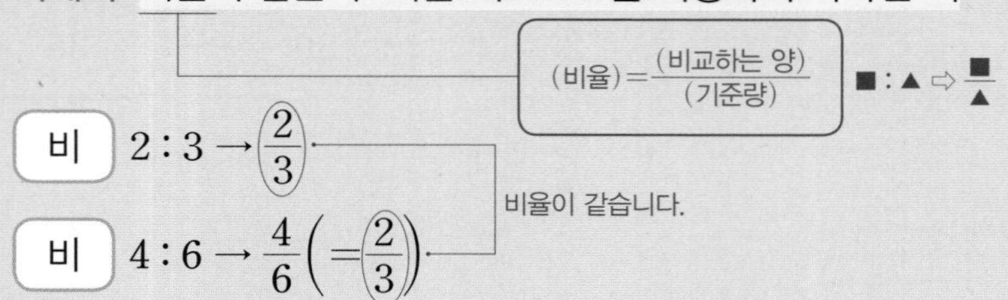


비 $2:3 \rightarrow \frac{2}{3}$

비 $4:6 \rightarrow \frac{4}{6}\left(=\frac{2}{3}\right)$

비율이 같습니다.

⇨ 비례식 $2:3=4:6$

- 외항과 내항

외항: 비례식에서 바깥쪽에 있는 두 항

내항: 비례식에서 안쪽에 있는 두 항

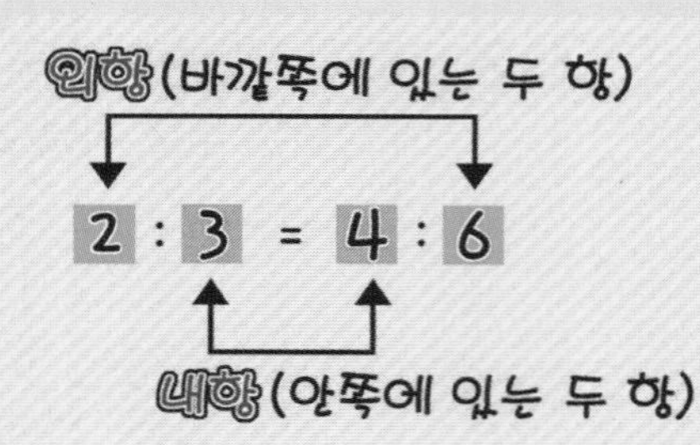


### 개념 체크

❶ 비율이 같은 두 비를 기호 '='를 사용하여 나타낸 식을 ☐(이)라고 합니다.

❷ 비례식 $2:3=4:6$에서 외항은 2, ☐입니다.

❸ 비례식 $2:3=4:6$에서 내항은 3, ☐입니다.

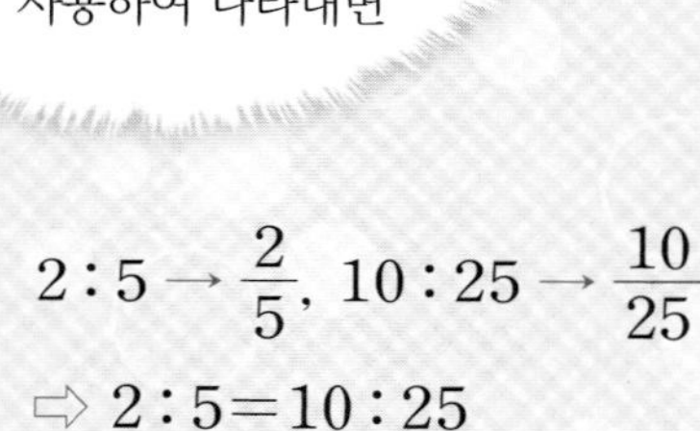
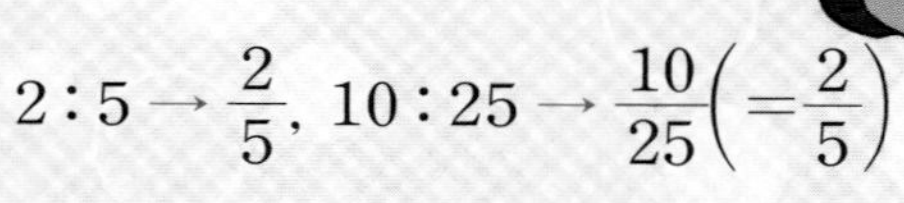

개념 체크 정답 ❶ 비례식 ❷ 6 ❸ 4

## 기본 문제

## 쌍둥이 문제

• 정답은 24쪽

**1-1** □ 안에 알맞은 말을 써넣으시오.

비율이 같은 두 비를 기호 '='를 사용하여 1 : 2=2 : 4와 같이 나타낸 식을 □ (이)라고 합니다.

힌트 비율이 같은 두 비를 기호 '='를 사용하여 나타낸 식을 비례식이라고 합니다.

**1-2** 비례식을 찾아 ○표 하시오.

4 : 8=1 : 4 (　　)

6 : 5=12 : 10 (　　)

익힘책 유형

**2-1** 외항을 찾아 △표, 내항을 찾아 ○표 하시오.

(1) 4 : 5=8 : 10

(2) 1 : 3=3 : 9

힌트 ■ : ▲=● : ★ ⇨ 바깥쪽에 있는 두 항 ■, ★을 외항, 안쪽에 있는 두 항 ▲, ●를 내항이라 합니다.

**2-2** 비례식에서 외항과 내항을 찾아 선으로 이으시오.

2 : 5=4 : 10

| | |
|---|---|
| 외항 • | • 2, 10 |
| 내항 • | • 5, 4 |

교과서 유형

**3-1** 두 비를 비례식으로 나타내려고 합니다. □ 안에 알맞은 수를 써넣으시오.

3 : 4　　6 : 8

3 : 4 ⇨ $\frac{3}{4}$이고 6 : 8 ⇨ $\frac{6}{8}=\frac{\square}{4}$이므로

3 : 4와 6 : 8의 비율이 같습니다.

따라서 비례식으로 나타내면

3 : 4=□ : □입니다.

힌트 비율이 같은 두 비를 기호 '='를 사용하여 나타낸 식을 비례식이라고 합니다.

**3-2** 두 비를 비례식으로 나타내려고 합니다. □ 안에 알맞은 수를 써넣으시오.

5 : 4　　10 : 8

5 : 4 ⇨ $\frac{5}{4}$이고 10 : 8 ⇨ $\frac{10}{8}=\frac{\square}{4}$이므로

5 : 4와 10 : 8의 비율이 같습니다.

따라서 비례식으로 나타내면

5 : 4=□ : □입니다.

# 개념 확인하기

## 개념 3 간단한 자연수의 비로 나타내어 볼까요 (1)

(소수) : (소수)일 때 두 수가 모두
소수 한 자리 수이면 각 항에 10을,
소수 두 자리 수이면 각 항에 100을 곱합니다.

교과서 유형

**01** 간단한 자연수의 비로 나타내려고 합니다. □ 안에 알맞은 수를 써넣으시오.

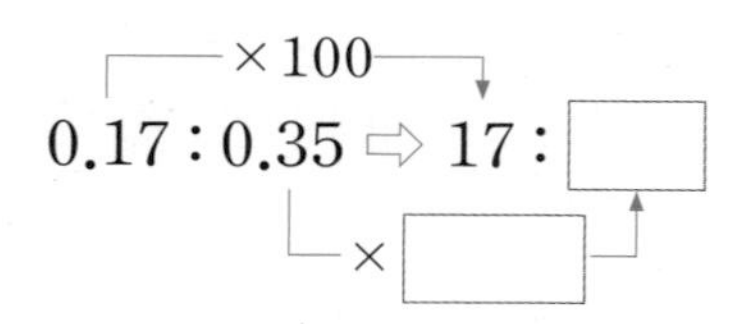


익힘책 유형

**02** □ 안에 알맞은 수를 써넣어 간단한 자연수의 비로 나타내시오.

0.5 : 0.9 ⇨ 5 : □
× □

**03** 간단한 자연수의 비로 나타낸 것을 찾아 선으로 이으시오.

| | | |
|---|---|---|
| | • | 9 : 14 |
| 0.9 : 1.4 • | • | 90 : 14 |
| | • | 9 : 140 |

**04** 분수를 소수로 고쳐 간단한 자연수의 비로 나타내려고 합니다. □ 안에 알맞은 수를 써넣으시오.

$0.5 : \frac{9}{10}$ ⇨ 0.5 : □

⇨ □ : □

**05** 간단한 자연수의 비로 나타내시오.

$0.3 : \frac{2}{5}$

(　　　　　　　　)

## 개념 4 간단한 자연수의 비로 나타내어 볼까요 (2)

(분수) : (분수)일 때 두 분모의 공배수를 각 항에 곱합니다. 이때 두 분모의 최소공배수를 곱하여 나타낼 수 있습니다.

**06** □ 안에 알맞은 수를 써넣어 간단한 자연수의 비로 나타내시오.

$\frac{1}{9} : \frac{1}{7}$ ⇨ 7 : □
× □

**07** $\frac{1}{4} : \frac{2}{3}$를 간단한 자연수의 비로 바르게 나타낸 것을 찾아 기호를 쓰시오.

㉠ 3 : 4　　㉡ 3 : 8　　㉢ 8 : 3

(　　　　　　　　)

**08** 소수를 분수로 고쳐 간단한 자연수의 비로 나타내려고 합니다. □ 안에 알맞은 수를 써넣으시오.

$$0.5 : \frac{1}{5} \Rightarrow \frac{\square}{10} : \frac{1}{5}$$

$$\Rightarrow \square : \square$$

익힘책 유형

**09** 간단한 자연수의 비로 나타내시오.

(1) $\frac{5}{6} : \frac{1}{7}$

(　　　　　　　　　　)

(2) $0.3 : \frac{2}{7}$

(　　　　　　　　　　)

## 개념 5 비례식을 알아볼까요

비례식: 비율이 같은 두 비를 기호 '='를 사용하여 나타낸 식

외항

2 : 3 = 4 : 6

내항

교과서 유형

**10** 비례식을 찾아 기호를 쓰시오.

㉠ 8 : 4 = 2 : 1
㉡ 4 : 10 = 12 : 5

(　　　　　　　　　　)

**11** 비례식을 보고 □ 안에 알맞은 수를 써넣으시오.

3 : 2 = 9 : 6

⇨ 외항은 3, □이고, 내항은 □, □입니다.

익힘책 유형

**12** 비율이 같은 두 비를 찾아 비례식으로 나타내시오.

1 : 2　　2 : 3　　3 : 6

□ : □ = □ : □

**13** 잘못된 부분을 바르게 고치려고 합니다. 알맞은 수에 ○표 하시오.

비례식 4 : 5 = 16 : 20에서 외항은 4와 16입니다.

⇨ 비례식 4 : 5 = 16 : 20에서 외항은 ( 4 , 5 )와 ( 16 , 20 )입니다.

간단한 자연수의 비로 나타낼 때에는 전항과 후항에 같은 수를 곱해야 합니다.

0.04 : 0.7 ⇨ 4 : 7 ( × ) (전항 × 100, 후항 × 10)　　0.04 : 0.7 ⇨ 4 : 70 ( ○ ) (전항 × 100, 후항 × 100)

## 개념 6 비례식의 성질을 알아볼까요

- 비례식의 성질 알아보기

㉮ $2:3=6:9$

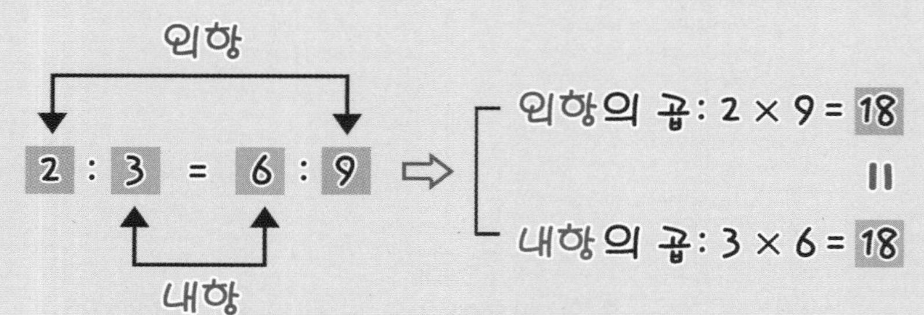


비례식에서 외항의 곱과 내항의 곱은 같습니다.

- 비례식의 성질 활용하기

㉮ $2:3=4:\square$

외항의 곱은 $2\times\square$이고 내항의 곱은 $3\times4$입니다.

비례식에서 외항의 곱과 내항의 곱이 같으므로

$2\times\square=3\times4$, $2\times\square=12$, $\square=6$입니다.

### 개념 체크

❶ 비례식에서 외항의 곱과 내항의 곱은
( 같습니다 , 다릅니다 ).

❷ $1:2=2:3$에서 외항의 곱은 $1\times3=3$이고, 내항의 곱은 $2\times2=4$이므로 비례식이 아닙니다.
…………………( ○ , × )

❸ $1:2=3:\square$에서
$1\times\square=2\times3$이므로
$\square=$ ☐입니다.

외항의 곱과
내항의 곱이
같으니까

3 : 5=6 : 10

외항의 곱: $3\times10=30$

내항의 곱: $5\times6=30$

⇨ 외항의 곱과 내항의 곱이 같습니다.

비례식이
맞아.

개념 체크 정답 ❶ 같습니다에 ○표 ❷ ○에 ○표 ❸ 6

## 기본 문제

• 정답은 26쪽

**1-1** 다음 식이 비례식인지 아닌지 알아보려고 합니다. 물음에 답하시오.

$2:5=4:10$

(1) 외항의 곱과 내항의 곱을 구하시오.

외항의 곱: $2\times$ □ = □

내항의 곱: $5\times$ □ = □

(2) 비례식이면 ○표, 아니면 ×표 하시오.

(                )

힌트 비례식에서 외항의 곱과 내항의 곱은 같습니다.

교과서 유형

**2-1** 비례식이면 ○표, 아니면 ×표 하시오.

$3:6=1:2$

(                )

힌트 외항의 곱과 내항의 곱이 같으면 비례식입니다.

교과서 유형

**3-1** 비례식의 성질을 이용하여 ★의 값을 구하려고 합니다. □ 안에 알맞은 수를 써넣으시오.

$3:4=6:$ ★

$3\times$ ★ $=4\times6$

$3\times$ ★ = □

★ = □

힌트 외항의 곱과 내항의 곱이 같다는 성질을 이용합니다.

## 쌍둥이 문제

**1-2** 다음 식이 비례식인지 아닌지 알아보려고 합니다. 물음에 답하시오.

$4:3=12:8$

(1) 외항의 곱과 내항의 곱을 구하시오.

외항의 곱: $4\times$ □ = □

내항의 곱: $3\times$ □ = □

(2) 비례식이면 ○표, 아니면 ×표 하시오.

(                )

익힘책 유형

**2-2** 비례식이면 ○표, 아니면 ×표 하시오.

$9:6=2:3$

(                )

**3-2** 비례식의 성질을 이용하여 ♥의 값을 구하려고 합니다. □ 안에 알맞은 수를 써넣으시오.

$2:8=$ ♥ $:16$

$2\times16=8\times$ ♥

□ $=8\times$ ♥

♥ = □

## 개념 7 비례식을 활용해 볼까요

• 비례식의 성질을 이용하여 □의 값 구하기 (1)

예) 전기 자동차는 20분 동안 충전하면 70 km를 달릴 수 있습니다. 이 전기 자동차가 140 km를 달리려면 몇 분 동안 충전해야 하는지 알아보시오.

전기 자동차의 충전 시간과 달리는 거리의 비를 구하면 20 : 70입니다.
전기 자동차가 140 km를 달리는 데 필요한 충전 시간을 □분이라 하고 비례식을 세우면 20 : 70 = □ : 140입니다.
⇨ 20 × 140 = 70 × □, 70 × □ = 2800, □ = 40
전기 자동차는 40분 동안 충전해야 합니다.
(비례식에서 외항의 곱과 내항의 곱은 같습니다.)

• 비례식의 성질을 이용하여 □의 값 구하기 (2)

예) 팬케이크를 만들기 위해 밀가루와 우유를 2 : 1로 섞으려 합니다. 밀가루가 6컵이라면 우유는 몇 컵이 필요한지 알아보시오.

필요한 우유의 양을 □컵이라 하고 비례식을 세우면 2 : 1 = 6 : □입니다.
⇨ 2 × □ = 1 × 6, 2 × □ = 6, □ = 3
우유는 3컵이 필요합니다.

**개념 체크**

❶ 3 : 5 = □ : 15
⇨ 3 × 15 = 5 × □
5 × □ = 45
□ = [ ]

❷ 2 : 5 = 4 : □
⇨ 2 × □ = 5 × 4
2 × □ = 20
□ = [ ]

개념 체크 정답 ❶ 9 ❷ 10

## 기본 문제

## 쌍둥이 문제

• 정답은 26쪽

교과서 유형

**1-1** 트럭이 일정한 빠르기로 8 km를 달리는 데 5분이 걸렸습니다. 이 트럭이 같은 빠르기로 40 km를 달린다면 몇 분이 걸리는지 알아보시오.

(1) 트럭이 달린 거리와 달린 시간의 비를 구하시오.

( )

(2) 트럭이 40 km를 달리는 데 걸리는 시간을 ●분이라 하고 비례식을 세워 보시오.

8 : 5 = ☐ : ●

(3) 트럭이 40 km를 달리는 데 걸리는 시간은 몇 분입니까?

( )

힌트 비례식의 성질을 이용하여 ●의 값을 구해 봅니다.

**1-2** 자전거가 일정한 빠르기로 1 km를 달리는 데 3분이 걸렸습니다. 이 자전거가 같은 빠르기로 10 km를 달린다면 몇 분이 걸리는지 알아보시오.

(1) 자전거가 달린 거리와 달린 시간의 비를 구하시오.

( )

(2) 자전거가 10 km를 달리는 데 걸리는 시간을 ■분이라 하고 비례식을 세워 보시오.

1 : 3 = ☐ : ■

(3) 자전거가 10 km를 달리는 데 걸리는 시간은 몇 분입니까?

( )

익힘책 유형

**2-1** 어머니께서 고춧가루와 액젓을 7 : 1로 섞어서 깍두기 양념을 만드셨습니다. 액젓을 2컵 넣었다면 고춧가루는 몇 컵 넣었는지 알아보시오.

(1) 액젓을 2컵 넣었을 때 넣은 고춧가루의 양을 ◆컵이라 하고 비례식을 세워 보시오.

7 : 1 = ◆ : ☐

(2) 액젓을 2컵 넣었을 때 넣은 고춧가루는 몇 컵입니까?

( )

힌트 비례식의 성질을 이용하여 ◆의 값을 구해 봅니다.

**2-2** 떡볶이를 만드는 데 고추장과 간장을 3 : 4로 섞으려 합니다. 간장의 양이 12큰술이라면 고추장은 몇 큰술이 필요한지 알아보시오.

(1) 간장의 양이 12큰술일 때 고추장의 양을 ●큰술이라 하고 비례식을 세워 보시오.

3 : 4 = ● : ☐

(2) 간장의 양이 12큰술일 때 고추장은 몇 큰술이 필요합니까?

( )

## 개념 8 비례배분을 해 볼까요

개념 동영상

- 비례배분: 전체를 주어진 비로 배분하는 것

비례배분을 할 때에는 주어진 비의 전항과 후항의 합을 분모로 하는 분수의 비로 나타냅니다.

전체를 ■ : ▲로 비례배분 ⇨ (전체) $\times \frac{■}{■+▲}$, (전체) $\times \frac{▲}{■+▲}$

전항과 후항의 합을 분모로!

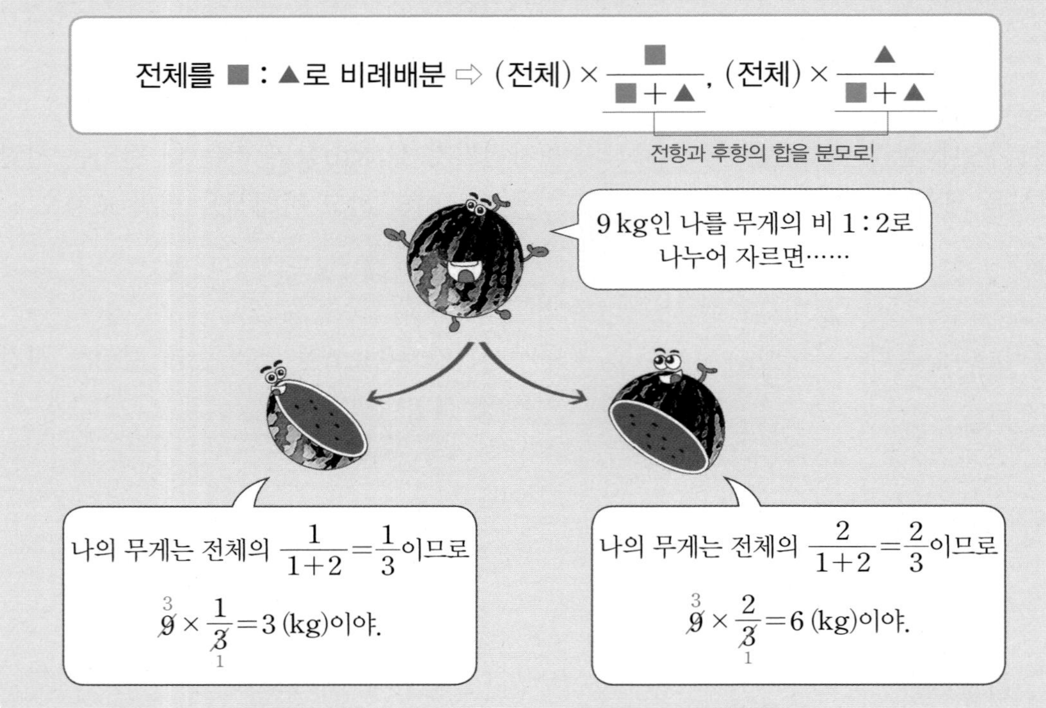


### 개념 체크

❶ 전체를 주어진 비로 배분하는 것을 [　　] (이)라고 합니다.

❷ 비례배분을 할 때에는 주어진 비의 전항과 후항의 합을 ( 분자 , 분모 )로 하는 분수의 비로 나타냅니다.

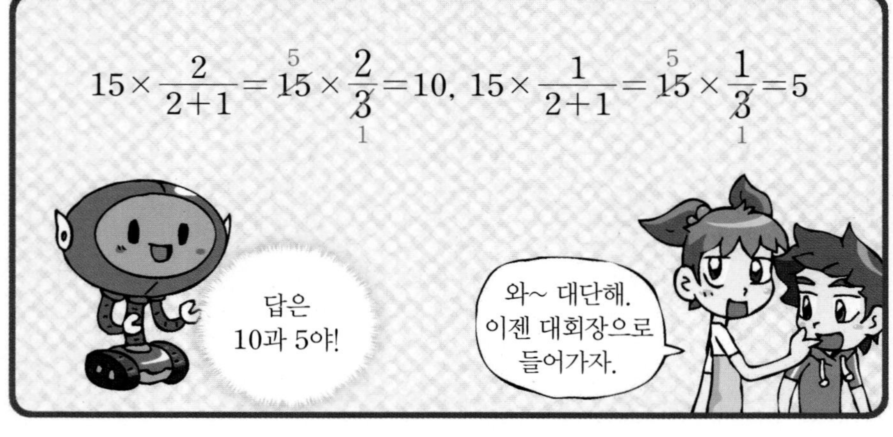

개념 체크 정답 ❶ 비례배분 ❷ 분모에 ○표

## 기본 문제

## 쌍둥이 문제

• 정답은 26쪽

교과서 유형

**1-1** 도넛 10개를 진우와 동생이 $2:3$의 비로 나누어 가지려고 합니다. 진우와 동생이 각각 몇 개씩 가져야 하는지 그림으로 나타내시오.

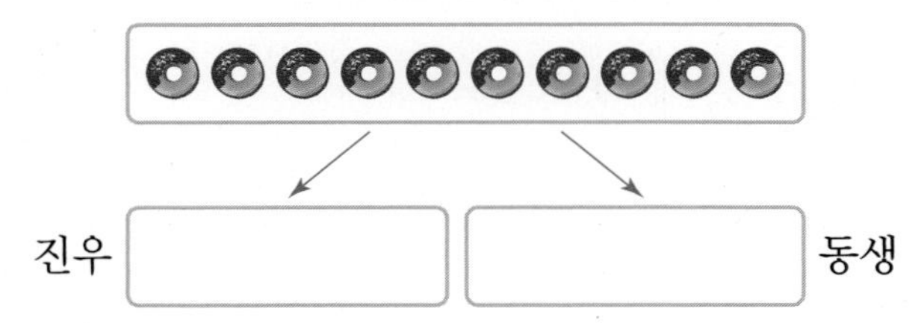


힌트 그림에서 도넛을 $2:3$의 비로 나누어 봅니다.

**1-2** 사탕 12개를 선아와 동생이 $2:1$의 비로 나누어 가지려고 합니다. 선아와 동생이 각각 몇 개씩 가져야 하는지 그림으로 나타내고, □ 안에 알맞은 수를 써넣으시오.

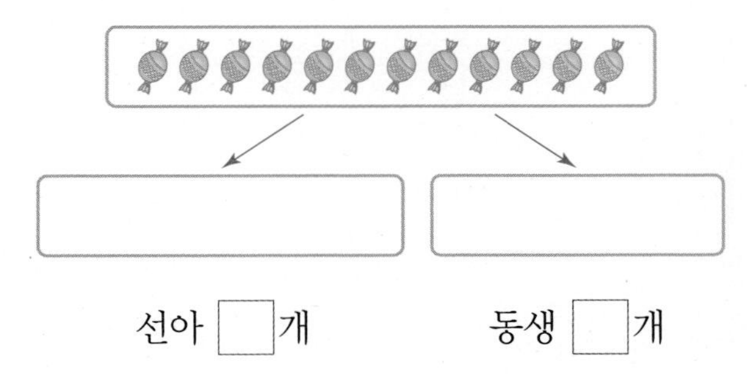

선아 □개 동생 □개

**2-1** 사탕을 민주와 은호가 $3:2$로 나누어 가지기로 했습니다. 민주가 가지는 사탕은 전체의 몇 분의 몇인지 알맞은 것을 찾아 ○표 하시오.

| $\frac{3}{3+2}$ | $\frac{2}{3+2}$ | $\frac{3}{3-2}$ |
|---|---|---|
| ( ) | ( ) | ( ) |

힌트 전체를 ■ : ▲로 비례배분하면 (전체)$\times\frac{■}{■+▲}$, (전체)$\times\frac{▲}{■+▲}$입니다.

**2-2** 초콜릿을 재희와 미소가 $6:7$로 나누어 가지기로 했습니다. 미소가 가지는 초콜릿은 전체의 몇 분의 몇인지 알맞은 것을 찾아 ○표 하시오.

| $\frac{6}{6+7}$ | $\frac{7}{6+7}$ | $\frac{7}{7-6}$ |
|---|---|---|
| ( ) | ( ) | ( ) |

익힘책 유형

**3-1** 10을 $1:4$로 비례배분하려고 합니다. □ 안에 알맞은 수를 써넣으시오.

$$10\times\frac{1}{1+4}=10\times\frac{\square}{5}=\square$$

$$10\times\frac{\square}{1+4}=10\times\frac{\square}{5}=\square$$

힌트 전체를 $1:4$로 비례배분하면 전체의 $\frac{1}{1+4}$, $\frac{4}{1+4}$로 나눌 수 있습니다.

**3-2** 15를 $2:3$으로 비례배분하려고 합니다. □ 안에 알맞은 수를 써넣으시오.

$$15\times\frac{2}{2+3}=15\times\frac{\square}{5}=\square$$

$$15\times\frac{\square}{2+3}=15\times\frac{\square}{5}=\square$$

# 개념 확인하기

## 개념 6 비례식의 성질을 알아볼까요

비례식에서 외항의 곱과 내항의 곱은 같습니다.

외항의 곱: $2\times6=12$

$2:3=4:6$

내항의 곱: $3\times4=12$

익힘책 유형

**01** 비례식이면 ○표, 아니면 ×표 하시오.

$3:1=9:3$ — □

**02** 옳은 비례식을 찾아 기호를 쓰시오.

㉠ $4:5=12:10$

㉡ $\frac{1}{2}:\frac{1}{7}=2:7$

㉢ $0.3:0.4=6:8$

( )

**03** 비례식의 성질을 이용하여 ⊙의 값을 구하려고 합니다. □ 안에 알맞은 수를 써넣으시오.

$⊙:4=12:8$

$⊙\times8=4\times12$

$⊙\times8=$ □

$⊙=$ □

**[04~05] 비례식의 성질을 이용하여 □ 안에 알맞은 수를 써넣으시오.**

**04** $5:$ □ $=10:18$

**05** $20:8=5:$ □

## 개념 7 비례식을 활용해 볼까요

예) 비누를 만들기 위해 물과 폐식용유를 $2:9$로 섞으려 합니다. 물의 양이 40 mL라면 폐식용유는 몇 mL가 필요한지 알아보시오.

필요한 폐식용유의 양을 □mL라 하고 비례식을 세우면 $2:9=40:$□입니다.

$2\times$□$=9\times40$, $2\times$□$=360$, □$=180$

따라서 폐식용유는 180 mL가 필요합니다.

교과서 유형

**06** 인쇄기는 7초에 4장을 인쇄할 수 있습니다. 16장을 인쇄하려면 시간이 얼마나 걸리는지 알아보시오.

(1) 16장을 인쇄하는 데 걸리는 시간을 □초라 하고 비례식을 세워 보시오.

식

(2) 16장을 인쇄하는 데 걸리는 시간은 몇 초입니까?

( )

**07** 1 L짜리 우유 2통에 4000원입니다. 우유 6통을 사려면 얼마가 필요한지 구하려고 합니다. 우유 6통의 가격을 □원이라 하고 비례식을 세워 답을 구하시오.

식 ______________________

답 ______________________

## 개념 8 비례배분을 해 볼까요

비례배분: 전체를 주어진 비로 배분하는 것

예 ■를 ㉠ : ㉡으로 비례배분

⇨ $■ \times \frac{㉠}{㉠+㉡}$, $■ \times \frac{㉡}{㉠+㉡}$

교과서 유형

**08** 민경이와 재훈이가 귤을 3 : 4로 나누어 가지려고 합니다. 민경이와 재훈이가 가지는 귤은 각각 전체의 몇 분의 몇인지 □ 안에 알맞은 수를 써넣으시오.

(1) 민경: $\frac{\square}{3+\square}=\frac{\square}{\square}$

(2) 재훈: $\frac{\square}{3+\square}=\frac{\square}{\square}$

**[09~10] 민수와 은혜가 붕어빵 27개를 4 : 5로 나누어 가지려고 합니다. 물음에 답하시오.**

**09** 민수가 가지는 붕어빵은 몇 개입니까?

$27\times\frac{\square}{4+\square}=27\times\frac{\square}{\square}=\square$(개)

**10** 은혜가 가지는 붕어빵은 몇 개입니까?

$27\times\frac{\square}{4+\square}=27\times\frac{\square}{\square}=\square$(개)

익힘책 유형

**11** 5000원을 하윤이와 예윤이가 3 : 2로 비례배분할 때 두 사람이 각각 가지게 되는 용돈을 구하시오.

하윤: $5000\times\frac{\square}{\square}=\square$(원)

예윤: $5000\times\frac{\square}{\square}=\square$(원)

비례배분을 할 때 전체를 주어진 비로 배분하여 부분의 양을 구합니다.
비례배분한 각각의 양의 합은 전체와 같아야 합니다.

예 9를 1 : 2로 비례배분하기

$9\times\frac{1}{3}=3$, $9\times\frac{2}{3}=6$ ⇨ $3+6=9$

STEP 3 단원 마무리평가  

점수

01 비를 보고 □ 안에 알맞은 수를 써넣으시오.

2 : 1

⇨ 전항은 □이고, 후항은 □입니다.

[02~03] 비의 성질을 이용하여 □ 안에 알맞은 수를 써넣으시오.

02 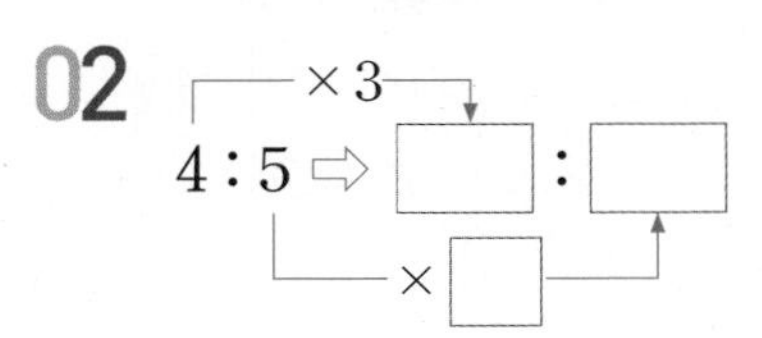


03 20 : 16 ⇨ □ : □ (÷□, ÷4)

04 0.8 : 1.3을 간단한 자연수의 비로 바르게 나타낸 것은 어느 것입니까? ( )

① 8 : 13 ② 8 : 130 ③ 80 : 13
④ 8 : 1300 ⑤ 80 : 1300

05 비례식을 보고 내항을 찾아 쓰시오.

4 : 7 = 12 : 21

( )

06 딸기를 현수와 재희가 2 : 5로 나누어 가지려고 합니다. 현수가 가지는 딸기는 전체의 몇 분의 몇입니까? ( )

① $\frac{2}{3}$ ② $\frac{2}{5}$ ③ $\frac{2}{7}$
④ $\frac{3}{7}$ ⑤ $\frac{5}{7}$

[07~08] 간단한 자연수의 비로 나타내려고 합니다. □ 안에 알맞은 수를 써넣으시오.

07 $\frac{2}{5}$ : $\frac{1}{8}$ ⇨ 16 : □ (×□)

08 36 : 30 ⇨ 6 : □ (÷□)

**09** 비례식을 보고 바르게 말한 친구의 이름을 쓰시오.

$3:5=6:10$

(　　　　　　　　　　)

**10** 비례식이 아닌 이유를 쓴 것입니다. □ 안에 알맞은 수를 써넣고 알맞은 말에 ○표 하시오.

$5:7=10:15$

이유 외항의 곱은 5×□=□이고,
내항의 곱은 7×□=□입니다.
따라서 외항의 곱과 내항의 곱이
( 같으므로 , 다르므로 ) 비례식이 아닙니다.

**11** 간단한 자연수의 비로 나타내시오.

$0.9:\frac{5}{6}$

(　　　　　　　　　　)

**12** 비례식이면 ○표, 아니면 ×표 하시오.

$6:15=2:5$

(　　　　　　　　　　)

**13** 비례식의 성질을 이용하여 ◆의 값을 구하려고 합니다. □ 안에 알맞은 수를 써넣으시오.

5 : ◆=15 : 9
5×9=◆×15
□=◆×15
◆=□

**14** □ 안에 알맞은 수를 써넣으시오.

□ : 3=14 : 6

**15** 비율이 같은 두 비를 찾아 비례식으로 나타내시오.

3 : 2　　　6 : 5　　　9 : 6

□ : □=□ : □

4 비례식과 비례배분

• 정답은 28쪽

**16** 전항과 후항을 0이 아닌 같은 수로 나누어 비율이 같은 비를 쓴 것입니다. ㉠과 ㉡에 알맞은 수를 구하시오.

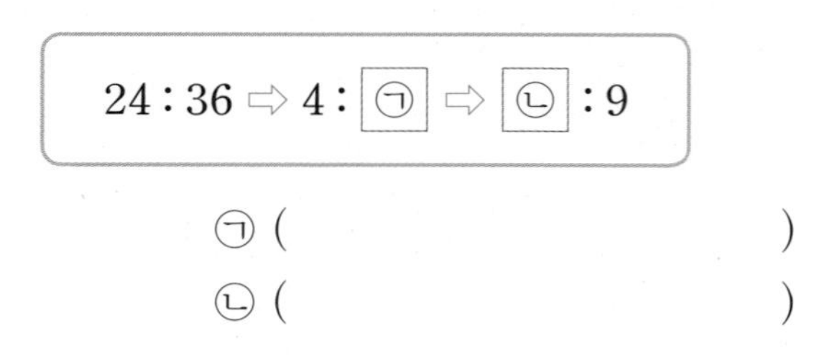

$24:36 \Rightarrow 4:$ ㉠ $\Rightarrow$ ㉡ $:9$

㉠ (　　　　　)
㉡ (　　　　　)

**17** 16을 3 : 5로 비례배분하려고 합니다. □ 안에 알맞은 수를 써넣으시오.

$$16\times\frac{\square}{\square+\square}=16\times\frac{\square}{\square}=\square$$

$$16\times\frac{\square}{\square+\square}=16\times\frac{\square}{\square}=\square$$

유사문제

**18** 길이가 50 cm인 끈을 7 : 3으로 나누어 잘랐습니다. 짧은 도막의 길이는 몇 cm입니까?

$$50\times\frac{\square}{7+\square}=50\times\frac{\square}{\square}=\square\ (\text{cm})$$

**19** ❸ 가로와 세로의 비가 4 : 3인 사진을 찾아 기호를 쓰시오.

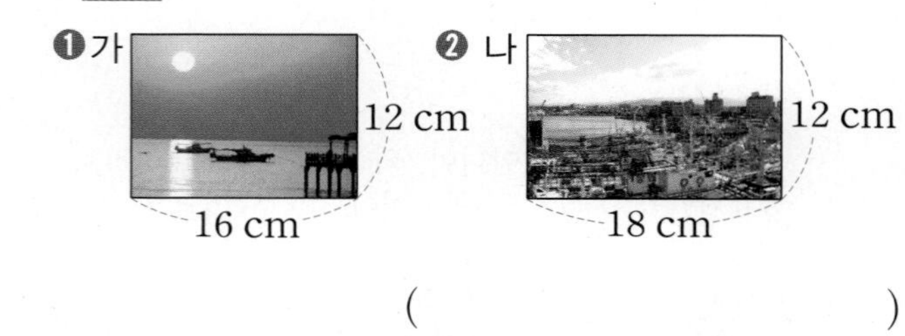


(　　　　　)

해결의 법칙

❶ 비의 성질을 이용하여 가의 가로와 세로의 비를 0이 아닌 같은 수로 나눕니다.

❷ 비의 성질을 이용하여 나의 가로와 세로의 비를 0이 아닌 같은 수로 나눕니다.

❸ 가로와 세로의 비가 4 : 3인 사진을 찾습니다.

**20** ❷ 소금 8 kg을 얻으려면 바닷물이 몇 L 필요한지 풀이 과정을 완성하고/ ❸ 답을 구하시오.

풀이 소금 8 kg을 얻기 위해 필요한 바닷물의 양을 ● L라 하고 비례식을 세우면

10 : □ = 8 : ●입니다.

10 × ● = □ × 8, 10 × ● = □,

● = □입니다.

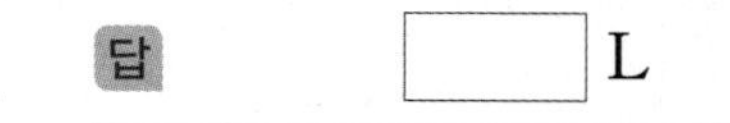

답 □ L

해결의 법칙

❶ 소금 8 kg을 얻기 위해 필요한 바닷물의 양을 구하는 비례식을 세웁니다.

❷ 비례식의 성질을 이용하여 ●의 값을 구합니다.

❸ 필요한 바닷물의 양을 씁니다.

# 창의·융합 문제

· 정답은 28쪽

**1** 미라와 진호는 레몬주스를 만들었습니다. 두 사람이 레몬주스를 만들 때 사용한 레몬원액의 양과 물의 양의 비를 각각 구하고 이 비를 간단한 자연수의 비로 나타내시오.

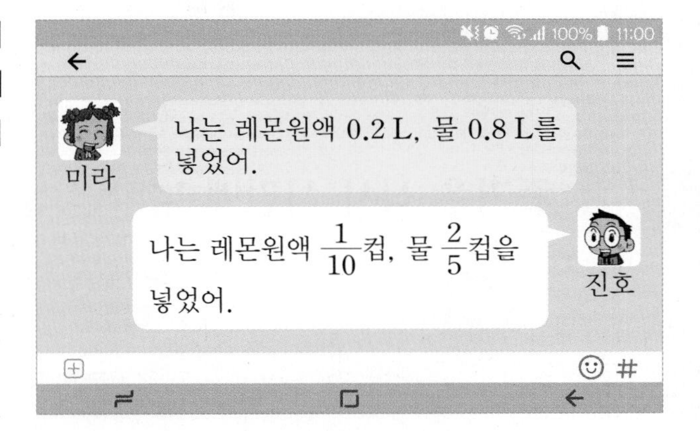


미라 ______________________

진호 ______________________

**2** 정연이네 가족은 미국으로 여행을 갈 때 600달러를 가지고 가려고 합니다. 환율이 다음과 같을 때 600달러는 우리나라 돈으로 얼마와 같습니까?

환율: 자기 나라 돈과 다른 나라 돈의 교환 비율
예 1달러=1200원
⇨ 1달러로 바꾸려면 1200원이 필요합니다.

1달러

=

1200원

(                    )

**3** 어느 날 낮과 밤의 길이의 비가 7 : 5입니다. 이 날 낮과 밤은 각각 몇 시간인지 구하시오.

낮 (                    )

밤 (                    )

# 5 원의 넓이

## 제5화 즐거운 식사 시간에 나타난 불청객

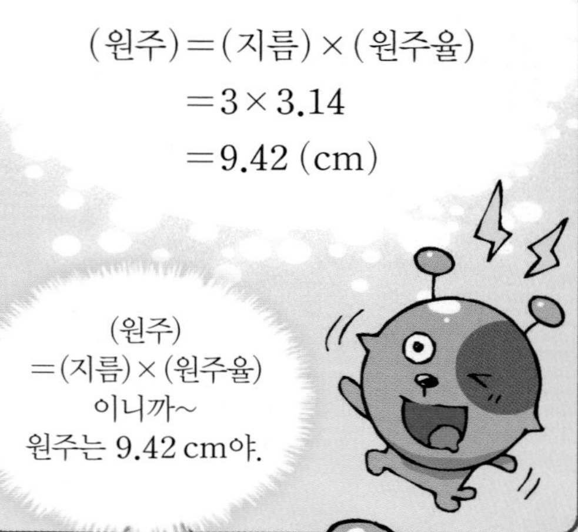

## 이미 배운 내용

**[3–2 원]**
- 원의 구성 요소

**[5–1 다각형의 둘레와 넓이]**
- 다각형의 둘레
- 다각형의 넓이

## 이번에 배울 내용

- **원주율**
- **원주와 지름 구하기**
- **원의 넓이 어림하기**
- **원의 넓이 구하는 방법**
- **여러 가지 원의 넓이 구하기**

## 앞으로 배울 내용

**[6–2 원기둥, 원뿔, 구]**
- 원기둥
- 원기둥의 전개도
- 원뿔
- 구

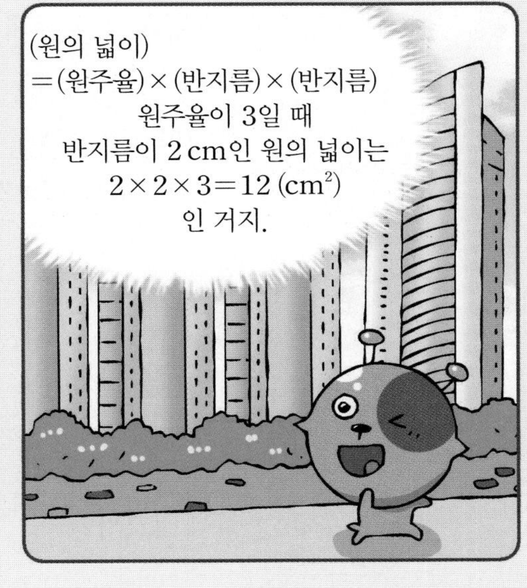

# 개념 파헤치기

## 개념 1 원주와 지름의 관계를 알아볼까요

- 원주: 원의 둘레
  - 정육각형의 둘레와 원의 지름 비교하기

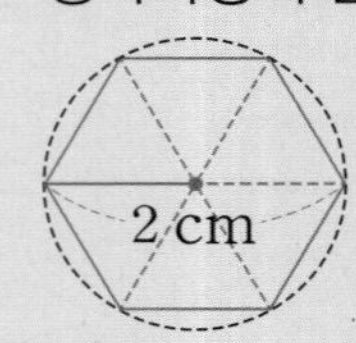

한 변의 길이가 1 cm인 정육각형의 둘레는 6 cm이므로 정육각형의 둘레는 원의 지름의 3배입니다.

⇨ (원주) > (정육각형의 둘레)
└ (원의 지름) × 3

  - 정사각형의 둘레와 원의 지름 비교하기

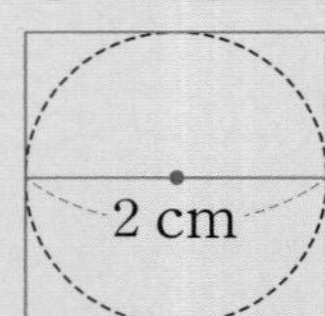

한 변의 길이가 2 cm인 정사각형의 둘레는 8 cm이므로 정사각형의 둘레는 원의 지름의 4배입니다.

⇨ (원주) < (정사각형의 둘레)
└ (원의 지름) × 4

  - 지름과 원주의 길이 비교하기

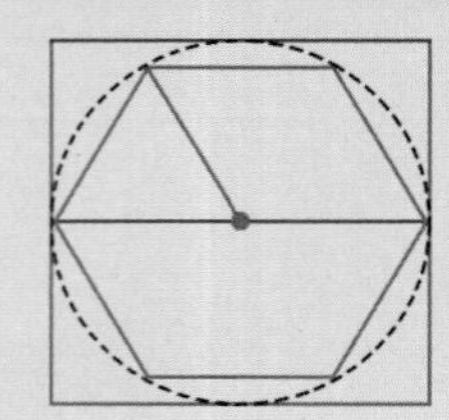

원주는 원의 지름의 **3배**보다 **길고**,

원의 지름의 **4배**보다 **짧습니다.**

### 개념 체크

❶ 원의 둘레를 ☐(이)라고 합니다.

❷ (원의 지름) × ☐ < (원주)

❸ (원주) < (원의 지름) × ☐

개념 체크 정답 ❶ 원주 ❷ 3 ❸ 4

## 기본 문제

**1-1** □ 안에 알맞은 말을 써넣으시오.

원의 둘레를 □(이)라고 합니다.

힌트 원의 둘레를 원주라고 합니다.

교과서 유형

**2-1** 원의 지름과 원주를 나타내시오.

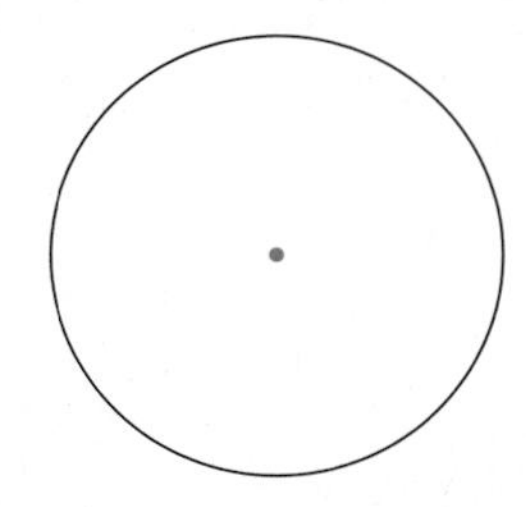

힌트 원 위의 두 점을 이은 선분 중에서 원의 중심을 지나는 선분이 원의 지름이고, 원의 둘레가 원주입니다.

익힘책 유형

**3-1** 설명이 맞으면 ○표, 틀리면 ×표 하시오.

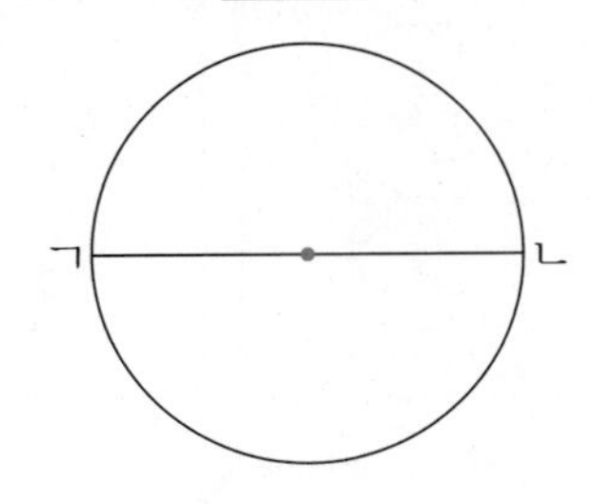


(1) 원의 중심을 지나는 선분 ㄱㄴ은 원의 지름입니다. ········ (　　　)

(2) 원주와 원의 지름은 길이가 같습니다. ········ (　　　)

힌트 원주와 지름의 관계를 생각해 봅니다.

## 쌍둥이 문제

• 정답은 30쪽

**1-2** 알맞은 말에 ○표 하시오.

원의 둘레를 ( 원주 , 지름 )(이)라고 합니다.

**2-2** □ 안에 알맞은 말을 써넣으시오.

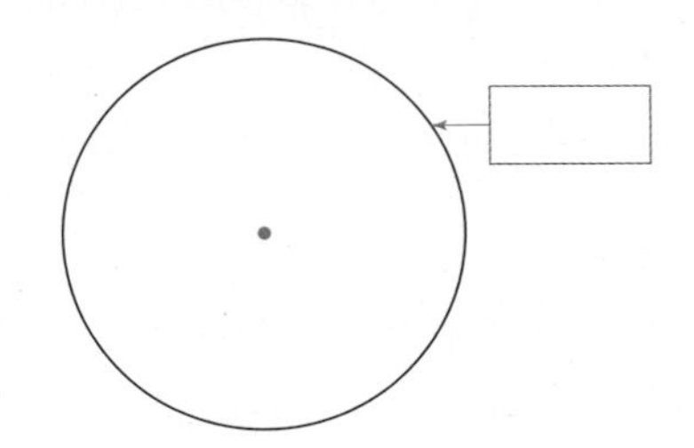

**3-2** 설명이 맞으면 ○표, 틀리면 ×표 하시오.

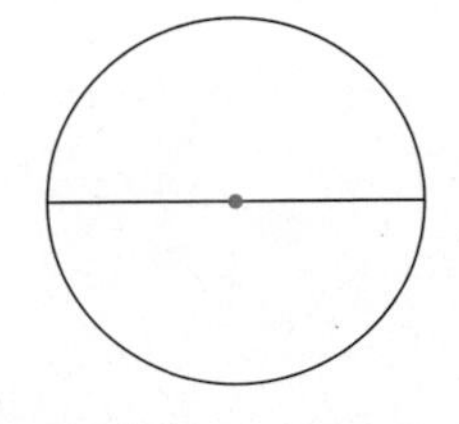

(1) 원의 지름이 길어져도 원주는 변하지 않습니다. ········ (　　　)

(2) 원의 지름이 길어지면 원주도 길어집니다. ········ (　　　)

5 원의 넓이

## 개념 2 원주율을 알아볼까요

개념 동영상

• 원주는 지름의 몇 배인지 알아보기

| 시디에 있는 원 | 원주(cm) | 지름(cm) |
|---|---|---|
| 작은 원 | 4.7 | 1.5 |
| 큰 원 | 37.7 | 12 |

작은 원의 (원주)÷(지름)을 반올림하여 소수 첫째 자리, 소수 둘째 자리까지 나타내면 3.1, 3.13입니다.
큰 원의 (원주)÷(지름)을 반올림하여 소수 첫째 자리, 소수 둘째 자리까지 나타내면 3.1, 3.14입니다. ⇨ 원주는 지름의 약 3배입니다.

> 원의 지름에 대한 원주의 비율을 원주율이라고 합니다.
>
> (원주율)=(원주)÷(지름)
>
> 원주율을 소수로 나타내면 3.1415926535897932……와 같이 끝없이 이어집니다. 따라서 필요에 따라 3, 3.1, 3.14 등으로 어림하여 사용하기도 합니다.

### 개념 체크

❶ 원의 지름에 대한 원주의 비율을 ( 원주 , 원주율 )(이)라고 합니다.

❷ (원주율)
=(원주)÷(반지름)
( ○ , × )

❸ 원의 크기와 상관없이 (원주)÷(지름)은 ( 일정합니다 , 달라집니다 ).

원주율에 대해 설명해 봐.

개념 체크 정답 ❶ 원주율에 ○표 ❷ ×에 ○표 ❸ 일정합니다에 ○표

## 기본 문제

• 정답은 30쪽

**1-1** □ 안에 알맞은 말을 써넣으시오.

원의 지름에 대한 원주의 비율을 □(이)라고 합니다.

힌트 원의 지름에 대한 원주의 비율을 원주율이라고 합니다.

교과서 유형

**2-1** (원주)÷(지름)을 반올림하여 소수 첫째 자리까지 나타내시오.

| 원주(cm) | 지름(cm) | (원주)÷(지름) |
|---|---|---|
| 9.4 | 3 | |
| 12.5 | 4 | |

힌트 반올림하여 소수 첫째 자리까지 나타내려면 소수 둘째 자리 수를 살펴봅니다.

익힘책 유형

**3-1** (원주)÷(지름)을 반올림하여 소수 둘째 자리까지 나타내시오.

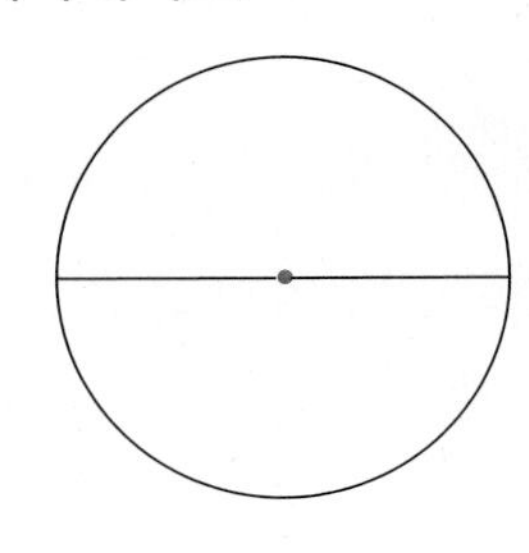

원주: 25.14 cm
지름: 8 cm

(　　　　　　　　)

힌트 반올림하여 소수 둘째 자리까지 나타내려면 소수 셋째 자리 수를 살펴봅니다.

## 쌍둥이 문제

**1-2** □ 안에 알맞은 말을 써넣으시오.

(원주율)=(원주)÷(□)

**2-2** (원주)÷(지름)을 반올림하여 소수 첫째 자리까지 나타내시오.

| 원주(cm) | 지름(cm) | (원주)÷(지름) |
|---|---|---|
| 18.8 | 6 | |
| 21.9 | 7 | |

**3-2** (원주)÷(지름)을 반올림하여 소수 둘째 자리까지 나타내시오.

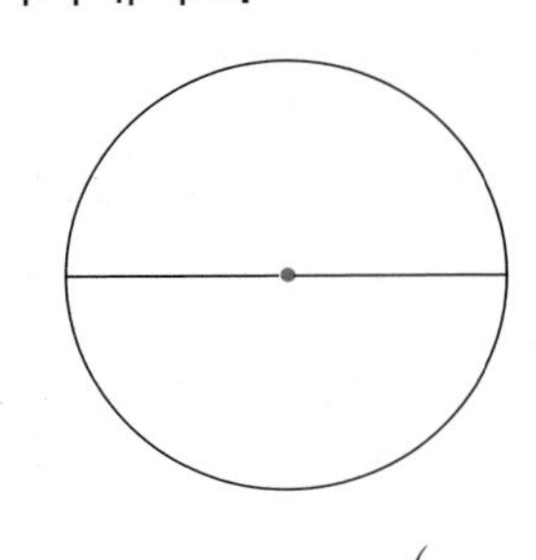

원주: 28.27 cm
지름: 9 cm

(　　　　　　　　)

## 개념 1 원주와 지름의 관계를 알아볼까요

원의 둘레를 원주라고 합니다.

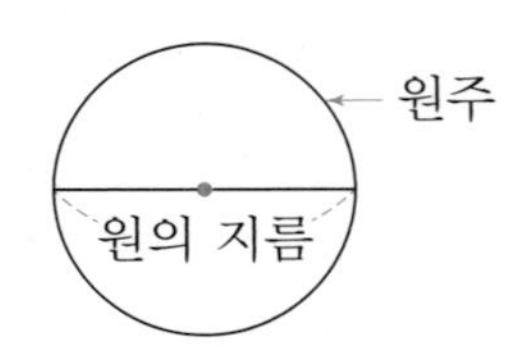


교과서 유형

**01** 오른쪽 원에서 원주를 빨간색으로 나타내시오.

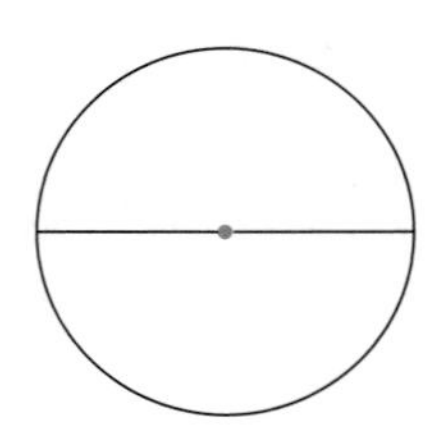

익힘책 유형

**[02~04] 한 변의 길이가 1 cm인 정육각형, 지름이 2 cm인 원, 한 변의 길이가 2 cm인 정사각형을 보고 물음에 답하시오.**

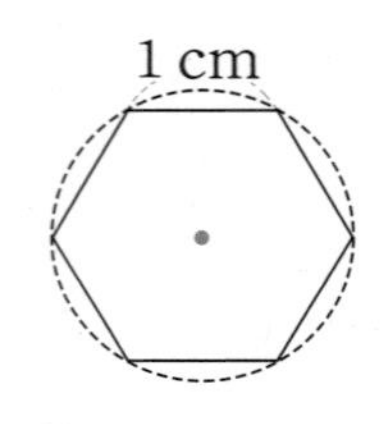


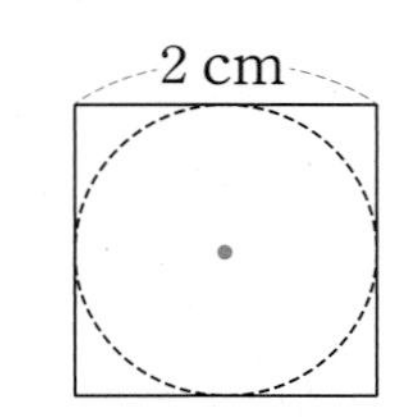


**02** 정육각형의 둘레, 정사각형의 둘레를 그림에 표시하시오.

(1) 정육각형의 둘레

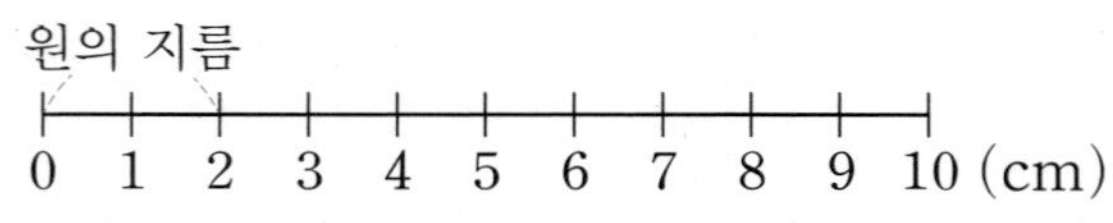


(2) 정사각형의 둘레

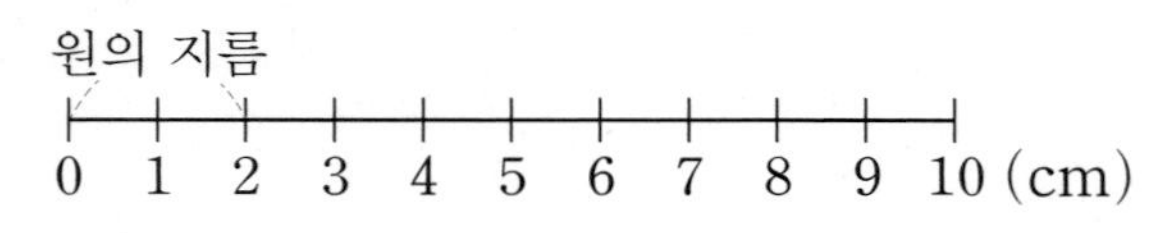


**03** 원주가 얼마쯤 될지 그림에 표시하시오.

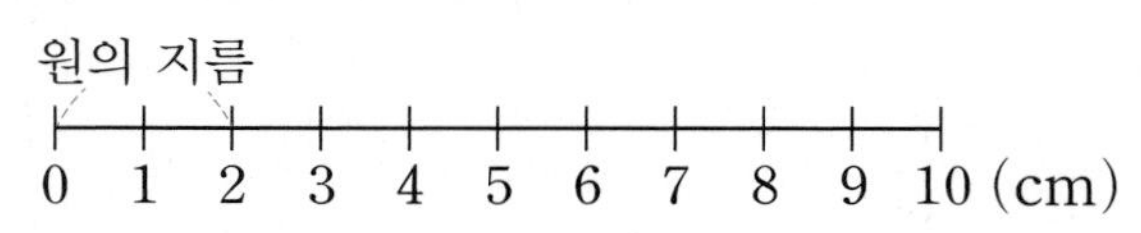


**04** □ 안에 알맞은 수를 써넣으시오.

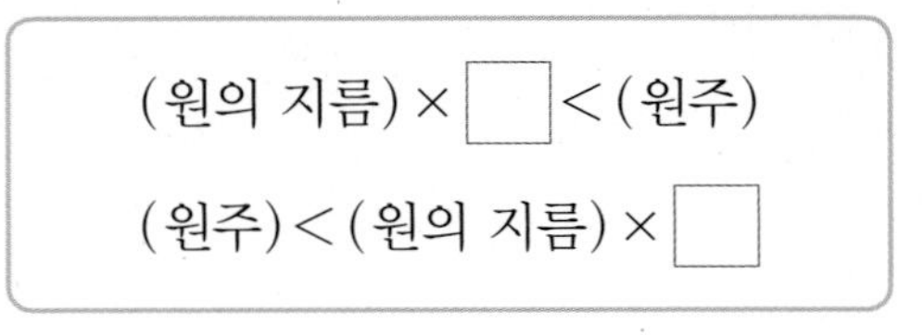

(원의 지름) $\times$ □ $<$ (원주)

(원주) $<$ (원의 지름) $\times$ □

**05** 설명이 맞는 것을 찾아 기호를 쓰시오.

㉠ 원주가 길어져도 원의 지름은 변하지 않습니다.
㉡ 원주가 길어지면 원의 지름도 길어집니다.
㉢ 원주는 원의 지름의 2배입니다.

( )

**06** 지름이 6 cm인 원의 원주와 가장 비슷한 길이를 찾아 기호를 쓰시오.

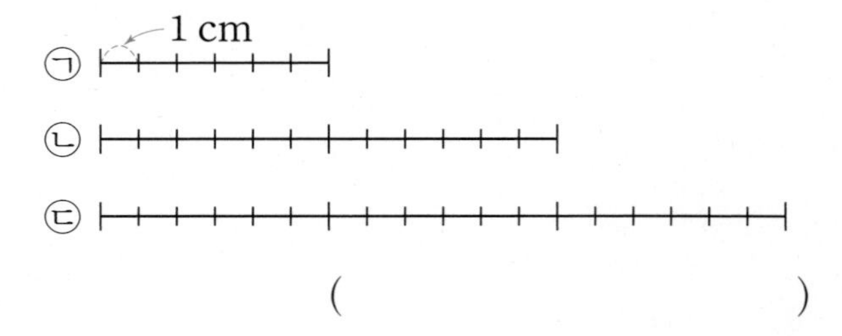


( )

## 개념 2 원주율을 알아볼까요

원주율: 원의 지름에 대한 원주의 비율

(원주율) = (원주) ÷ (지름)

**07** 설명이 맞으면 ○표, 틀리면 ×표 하시오.

원의 지름이 길어지면 원주율도 커집니다.

( )

교과서 유형

**08** (원주)÷(지름)을 반올림하여 소수 둘째 자리까지 나타내시오.

(원주율)

| 원주(cm) | 지름(cm) | (원주)÷(지름) |
|---|---|---|
| 6.27 | 2 | |
| 15.71 | 5 | |

**09** 지름이 다른 두 원에서 항상 같은 것은 어느 것입니까? ······························· (　　　)

① 원의 크기　② 원주　③ 원의 반지름
④ 원의 중심　⑤ 원주율

익힘책 유형

**10** 지름이 4 cm인 원을 만들고 자 위에서 한 바퀴 굴렸습니다. 원주가 얼마쯤 될지 자에 표시하시오.

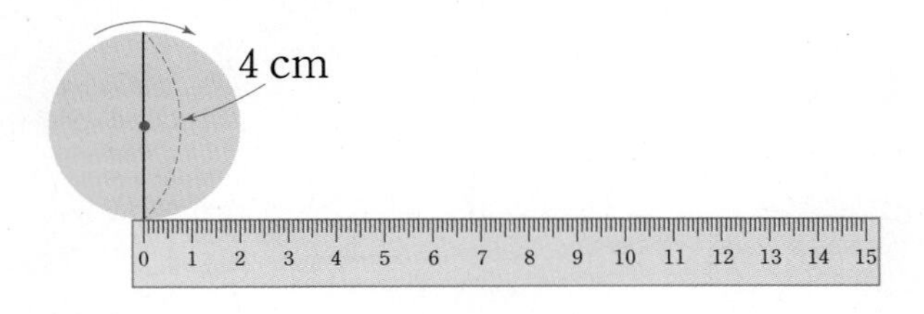


**11** 바르게 말한 사람의 이름을 쓰시오.

(　　　　　　　　　　)

**12** 탬버린을 보고 (원주)÷(지름)을 반올림하여 주어진 자리까지 나타내시오.

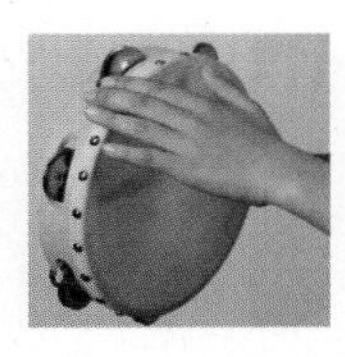

원주: 56.55 cm
지름: 18 cm

| 소수 첫째 자리까지 | 소수 둘째 자리까지 |
|---|---|
| | |

**13** (원주)÷(지름)을 비교하여 ○ 안에 >, =, <를 알맞게 써넣으시오.

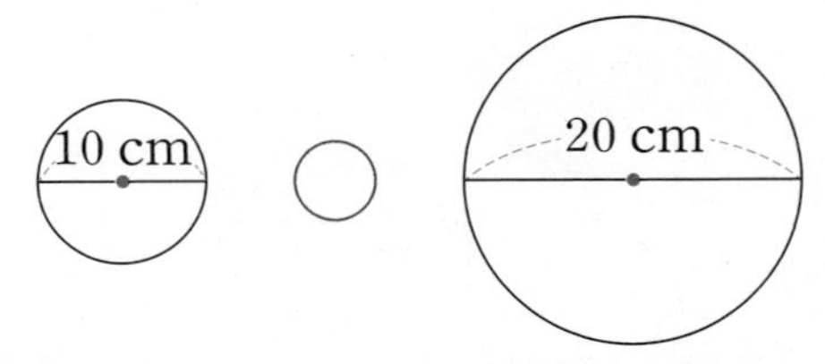


원주: 31.4 cm　　원주: 62.8 cm

원주율은 원의 지름에 대한 원주의 비율이므로 원주를 지름으로 나눈 값을 구합니다.

원주: 21.98 cm　⇨ 원주율: 7÷21.98=0.318······ (×)
지름: 7 cm　⇨ 원주율: 21.98÷7=3.14 (○)



5 원의 넓이

## 개념 3 원주와 지름을 구해 볼까요

개념 동영상

- 지름을 알 때 원주율을 이용하여 원주 구하기

(원주)=(지름)×(원주율)

예) 3 cm 원주율: 3.14

⇨ (원주)$=3\times3.14=9.42$ (cm)

- 원주를 알 때 원주율을 이용하여 지름 구하기

(지름)=(원주)÷(원주율)

예) 원주: 9.3 cm
원주율: 3.1

⇨ (지름)$=9.3\div3.1=3$ (cm)

**개념 체크**

❶ ( ) =(지름)×(원주율)

❷ (원주) =( )×(원주율)

❸ ( ) =(원주)÷(원주율)

(지름)=(원주)÷(원주율)이지!

개념 체크 정답 ❶ 원주 ❷ 지름 ❸ 지름

## 기본 문제

교과서 유형

**1-1** 원주를 구하려고 합니다. □ 안에 알맞은 수를 써넣으시오. (원주율: 3.14)

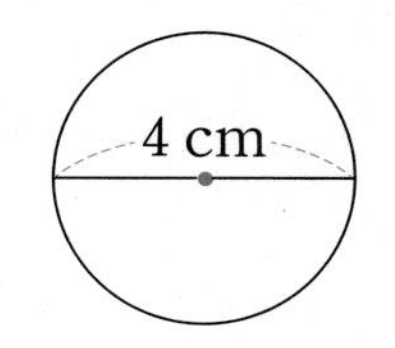


(원주)=□×3.14=□ (cm)

힌트 (원주)=(지름)×(원주율)

**2-1** 원주가 다음과 같을 때 □ 안에 알맞은 수를 써넣으시오. (원주율: 3)

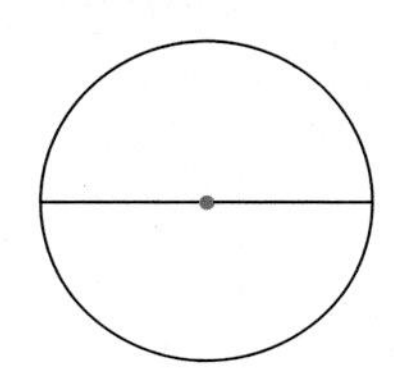

원주: 24 cm

(지름)=24÷□=□ (cm)

힌트 (지름)=(원주)÷(원주율)

**3-1** 원의 지름을 구하려고 합니다. □ 안에 알맞은 수를 써넣으시오. (원주율: 3.1)

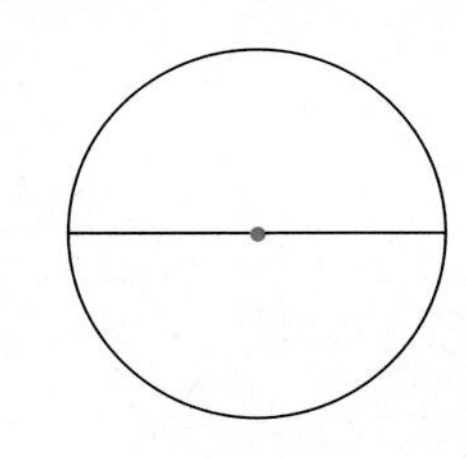

원주: 18.6 cm

(지름)=□÷□=□ (cm)

힌트 (지름)=(원주)÷(원주율)

## 쌍둥이 문제

• 정답은 31쪽

**1-2** 원주를 구하려고 합니다. □ 안에 알맞은 수를 써넣으시오. (원주율: 3.14)

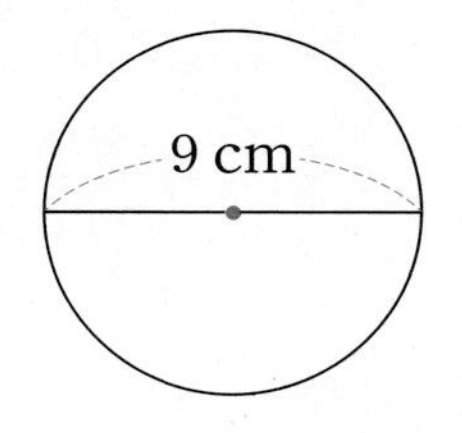


(원주)=□×3.14=□ (cm)

**2-2** 원주가 다음과 같을 때 □ 안에 알맞은 수를 써넣으시오. (원주율: 3)

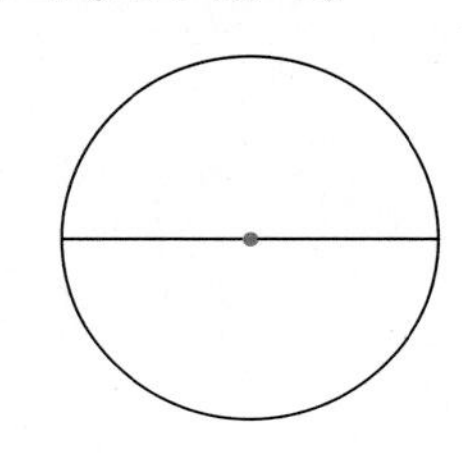

원주: 30 cm

(지름)=30÷□=□ (cm)

**3-2** 원의 지름을 구하려고 합니다. □ 안에 알맞은 수를 써넣으시오. (원주율: 3.1)

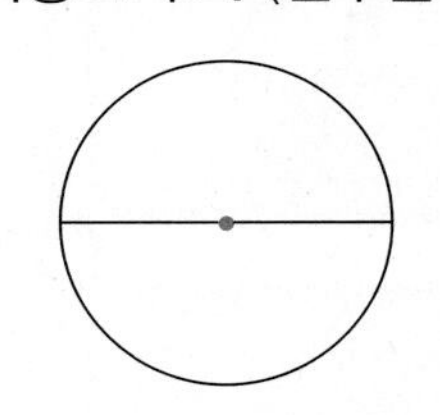

원주: 12.4 cm

(지름)=□÷□=□ (cm)

## 개념 4 원의 넓이를 어림해 볼까요

개념 동영상

• 정사각형으로 원의 넓이 어림하기 ─ 원 안에 있는 정사각형은 마름모이므로 마름모의 넓이를 구하는 방법으로 넓이를 구합니다.

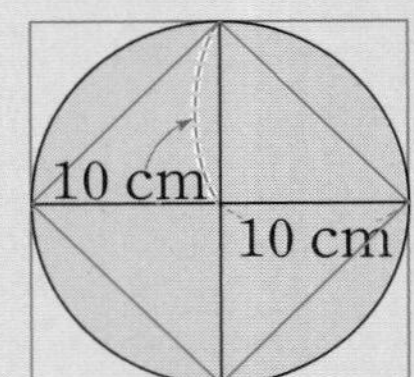


• 원 안의 정사각형의 넓이: $20\times20\div2=200\ (\text{cm}^2)$

• 원 밖의 정사각형의 넓이: $20\times20=400\ (\text{cm}^2)$

$200\ \text{cm}^2<$(반지름이 10 cm인 원의 넓이)
(반지름이 10 cm인 원의 넓이)$<400\ \text{cm}^2$

• 모눈종이를 이용하여 원의 넓이 어림하기

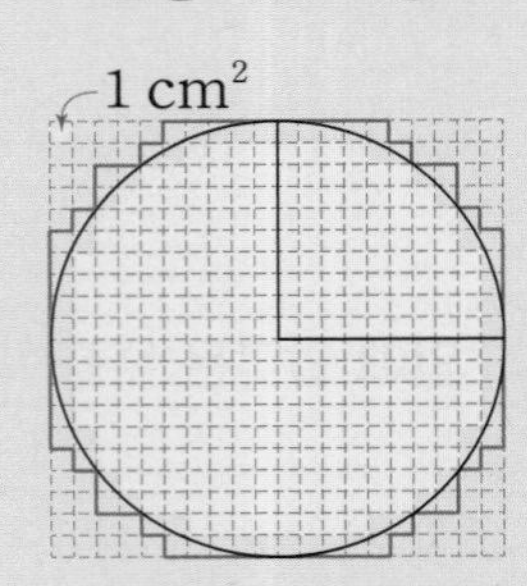


• 원 안에 있는 노란색 모눈의 수:
$69\times4=276$(개) ⇨ $276\ \text{cm}^2$
└ 원을 4등분 했을 때 모눈의 수

• 원 밖에 있는 빨간색 선 안쪽 모눈의 수:
$86\times4=344$(개) ⇨ $344\ \text{cm}^2$

$276\ \text{cm}^2<$(반지름이 10 cm인 원의 넓이)

(반지름이 10 cm인 원의 넓이)$<344\ \text{cm}^2$

### 개념 체크

❶ 원의 넓이는 원 안에 있는 정사각형의 넓이보다 더 ( 좁습니다 , 넓습니다 ).

❷ 원의 넓이는 원 밖에 있는 정사각형의 넓이보다 더 ( 좁습니다 , 넓습니다 ).

❸ 원의 넓이는 노란색 모눈의 넓이보다 더 ( 좁습니다 , 넓습니다 ).

개념 체크 정답 ❶ 넓습니다에 ○표 ❷ 좁습니다에 ○표 ❸ 넓습니다에 ○표

## 기본 문제

## 쌍둥이 문제

• 정답은 31쪽

교과서 유형

**1-1** 원의 넓이를 어림하려고 합니다. □ 안에 알맞은 수를 써넣으시오.

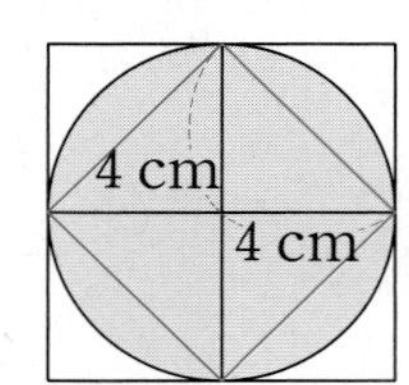


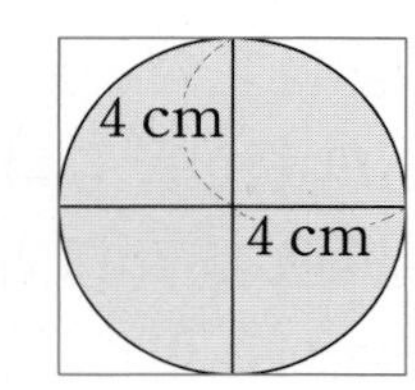


• 원 안에 있는 정사각형의 넓이: □ $cm^2$

• 원 밖에 있는 정사각형의 넓이: □ $cm^2$

⇨ □ $cm^2$ < (원의 넓이)

(원의 넓이) < □ $cm^2$

힌트 (원 안에 있는 정사각형의 넓이) < (원의 넓이)
(원의 넓이) < (원 밖에 있는 정사각형의 넓이)

**1-2** 원의 넓이를 어림하려고 합니다. □ 안에 알맞은 수를 써넣으시오.

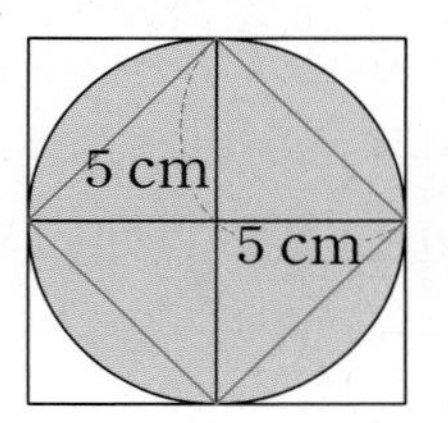


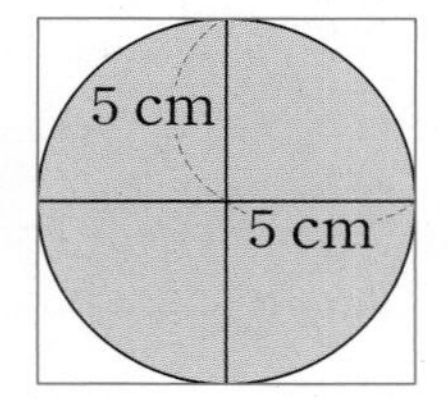


• 원 안에 있는 정사각형의 넓이: □ $cm^2$

• 원 밖에 있는 정사각형의 넓이: □ $cm^2$

⇨ □ $cm^2$ < (원의 넓이)

(원의 넓이) < □ $cm^2$

**2-1** 원 안의 노란색 모눈의 수와 원 밖의 빨간색 선 안쪽 모눈의 수로 원의 넓이를 어림하려고 합니다. □ 안에 알맞은 수를 써넣으시오.

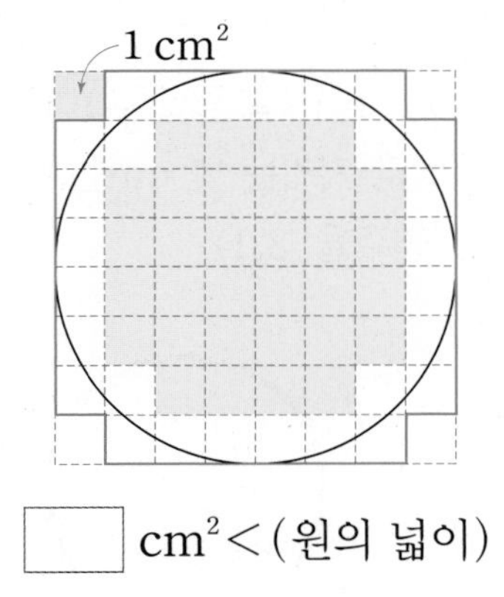


□ $cm^2$ < (원의 넓이)

(원의 넓이) < □ $cm^2$

힌트 (노란색 모눈의 넓이) < (원의 넓이)
(원의 넓이) < (빨간색 선 안쪽 모눈의 넓이)

**2-2** 원 안의 노란색 모눈의 수와 원 밖의 빨간색 선 안쪽 모눈의 수로 원의 넓이를 어림하려고 합니다. □ 안에 알맞은 수를 써넣으시오.

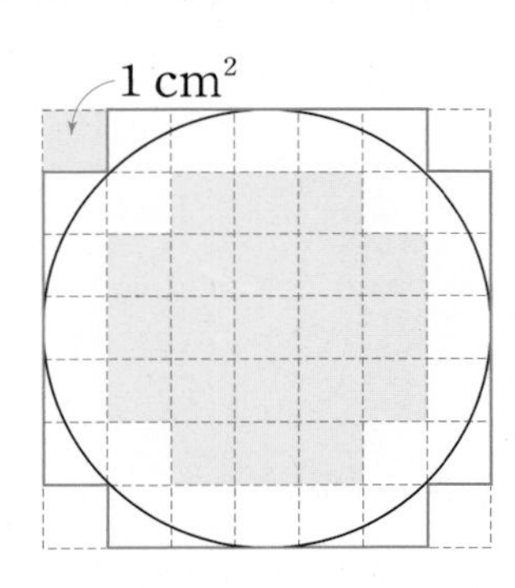


□ $cm^2$ < (원의 넓이)

(원의 넓이) < □ $cm^2$

## 개념 3 원주와 지름을 구해 볼까요

(원주)=(지름)×(원주율)
(지름)=(원주)÷(원주율)

**01** 원주를 구하시오. (원주율: 3.14)

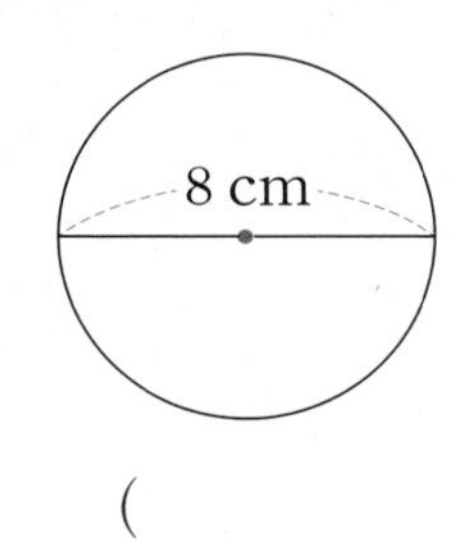


(　　　　　　　　)

**02** 원의 지름을 구하시오. (원주율: 3.14)

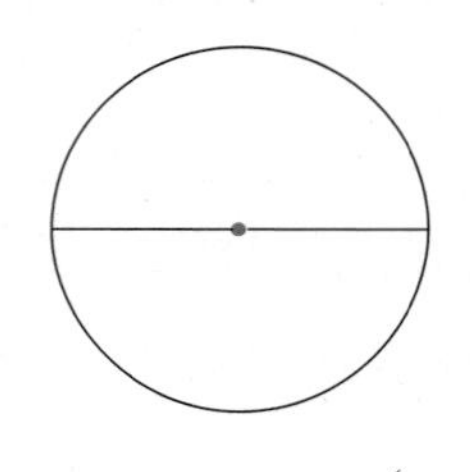

원주: 81.64 cm

(　　　　　　　　)

교과서 유형

**03** 전봇대의 원주를 보고 전봇대의 지름을 각각 구하시오. (원주율: 3.1)

| 전봇대의 원주(cm) | 전봇대의 지름(cm) |
|---|---|
| 62 | |
| 93 | |

**04** 공원에 원 모양의 연못이 있습니다. 이 연못의 다리가 원의 중심을 지나고 다리 길이는 13 m일 때 물음에 답하시오. (원주율: 3.14)

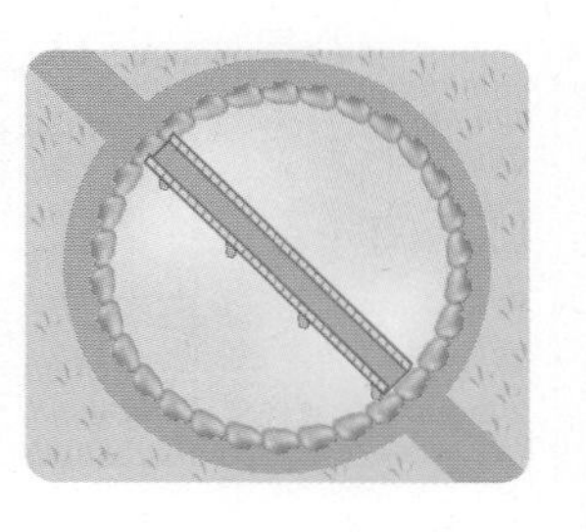

(1) 연못의 다리는 원에서 무엇을 나타냅니까?
(　　　　　　　　)

(2) 연못의 둘레는 몇 m입니까?
(　　　　　　　　)

**05** 10원짜리 동전의 지름은 몇 mm입니까?

원주: 56.52 mm
원주율: 3.14

(　　　　　　　　)

익힘책 유형

**06** 지름이 50 cm인 굴렁쇠를 1바퀴(원주) 굴렸습니다. 굴렁쇠가 굴러간 거리는 몇 cm인지 식을 쓰고 답을 구하시오. (원주율: 3.1)

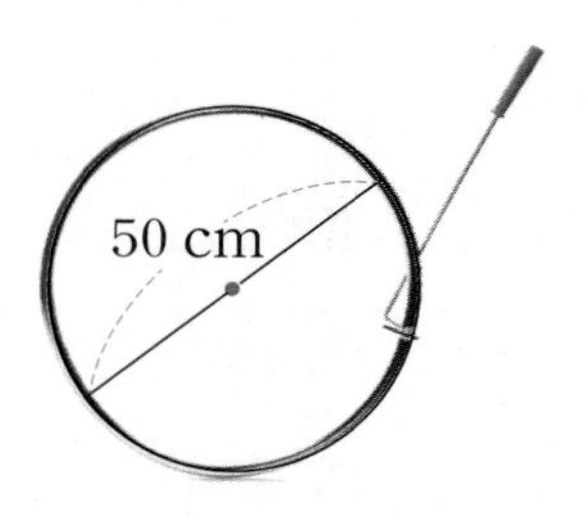


식 ____________________

답 ____________________

**07** 장난감 헬리콥터의 프로펠러의 길이는 10 cm입니다. 이 헬리콥터의 프로펠러를 돌릴 때 생기는 원의 원주를 구하시오. (원주율: 3.14)

( )

## 개념 4 원의 넓이를 어림해 볼까요

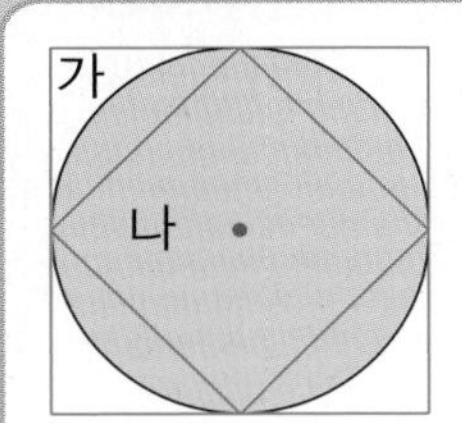


원 안에 있는 정사각형(나)과 원 밖에 있는 정사각형(가)의 넓이를 구합니다.

⇨ (나의 넓이) < (원의 넓이)
(원의 넓이) < (가의 넓이)

**08** 그림을 보고 물음에 답하시오.

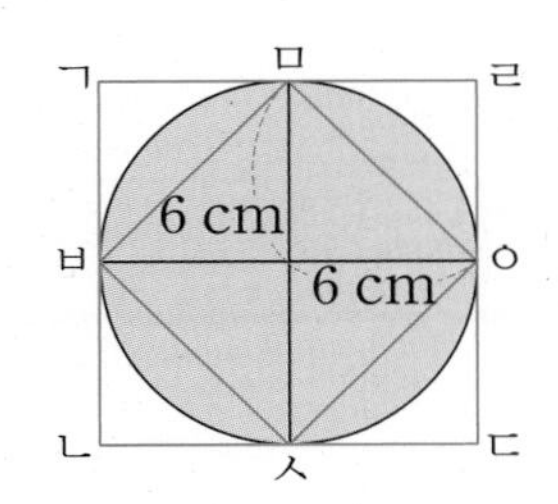


(1) 정사각형 ㅁㅂㅅㅇ과 정사각형 ㄱㄴㄷㄹ의 넓이를 구하시오.

정사각형 ㅁㅂㅅㅇ ( )

정사각형 ㄱㄴㄷㄹ ( )

(2) 원의 넓이를 어림하시오.

□ $cm^2$ < (원의 넓이)

(원의 넓이) < □ $cm^2$

교과서 유형

**09** 원 안의 노란색 모눈의 수와 원 밖의 빨간색 선 안쪽 모눈의 수로 원의 넓이를 어림하시오.

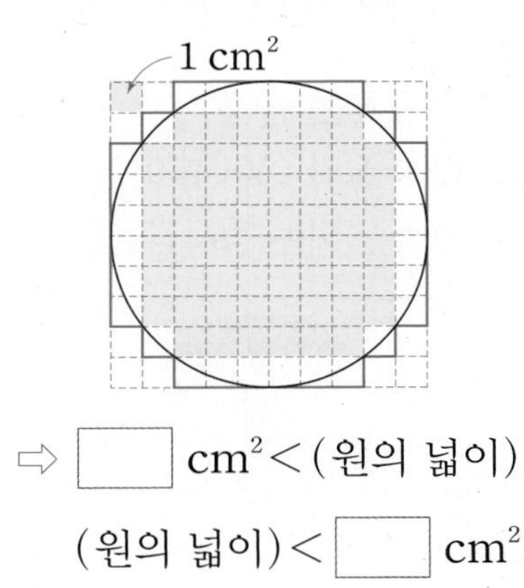


⇨ □ $cm^2$ < (원의 넓이)

(원의 넓이) < □ $cm^2$

익힘책 유형

**10** 원 안에 있는 정육각형의 넓이와 원 밖에 있는 정육각형의 넓이를 이용하여 원의 넓이를 어림하려고 합니다. 물음에 답하시오.

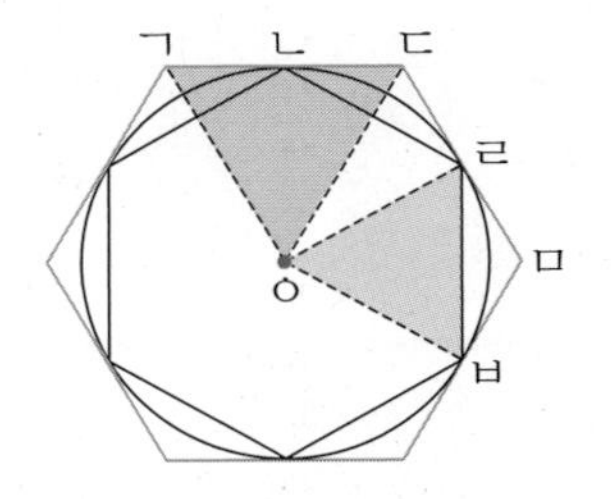


(1) 삼각형 ㄹㅇㅂ의 넓이가 25 $cm^2$이면 원 안에 있는 정육각형의 넓이는 몇 $cm^2$입니까?

( )

(2) 삼각형 ㄱㅇㄷ의 넓이가 34 $cm^2$이면 원 밖에 있는 정육각형의 넓이는 몇 $cm^2$입니까?

( )

(3) (1)과 (2)를 이용하여 원의 넓이를 어림해 보시오.

( )

원의 지름이 길어지면 원주도 길어집니다. (원주율: 3.1)

2배 지름: 3 cm ⇨ (원주) $=3\times3.1=9.3$ (cm) 2배
지름: 6 cm ⇨ (원주) $=6\times3.1=18.6$ (cm)

# 개념 파헤치기

## 개념 5 원의 넓이를 구하는 방법을 알아볼까요

- 원의 넓이 구하는 방법

원을 한없이 잘라 이어 붙이면 점점 직사각형에 가까워집니다.

따라서 원의 넓이는 직사각형의 넓이 구하는 방법을 이용하여 구할 수 있습니다.

원의 윗부분

원의 아랫부분

(원주)$\times\frac{1}{2}$

원의 반지름

$$(\text{원의 넓이})=(\text{원주})\times\frac{1}{2}\times(\text{반지름})$$

(원주) = (지름) × (원주율), (원주) × $\frac{1}{2}$ × (반지름) = 직사각형의 넓이

$$=(\text{원주율})\times(\text{지름})\times\frac{1}{2}\times(\text{반지름})$$

$$=(\text{원주율})\times(\text{반지름})\times(\text{반지름})$$

### 개념 체크

❶ 직사각형의 가로는 원주와 같습니다. ……( ○ , × )

❷ 직사각형의 세로는 원의 [ ] 과 같습니다.

❸ (원의 넓이) =([ ]) ×(반지름)×(반지름)

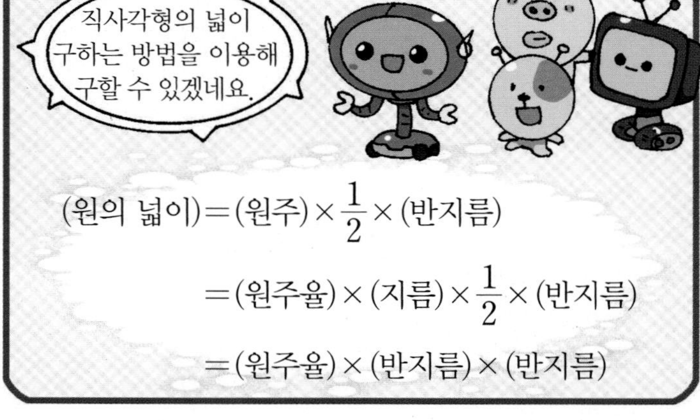

개념 체크 정답 ❶ ×에 ○표 ❷ 반지름 ❸ 원주율

## 기본 문제

교과서 유형

**1-1** 원을 한없이 잘라 이어 붙여서 점점 직사각형에 가까워지는 도형으로 바꿔 보았습니다. □ 안에 알맞은 말을 써넣으시오.

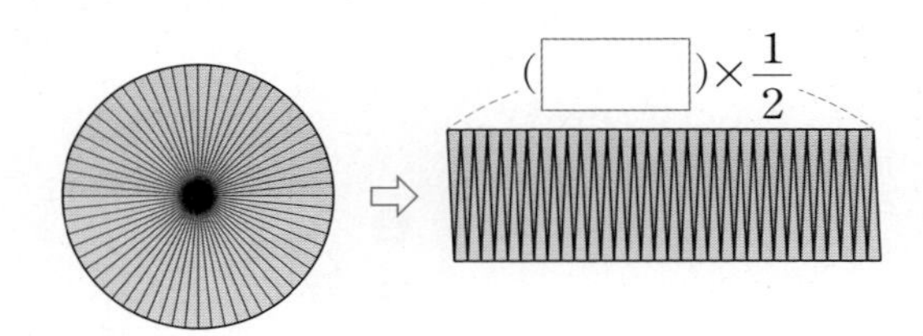


힌트 직사각형에 가까워지는 도형의 가로는 (원주)×$\frac{1}{2}$과 같습니다.

**2-1** 원을 한없이 잘라 이어 붙여서 점점 직사각형에 가까워지는 도형으로 바꿔 보았습니다. □ 안에 알맞은 수를 써넣으시오. (원주율: 3)

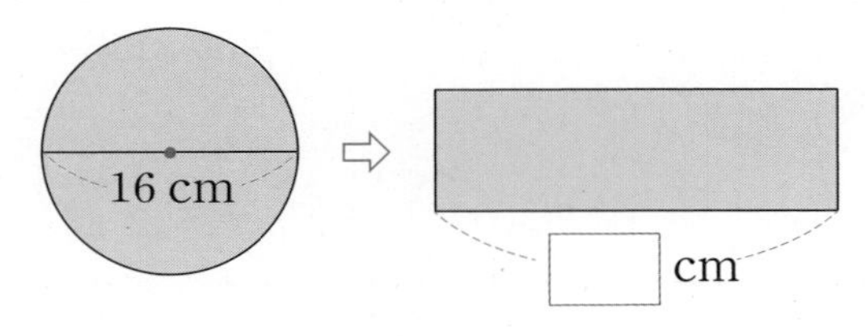


힌트 (직사각형의 가로)=(원주)×$\frac{1}{2}$

익힘책 유형

**3-1** 원의 넓이를 구하려고 합니다. □ 안에 알맞은 수를 써넣으시오. (원주율: 3.14)

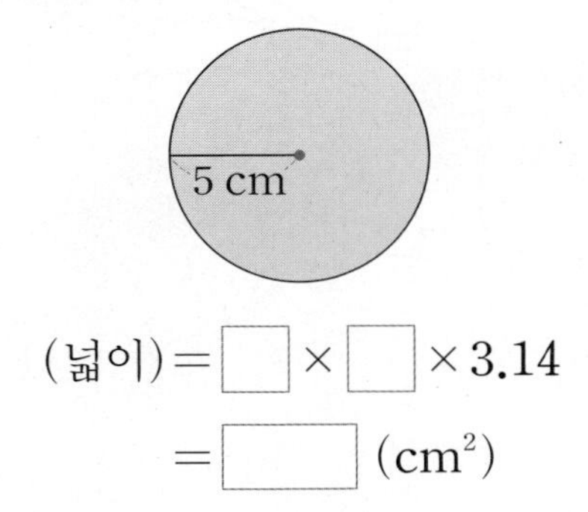


(넓이)=□×□×3.14

=□ (cm²)

힌트 (원의 넓이)=(원주율)×(반지름)×(반지름)

## 쌍둥이 문제

• 정답은 32쪽

**1-2** 원을 한없이 잘라 이어 붙여서 점점 직사각형에 가까워지는 도형으로 바꿔 보았습니다. □ 안에 알맞은 말을 써넣으시오.

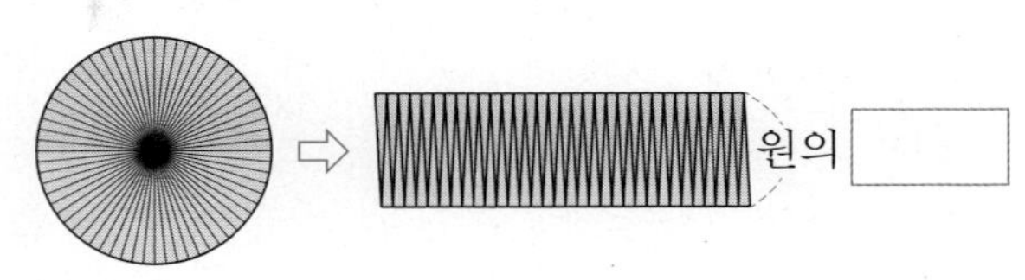


**2-2** 원을 한없이 잘라 이어 붙여서 점점 직사각형에 가까워지는 도형으로 바꿔 보았습니다. □ 안에 알맞은 수를 써넣으시오. (원주율: 3)

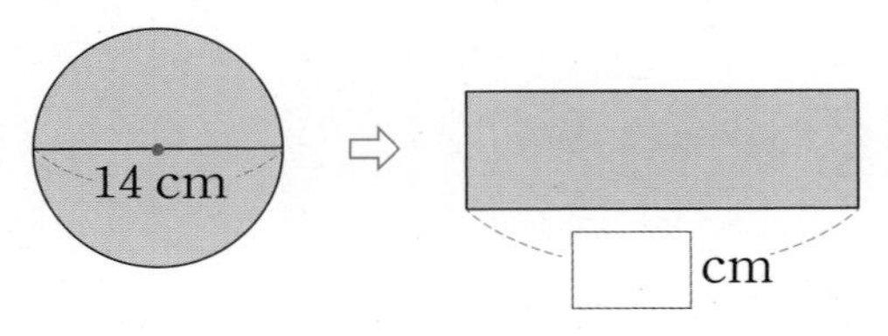


**3-2** 원의 넓이를 구하려고 합니다. □ 안에 알맞은 수를 써넣으시오. (원주율: 3.1)

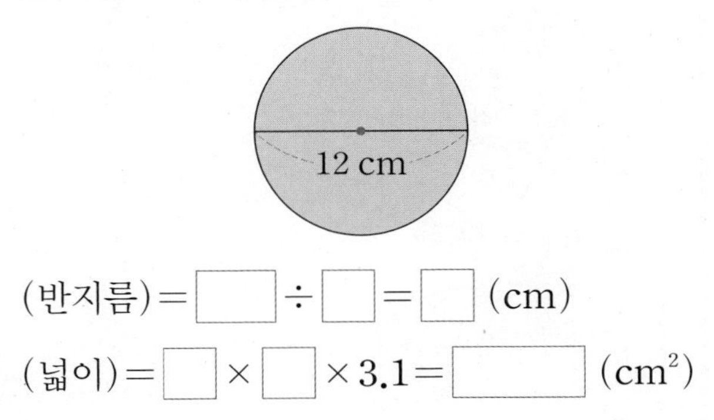


(반지름)=□÷□=□ (cm)

(넓이)=□×□×3.1=□ (cm²)

## 개념 6 여러 가지 원의 넓이를 구해 볼까요

개념 동영상

- 반지름을 이용하여 색 도화지의 넓이 구하기 (원주율: 3)

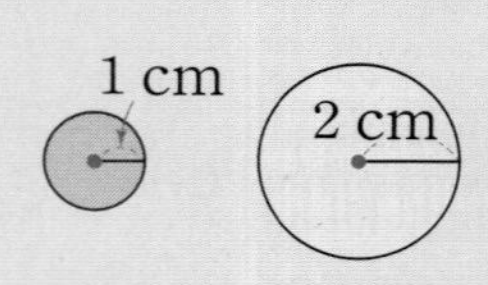


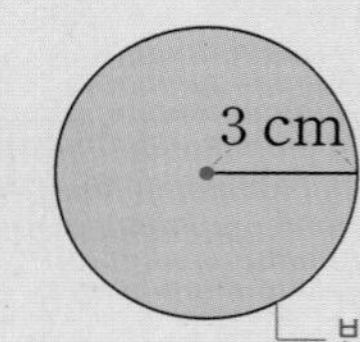


⇨ 분홍색 도화지: $1\times1\times3=3\ (\mathrm{cm}^2)$
노란색 도화지: $2\times2\times3=12\ (\mathrm{cm}^2)$
초록색 도화지: $3\times3\times3=27\ (\mathrm{cm}^2)$

└ 반지름이 길어지면 원의 넓이도 넓어집니다.

- 색칠한 부분의 넓이 구하기 (원주율: 3)

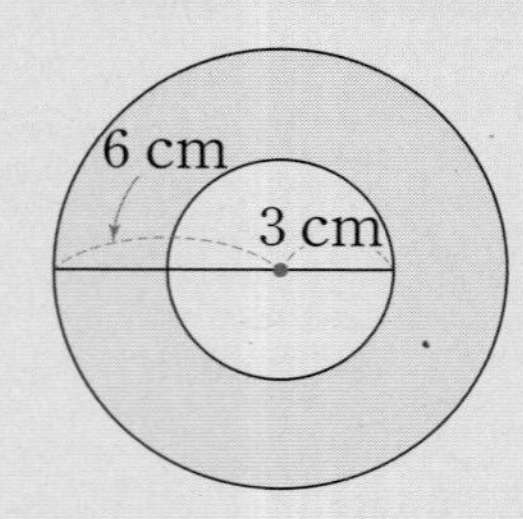


⇨ (색칠한 부분의 넓이)
$=$(큰 원의 넓이)$-$(작은 원의 넓이)
$=6\times6\times3-3\times3\times3$ └ $108-27$
$=81\ (\mathrm{cm}^2)$

- 반원의 넓이 구하기 (원주율: 3)

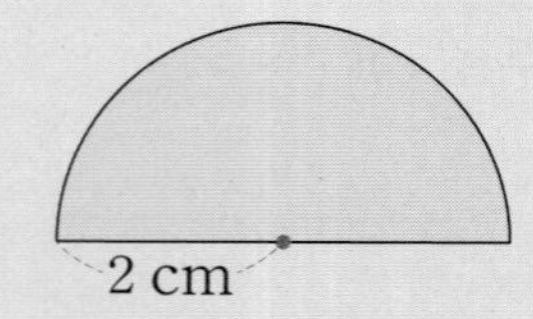


⇨ (반원의 넓이)
$=$(원의 넓이)$\div2$
$=2\times2\times3\div2=6\ (\mathrm{cm}^2)$

### 개념 체크

❶ 반지름이 길어지면 원의 넓이는
( 넓어집니다 , 같습니다 ).

❷

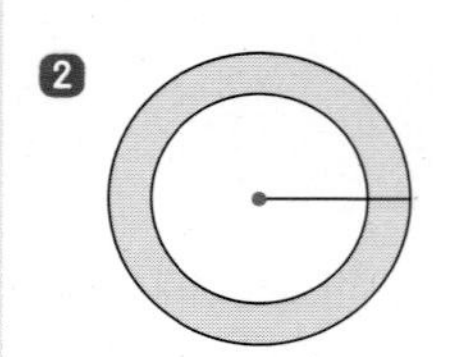

(색칠한 부분의 넓이)
$=$( □ 원의 넓이)
$-$(작은 원의 넓이)

❸

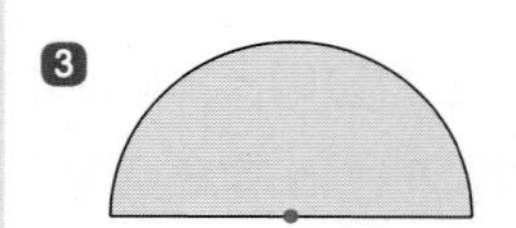

(반원의 넓이)
$=$(원의 넓이)$\div$ □

개념 체크 정답 ❶ 넓어집니다에 ○표 ❷ 큰 ❸ 2

## 기본 문제

## 쌍둥이 문제

• 정답은 32쪽

교과서 유형

**1-1** 색칠한 부분의 넓이를 구하려고 합니다. □ 안에 알맞은 수를 써넣으시오. (원주율: 3)

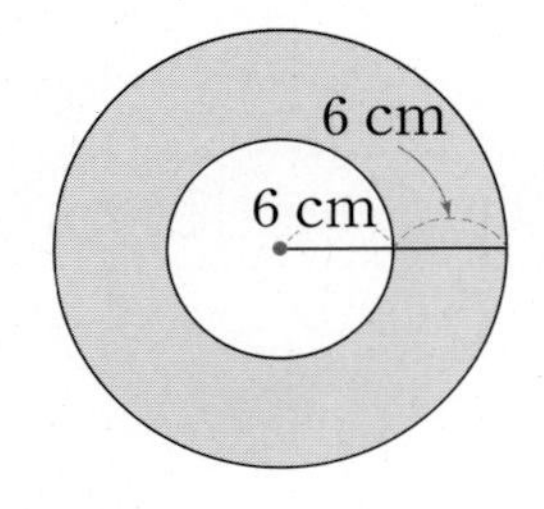


(색칠한 부분의 넓이)

=(큰 원의 넓이)−(작은 원의 넓이)

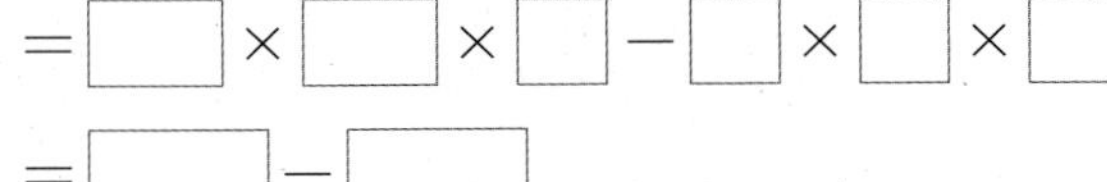

=□×□×□−□×□×□

=□−□

=□ $(cm^2)$

힌트 (큰 원의 반지름)=6+6=12 (cm)

**1-2** 색칠한 부분의 넓이를 구하려고 합니다. □ 안에 알맞은 수를 써넣으시오. (원주율: 3)

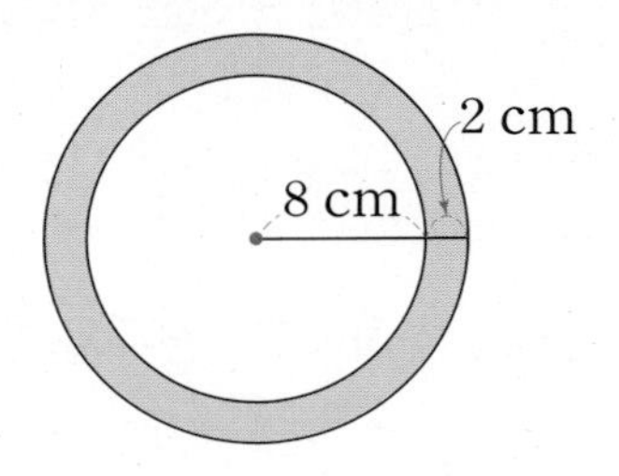


(색칠한 부분의 넓이)

=(큰 원의 넓이)−(작은 원의 넓이)

=□×□×□−□×□×□

=□−□

=□ $(cm^2)$

익힘책 유형

**2-1** 색칠한 부분의 넓이를 구하려고 합니다. □ 안에 알맞은 수를 써넣으시오. (원주율: 3.14)

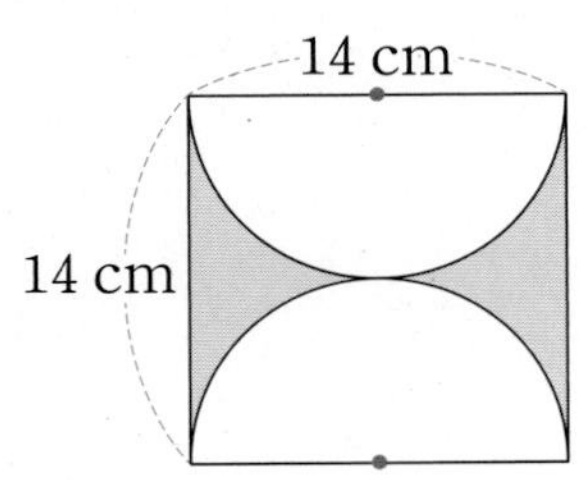


(색칠한 부분의 넓이)

=(정사각형의 넓이)−(원의 넓이)

=□×□−□×□×3.14

=□−□

=□ $(cm^2)$

힌트 색칠하지 않은 부분의 넓이는 반지름이 7 cm인 원의 넓이와 같습니다.

**2-2** 색칠한 부분의 넓이를 구하려고 합니다. □ 안에 알맞은 수를 써넣으시오. (원주율: 3.14)

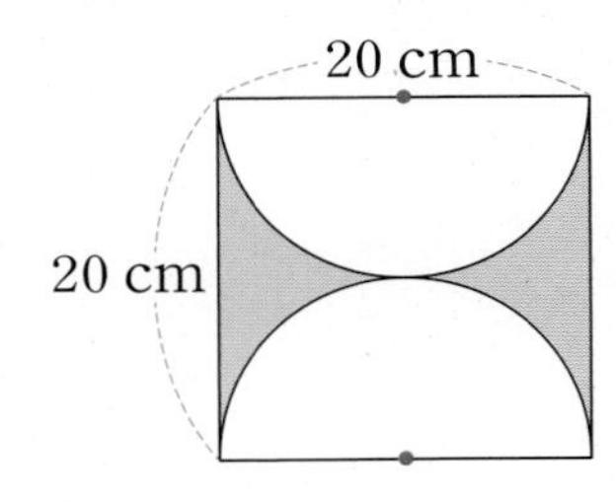


(색칠한 부분의 넓이)

=(정사각형의 넓이)−(원의 넓이)

=□×□−□×□×3.14

=□−□

=□ $(cm^2)$

# 개념 확인하기

## 개념 5 원의 넓이를 구하는 방법을 알아볼까요

(원의 넓이)=(원주율)×(반지름)×(반지름)

**01** 원의 넓이를 구하시오. (원주율: 3.1)

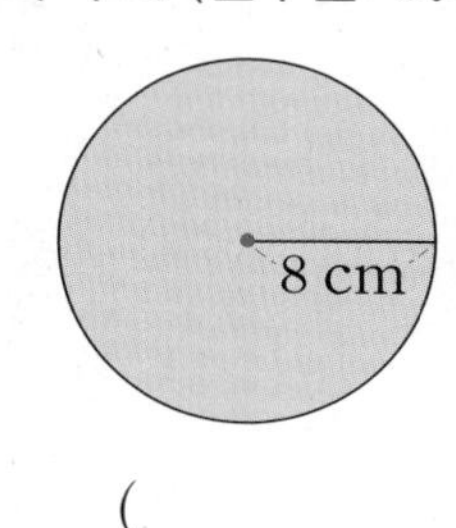


(　　　　　　　　)

**02** 원의 넓이를 구하시오. (원주율: 3.14)

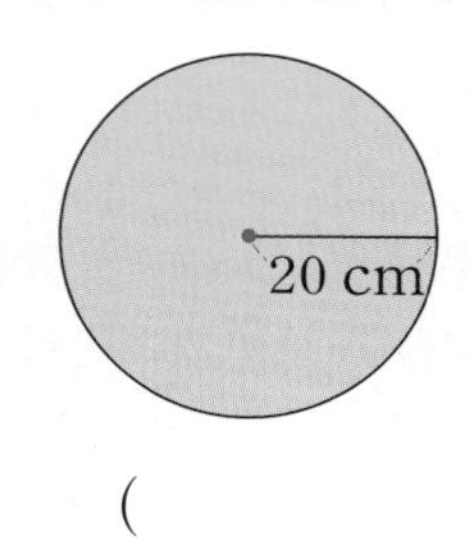


(　　　　　　　　)

교과서 유형

**03** 원의 넓이를 구하시오. (원주율: 3.1)

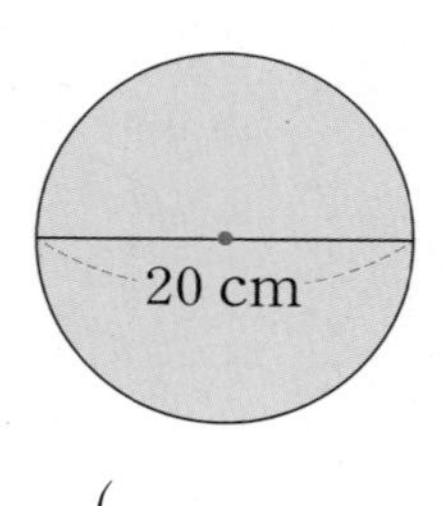


(　　　　　　　　)

익힘책 유형

**04** 원의 지름을 이용하여 원의 넓이를 구하시오.

(원주율: 3.14)

| 지름(cm) | 반지름(cm) | 원의 넓이($cm^2$) |
|---|---|---|
| 14 | | |
| 18 | | |

**05** 다음과 같이 컴퍼스를 벌려 원을 그렸습니다. □ 안에 알맞은 수를 써넣으시오. (원주율: 3)

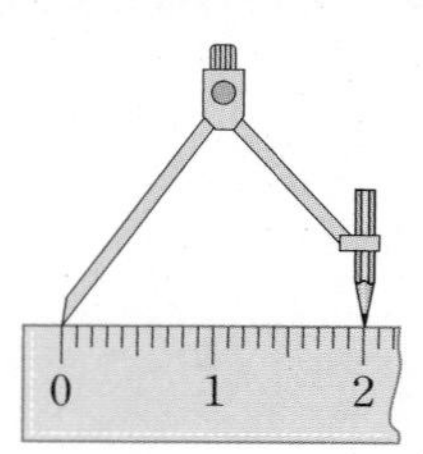


반지름이 □ cm이므로 원의 넓이는 □ $cm^2$입니다.

**06** 오른쪽 실험에 원 모양의 거름종이를 사용했습니다. 거름종이의 반지름이 4 cm일 때 거름종이의 넓이는 몇 $cm^2$입니까?

(원주율: 3.14)

거름종이

(　　　　　　　　)

## 개념 6 여러 가지 원의 넓이를 구해 볼까요

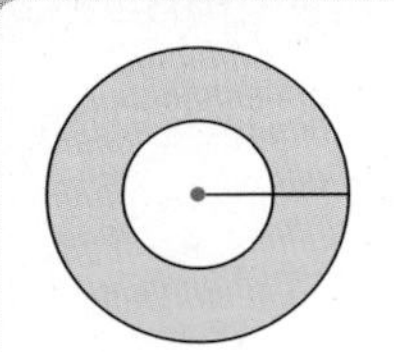

(색칠한 부분의 넓이)
=(큰 원의 넓이)
−(작은 원의 넓이)

교과서 유형

**07** 색 도화지를 오려서 과녁을 만들었습니다. 색 도화지의 넓이를 각각 구하시오. (원주율: 3.1)

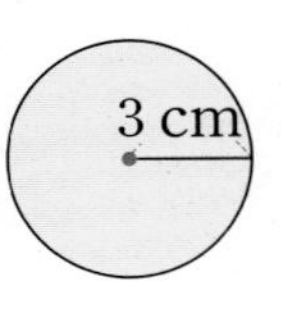

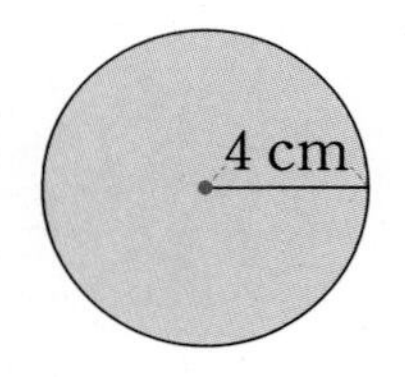


| | 분홍색 | 노란색 | 파란색 |
|---|---|---|---|
| 반지름(cm) | | | |
| 넓이($cm^2$) | | | |

**08** 색칠한 부분의 넓이를 구하시오. (원주율: 3)

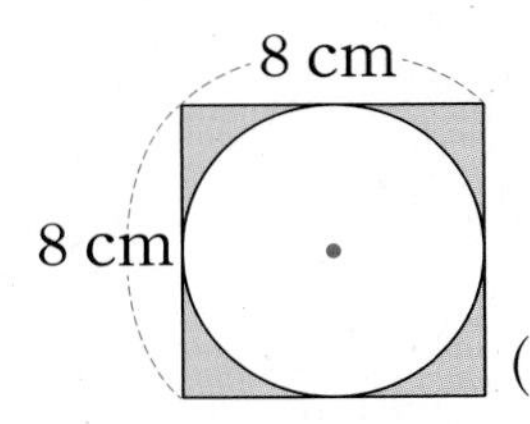


( )

**09** 색칠한 부분의 넓이를 구하시오. (원주율: 3.1)

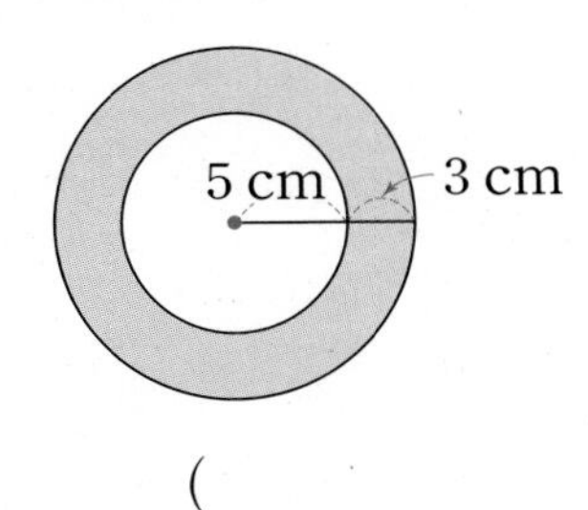


( )

익힘책 유형

**10** 색칠한 부분의 넓이를 구하는 식을 쓰고 답을 구하시오. (원주율: 3.14)

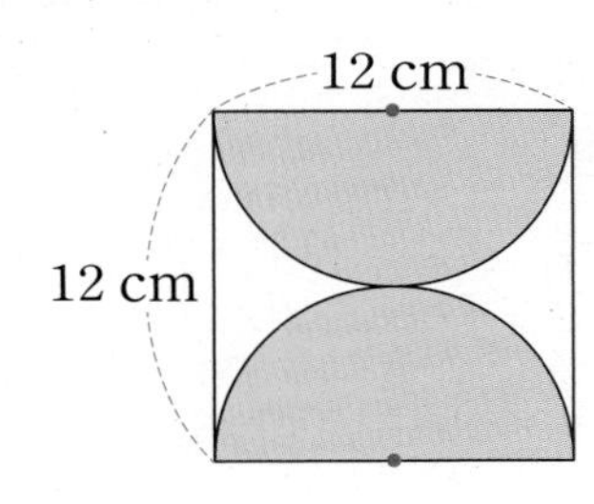


식

답

교과서 유형

**11** 색칠한 부분의 넓이를 구하시오. (원주율: 3.14)

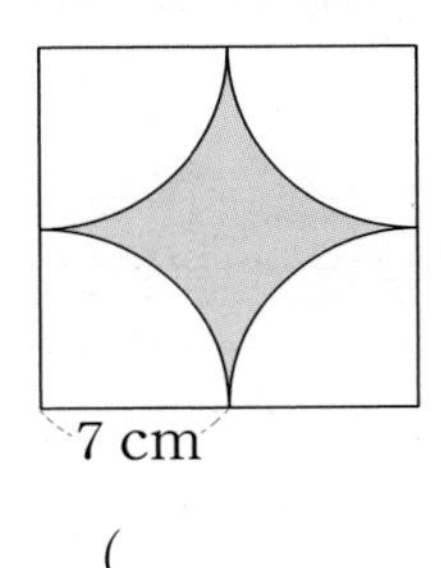


( )

**12** 색칠한 부분의 넓이를 구하시오. (원주율: 3.14)

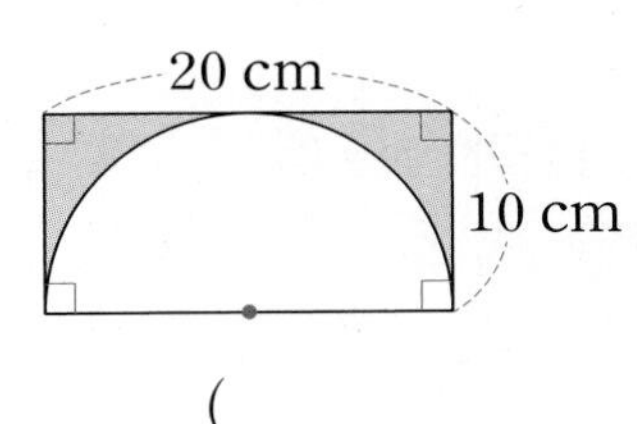


( )

**해결의 창**

원의 넓이를 구할 때는 반지름을 2번 곱하고 원주율을 곱합니다.

3 cm (원주율: 3.14)

$3\times3.14=9.42\,(cm^2)$ ✕

$3\times2\times3.14=18.84\,(cm^2)$ ✕

$3\times3\times3.14=28.26\,(cm^2)$ ○

# 단원 마무리평가

점수

**01** □ 안에 알맞은 말을 써넣으시오.

> 원주율은 원의 □에 대한 □의 비율입니다.

**02** 원을 한없이 잘라 이어 붙여서 점점 직사각형에 가까워지는 도형으로 바꿔 보았습니다. □ 안에 알맞은 수를 써넣으시오.

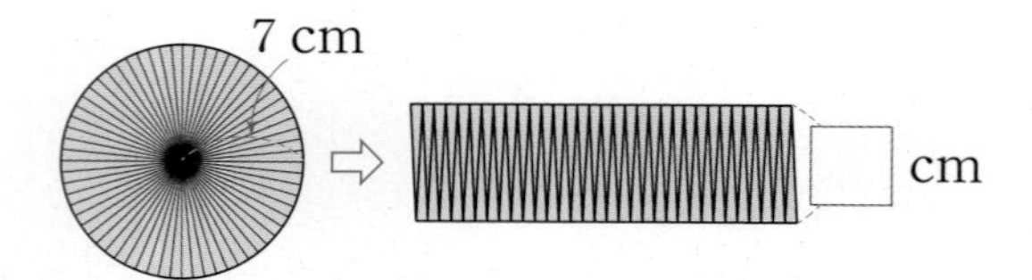


**03** (원주)÷(지름)을 반올림하여 소수 첫째 자리까지 나타내시오.

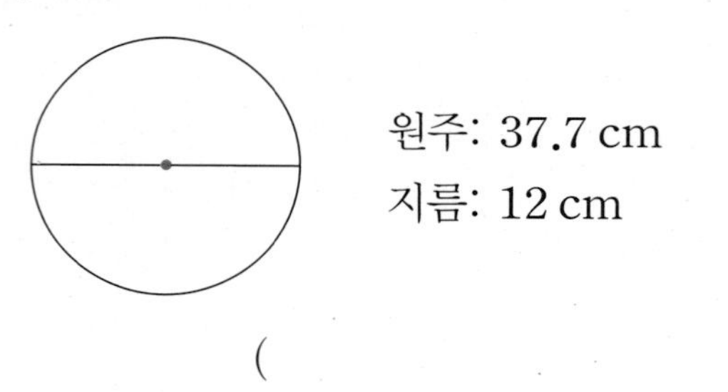


(　　　　　　　　)

**04** 원주가 다음과 같을 때 □ 안에 알맞은 수를 써넣으시오. (원주율: 3)

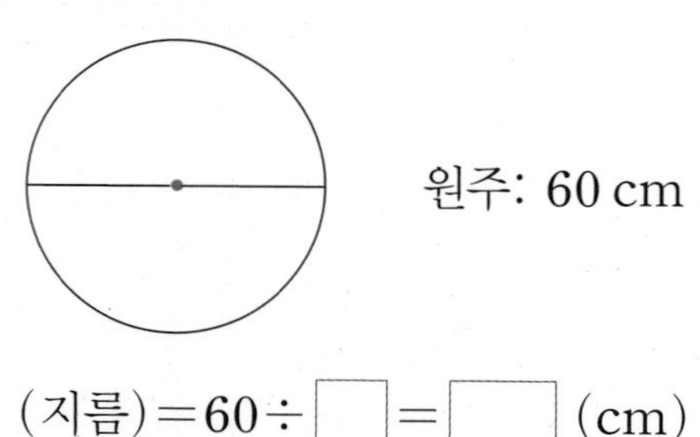


(지름)$=60\div$□$=$□ (cm)

**05** 원의 넓이를 구하려고 합니다. □ 안에 알맞은 수를 써넣으시오. (원주율: 3)

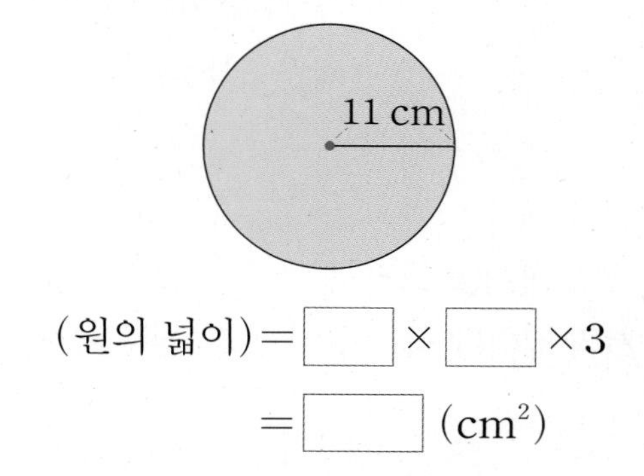


(원의 넓이)$=$□$\times$□$\times 3$

$=$□ ($cm^2$)

**06** 설명이 맞으면 ○표, 틀리면 ×표 하시오.

(1) 원의 지름이 길어지면 원주는 짧아집니다.

(　　　)

(2) 원주는 원의 지름의 약 3배입니다.

(　　　)

**07** 원의 지름을 구하시오. (원주율: 3.1)

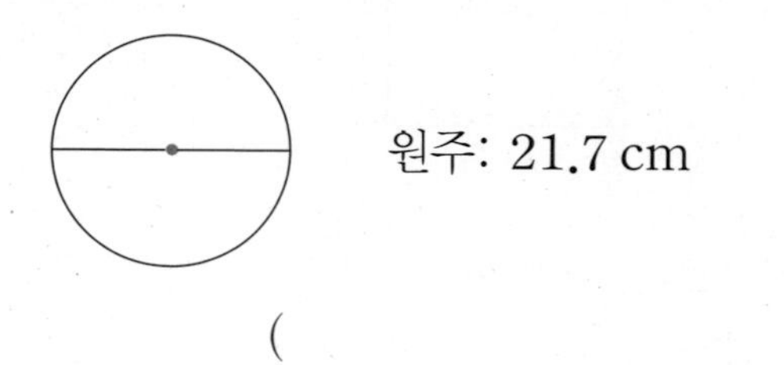


(　　　　　　　　)

**08** 원주를 구하시오. (원주율: 3.1)

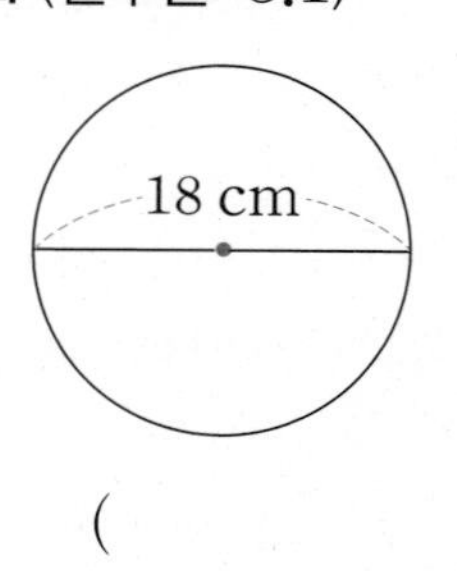


(　　　　　　　　)

**09** 원의 넓이를 구하시오. (원주율: 3.14)

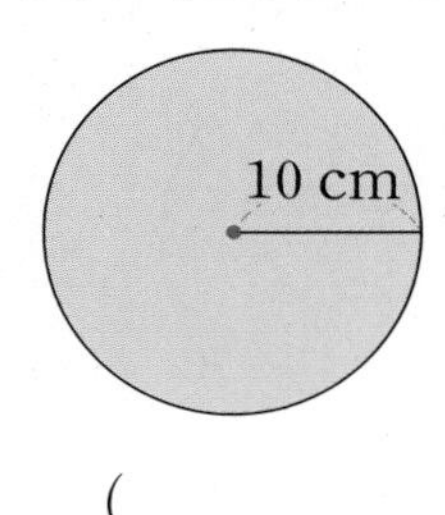


( )

유사 문제

**10** 우리나라 전통 타악기인 징입니다. 원 모양인 징의 판의 넓이를 구하시오. (원주율: 3.14)

( )

**11** 씨름의 모래경기장은 지름이 8 m인 원 모양입니다. 이 모래경기장의 원주는 몇 m입니까? (원주율: 3.1)

( )

**12** 반지름이 30 m인 원 모양의 호수가 있습니다. 이 호수의 넓이는 몇 $m^2$인지 식을 쓰고 답을 구하시오. (원주율: 3.1)

답

**13** 크기가 같은 원 2개를 다음과 같이 겹치지 않게 그렸습니다. 원 한 개의 원주를 구하시오. (원주율: 3.1)

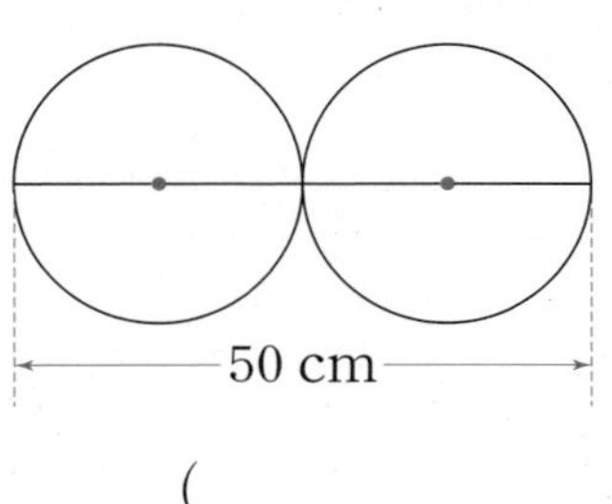


( )

유사 문제

**14** 우유갑 저금통에 100원짜리 동전을 넣을 수 있도록 구멍을 내려고 합니다. 저금통 구멍의 길이는 적어도 몇 cm보다 길어야 합니까? (원주율: 3.14)

원주: 7.536 cm

( )

유사 문제

**15** 반원의 넓이를 구하시오. (원주율: 3.14)

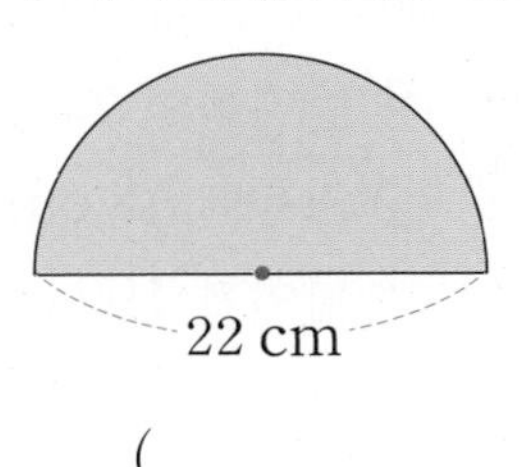


( )

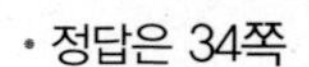


**16** 원 안에 있는 정사각형의 넓이와 원 밖에 있는 정사각형의 넓이를 구하여 원의 넓이는 얼마인지 어림하여 보시오.

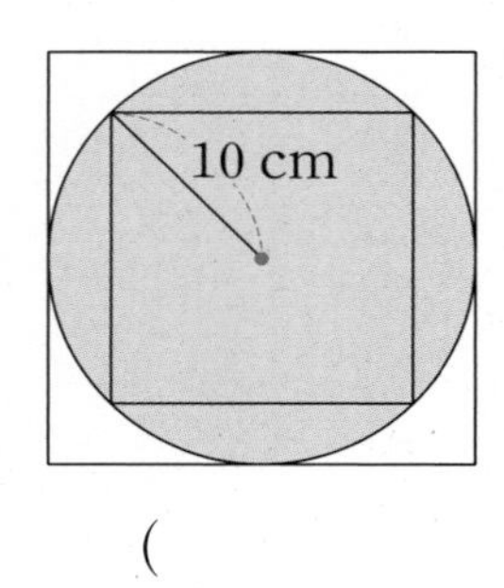


(　　　　　　　　　　)

**17** 더 큰 훌라후프를 돌리고 있는 사람의 이름을 쓰시오. (단, 훌라후프의 굵기는 같습니다.) (원주율: 3)

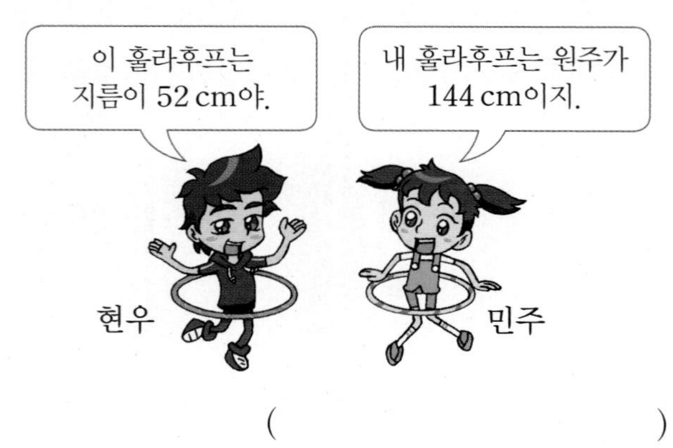


(　　　　　　　　　　)

**18** 넓이가 넓은 원부터 차례로 기호를 쓰시오. (원주율: 3)

㉠ 반지름이 7 cm인 원
㉡ 지름이 18 cm인 원
㉢ 넓이가 192 $cm^2$인 원

(　　　　　　　　　　)

**19** ❸두 원의 원주의 차는 몇 cm입니까? (원주율: 3.1)

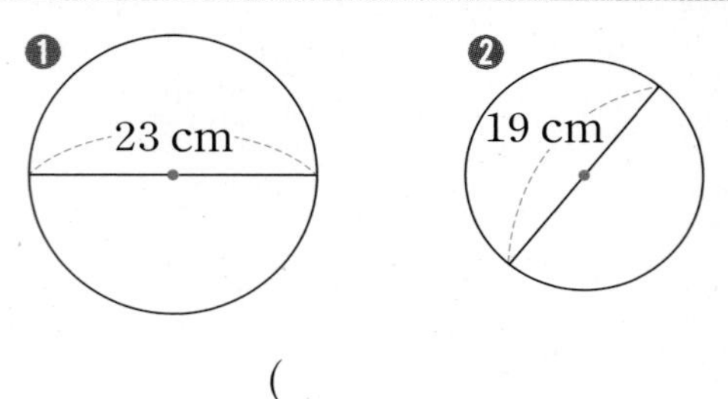


(　　　　　　　　　　)

❶ 큰 원의 원주를 구합니다.
❷ 작은 원의 원주를 구합니다.
❸ 두 원주의 차를 구합니다.

**20** ❷, ❸그림을 보고 과녁의 색깔이 차지하는 각각의 넓이를 구하시오. (원주율: 3.1)

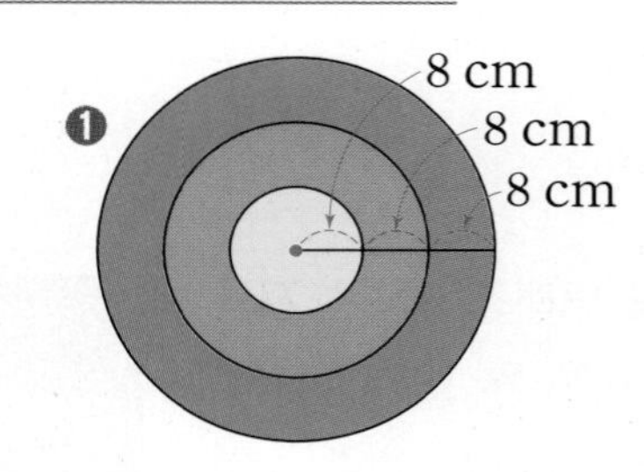


노란색 넓이 (　　　　　　　　　　)
빨간색 넓이 (　　　　　　　　　　)
초록색 넓이 (　　　　　　　　　　)

❶ 노란색 원의 넓이를 구합니다.
❷ 중간 원에서 작은 원의 넓이를 빼서 빨간색 넓이를 구합니다.
❸ 큰 원에서 중간 원의 넓이를 빼서 초록색 넓이를 구합니다.

# 창의·융합 문제

• 정답은 34쪽

**1** 포환던지기는 지름이 2.135 m인 원 안에서 다음과 같은 동작 순서로 포환을 던지는 경기입니다. 이 동작이 이루어지는 곳의 원주는 몇 m입니까? (원주율: 3)

(　　　　　　　　　　)

**2** 친구들이 원 모양으로 서서 강강술래를 하고 있습니다. 친구들이 서 있는 원 모양의 지름이 4 m일 때 이 원 모양의 넓이는 몇 $m^2$입니까? (원주율: 3.1)

(　　　　　　　　　　)

**3** 주어진 모양을 점선을 따라 자른 다음 직사각형을 만들고, 만든 직사각형의 넓이를 구하시오.

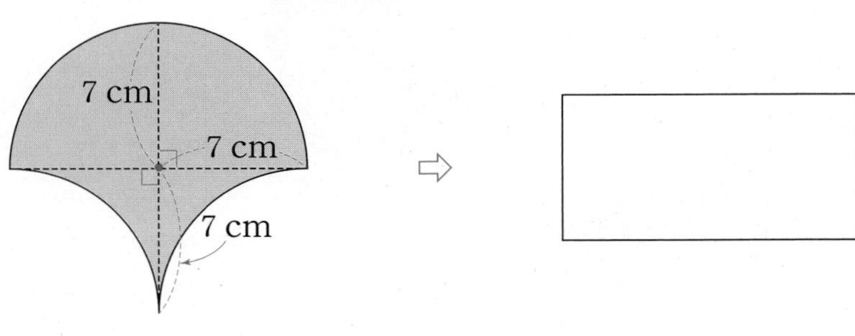


(　　　　　　　　　　)

# 6 원기둥, 원뿔, 구

## 제6화 '역기 들어 올리기' 기네스 도전 결과는?

이번에 **배울 내용**

| 이미 배운 내용 | 이번에 배울 내용 | 앞으로 배울 내용 |
| --- | --- | --- |
| [6-2 원의 넓이]<br>• 원주와 지름 구하기<br>• 원의 넓이 구하기 | • **원기둥 알아보기**<br>• **원기둥의 전개도**<br>• **원뿔 알아보기**<br>• **구 알아보기** | [중학교]<br>• 입체도형의 성질 |

공 모양과 같은 입체도형을 구라고 하지.

구에서 가장 안쪽에 있는 점은 구의 중심, 구의 중심에서 구의 겉면의 한 점을 이은 선분은 구의 반지름이야.

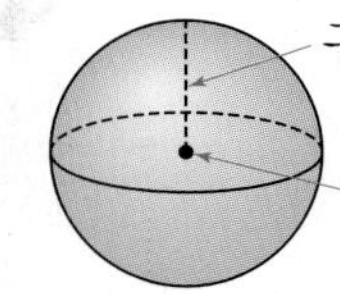

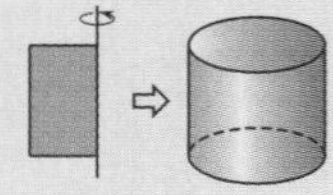


## 개념 1 원기둥을 알아볼까요

• 원기둥: 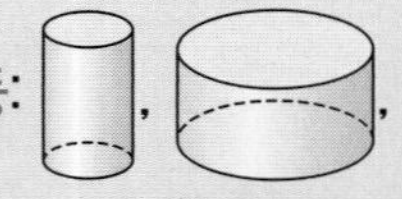 등과 같은 입체도형

위와 아래에 있는 면이 서로 평행하고 합동인 원으로 이루어진 입체도형

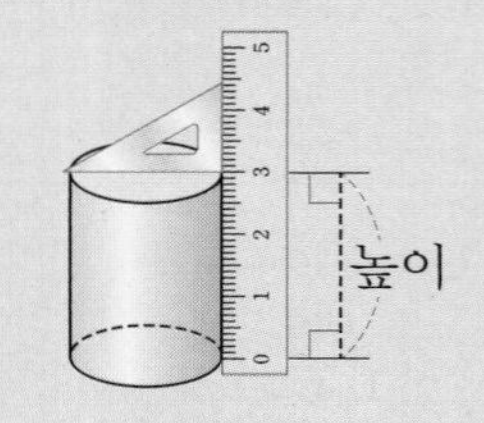


• 원기둥의 구성 요소

밑면: 서로 평행하고 합동인 두 면

옆면: 두 밑면과 만나는 면

높이: 두 밑면에 수직인 선분의 길이

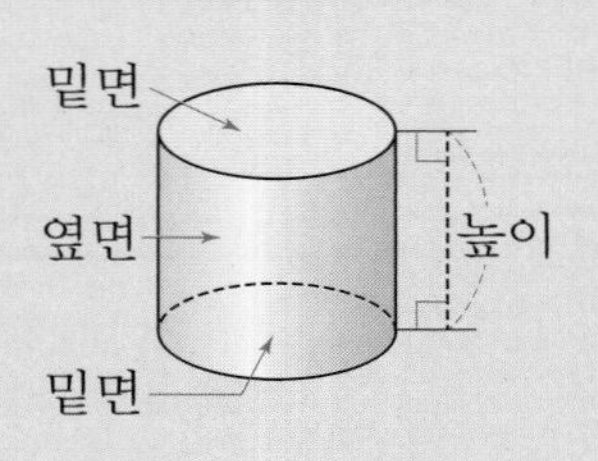

① 원기둥의 밑면은 2개이고 서로 평행하고 합동입니다.

② 원기둥의 옆면은 1개이고 굽은 면입니다.

### 개념 체크

❶ 위와 아래에 있는 면이 서로 평행하고 합동인 원으로 이루어진 입체도형을 [ ](이)라고 합니다.

❷ 원기둥에서 두 밑면과 만나는 굽은 면을 ( 밑면 , 옆면 )이라고 합니다.

❸ 원기둥에서 서로 평행하고 합동인 두 면을 ( 밑면 , 옆면 )이라고 합니다.

개념 체크 정답 ❶ 원기둥 ❷ 옆면에 ○표 ❸ 밑면에 ○표

## 기본 문제

## 쌍둥이 문제

• 정답은 36쪽

교과서 유형

**1-1** 원기둥을 찾아 기호를 쓰시오.

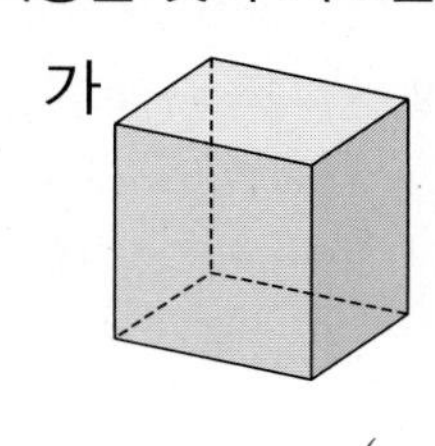


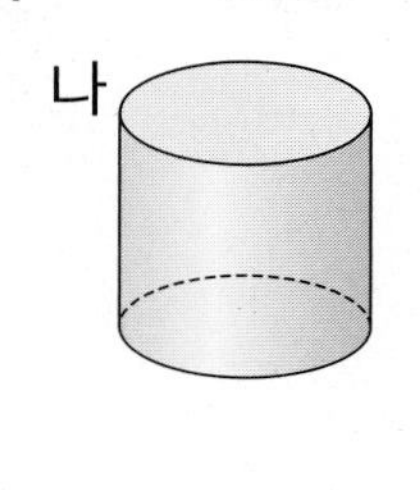


(                    )

힌트 위와 아래에 있는 면이 서로 평행하고 합동인 원으로 이루어진 입체도형을 원기둥이라고 합니다.

**1-2** 원기둥에 ○표 하시오.

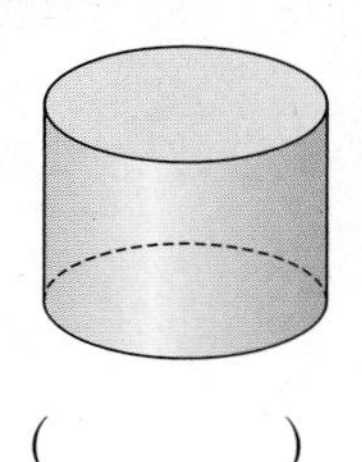

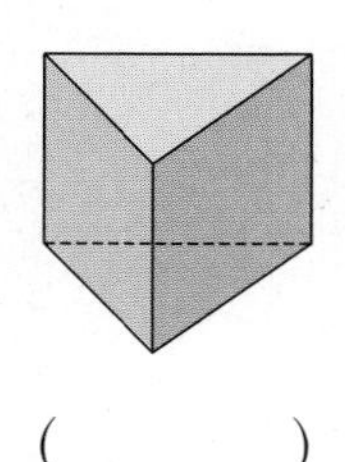

(        ) (        )

익힘책 유형

**2-1** 보기 에서 □ 안에 알맞은 말을 찾아 써넣으시오.

보기

밑면 옆면

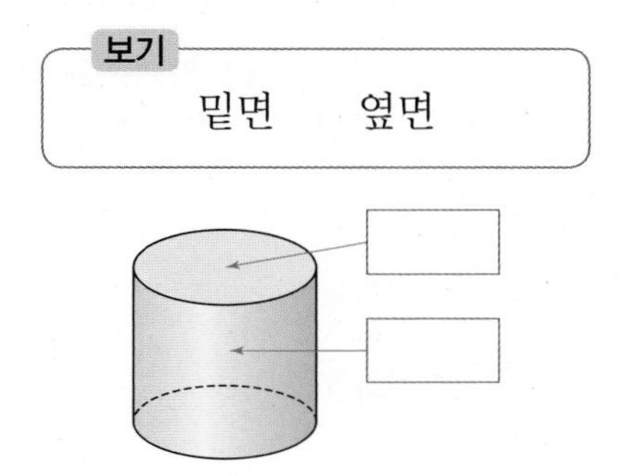

힌트 원기둥에서 서로 평행하고 합동인 두 면을 밑면이라 하고, 두 밑면과 만나는 면을 옆면이라고 합니다.

**2-2** 원기둥에서 각 부분의 이름을 □ 안에 써넣으시오.

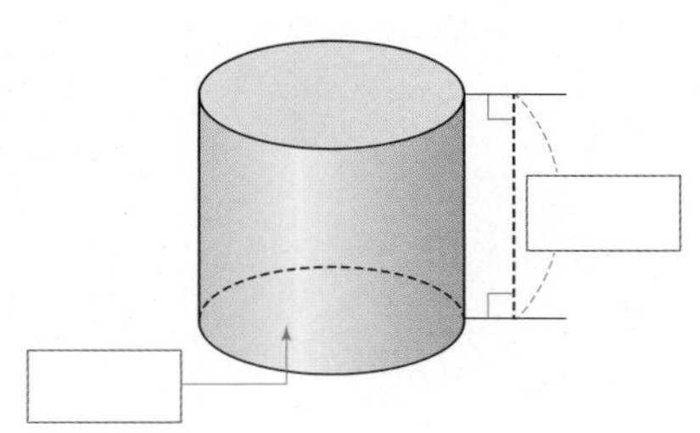

**3-1** 원기둥의 높이는 몇 cm입니까?

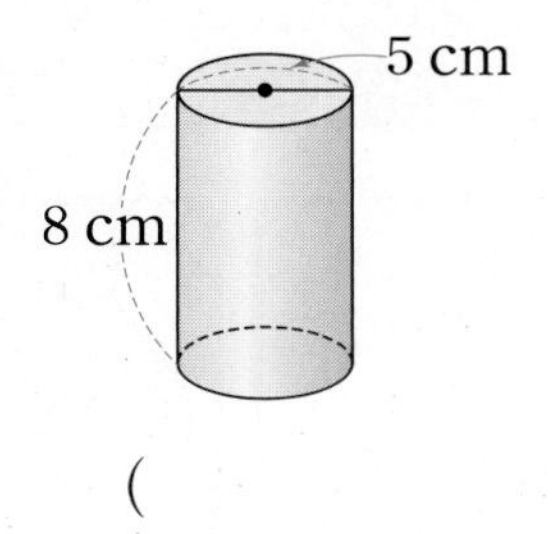


(                    )

힌트 원기둥에서 두 밑면에 수직인 선분의 길이를 높이라고 합니다.

**3-2** 원기둥의 높이는 몇 cm입니까?

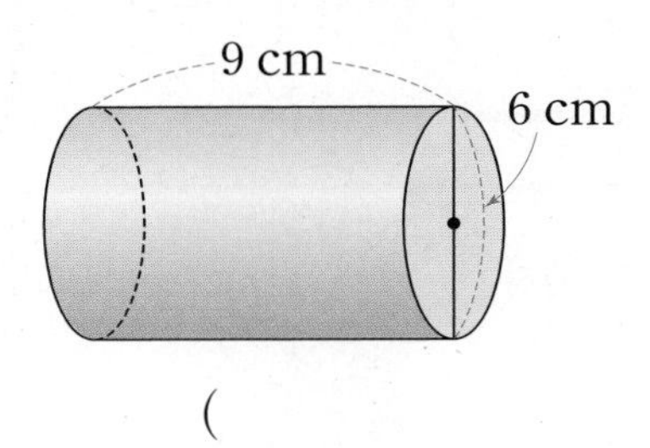


(                    )

6 원기둥, 원뿔, 구

## 개념 2 원기둥의 전개도를 알아볼까요

개념 동영상

- 원기둥의 전개도: 원기둥을 잘라서 펼쳐 놓은 그림

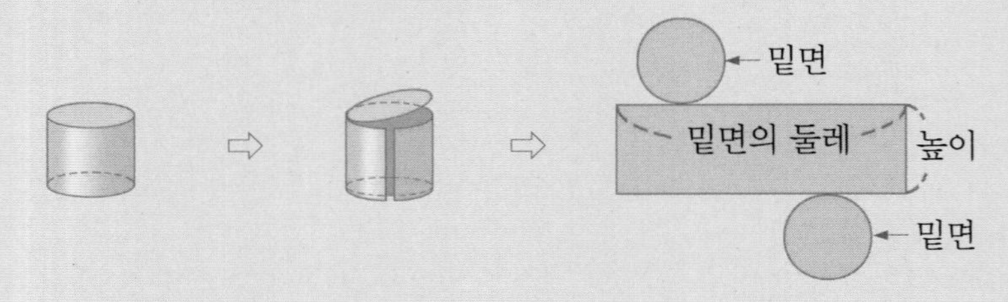


① 두 밑면의 모양은 원이고 합동입니다.
② 옆면의 모양은 직사각형입니다.
③ 옆면의 가로의 길이는 밑면의 둘레와 같습니다.
⇨ (옆면의 가로의 길이)=(밑면의 지름)×(원주율) → 원의 지름에 대한 원주의 비율로 3, 3.1, 3.14…… 와 같이 나타냅니다.
④ 옆면의 세로의 길이는 원기둥의 높이와 같습니다.

- 원기둥의 전개도가 아닌 경우

### 개념 체크

❶ 원기둥을 잘라서 펼쳐 놓은 그림을 원기둥의 □(이)라고 합니다.

❷ 원기둥을 잘라서 펼치면 밑면의 모양은 ( 직사각형 , 원 )입니다.

❸ 원기둥을 잘라서 펼치면 옆면의 모양은 ( 직사각형 , 원 )입니다.

개념 체크 정답 ❶ 전개도 ❷ 원에 ○표 ❸ 직사각형에 ○표

## 기본 문제

교과서 **유형**

**1-1** 원기둥을 만들 수 있는 전개도를 찾아 ○표 하시오.

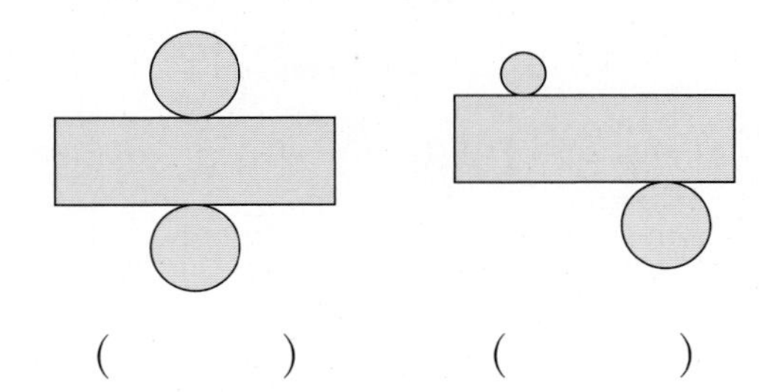

( ) ( )

힌트 원기둥의 전개도에서 두 밑면은 합동인 원이고, 옆면은 직사각형입니다.

익힘책 **유형**

**2-1** 원기둥의 전개도를 보고 밑면의 둘레와 같은 길이의 선분을 빨간색 선으로 표시하시오.

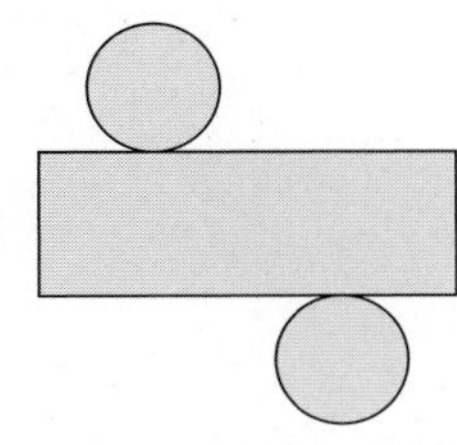

힌트 원기둥의 전개도에서 밑면의 둘레는 옆면의 가로와 길이가 같습니다.

**3-1** 원기둥의 전개도를 보고 □ 안에 알맞은 수를 써넣으시오. (원주율: 3)

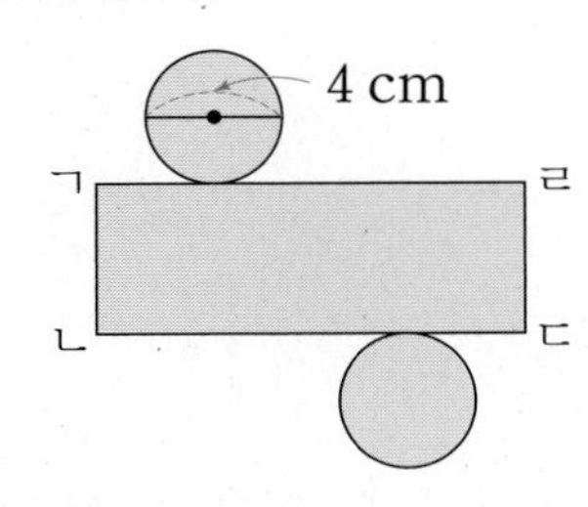


(선분 ㄱㄹ의 길이)

$= \square \times 3 = \square$ (cm)

힌트
• 선분 ㄱㄹ의 길이는 지름이 4 cm인 밑면의 둘레와 같습니다.
• (원주)=(지름)×(원주율)

## 쌍둥이 문제

**1-2** 원기둥을 만들 수 있는 전개도를 찾아 ○표 하시오.

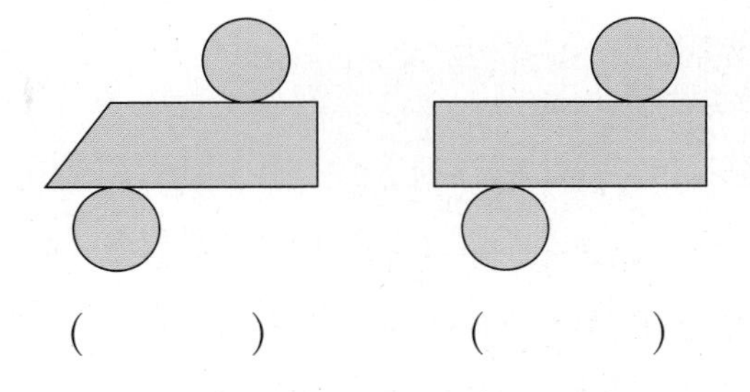

( ) ( )

**2-2** 원기둥의 전개도를 보고 원기둥의 높이와 같은 길이의 선분을 파란색 선으로 표시하시오.

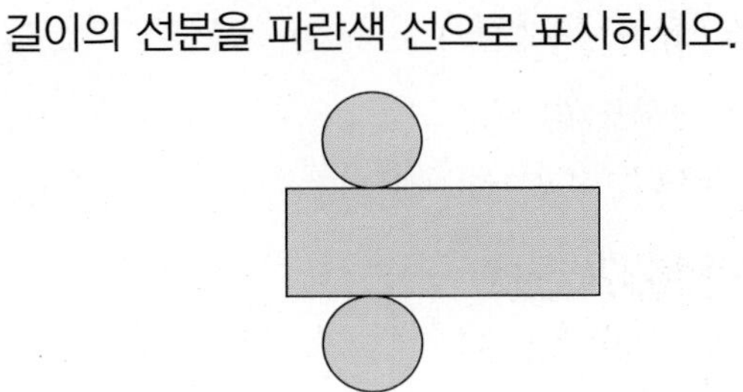

**3-2** 원기둥의 전개도를 보고 □ 안에 알맞은 수를 써넣으시오. (원주율: 3)

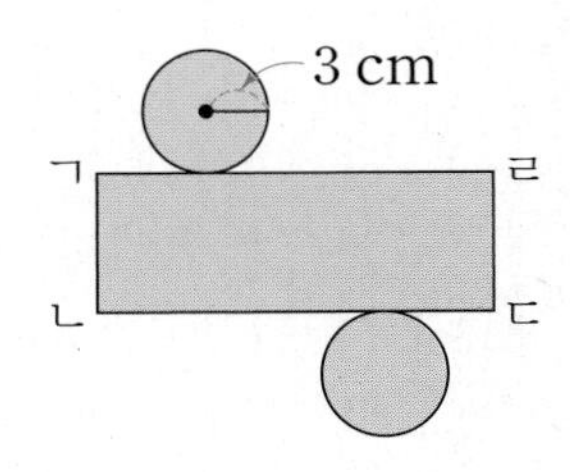


(선분 ㄱㄹ의 길이)

$= \square \times 2 \times 3 = \square$ (cm)

# 개념 확인하기

## 개념 1 원기둥을 알아볼까요

원기둥: 위와 아래에 있는 면이 서로 평행하고 합동인 원으로 이루어진 입체도형

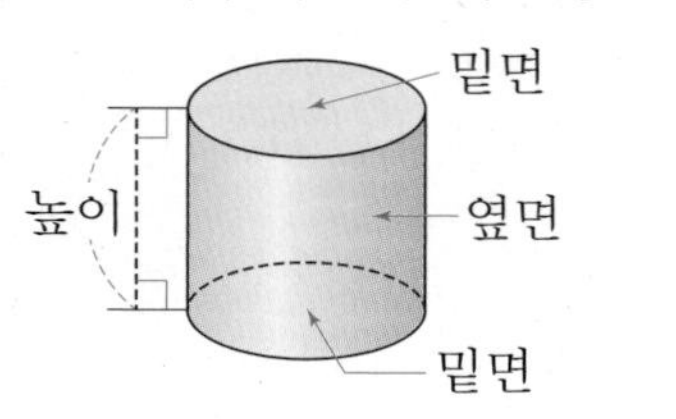


교과서 유형

**01** 원기둥 모양을 찾아 기호를 쓰시오.

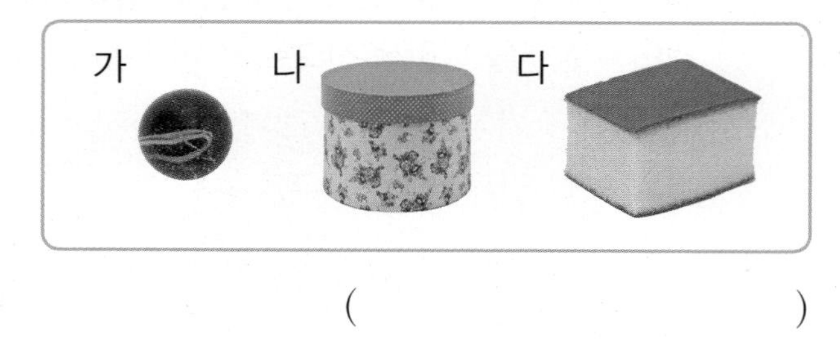


(　　　　　　　　)

**02** 원기둥의 구성 요소입니다. 관계있는 것끼리 선으로 이으시오.

| | | |
|---|---|---|
| 두 밑면과 만나는 면 | • • | 밑면 |
| 서로 평행하고 합동인 두 면 | • • | 옆면 |
| 두 밑면에 수직인 선분의 길이 | • • | 높이 |

**03** 원기둥의 밑면에 모두 색칠하시오.

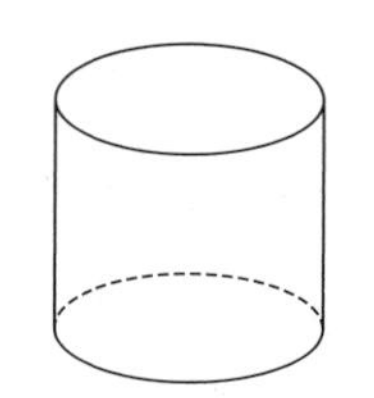

**04** □ 안에 알맞은 수를 써넣으시오.

원기둥의 밑면은 □개이고, 옆면은 □개입니다.

**05** 원기둥의 높이는 몇 cm입니까?

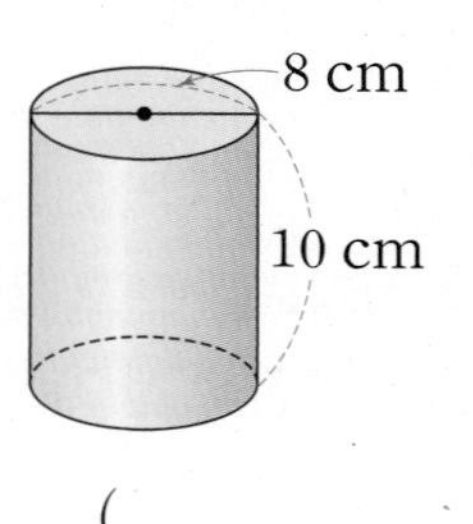


(　　　　　　　　)

**06** 오른쪽과 같이 직사각형 모양의 종이를 한 변을 기준으로 돌리면 어떤 입체도형이 되는지 찾아 기호를 쓰시오.

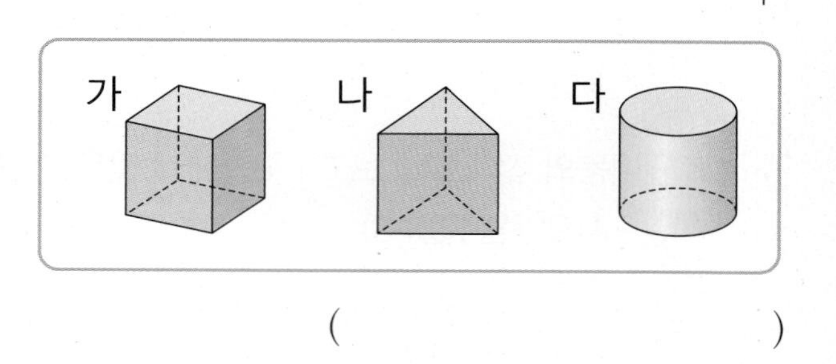


(　　　　　　　　)

익힘책 유형

**07** 직사각형 모양의 종이를 한 변을 기준으로 돌려 만든 입체도형의 밑면의 지름은 몇 cm입니까?

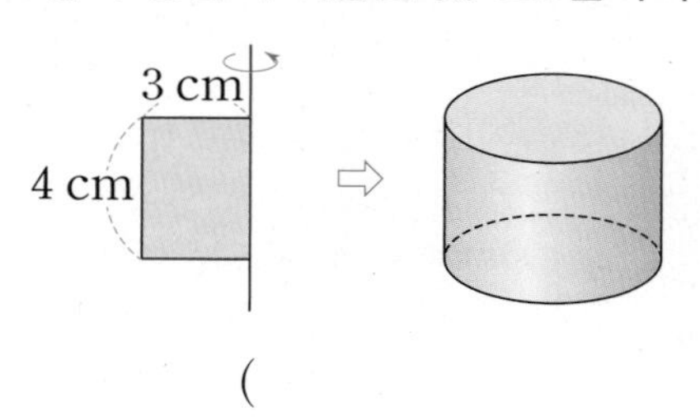


(　　　　　　　　)

• 정답은 37쪽

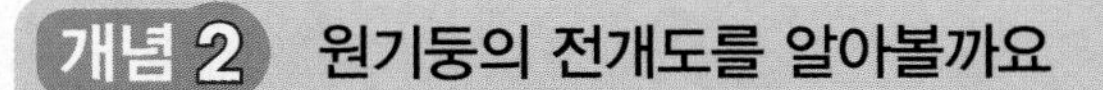

## 개념 2 원기둥의 전개도를 알아볼까요

원기둥의 전개도: 원기둥을 잘라서 펼쳐 놓은 그림

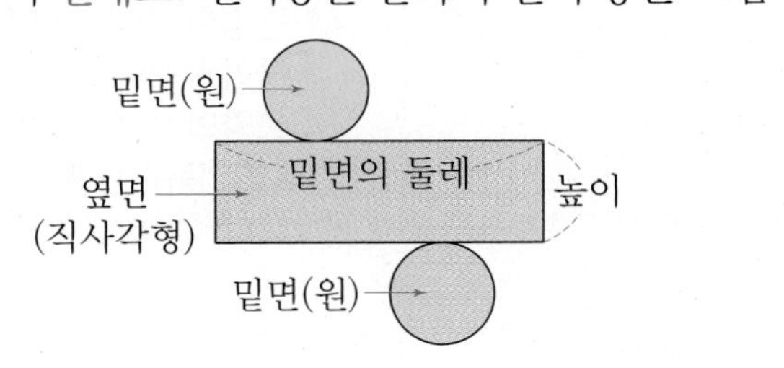


**08** 원기둥을 만들 수 있는 전개도를 찾아 기호를 쓰시오.

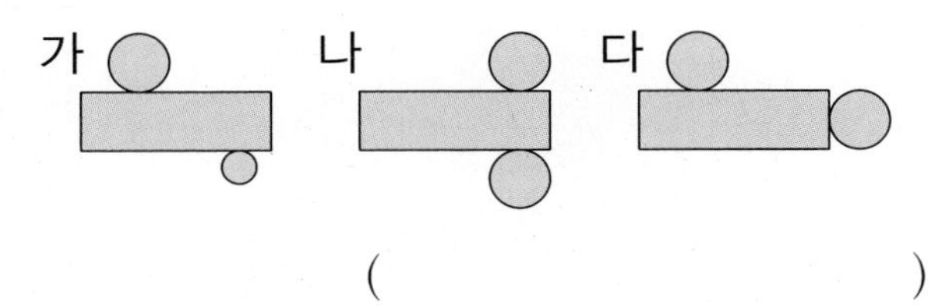


(　　　　　　　　)

**09** □ 안에 알맞은 말을 써넣으시오.

원기둥의 전개도에서 옆면의 가로의 길이는 밑면의 □와 같고, 옆면의 세로의 길이는 원기둥의 □와 같습니다.

교과서 유형

**10** 원기둥과 원기둥의 전개도를 보고 □ 안에 알맞은 수를 써넣으시오.

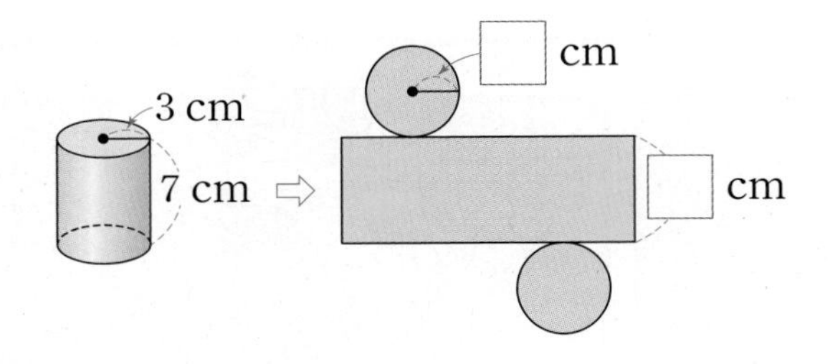


**11** 오른쪽 원기둥의 전개도에서 밑면의 둘레는 몇 cm입니까? (원주율: 3)

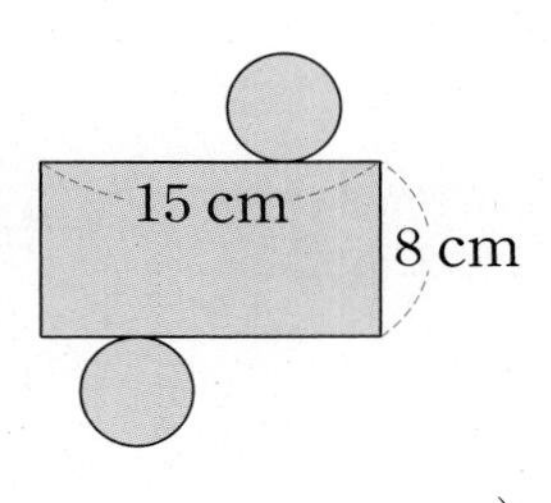


(　　　　　　　　)

**12** 오른쪽 그림이 원기둥의 전개도가 아닌 이유를 쓴 것입니다. 알맞은 말에 ○표 하시오.

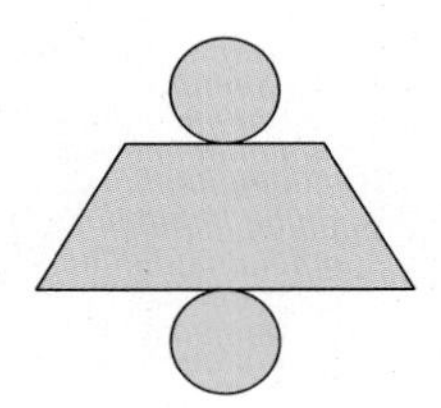

이유 두 밑면은 합동이지만 옆면이 ( 원 , 직사각형 )이 아니므로 원기둥의 전개도가 아닙니다.

익힘책 유형

**[13~14] 원기둥과 원기둥의 전개도를 보고 물음에 답하시오. (원주율: 3)**

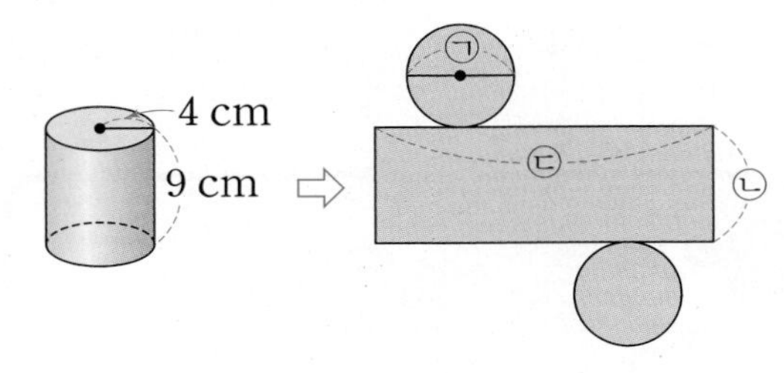


**13** ㉠과 ㉡의 길이를 구하시오.

㉠ (　　　　　　　　)

㉡ (　　　　　　　　)

**14** ㉢의 길이를 구하려고 합니다. □ 안에 알맞은 수를 써넣으시오.

㉢=㉠×(원주율)
=□×□=□(cm)

원기둥은 두 밑면이 서로 평행하고 합동인 원이어야 합니다.

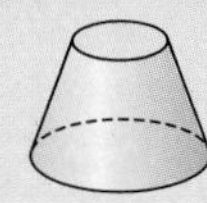

⇨ 밑면이 합동이 아니므로 원기둥이 아닙니다.

## 개념 3 원뿔을 알아볼까요

• 원뿔: 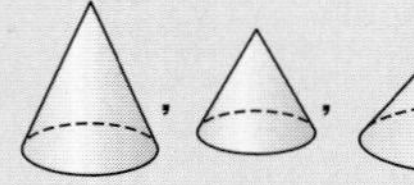 등과 같은 입체도형

평평한 면이 원이고 옆을 둘러싼 면이 굽은 면인 뿔 모양의 입체도형

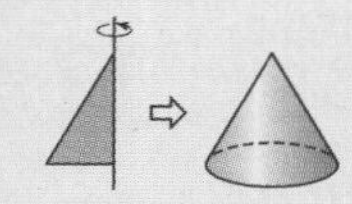

- 원뿔의 꼭짓점: 뾰족한 부분의 점
- 옆면: 옆을 둘러싼 굽은 면
- 밑면: 평평한 면

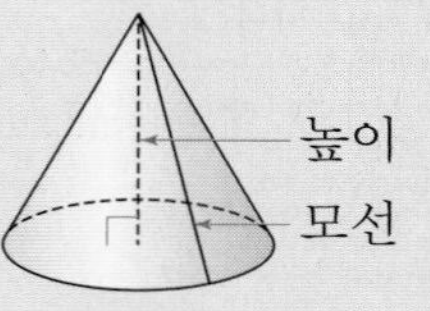


• 원뿔의 높이와 모선의 길이

모선: 원뿔에서 꼭짓점과 밑면인 원의 둘레의 한 점을 이은 선분

높이: 꼭짓점에서 밑면에 수직인 선분의 길이

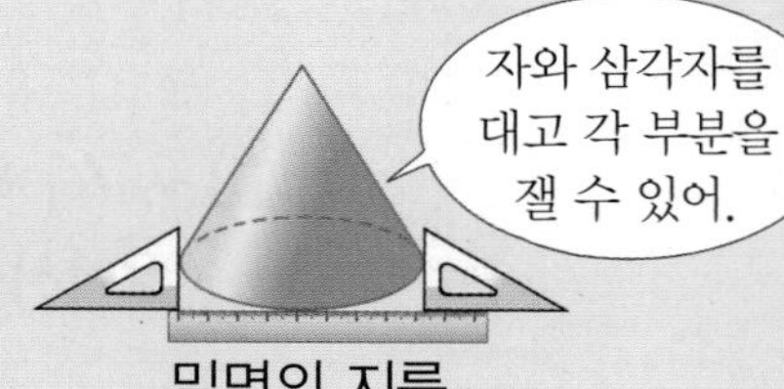

높이 / 모선의 길이 / 밑면의 지름

### 개념 체크

❶ 평평한 면이 원이고 옆을 둘러싼 면이 굽은 면인 뿔 모양의 입체도형을 ( 원기둥 , 원뿔 )이라고 합니다.

❷ 원뿔에서 평평한 면을 ( 밑면 , 옆면 )이라고 합니다.

❸ 꼭짓점에서 밑면에 수직인 선분의 길이를 [ ](이)라고 합니다.

개념 체크 정답 ❶ 원뿔에 ○표 ❷ 밑면에 ○표 ❸ 높이

## 기본 문제

교과서 유형

**1-1** 원뿔을 찾아 기호를 쓰시오.

가 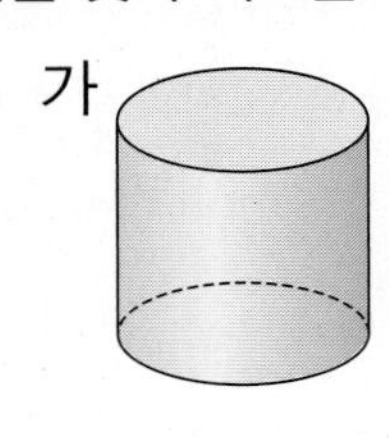

나 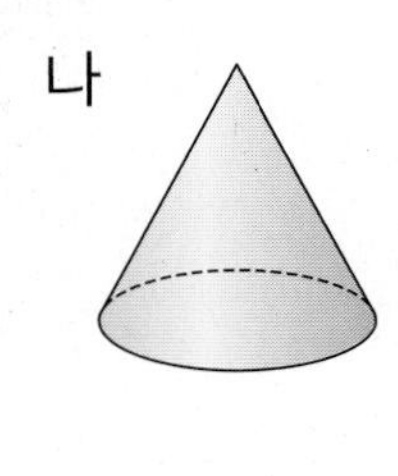

(　　　　　　　　　　)

힌트 평평한 면이 원이고 옆을 둘러싼 면이 굽은 면인 뿔 모양의 입체도형을 원뿔이라고 합니다.

익힘책 유형

**2-1** 보기 에서 □ 안에 알맞은 말을 찾아 써넣으시오.

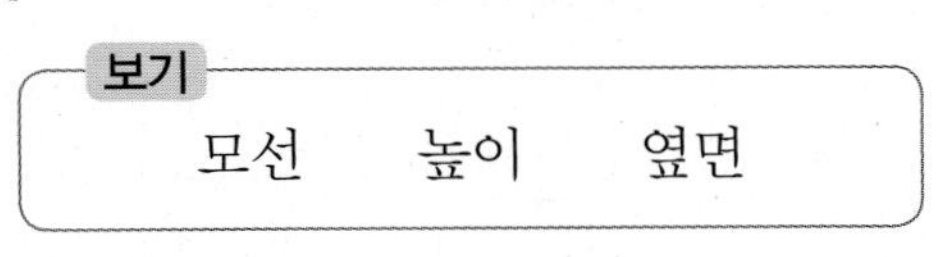


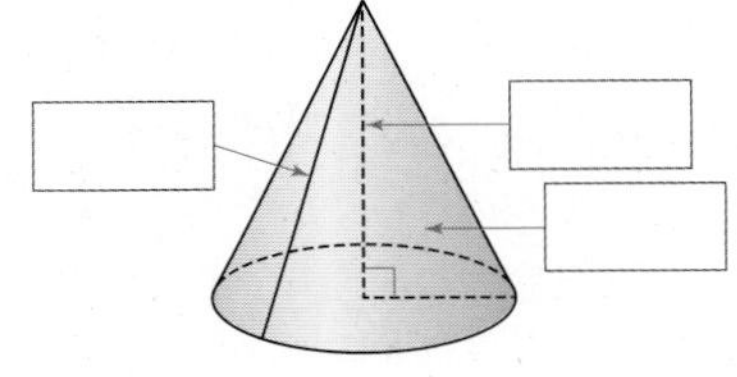

힌트 원뿔에서 옆을 둘러싼 굽은 면을 옆면, 원뿔의 꼭짓점에서 밑면에 수직인 선분의 길이를 높이, 원뿔의 꼭짓점과 밑면인 원의 둘레의 한 점을 이은 선분을 모선이라고 합니다.

교과서 유형

**3-1** 원뿔의 모선의 길이는 몇 cm입니까?

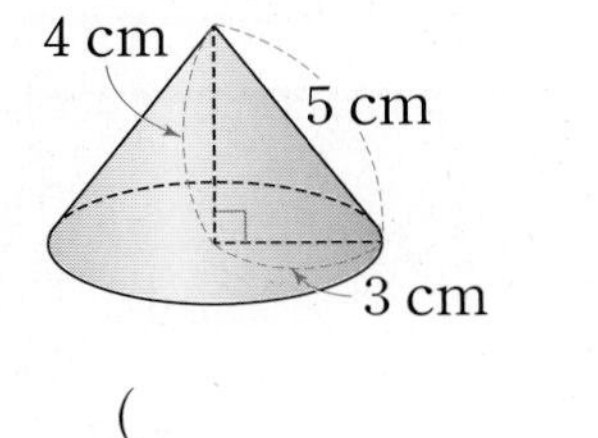


(　　　　　　　　　　)

힌트 원뿔의 꼭짓점과 밑면인 원의 둘레의 한 점을 이은 선분을 모선이라고 합니다.

## 쌍둥이 문제

• 정답은 38쪽

**1-2** 원뿔에 ○표 하시오.

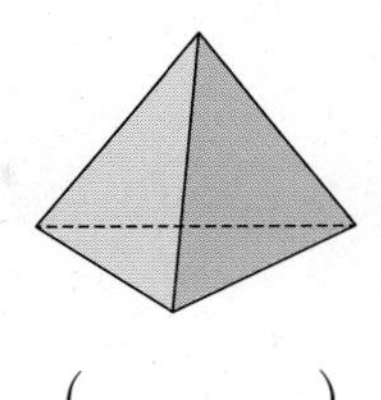

(　　　)

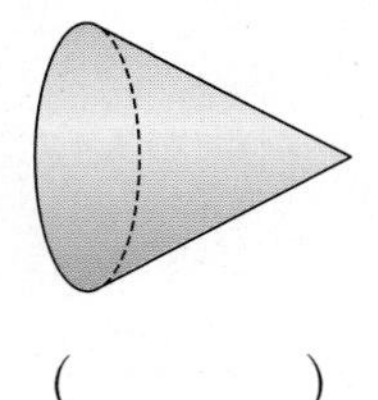

(　　　)

**2-2** 원뿔에서 각 부분을 찾아 기호를 쓰시오.

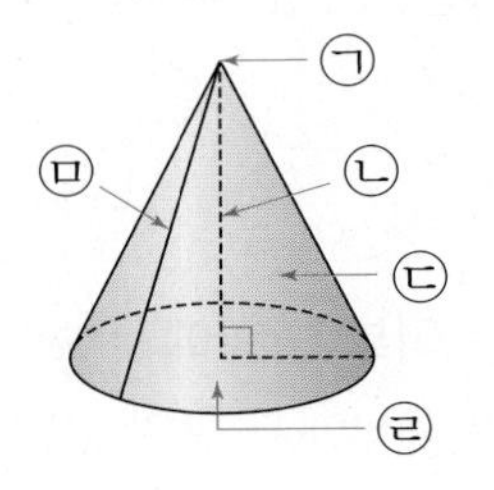


원뿔의 꼭짓점 (　　　　　　　　　　)

밑면 (　　　　　　　　　　)

**3-2** 원뿔의 높이는 몇 cm입니까?

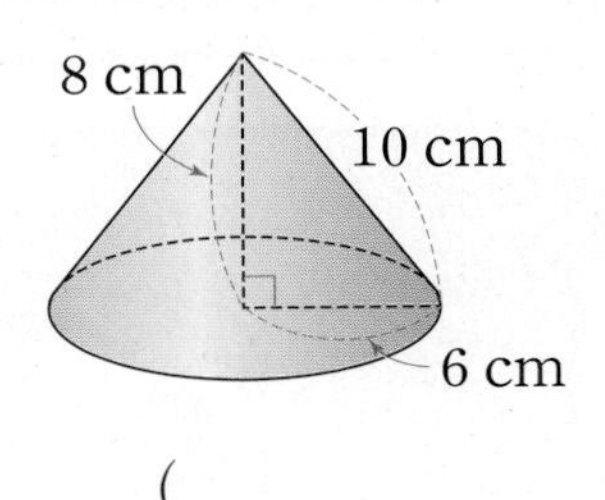


(　　　　　　　　　　)

6 원기둥, 원뿔, 구

## 개념 4 구를 알아볼까요

개념 동영상

- 구: 공, 야구공 등과 같은 입체도형

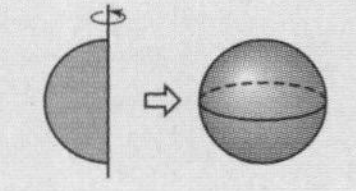


- 구의 구성 요소

구의 반지름: 구의 중심에서 구의 겉면의 한 점을 이은 선분

구의 중심: 구에서 가장 안쪽에 있는 점

- 원기둥, 원뿔, 구의 공통점과 차이점

| | 위에서 본 모양 | 앞과 옆에서 본 모양 |
|---|---|---|
| 원기둥 | 원 | 직사각형 |
| 원뿔 | | 이등변삼각형 |
| 구 | | 원 |

① 구는 어느 방향에서 보아도 모양이 같습니다.
② 구의 중심에서 구의 겉면에 있는 어느 점까지 이르는 거리는 모두 같습니다.
③ 구의 반지름은 모두 같고 셀 수 없이 많습니다.

### 개념 체크

❶ 공 모양과 같은 입체도형을 □(이)라고 합니다.

❷ 구에서 가장 안쪽에 있는 점을 구의 ( 꼭짓점 , 중심 )이라고 합니다.

❸ 구의 중심에서 구의 겉면의 한 점을 이은 선분을 구의 ( 반지름 , 지름 )이라고 합니다.

개념 체크 정답 ❶ 구 ❷ 중심에 ○표 ❸ 반지름에 ○표

## 기본 문제

교과서 유형

**1-1** 구 모양에 ○표 하시오.

(　　　) (　　　)

힌트 공 모양과 같은 입체도형을 구라고 합니다.

익힘책 유형

**2-1** 구에서 □ 안에 알맞은 이름을 써넣으시오.

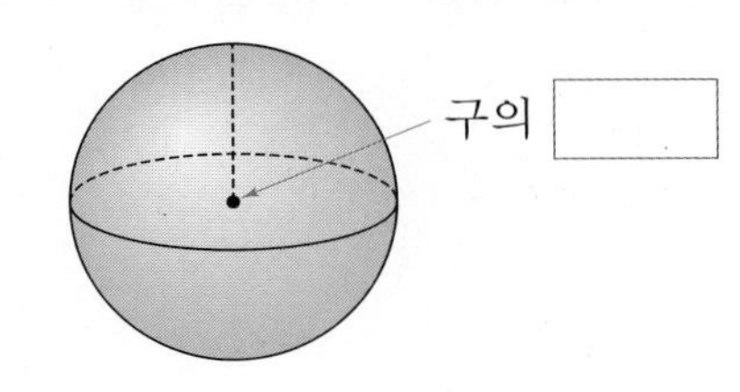


힌트 구에서 가장 안쪽에 있는 점을 무엇이라고 하는지 알아봅니다.

**3-1** 구의 반지름은 몇 cm입니까?

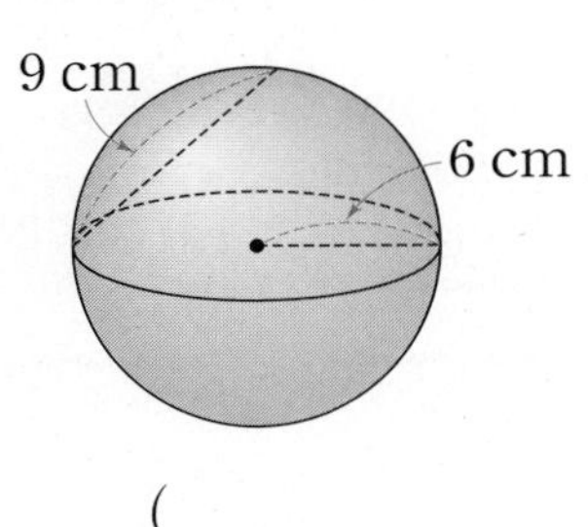


(　　　　　　)

힌트 구의 중심에서 구의 겉면의 한 점을 이은 선분을 구의 반지름이라고 합니다.

## 쌍둥이 문제

• 정답은 38쪽

**1-2** 구를 찾아 기호를 쓰시오.

가 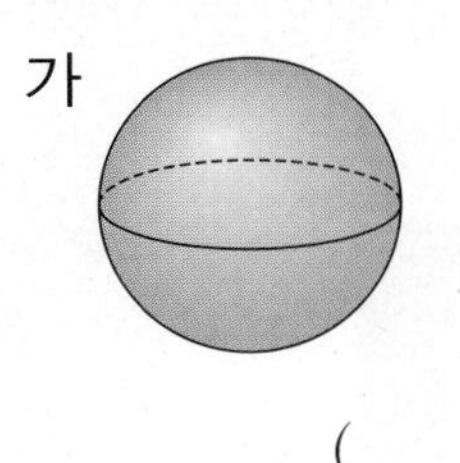

나 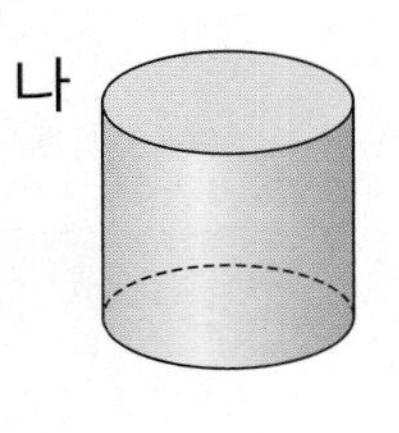

(　　　　　　)

**2-2** 구에서 □ 안에 알맞은 이름을 써넣으시오.

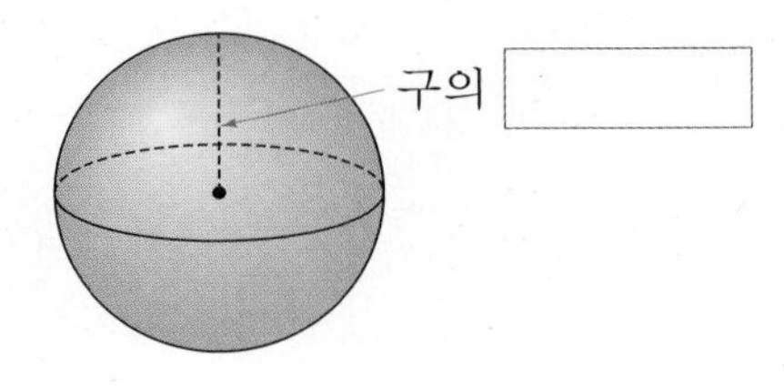


**3-2** 구의 반지름은 몇 cm입니까?

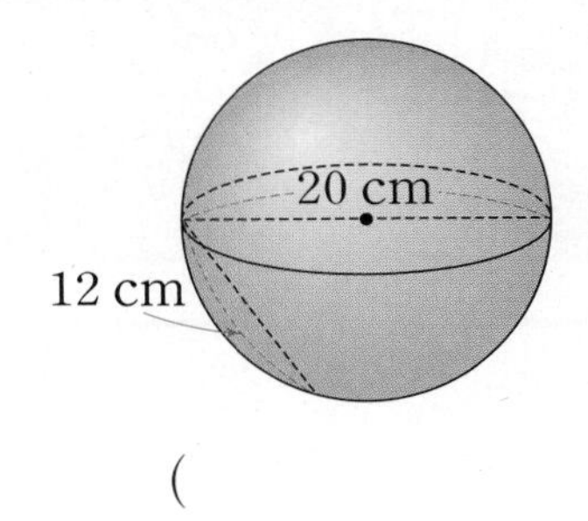


(　　　　　　)

6 원기둥, 원뿔, 구

## 개념 5 여러 가지 모양을 만들어 볼까요

개념 동영상

- 건축물을 이루는 입체도형을 찾고 간단히 만들기 ─ 원기둥, 원뿔, 구 모양의 구체물이나 모형을 사용하여 건축물을 다양하게 표현합니다.

부다페스트 어부의 요새

⇨ 원뿔과 원기둥 모양으로 만들어졌습니다.

피렌체 피사의 사탑

⇨ 원기둥 모양으로 만들어졌습니다.

벨기에 아토미움

⇨ 구와 원기둥 모양으로 만들어졌습니다.

- 건축물을 구상하여 만들기

세계의 건축물이나 조형물을 보고 원기둥, 원뿔, 구를 사용하여 건축물 모형을 만들어 봅니다.

원기둥, 원뿔, 구를 사용하여 여러 가지 건축물 모형을 만들 수 있어요.

### 개념 체크

❶ 부다페스트 어부의 요새는 ( 구 , 원뿔 ) 모양으로 만들어졌습니다.

❷ 피렌체 피사의 사탑은 ( 원기둥 , 원뿔 ) 모양으로 만들어졌습니다.

❸ 벨기에 아토미움은 ☐ 와 원기둥 모양으로 만들어졌습니다.

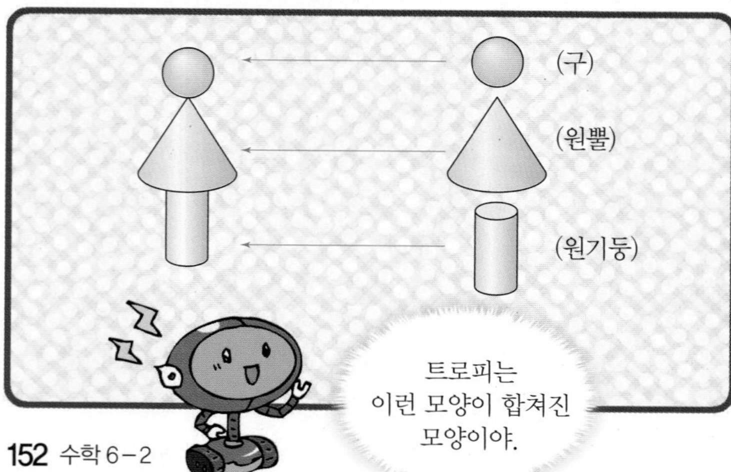

개념 체크 정답 ❶ 원뿔에 ○표 ❷ 원기둥에 ○표 ❸ 구

## 기본 문제

## 쌍둥이 문제

• 정답은 38쪽

교과서 유형

**1-1** 원뿔 모양으로 만들어진 건축물에 ○표 하시오.

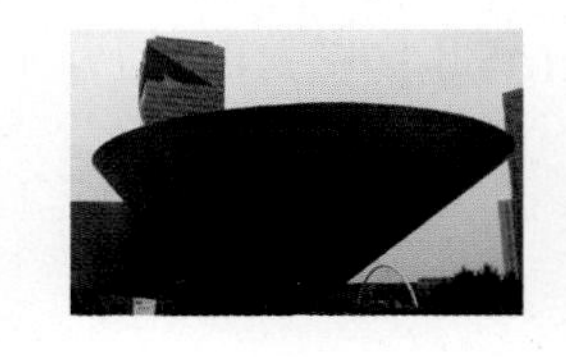

(　　　) (　　　)

힌트 평평한 면이 원이고 옆을 둘러싼 면이 굽은 면인 뿔 모양의 입체도형 모양을 알아봅니다.

**1-2** 원뿔 모양으로 만들어진 건축물을 찾아 기호를 쓰시오.

가 

나 

(　　　　　　)

익힘책 유형

**2-1** 원기둥 모양으로 만들어진 건축물에 ○표 하시오.

(　　　) (　　　)

힌트 위와 아래에 있는 면이 서로 평행하고 합동인 원으로 이루어진 입체도형 모양을 알아봅니다.

**2-2** 원기둥 모양으로 만들어진 건축물에 ○표 하시오.

(　　　) (　　　)

**3-1** 구 모양으로 만들어진 조형물에 ○표 하시오.

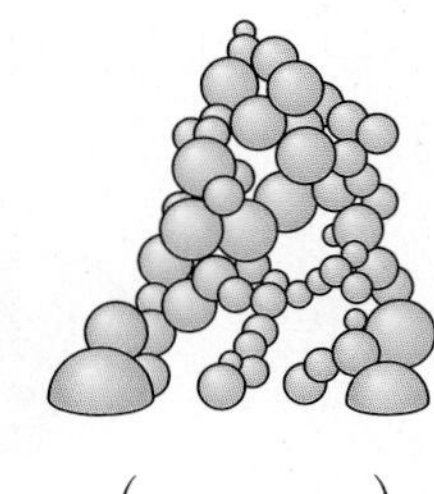

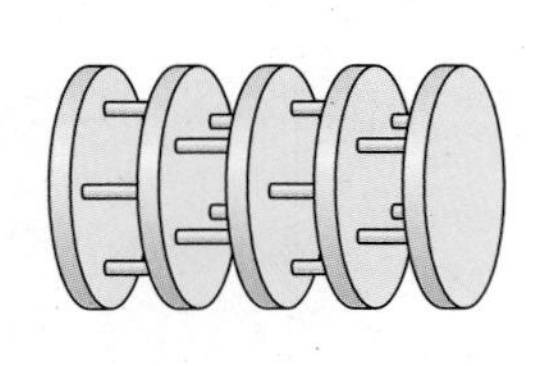

(　　　) (　　　)

힌트 공 모양과 같은 입체도형 모양을 알아봅니다.

**3-2** 구 모양을 사용하여 만든 조형물에 ○표 하시오.

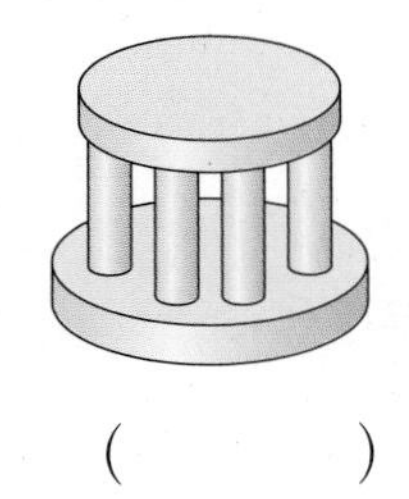

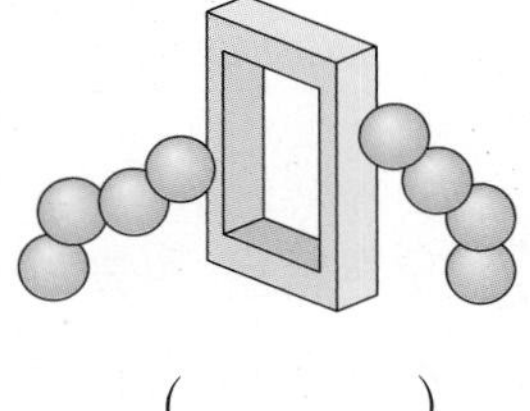

(　　　) (　　　)

6 원기둥, 원뿔, 구

# 개념 확인하기

## 개념 3 원뿔을 알아볼까요

원뿔: 평평한 면이 원이고 옆을 둘러싼 면이 굽은 면인 뿔 모양의 입체도형

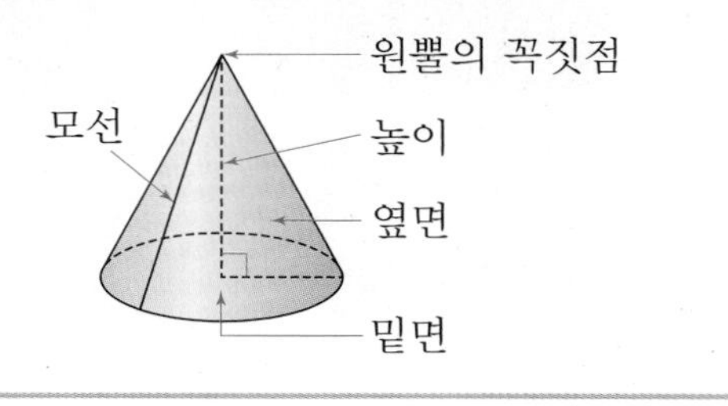


교과서 유형

**01** 원뿔 모양을 찾아 기호를 쓰시오.

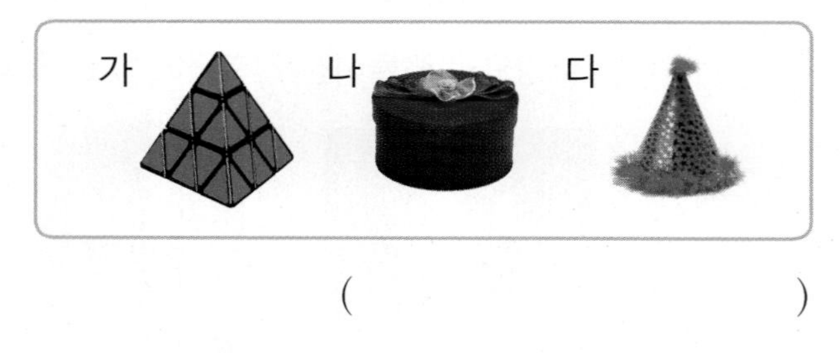


(　　　　　　　)

**02** 원뿔의 구성 요소입니다. 관계있는 것끼리 선으로 이으시오.

| | | |
|---|---|---|
| 평평한 면 • | | • 옆면 |
| 옆을 둘러싼 굽은 면 • | | • 원뿔의 꼭짓점 |
| 뾰족한 부분의 점 • | | • 밑면 |

**03** 오른쪽은 원뿔의 어느 부분을 재는 그림인지 알맞은 것에 ○표 하시오.

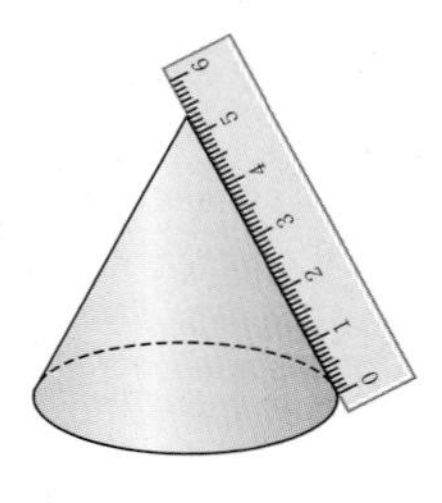

( 높이 , 모선의 길이 , 밑면의 지름 )

**04** 원뿔의 높이는 몇 cm입니까?

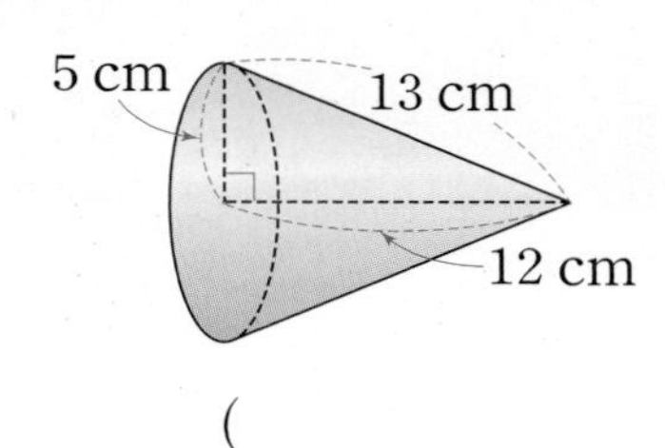


(　　　　　　　)

익힘책 유형

**05** 오른쪽과 같이 직각삼각형 모양의 종이를 한 변을 기준으로 돌리면 어떤 입체도형이 되는지 찾아 기호를 쓰시오.

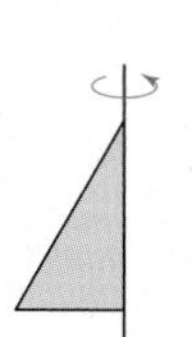

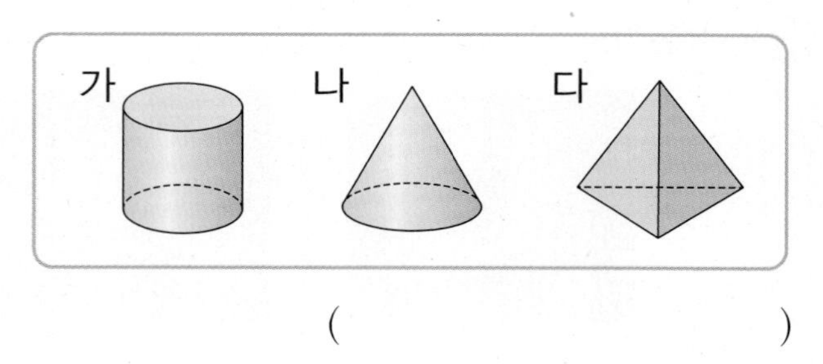


(　　　　　　　)

## 개념 4 구를 알아볼까요

구: 공 모양과 같은 입체도형

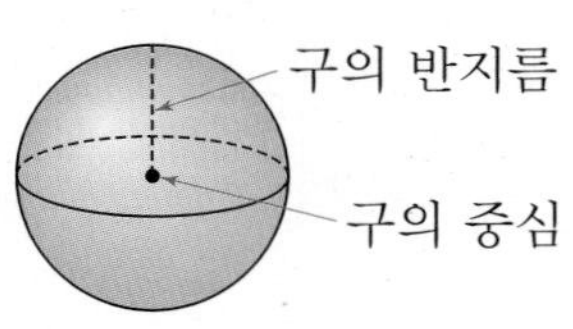


**06** 여러 운동 경기에서 사용하는 공입니다. 구 모양이 아닌 것은 어느 것입니까? ··············· (　　　)

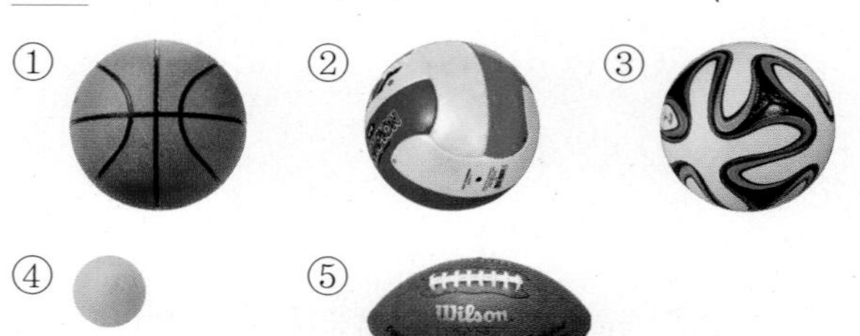

**07** 구의 각 부분을 찾아 기호를 쓰시오.

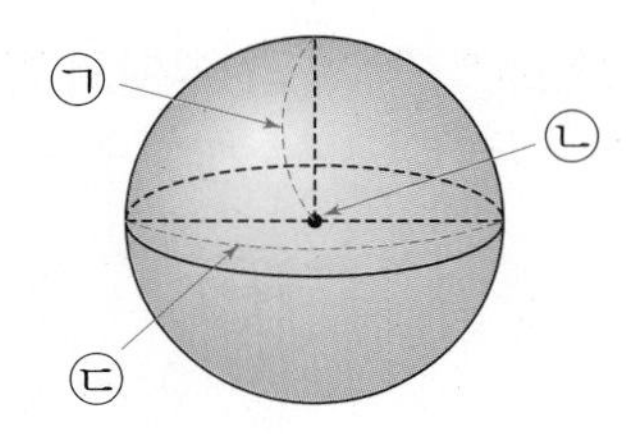


구의 중심 (　　　　　　　　　　)
구의 반지름 (　　　　　　　　　　)

교과서 유형

**08** 구의 반지름은 몇 cm입니까?

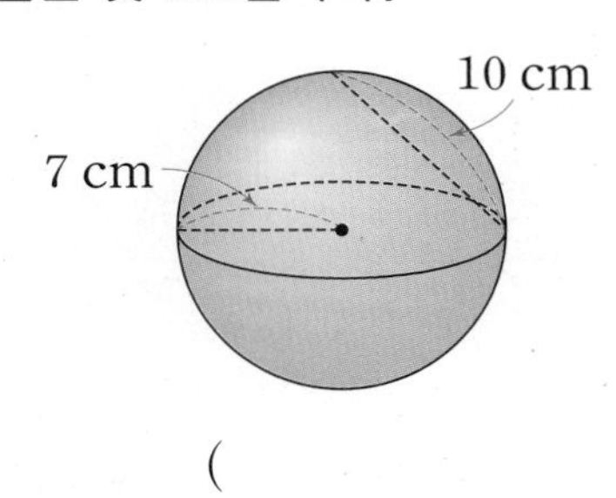


(　　　　　　　　　　)

**09** 오른쪽과 같이 반원 모양의 종이를 지름을 기준으로 돌리면 어떤 입체도형이 되는지 찾아 기호를 쓰시오.

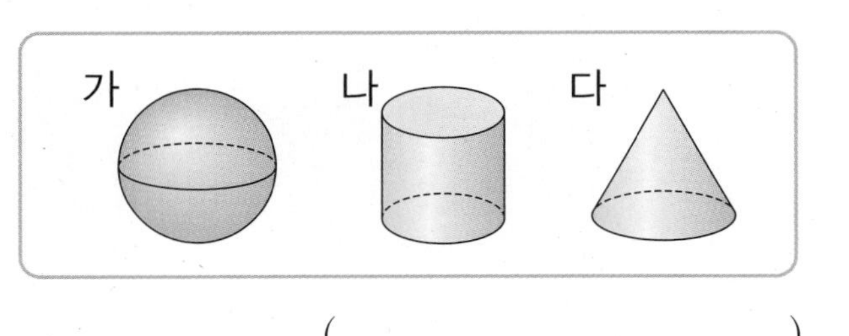


(　　　　　　　　　　)

**10** 오른쪽 구에서 선분 ㄱㄴ의 길이는 몇 cm입니까?

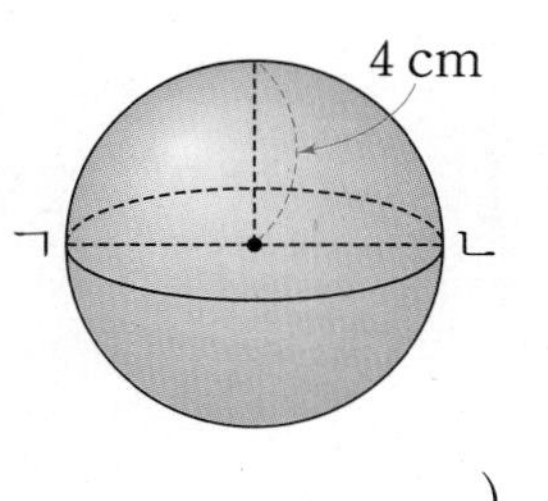


(　　　　　　　　　　)

**개념 5** 여러 가지 모양을 만들어 볼까요

건축물에서 원기둥, 원뿔, 구를 찾고 만들 수 있습니다.

⇨ 원기둥 모양과 원뿔 모양을 사용하여 만들어졌습니다.

교과서 유형

**11** 건축물을 만드는 데 사용한 모양을 모두 찾아 ○표 하시오.

( 원기둥 , 원뿔 , 구 )

**12** 다음과 같은 조형물을 만드는 데 원기둥, 원뿔, 구 중에서 어떤 모양을 사용했는지 쓰시오.

(　　　　　　　　　　)

해결의 창

원뿔은 평평한 면이 원이고 옆을 둘러싼 면이 굽은 면입니다.

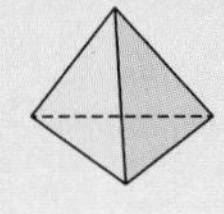

⇨ 평평한 면이 원이 아니고 옆을 둘러싼 면이 굽은 면이 아니므로 원뿔이 아닙니다.

# 단원 마무리평가

점수

[01~03] 입체도형을 보고 물음에 답하시오.

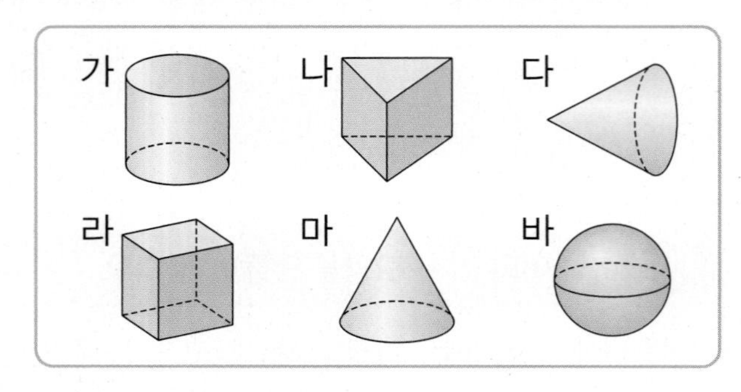


01 원기둥을 찾아 기호를 쓰시오.

( )

02 원뿔을 모두 찾아 기호를 쓰시오.

( )

03 구를 찾아 기호를 쓰시오.

( )

04 원기둥의 높이는 몇 cm입니까?

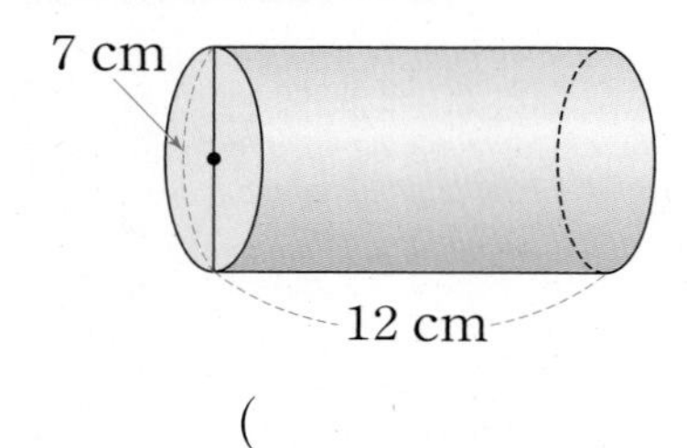


( )

05 원뿔을 보고 □ 안에 각 부분의 이름을 써넣으시오.

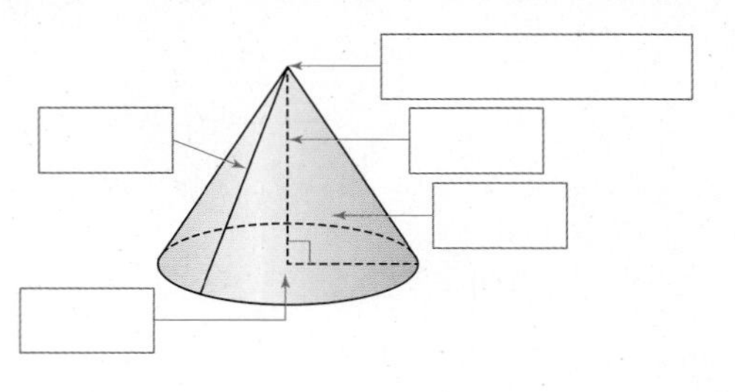

06 원기둥을 만들 수 있는 전개도로 알맞은 것에 ○표 하시오.

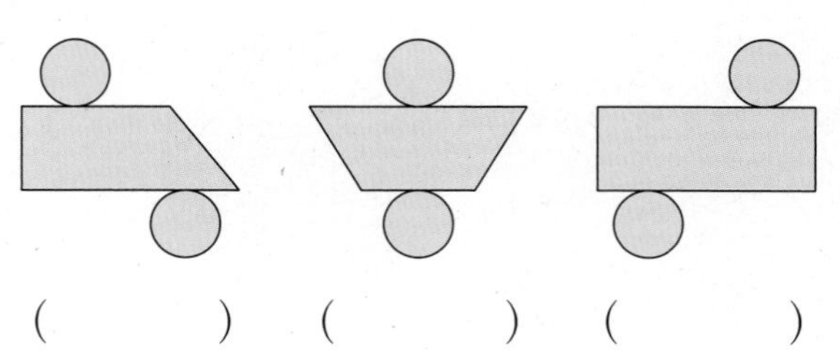

( ) ( ) ( )

07 다음과 같이 한 변을 기준으로 돌려 만들 수 있는 입체도형을 찾아 선으로 이으시오.

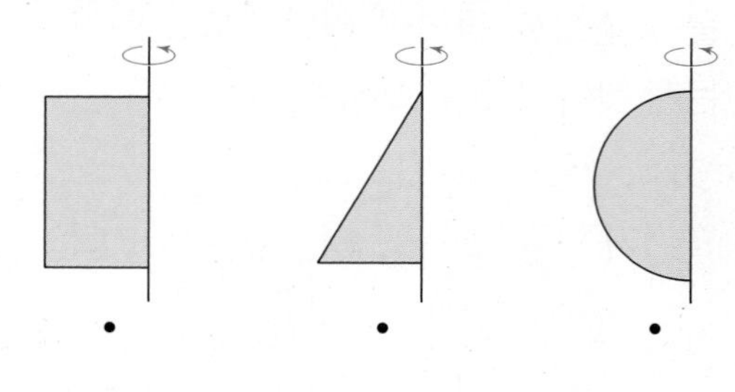

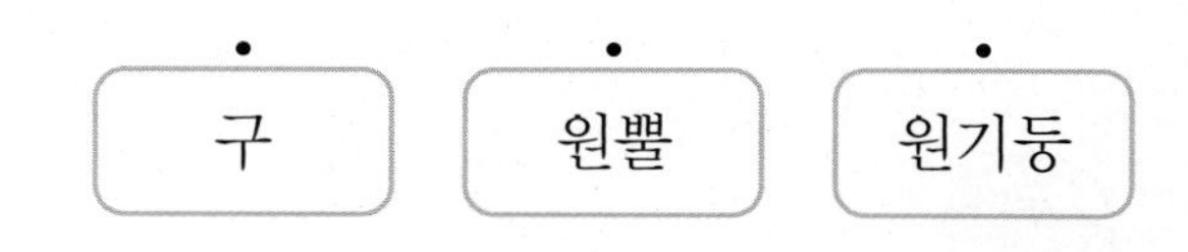

**08** 오른쪽 입체도형이 원기둥이 아닌 이유를 쓴 것입니다. 알맞은 말을 써넣으시오.

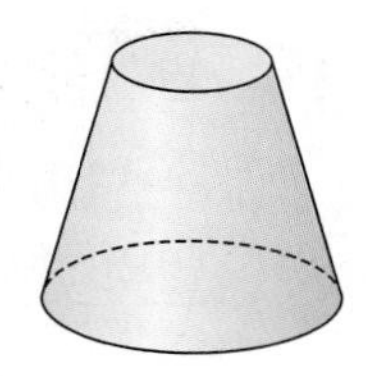

이유 두 밑면이 서로 □하지만 □이 아니므로 원기둥이 아닙니다.

**[09~10] 반원 모양의 종이를 다음과 같이 한 바퀴 돌렸습니다. 물음에 답하시오.**

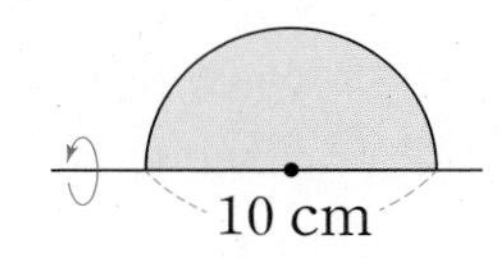

**09** 반원 모양의 종이를 한 바퀴 돌려 만든 입체도형의 반지름은 몇 cm입니까?

(　　　　　　　　)

**10** 반원 모양의 종이를 한 바퀴 돌려 만든 입체도형에서 각 부분의 이름을 □ 안에 써넣으시오.

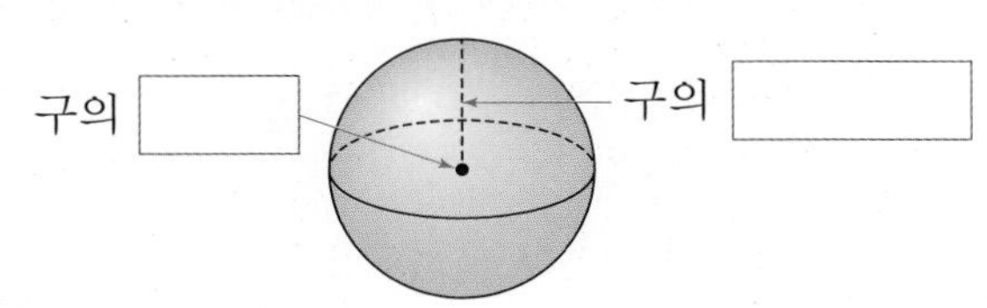

**11** 직각삼각형 모양의 종이를 한 변을 기준으로 돌려 만든 입체도형을 보고 밑면의 지름을 구하시오.

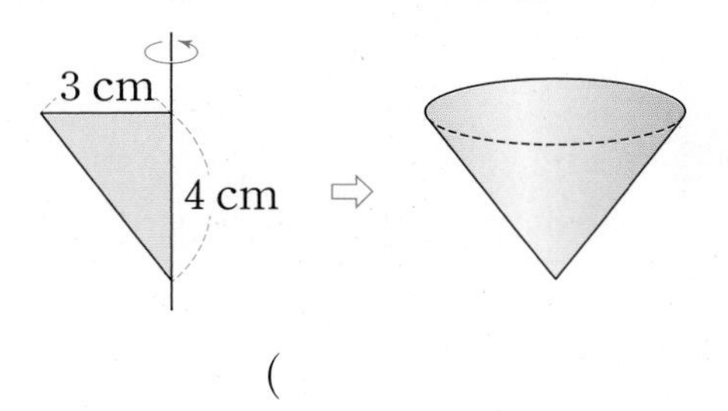


(　　　　　　　　)

**12** 원뿔을 보고 잘못된 것을 찾아 기호를 쓰시오.

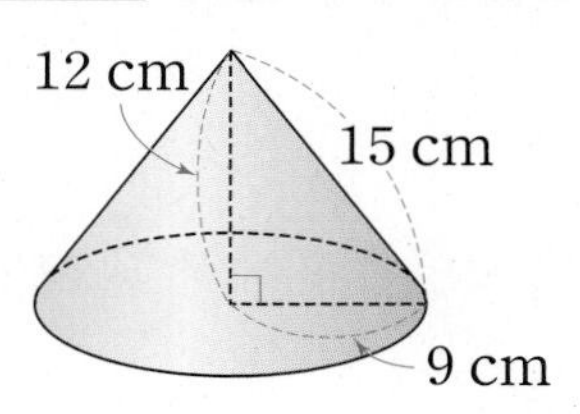


㉠ 모선의 길이는 15 cm입니다.
㉡ 높이는 12 cm입니다.
㉢ 밑면의 지름은 9 cm입니다.

(　　　　　　　　)

**[13~14] 입체도형에 대한 설명이 맞으면 ○표, 틀리면 ×표 하시오.**

**13** 원뿔의 모선은 2개입니다. (　　)

**14** 원기둥의 밑면의 모양은 원이고 2개입니다.

(　　)

**15** 원기둥의 전개도를 보고 □ 안에 알맞은 수를 써넣으시오. (원주율: 3.14)

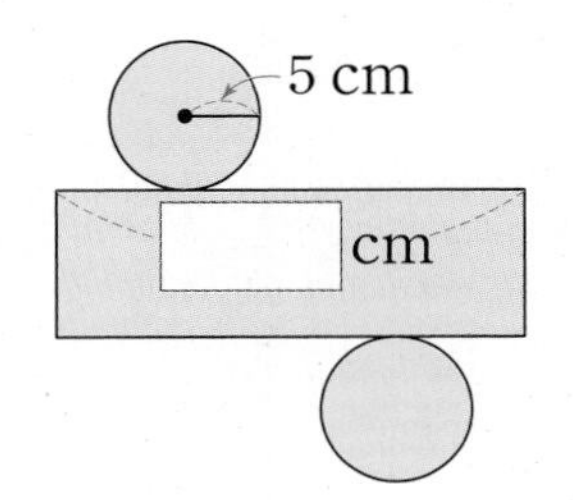

• 정답은 39쪽

**16** 오른쪽 원뿔을 보고 알맞은 말을 써넣으시오.

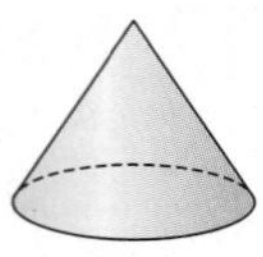

| 밑면의 모양 | 위에서 본 모양 | 앞에서 본 모양 |
|---|---|---|
| 원 | | |

**17** 풍차를 만드는 데 사용한 입체도형을 모두 찾아 ○표 하시오.

( 원기둥 , 원뿔 , 구 )

**18** 오른쪽 원기둥을 보고 원기둥의 전개도를 그리시오. (원주율: 3)

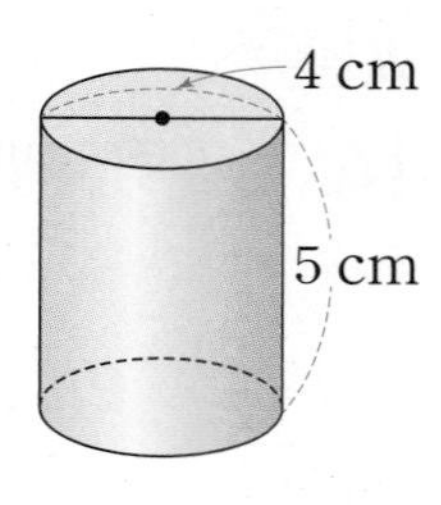


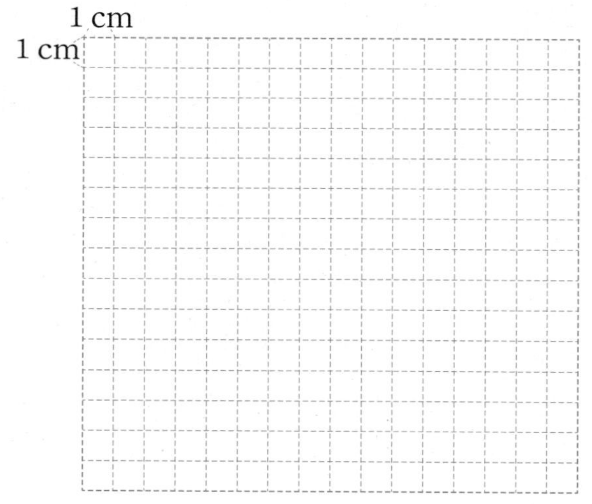


**19** 원기둥의 전개도에서 ❶ 옆면의 가로의 길이가 36 cm, 세로의 길이가 10 cm일 때/❷ 원기둥의 밑면의 반지름은 몇 cm인지 구하시오. (원주율: 3)

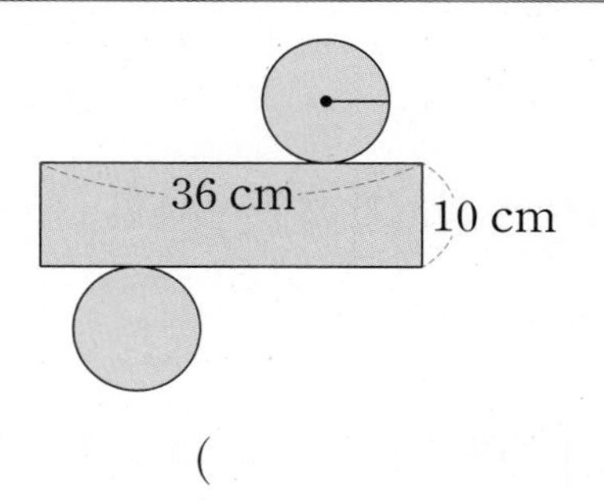


(                    )

❶ 밑면의 지름은 (옆면의 가로)÷(원주율)임을 알고 지름을 구합니다.

❷ 밑면의 반지름을 구합니다.

**20** 입체도형을 위, 앞, 옆에서 본 모양을 보기 에서 골라 그리시오.

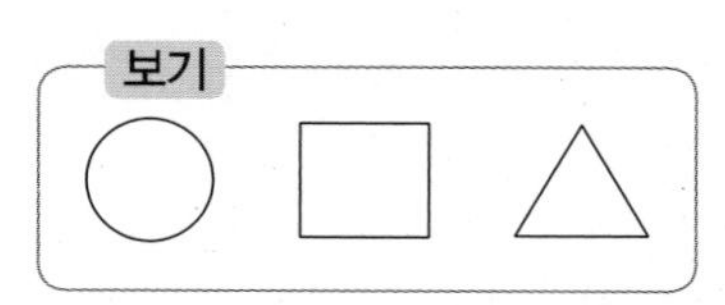


| 입체도형 | 위에서 본 모양 | 앞에서 본 모양 | 옆에서 본 모양 |
|---|---|---|---|
| ❶ 위, 옆, 앞 | | | |
| ❷ 위, 옆, 앞 | | | |

❶ 원기둥을 위, 앞, 옆에서 본 모양을 그립니다.

❷ 구를 위, 앞, 옆에서 본 모양을 그립니다.

# 창의·융합 문제

• 정답은 39쪽

**1** 원기둥 모양을 관찰하며 나눈 대화를 보고 원기둥의 밑면의 지름과 높이를 구하시오.

밑면의 지름 (　　　　　　　　)

높이 (　　　　　　　　)

**2** 지연이는 원뿔의 모선의 길이를, 정아는 높이를, 미경이는 밑면의 지름의 길이를 재고 있습니다. 학생의 이름을 바르게 쓰시오.

(　　　　　) (　　　　　) (　　　　　)

**3** 아르키메데스 묘비에는 원기둥 안에 꼭맞게 들어가는 구가 그려져 있습니다. 원기둥의 밑면의 반지름이 10 cm일 때 구의 반지름을 구하시오.

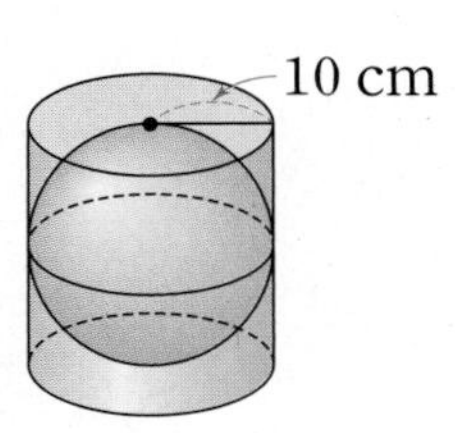


(　　　　　　　　)

6 원기둥, 원뿔, 구

# 꿀벌에 대해 알아볼까요?

**Q. 꿀벌의 집은 왜 육각형일까?**

A. 정육각형은 최소한의 재료로 가장 넓은 공간을 튼튼하게 지을 수 있는 형태예요. 수학적으로 둘레가 일정할 때 넓이가 최대인 도형은 '원'이에요. 하지만 원은 여러 개를 이어 붙였을 때 빈틈이 많이 생겨 효율적이지 못해요. 반면에 정육각형과 정삼각형, 정사각형은 여러 개가 모였을 때 빈 공간이 없는 완벽한 모양이 되지요. 이 중에서 정육각형은 같은 크기의 벌집을 만드는 데 쓰이는 재료, 즉 밀랍이 가장 적게 들어요. 게다가 정육각형 모양은 연속해서 이어져 있을 경우 외부의 힘을 전체에 고르게 분산하여 충격을 가장 잘 흡수하는 구조이기도 해요.

**Q. 꿀벌 집단은 하나의 생명체?**

A. 꿀벌의 집단생활은 단순히 무리 지어 생활하는 것과는 큰 차이가 있어요. '쪼갤 수 없는 하나의 생명체'로 볼 수 있을 정도로 철저한 분업 체계를 갖춘 사회거든요. 여왕벌은 평생 알을 낳는 일만 하고, 수벌은 여왕벌과 짝짓기만 할 뿐 일을 하지 않아요. 수벌은 꽃 속의 꿀을 먹을 수도 없어요. 반면에 일벌은 밀랍으로 집을 짓거나 애벌레를 기르고 꿀을 모으는 일을 맡지요. 그러니까 수없이 많은 세포로 구성된 사람의 몸처럼 꿀벌들은 하나의 세포처럼 기능해 하나를 이루는 거지요. 일반적인 곤충과 비교할 때 굉장히 독특한 생활 방식을 갖고 있지요?

**Q. 꿀벌은 침을 쏘고 나면 죽을까?**

A. 이렇게 생각하는 사람이 많지만, 정답은 '꼭 그런 건 아니다'예요. 꿀벌의 배 끝부분에는 갈고리 모양의 독침이 있어요. 이 독침은 적과 싸움을 할 때 사용하는데, 말벌이나 다른 꿀벌에게 침을 쏘았을 때는 바로 뺄 수 있기 때문에 죽지 않아요. 하지만 사람에게 쏘면 피부에 박힌 침이 잘 빠지지 않아 침과 연결된 내부 기관이 빠져나오는 바람에 죽는 거예요.

「월간 우등생과학 2018년 4월호」에서 발췌

# # 뭘 좋아할지 몰라 다 준비했어♥
# # 전과목 교재

## 전과목 시리즈 교재

●**우등생 해법시리즈**

| | |
|---|---|
| – 국어/수학 | 1~6학년, 학기용 |
| – 사회/과학 | 3~6학년, 학기용 |
| – 봄·여름/가을·겨울 | 1~2학년, 학기용 |
| – SET(전과목/국수, 국사과) | 1~6학년, 학기용 |

●**똑똑한 하루 시리즈**

| | |
|---|---|
| – 똑똑한 하루 독해 | 예비초~6학년, 총 14권 |
| – 똑똑한 하루 글쓰기 | 예비초~6학년, 총 14권 |
| – 똑똑한 하루 어휘 | 예비초~6학년, 총 14권 |
| – 똑똑한 하루 한자 | 예비초~6학년, 총 14권 |
| – 똑똑한 하루 수학 | 1~6학년, 학기용 |
| – 똑똑한 하루 계산 | 예비초~6학년, 총 14권 |
| – 똑똑한 하루 도형 | 예비초~6학년, 총 8권 |
| – 똑똑한 하루 사고력 | 1~6학년, 학기용 |
| – 똑똑한 하루 사회/과학 | 3~6학년, 학기용 |
| – 똑똑한 하루 봄/여름/가을/겨울 | 1~2학년, 총 8권 |
| – 똑똑한 하루 안전 | 1~2학년, 총 2권 |
| – 똑똑한 하루 Voca | 3~6학년, 학기용 |
| – 똑똑한 하루 Reading | 초3~초6, 학기용 |
| – 똑똑한 하루 Grammar | 초3~초6, 학기용 |
| – 똑똑한 하루 Phonics | 예비초~초등, 총 8권 |

●**독해가 힘이다 시리즈**

| | |
|---|---|
| – 초등 문해력 독해가 힘이다 비문학편 | 3~6학년 |
| – 초등 수학도 독해가 힘이다 | 1~6학년, 학기용 |
| – 초등 문해력 독해가 힘이다 문장제수학편 | 1~6학년, 총 12권 |

## 영어 교재

●**초등영어 교과서 시리즈**

| | |
|---|---|
| 파닉스(1~4단계) | 3~6학년, 학년용 |
| 영단어(1~4단계) | 3~6학년, 학년용 |
| ●**LOOK BOOK 영단어** | 3~6학년, 단행본 |
| ●**원서 읽는 LOOK BOOK 영단어** | 3~6학년, 단행본 |

## 국가수준 시험 대비 교재

| | |
|---|---|
| ●**해법 기초학력 진단평가 문제집** | 2~6학년·중1 신입생, 총 6권 |

개념 해결의 법칙

# 꼼꼼 풀이집

## 수학 6·2

천재교육

개념 해결의 법칙

# 꼼꼼 풀이집

1 분수의 나눗셈 ..... 2쪽

2 소수의 나눗셈 ..... 10쪽

3 공간과 입체 ..... 16쪽

4 비례식과 비례배분 ..... 23쪽

5 원의 넓이 ..... 30쪽

6 원기둥, 원뿔, 구 ..... 36쪽


# 6-2

5~6학년군 수학④

# 꼼꼼 풀이집

## 1 분수의 나눗셈

### STEP 1 개념 파헤치기 (10 ~ 13쪽)

**11쪽**

1-1 (1) 5 (2) 5
1-2 (1) 3 (2) 3
2-1 3, 3, 3
2-2 10, 10, 2
3-1 (1) 7 (2) 9 (3) 2 (4) 2
3-2 (1) 3 (2) 6 (3) 4 (4) 3

**13쪽**

1-1 (1) 1, 3 (2) 1, 3
1-2 (1) 2, 1 (2) 2, 1
2-1 4, 4, 4, $2\frac{1}{4}$
2-2 11, 11, 11, 2, 1
3-1 (1) 9, 7, $\frac{9}{7}$, $1\frac{2}{7}$ (2) 12, 5, $\frac{12}{5}$, $2\frac{2}{5}$ (3) 10, 3, $\frac{10}{3}$, $3\frac{1}{3}$
3-2 (1) 7, 3, $\frac{7}{3}$, $2\frac{1}{3}$ (2) 9, 7, $\frac{9}{7}$, $1\frac{2}{7}$ (3) 11, 3, $\frac{11}{3}$, $3\frac{2}{3}$

**11쪽**

2-1 $\frac{9}{11}$는 $\frac{1}{11}$이 9개, $\frac{3}{11}$은 $\frac{1}{11}$이 3개이므로 $\frac{9}{11}\div\frac{3}{11}$은 $9\div3$의 몫과 같습니다.
⇨ $\frac{9}{11}\div\frac{3}{11}=9\div3=3$

2-2 $\frac{10}{13}\div\frac{5}{13}=10\div5=2$

3-1 생각 열기 분모가 같은 (분수)÷(분수)의 계산은 (분자)÷(분자)와 같습니다.
(3) $\frac{12}{13}\div\frac{6}{13}=12\div6=2$
(4) $\frac{14}{15}\div\frac{7}{15}=14\div7=2$

3-2 (3) $\frac{12}{14}\div\frac{3}{14}=12\div3=4$
(4) $\frac{15}{16}\div\frac{5}{16}=15\div5=3$

**13쪽**

1-1 생각 열기 나누는 수만큼씩 자르고 남은 부분을 분수로 나타낼 때에는 나누는 수의 몇 분의 몇인지 알아봅니다.
(1) $\frac{8}{9}$을 $\frac{5}{9}$씩 자르면 1조각이 나오고 $\frac{3}{9}$이 남습니다.
$\frac{3}{9}$은 $\frac{5}{9}$의 $\frac{3}{5}$이 됩니다.
(2) $\frac{8}{9}\div\frac{5}{9}=1\frac{3}{5}$ → $\frac{5}{9}$의 $\frac{3}{5}$

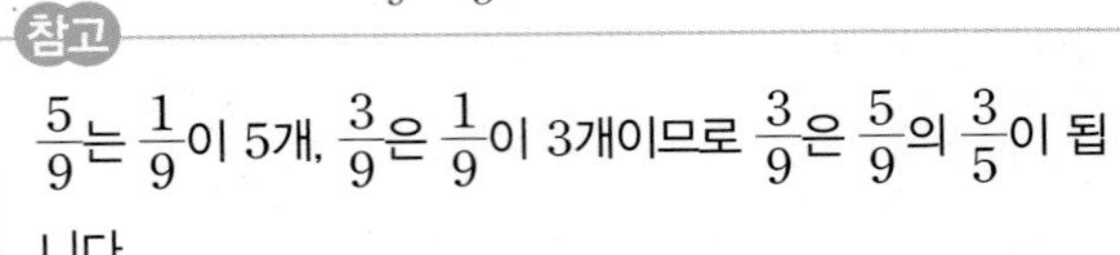
참고
$\frac{5}{9}$는 $\frac{1}{9}$이 5개, $\frac{3}{9}$은 $\frac{1}{9}$이 3개이므로 $\frac{3}{9}$은 $\frac{5}{9}$의 $\frac{3}{5}$이 됩니다.

1-2 (1) $\frac{7}{10}$을 $\frac{3}{10}$씩 자르면 2조각이 나오고 $\frac{1}{10}$이 남습니다.
$\frac{1}{10}$은 $\frac{3}{10}$의 $\frac{1}{3}$입니다.
(2) $\frac{7}{10}\div\frac{3}{10}=2\frac{1}{3}$ → $\frac{3}{10}$의 $\frac{1}{3}$

3-1 생각 열기 [분모가 같은 (분수)÷(분수)의 계산]
① 분자끼리 계산합니다.
② 분자끼리의 계산에서 나누어떨어지지 않으면 몫을 분수로 나타냅니다.
(1) $\frac{9}{10}\div\frac{7}{10}=9\div7=\frac{9}{7}=1\frac{2}{7}$
(2) $\frac{12}{13}\div\frac{5}{13}=12\div5=\frac{12}{5}=2\frac{2}{5}$
(3) $\frac{10}{11}\div\frac{3}{11}=10\div3=\frac{10}{3}=3\frac{1}{3}$

3-2 (1) $\frac{7}{8}\div\frac{3}{8}=7\div3=\frac{7}{3}=2\frac{1}{3}$
(2) $\frac{9}{12}\div\frac{7}{12}=9\div7=\frac{9}{7}=1\frac{2}{7}$
(3) $\frac{11}{14}\div\frac{3}{14}=11\div3=\frac{11}{3}=3\frac{2}{3}$

### STEP 2 개념 확인하기 (14 ~ 15쪽)

01 (1) 5 (2) 3
02 (위부터) 3, 2
03 2
04 (○) ( ) ( )

05 

06 3일

07 9, 3, 3

08 1, $2\frac{1}{2}$

09 (1) $\frac{13}{15}\div\frac{4}{15}=13\div4=\frac{13}{4}=3\frac{1}{4}$

(2) $\frac{11}{13}\div\frac{5}{13}=11\div5=\frac{11}{5}=2\frac{1}{5}$

10 =

11 $1\frac{3}{4}$배

12 9, 9, $\frac{8}{7}$, $1\frac{1}{7}$

01 (1) $\frac{5}{9}\div\frac{1}{9}=5$

(2) $\frac{6}{7}\div\frac{2}{7}=6\div2=3$

02 • $\frac{3}{7}\div\frac{1}{7}=3$

• $\frac{8}{9}\div\frac{4}{9}=8\div4=2$

03 $\frac{16}{17}\div\frac{8}{17}=16\div8=2$

04 • $\frac{7}{8}\div\frac{1}{8}=7$

• $\frac{8}{10}\div\frac{2}{10}=8\div2=4$

• $\frac{5}{11}\div\frac{1}{11}=5$

⇨ 7>5>4

05 • $\frac{10}{13}\div\frac{2}{13}=10\div2=5$

• $\frac{12}{15}\div\frac{6}{15}=12\div6=2$

06 (요리를 할 수 있는 날수)

=(전체 간장의 양)÷(하루에 사용하는 간장의 양)

$=\frac{12}{13}\div\frac{4}{13}=12\div4=3$(일)

07 색칠한 부분은 $\frac{9}{10}$이고, $\frac{9}{10}$에서 $\frac{3}{10}$씩 3번 덜어 냅니다.

⇨ $\frac{9}{10}\div\frac{3}{10}=9\div3=3$

08 $\frac{5}{7}$를 $\frac{2}{7}$씩 자르면 2조각이 되고 남은 부분은 $\frac{2}{7}$의 $\frac{1}{2}$입니다.

⇨ $\frac{5}{7}\div\frac{2}{7}=2\frac{1}{2}$

09 생각 열기 분자끼리의 계산에서 나누어떨어지지 않으면 몫을 분수로 나타냅니다.

10 $\frac{7}{12}\div\frac{5}{12}=7\div5=\frac{7}{5}=1\frac{2}{5}$

$\frac{7}{17}\div\frac{5}{17}=7\div5=\frac{7}{5}=1\frac{2}{5}$

참고

각각의 분모가 같으므로 분자끼리 나누면 ▲÷●로 같습니다.

11 $\frac{7}{10}\div\frac{4}{10}=7\div4=\frac{7}{4}=1\frac{3}{4}$(배)

12 생각 열기 진분수는 분자가 분모보다 작은 분수입니다.

$\frac{8}{\square}$과 $\frac{7}{\square}$이 모두 진분수가 되려면 □는 8보다 커야 합니다.

조건에서 분모가 10보다 작으므로 □는 9입니다.

⇨ $\frac{8}{9}\div\frac{7}{9}=8\div7=\frac{8}{7}=1\frac{1}{7}$

## STEP 1 개념 파헤치기 16 ~ 19쪽

17쪽

1-1 9

1-2 10

2-1 (1) $\frac{1}{3}\div\frac{1}{6}=\frac{2}{6}\div\frac{1}{6}$
$=2\div1$
$=2$

(2) $\frac{5}{6}\div\frac{5}{18}=\frac{15}{18}\div\frac{5}{18}$
$=15\div5$
$=3$

2-2 (1) 6, 6, 2

(2) 3, 3, 3

3-1 (1) 3

(2) 3

3-2 (1) 1

(2) 7

19쪽

1-1 ( ) (○)

1-2 (○) ( )

2-1 (1) 35, 24, 35, 24, $\frac{35}{24}$, $1\frac{11}{24}$

(2) 6, 5, 6, 5, $\frac{6}{5}$, $1\frac{1}{5}$

2-2 (1) 35, 12, 35, 12, $\frac{35}{12}$, $2\frac{11}{12}$

(2) 4, 3, 4, 3, $\frac{4}{3}$, $1\frac{1}{3}$

3-1 (1) $\frac{45}{56}$

(2) $2\frac{1}{4}$

3-2 (1) $\frac{9}{14}$

(2) $1\frac{2}{9}$

**17쪽**

**1-1** 생각 열기 $\frac{3}{5}$에서 $\frac{1}{15}$을 몇 번 덜어 낼 수 있는지 알아보려면 $\frac{3}{5}$을 분모가 15인 분수로 나타내야 합니다.

$\frac{3}{5}=\frac{9}{15}$이므로 $\frac{3}{5}\div\frac{1}{15}=\frac{9}{15}\div\frac{1}{15}=9$입니다.

**1-2** $\frac{5}{6}=\frac{10}{12}$ ⇨ $\frac{10}{12}$에서 $\frac{1}{12}$을 10번 덜어 낼 수 있습니다.

⇨ $\frac{5}{6}\div\frac{1}{12}=10$

**2-1** 생각 열기 분모가 다른 분수의 나눗셈은 통분하여 분자끼리 계산합니다.

**2-2** (1) $\frac{12}{14}\div\frac{3}{7}=\frac{12}{14}\div\frac{6}{14}=12\div6=2$

(2) $\frac{9}{12}\div\frac{1}{4}=\frac{9}{12}\div\frac{3}{12}=9\div3=3$

**3-1** (1) $\frac{4}{7}\div\frac{4}{21}=\frac{12}{21}\div\frac{4}{21}=12\div4=3$

(2) $\frac{1}{2}\div\frac{3}{18}=\frac{9}{18}\div\frac{3}{18}=9\div3=3$

**3-2** (1) $\frac{10}{15}\div\frac{2}{3}=\frac{10}{15}\div\frac{10}{15}=10\div10=1$

(2) $\frac{14}{16}\div\frac{1}{8}=\frac{14}{16}\div\frac{2}{16}=14\div2=7$

**19쪽**

**1-1** $\frac{2}{3}\div\frac{3}{4}=\frac{2\times4}{3\times4}\div\frac{3\times3}{4\times3}=\frac{8}{12}\div\frac{9}{12}$

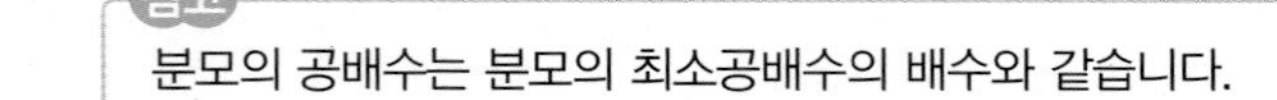
참고
분모의 공배수는 분모의 최소공배수의 배수와 같습니다.

**1-2** $\frac{3}{5}\div\frac{4}{7}=\frac{3\times7}{5\times7}\div\frac{4\times5}{7\times5}=\frac{21}{35}\div\frac{20}{35}$

**2-1** (1) $\frac{7}{8}\div\frac{3}{5}=\frac{35}{40}\div\frac{24}{40}=35\div24=\frac{35}{24}=1\frac{11}{24}$

(2) $\frac{2}{3}\div\frac{5}{9}=\frac{6}{9}\div\frac{5}{9}=6\div5=\frac{6}{5}=1\frac{1}{5}$

**2-2** (1) $\frac{5}{6}\div\frac{2}{7}=\frac{35}{42}\div\frac{12}{42}=35\div12=\frac{35}{12}=2\frac{11}{12}$

(2) $\frac{1}{2}\div\frac{3}{8}=\frac{4}{8}\div\frac{3}{8}=4\div3=\frac{4}{3}=1\frac{1}{3}$

**3-1** (1) $\frac{5}{8}\div\frac{7}{9}=\frac{45}{72}\div\frac{56}{72}=45\div56=\frac{45}{56}$

(2) $\frac{9}{10}\div\frac{2}{5}=\frac{9}{10}\div\frac{4}{10}=9\div4=\frac{9}{4}=2\frac{1}{4}$

**3-2** (1) $\frac{3}{7}\div\frac{2}{3}=\frac{9}{21}\div\frac{14}{21}=9\div14=\frac{9}{14}$

(2) $\frac{11}{12}\div\frac{3}{4}=\frac{11}{12}\div\frac{9}{12}=11\div9=\frac{11}{9}=1\frac{2}{9}$

## STEP 2 개념 확인하기

**20~21쪽**

01 5
02 (1) 6, 6, 2 (2) 6, 6, 2
03 (1) 5 (2) 3
04 2
05 (○) ( )
06 <
07 2배
08 (1) $1\frac{1}{24}$ (2) $1\frac{1}{7}$
09 예 $\frac{10}{13}\div\frac{8}{9}=\frac{90}{117}\div\frac{104}{117}=90\div104=\frac{\overset{45}{\cancel{90}}}{\underset{52}{\cancel{104}}}=\frac{45}{52}$
10
11 ㉡
12 $1\frac{11}{25}$

**01** $\frac{5}{7}=\frac{15}{21}$ ⇨ $\frac{15}{21}$에서 $\frac{3}{21}$을 5번 덜어 낼 수 있습니다.

**03** (1) $\frac{5}{6}\div\frac{3}{18}=\frac{15}{18}\div\frac{3}{18}=15\div3=5$

(2) $\frac{12}{14}\div\frac{2}{7}=\frac{12}{14}\div\frac{4}{14}=12\div4=3$

**04** $\frac{32}{36}\div\frac{4}{9}=\frac{32}{36}\div\frac{16}{36}=32\div16=2$

**05** • $\frac{6}{8}\div\frac{3}{16}=\frac{12}{16}\div\frac{3}{16}=12\div3=4$

• $\frac{9}{10}\div\frac{3}{5}=\frac{9}{10}\div\frac{6}{10}=9\div6=\frac{\overset{3}{\cancel{9}}}{\underset{2}{\cancel{6}}}=\frac{3}{2}=1\frac{1}{2}$

**06** • $\frac{4}{10}\div\frac{1}{5}=\frac{4}{10}\div\frac{2}{10}=4\div2=2$

• $\frac{5}{9}\div\frac{5}{27}=\frac{15}{27}\div\frac{5}{27}=15\div5=3$

⇨ $\frac{4}{10}\div\frac{1}{5}$ (<) $\frac{5}{9}\div\frac{5}{27}$

**07** $\frac{12}{15}\div\frac{2}{5}=\frac{12}{15}\div\frac{6}{15}=12\div6=2$(배)

**08** (1) $\frac{5}{6}\div\frac{4}{5}=\frac{25}{30}\div\frac{24}{30}=25\div24=\frac{25}{24}=1\frac{1}{24}$

(2) $\frac{6}{7}\div\frac{3}{4}=\frac{24}{28}\div\frac{21}{28}=24\div21=\frac{\overset{8}{\cancel{24}}}{\underset{7}{\cancel{21}}}=\frac{8}{7}=1\frac{1}{7}$

**09** 분모를 같게 통분하지 않고 분자끼리 계산한 곳이 잘못 계산한 부분입니다.

⇨ 분모를 같게 통분한 다음 분자끼리 계산합니다.

**10** • $\frac{6}{7}\div\frac{8}{9}=\frac{54}{63}\div\frac{56}{63}=54\div56=\frac{\overset{27}{\cancel{54}}}{\underset{28}{\cancel{56}}}=\frac{27}{28}$

• $\frac{9}{10}\div\frac{8}{15}=\frac{27}{30}\div\frac{16}{30}=27\div16=\frac{27}{16}=1\frac{11}{16}$

**11** ㉠ $\frac{8}{9}\div\frac{5}{6}=\frac{16}{18}\div\frac{15}{18}=16\div15=\frac{16}{15}=1\frac{1}{15}>1$

㉡ $\frac{7}{8}\div\frac{11}{12}=\frac{21}{24}\div\frac{22}{24}=21\div22=\frac{21}{22}<1$

⇨ 계산 결과가 1보다 작은 것은 ㉡입니다.

**12** $\square\times\frac{5}{9}=\frac{4}{5}$

⇨ $\square=\frac{4}{5}\div\frac{5}{9}=\frac{36}{45}\div\frac{25}{45}=36\div25=\frac{36}{25}=1\frac{11}{25}$

## STEP 1 개념 파헤치기 (22 ~ 25쪽)

**23쪽**

**1-1** (1) 3, 2
(2) 8 / 4, 2, 4, 8
(3) 3, 4, 8

**1-2** (1) 4, 2
(2) 10 / 5, 2, 5, 10
(3) 4, 5, 10

**2-1** (1) $14\div\frac{2}{7}$
$=(14\div2)\times7=49$
(2) $15\div\frac{3}{5}$
$=(15\div3)\times5=25$

**2-2** (1) 4, 9, 27
(2) 3, 8, 64

**25쪽**

**1-1** (1) 4 / 4, 5, 15
(2) 4, 5, $\frac{5}{4}$, 15, $1\frac{1}{14}$

**1-2** (1) 3 / 4 / 3, 4, $\frac{20}{27}$
(2) 3, 4, $\frac{4}{3}$, $\frac{20}{27}$

**2-1** (1) $\frac{4}{3}$, $\frac{8}{15}$
(2) $\frac{5}{3}$, $\frac{25}{21}$, $1\frac{4}{21}$

**2-2** (1) $\frac{5}{4}$, $\frac{35}{36}$
(2) $\frac{7}{3}$, $\frac{35}{18}$, $1\frac{17}{18}$

**23쪽**

**1-1** (1) $\frac{3}{4}$봉지의 무게가 6 kg이므로 $\frac{1}{4}$봉지의 무게는 $6\div3=2$ (kg)입니다.
(2) 1봉지의 무게는 $2\times4=8$ (kg)입니다.
(3) $6\div\frac{3}{4}=\underline{(6\div3)}\times4=2\times4=8$ (kg)
↑ $\frac{1}{4}$봉지의 무게

**1-2** (1) $\frac{4}{5}$시간 동안 8 kg을 따므로 $\frac{1}{5}$시간 동안에는 $8\div4=2$ (kg)을 딸 수 있습니다.
(2) $\frac{1}{5}$시간 동안 2 kg을 따므로 1시간 동안에는 $2\times5=10$ (kg)을 딸 수 있습니다.
(3) $8\div\frac{4}{5}=(8\div4)\times5=2\times5=10$ (kg)

**2-1** 생각 열기 (자연수)÷(분수)의 계산
⇨ 자연수를 분수의 분자로 나눈 다음 그 값에 분모를 곱합니다.

**2-2** (1) $12\div\frac{4}{9}=(12\div4)\times9=3\times9=27$
(2) $24\div\frac{3}{8}=(24\div3)\times8=8\times8=64$

**25쪽**

**1-1** (2) $\frac{6}{7}\div\frac{4}{5}=\frac{6}{7}\div4\times5=\frac{6}{7}\times\frac{1}{4}\times5$
$=\frac{\overset{3}{\cancel{6}}}{7}\times\frac{5}{\underset{2}{\cancel{4}}}=\frac{15}{14}=1\frac{1}{14}$

**1-2** (2) $\frac{5}{9}\div\frac{3}{4}=\frac{5}{9}\div3\times4=\frac{5}{9}\times\frac{1}{3}\times4$
$=\frac{5}{9}\times\frac{4}{3}=\frac{20}{27}$

**2-1** 생각 열기 (분수)÷(분수)의 계산 ⇨ 나눗셈을 곱셈으로 바꾸고 나누는 분수의 분모와 분자를 바꾸어 줍니다.

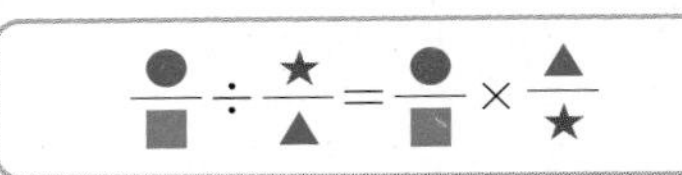

(1) $\frac{2}{5}\div\frac{3}{4}=\frac{2}{5}\times\frac{4}{3}=\frac{8}{15}$
(2) $\frac{5}{7}\div\frac{3}{5}=\frac{5}{7}\times\frac{5}{3}=\frac{25}{21}=1\frac{4}{21}$

**2-2** (1) $\frac{7}{9}\div\frac{4}{5}=\frac{7}{9}\times\frac{5}{4}=\frac{35}{36}$
(2) $\frac{5}{6}\div\frac{3}{7}=\frac{5}{6}\times\frac{7}{3}=\frac{35}{18}=1\frac{17}{18}$

## STEP 2 개념 확인하기 (26 ~ 27쪽)

**01** (1) 4 / 4, 4 (2) 4, 9, 36

**02** ( ○ )
( )

**03** (1) $15\div\frac{5}{8}=(15\div5)\times8=24$
(2) $8\div\frac{4}{9}=(8\div4)\times9=18$

04 $>$
05 7
06 43
07 (1) $\frac{3}{8}\div\frac{5}{7}=\frac{3}{8}\times\frac{7}{5}=\frac{21}{40}$
(2) $\frac{6}{13}\div\frac{7}{9}=\frac{6}{13}\times\frac{9}{7}=\frac{54}{91}$
(3) $\frac{5}{9}\div\frac{10}{13}=\frac{\overset{1}{\cancel{5}}}{9}\times\frac{13}{\underset{2}{\cancel{10}}}=\frac{13}{18}$
(4) $\frac{14}{15}\div\frac{2}{3}=\frac{\overset{7}{\cancel{14}}}{\underset{5}{\cancel{15}}}\times\frac{\overset{1}{\cancel{3}}}{\underset{1}{\cancel{2}}}=\frac{7}{5}=1\frac{2}{5}$
08 $\frac{15}{16}$, $1\frac{9}{16}$
09 $1\frac{1}{20}$ m
10 $2\frac{2}{9}$배

01 $16\div\frac{4}{9}=(16\div4)\times9=\mathbf{4\times9}=\mathbf{36}$(개)
- $16\div4$: $\frac{1}{9}$시간 동안 오를 수 있는 꽃잎의 수
- $4\times9$: 1시간 동안 오를 수 있는 꽃잎의 수

02 $10\div\frac{5}{8}=(10\div5)\times8=2\times8=16$

04 • $18\div\frac{6}{7}=(18\div6)\times7=21$
• $16\div\frac{8}{9}=(16\div8)\times9=18$
⇨ $21>18$

05 ㉠ $10\div\frac{2}{5}=(10\div2)\times5=25$
㉡ $14\div\frac{7}{9}=(14\div7)\times9=18$
⇨ ㉠−㉡ $=25-18=7$

06 $\frac{7}{11}\div\frac{3}{5}=\frac{7}{11}\times\frac{5}{3}=\frac{35}{33}$
⇨ ㉠+㉡+㉢ $=3+5+35=\mathbf{43}$

07 **생각 열기** 나눗셈을 곱셈으로 바꾸고, 나누는 분수의 분모와 분자를 바꾸어 계산합니다.
(1) $\frac{3}{8}\div\frac{5}{7}=\frac{3}{8}\times\frac{7}{5}=\frac{21}{40}$
(2) $\frac{6}{13}\div\frac{7}{9}=\frac{6}{13}\times\frac{9}{7}=\frac{54}{91}$
(3) $\frac{5}{9}\div\frac{10}{13}=\frac{\overset{1}{\cancel{5}}}{9}\times\frac{13}{\underset{2}{\cancel{10}}}=\frac{13}{18}$
(4) $\frac{14}{15}\div\frac{2}{3}=\frac{\overset{7}{\cancel{14}}}{\underset{5}{\cancel{15}}}\times\frac{\overset{1}{\cancel{3}}}{\underset{1}{\cancel{2}}}=\frac{7}{5}=1\frac{2}{5}$

08 • $\frac{5}{8}\div\frac{2}{3}=\frac{5}{8}\times\frac{3}{2}=\mathbf{\frac{15}{16}}$
• $\frac{15}{16}\div\frac{3}{5}=\frac{\overset{5}{\cancel{15}}}{16}\times\frac{5}{\underset{1}{\cancel{3}}}=\frac{25}{16}=\mathbf{1\frac{9}{16}}$

09 (세로)=(직사각형의 넓이)÷(가로)
$=\frac{7}{12}\div\frac{5}{9}=\frac{7}{\underset{4}{\cancel{12}}}\times\frac{\overset{3}{\cancel{9}}}{5}=\frac{21}{20}=\mathbf{1\frac{1}{20}}$ (m)

10 (책 무게)÷(수첩 무게)
$=\frac{5}{6}\div\frac{3}{8}=\frac{5}{\underset{3}{\cancel{6}}}\times\frac{\overset{4}{\cancel{8}}}{3}=\frac{20}{9}=\mathbf{2\frac{2}{9}}$(배)

## STEP 1 개념 파헤치기 (28 ~ 33쪽)

**29쪽**

1-1 (1) 4, 4 (2) 8, 8
1-2 (1) 5, 5 (2) 10, 10
2-1 (1) 3, 3 (2) 5, 40, 13, 1
2-2 (1) $\frac{5}{2}$, $\frac{15}{2}$, $7\frac{1}{2}$ (2) $\frac{7}{5}$, $\frac{42}{5}$, $8\frac{2}{5}$
3-1 (1) $7\frac{1}{2}$ (2) $8\frac{3}{4}$
3-2 (1) $9\frac{1}{3}$ (2) $9\frac{3}{5}$

**31쪽**

1-1 (○) ( )
1-2 ( ) (○)
2-1 (1) 35, 12, 35, 12, $\frac{35}{12}$, $2\frac{11}{12}$ (2) $\frac{5}{2}$, $\frac{35}{12}$, $2\frac{11}{12}$
2-2 (1) 35, 12, 35, 12, $\frac{35}{12}$, $2\frac{11}{12}$ (2) $\frac{7}{4}$, $\frac{35}{12}$, $2\frac{11}{12}$
3-1 (1) $2\frac{7}{10}$ (2) $1\frac{31}{35}$
3-2 (1) $1\frac{19}{30}$ (2) $2\frac{2}{15}$

**33쪽**

1-1 7, 49, 49, 49, 2, 13
1-2 11, 33, 33, 33, 3, 3
2-1 (1) 7, 7, 5, 35, 2, 11 (2) 14, 9, 18, 3, 3
2-2 (1) 8, 8, $\frac{4}{3}$, 32, 3, 5 (2) 9, 7, 21, 5, 1
3-1 (1) $3\frac{1}{8}$ (2) $3\frac{9}{14}$
3-2 (1) $5\frac{5}{6}$ (2) $4\frac{5}{18}$

29쪽

**1-1** (1) 1은 $\frac{1}{4}$이 4개이므로 $1\div\frac{1}{4}=1\times4=4$입니다.

(2) 2는 $\frac{1}{4}$이 8개이므로 $2\div\frac{1}{4}=2\times4=8$입니다.

참고

(자연수) $\div\frac{1}{●}$ = (자연수) × ●

**2-1** (1) $2\div\frac{2}{3}=\overset{1}{\cancel{2}}\times\frac{3}{\underset{1}{\cancel{2}}}=3$

(2) $8\div\frac{3}{5}=8\times\frac{5}{3}=\frac{40}{3}=13\frac{1}{3}$

**2-2** (1) $3\div\frac{2}{5}=3\times\frac{5}{2}=\frac{15}{2}=7\frac{1}{2}$

(2) $6\div\frac{5}{7}=6\times\frac{7}{5}=\frac{42}{5}=8\frac{2}{5}$

**3-1** (1) $5\div\frac{2}{3}=5\times\frac{3}{2}=\frac{15}{2}=7\frac{1}{2}$

(2) $7\div\frac{4}{5}=7\times\frac{5}{4}=\frac{35}{4}=8\frac{3}{4}$

**3-2** (1) $7\div\frac{3}{4}=7\times\frac{4}{3}=\frac{28}{3}=9\frac{1}{3}$

(2) $8\div\frac{5}{6}=8\times\frac{6}{5}=\frac{48}{5}=9\frac{3}{5}$

31쪽

**2-1** (1) 통분한 다음 분자끼리 계산하는 방법입니다.

$\frac{7}{6}\div\frac{2}{5}=\frac{35}{30}\div\frac{12}{30}=35\div12=\frac{35}{12}=2\frac{11}{12}$

(2) 나눗셈을 곱셈으로 바꾸어 계산하는 방법입니다.

$\frac{7}{6}\div\frac{2}{5}=\frac{7}{6}\times\frac{5}{2}=\frac{35}{12}=2\frac{11}{12}$

**2-2** (1) $\frac{5}{3}\div\frac{4}{7}=\frac{35}{21}\div\frac{12}{21}=35\div12=\frac{35}{12}=2\frac{11}{12}$

(2) $\frac{5}{3}\div\frac{4}{7}=\frac{5}{3}\times\frac{7}{4}=\frac{35}{12}=2\frac{11}{12}$

**3-1** (1) $\frac{9}{5}\div\frac{2}{3}=\frac{9}{5}\times\frac{3}{2}=\frac{27}{10}=2\frac{7}{10}$

(2) $\frac{11}{7}\div\frac{5}{6}=\frac{11}{7}\times\frac{6}{5}=\frac{66}{35}=1\frac{31}{35}$

**3-2** (1) $\frac{7}{6}\div\frac{5}{7}=\frac{7}{6}\times\frac{7}{5}=\frac{49}{30}=1\frac{19}{30}$

(2) $\frac{8}{5}\div\frac{3}{4}=\frac{8}{5}\times\frac{4}{3}=\frac{32}{15}=2\frac{2}{15}$

33쪽

**2-1** 생각 열기 (대분수) ÷ (분수) 계산하는 방법

① 대분수를 가분수로 바꿉니다.

② 나눗셈을 곱셈으로 바꾸고 나누는 분수의 분모와 분자를 바꾸어 곱합니다.

(1) $1\frac{3}{4}\div\frac{3}{5}=\frac{7}{4}\div\frac{3}{5}=\frac{7}{4}\times\frac{5}{3}=\frac{35}{12}=2\frac{11}{12}$

(2) $2\frac{4}{5}\div\frac{7}{9}=\frac{14}{5}\div\frac{7}{9}=\frac{\overset{2}{\cancel{14}}}{5}\times\frac{9}{\underset{1}{\cancel{7}}}=\frac{18}{5}=3\frac{3}{5}$

**2-2** (1) $2\frac{2}{3}\div\frac{3}{4}=\frac{8}{3}\div\frac{3}{4}=\frac{8}{3}\times\frac{4}{3}=\frac{32}{9}=3\frac{5}{9}$

(2) $4\frac{1}{2}\div\frac{6}{7}=\frac{9}{2}\div\frac{6}{7}=\frac{\overset{3}{\cancel{9}}}{2}\times\frac{7}{\underset{2}{\cancel{6}}}=\frac{21}{4}=5\frac{1}{4}$

**3-1** (1) $1\frac{1}{4}\div\frac{2}{5}=\frac{5}{4}\div\frac{2}{5}=\frac{5}{4}\times\frac{5}{2}=\frac{25}{8}=3\frac{1}{8}$

(2) $2\frac{3}{7}\div\frac{2}{3}=\frac{17}{7}\div\frac{2}{3}=\frac{17}{7}\times\frac{3}{2}=\frac{51}{14}=3\frac{9}{14}$

**3-2** (1) $2\frac{1}{2}\div\frac{3}{7}=\frac{5}{2}\div\frac{3}{7}=\frac{5}{2}\times\frac{7}{3}=\frac{35}{6}=5\frac{5}{6}$

(2) $3\frac{2}{3}\div\frac{6}{7}=\frac{11}{3}\div\frac{6}{7}=\frac{11}{3}\times\frac{7}{6}=\frac{77}{18}=4\frac{5}{18}$

## STEP 2 개념 확인하기 (34 ~ 35쪽)

**01** (1) $4\frac{1}{5}$ (2) $6\frac{3}{4}$ **02** $13\frac{1}{3}$

**03** ( ) (○) **04** 21배

**05** (1) $2\frac{5}{8}$ (2) $3\frac{19}{27}$ **06** $2\frac{5}{8}$

**07** > **08** $2\frac{11}{32}$

**09** (1) $3\frac{3}{10}$ (2) $3\frac{3}{7}$ **10** $3\frac{4}{7}$

**11** 1, 2, 3, 4, 5 **12** $1\frac{19}{21}$배

**01** (1) $3\div\frac{5}{7}=3\times\frac{7}{5}=\frac{21}{5}=4\frac{1}{5}$

(2) $6\div\frac{8}{9}=\overset{3}{\cancel{6}}\times\frac{9}{\underset{4}{\cancel{8}}}=\frac{27}{4}=6\frac{3}{4}$

**02** $12\div\frac{9}{10}=\overset{4}{\cancel{12}}\times\frac{10}{\underset{3}{\cancel{9}}}=\frac{40}{3}=13\frac{1}{3}$

**03** • $9\div\frac{2}{3}=9\times\frac{3}{2}=\frac{27}{2}=13\frac{1}{2}$

• $12\div\frac{6}{7}=\overset{2}{\cancel{12}}\times\frac{7}{\underset{1}{\cancel{6}}}=14$

**04** (맷돌 무게) ÷ (믹서 무게)

$=30\div\frac{10}{7}=\overset{3}{\cancel{30}}\times\frac{7}{\underset{1}{\cancel{10}}}=21$(배)

**05** (1) $\frac{7}{4}\div\frac{2}{3}=\frac{7}{4}\times\frac{3}{2}=\frac{21}{8}=2\frac{5}{8}$

(2) $\frac{20}{9}\div\frac{3}{5}=\frac{20}{9}\times\frac{5}{3}=\frac{100}{27}=3\frac{19}{27}$

**06** $\frac{9}{4}=2\frac{1}{4}$이므로 $\frac{9}{4}>\frac{6}{7}$입니다.

⇨ $\frac{9}{4}\div\frac{6}{7}=\frac{\cancel{9}^{3}}{4}\times\frac{7}{\cancel{6}_{2}}=\frac{21}{8}=2\frac{5}{8}$

**07** • $\frac{16}{3}\div\frac{2}{7}=\frac{\cancel{16}^{8}}{3}\times\frac{7}{\cancel{2}_{1}}=\frac{56}{3}=18\frac{2}{3}$

• $\frac{63}{10}\div\frac{9}{11}=\frac{\cancel{63}^{7}}{10}\times\frac{11}{\cancel{9}_{1}}=\frac{77}{10}=7\frac{7}{10}$

⇨ $18\frac{2}{3}>7\frac{7}{10}$이므로 $\frac{16}{3}\div\frac{2}{7}$ ⓢ> $\frac{63}{10}\div\frac{9}{11}$입니다.

**08** $\frac{4}{5}\times\square=\frac{15}{8}$,

$\square=\frac{15}{8}\div\frac{4}{5}=\frac{15}{8}\times\frac{5}{4}=\frac{75}{32}=2\frac{11}{32}$

**09** (1) $2\frac{1}{5}\div\frac{2}{3}=\frac{11}{5}\div\frac{2}{3}=\frac{11}{5}\times\frac{3}{2}=\frac{33}{10}=3\frac{3}{10}$

(2) $2\frac{2}{3}\div\frac{7}{9}=\frac{8}{3}\div\frac{7}{9}=\frac{8}{\cancel{3}_{1}}\times\frac{\cancel{9}^{3}}{7}=\frac{24}{7}=3\frac{3}{7}$

**10** $2\frac{1}{7}\div\frac{3}{5}=\frac{15}{7}\div\frac{3}{5}=\frac{\cancel{15}^{5}}{7}\times\frac{5}{\cancel{3}_{1}}=\frac{25}{7}=3\frac{4}{7}$

**11** $4\frac{2}{7}\div\frac{5}{6}=\frac{30}{7}\div\frac{5}{6}=\frac{\cancel{30}^{6}}{7}\times\frac{6}{\cancel{5}_{1}}=\frac{36}{7}=5\frac{1}{7}$이므로

□ 안에 들어갈 수 있는 자연수는 $5\frac{1}{7}$보다 작은 1, 2, 3, 4, 5입니다.

**12** $1\frac{5}{7}\div\frac{9}{10}=\frac{12}{7}\div\frac{9}{10}=\frac{\cancel{12}^{4}}{7}\times\frac{10}{\cancel{9}_{3}}=\frac{40}{21}=1\frac{19}{21}$(배)

## STEP 3 단원 마무리평가 36 ~ 39쪽

01 ○

02 (1) 6, 6, 2 (2) 21, 21, $\frac{20}{21}$

03 $7\div\frac{2}{3}=7\times\frac{3}{2}=\frac{21}{2}=10\frac{1}{2}$

04 (1) $1\frac{7}{20}$ (2) $6\frac{2}{3}$

05 ㉢

06 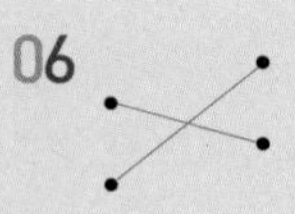

07 (1) $3\frac{1}{21}$ (2) $5\frac{1}{10}$

08 원숭이

09 예 대분수를 가분수로 바꾸어 계산하지 않았습니다.

10 $2\frac{4}{5}\div\frac{5}{6}=\frac{14}{5}\div\frac{5}{6}=\frac{14}{5}\times\frac{6}{5}=\frac{84}{25}=3\frac{9}{25}$

11 ㉡

12 ㉠

13 36개

14 <

15 ㉡, ㉢, ㉠

16 $8\frac{3}{4}$ / $1\frac{27}{50}$ / $3\frac{3}{16}$

17 $70\div\frac{9}{20}=155\frac{5}{9}$ ; 약 $155\frac{5}{9}$파운드

18 $1\frac{89}{91}$배

19 7개

20 $2\frac{1}{3}$배

**창의·융합 문제**

1) 78 kg

2) 160 km

**02** 생각 열기 분수를 통분하여 분자끼리 계산합니다.

(1) 분자끼리의 계산이 나누어떨어지면 몫은 자연수입니다.

(2) 분자끼리의 계산이 나누어떨어지지 않으면 몫은 분수입니다.

**03** 나눗셈을 곱셈으로 바꾸고 나누는 분수의 분모와 분자를 바꾸어 계산합니다.

**04** (1) $\frac{9}{8}\div\frac{5}{6}=\frac{9}{\cancel{8}_{4}}\times\frac{\cancel{6}^{3}}{5}=\frac{27}{20}=1\frac{7}{20}$

(2) $\frac{25}{6}\div\frac{5}{8}=\frac{\cancel{25}^{5}}{\cancel{6}_{3}}\times\frac{\cancel{8}^{4}}{\cancel{5}_{1}}=\frac{20}{3}=6\frac{2}{3}$

**05** ㉠ $\frac{2}{3}\div\frac{1}{3}=2$, ㉡ $\frac{4}{5}\div\frac{1}{5}=4$, ㉢ $\frac{6}{7}\div\frac{1}{7}=6$

⇨ 계산 결과가 가장 큰 것은 ㉢입니다.

**06** $9\div\frac{7}{8}=9\times\frac{8}{7}=\frac{72}{7}=10\frac{2}{7}$

$6\div\frac{4}{5}=\cancel{6}^{3}\times\frac{5}{\cancel{4}_{2}}=\frac{15}{2}=7\frac{1}{2}$

**07** (1) $2\frac{2}{3}\div\frac{7}{8}=\frac{8}{3}\div\frac{7}{8}=\frac{8}{3}\times\frac{8}{7}=\frac{64}{21}=3\frac{1}{21}$

(2) $3\frac{2}{5}\div\frac{2}{3}=\frac{17}{5}\div\frac{2}{3}=\frac{17}{5}\times\frac{3}{2}=\frac{51}{10}=5\frac{1}{10}$

**08** 호랑이: $\frac{12}{13}\div\frac{2}{13}=12\div2=6$

원숭이: $\frac{5}{7}\div\frac{1}{7}=5$

돼지: $3\div\frac{1}{2}=3\times2=6$

⇨ 계산 결과가 다른 곳에 있는 동물은 **원숭이**입니다.

**09** 서술형 가이드 대분수를 가분수로 바꾸었는지, 곱셈으로 바꾼 다음 나누는 분수의 분모와 분자를 바꾸었는지 확인합니다.

채점 기준

| | |
|---|---|
| 상 | 이유를 바르게 썼음. |
| 중 | 이유를 썼지만 미흡함. |
| 하 | 이유를 잘못 썼음. |

**10** 대분수를 가분수로 바꾸고 나누는 분수의 분모와 분자를 바꾸어 계산합니다.

**11** ㉠ $\frac{7}{9}\div\frac{5}{6}=\frac{7}{\underset{3}{\cancel{9}}}\times\frac{\overset{2}{\cancel{6}}}{5}=\frac{14}{15}<1$

㉡ $\frac{9}{10}\div\frac{4}{5}=\frac{9}{\underset{2}{\cancel{10}}}\times\frac{\overset{1}{\cancel{5}}}{4}=\frac{9}{8}=1\frac{1}{8}>1$

⇨ 계산 결과가 1보다 큰 것은 ㉡입니다.

**12** ㉠ $8\div\frac{4}{3}=\overset{2}{\cancel{8}}\times\frac{3}{\underset{1}{\cancel{4}}}=6$

㉡ $\frac{14}{19}\div\frac{3}{19}=14\div3=\frac{14}{3}=4\frac{2}{3}$

⇨ 계산 결과가 자연수인 것은 ㉠입니다.

**13** $9\div\frac{1}{4}=9\times4=$ **36(개)**

**14** • $3\frac{5}{9}\div\frac{4}{5}=\frac{32}{9}\div\frac{4}{5}=\frac{\overset{8}{\cancel{32}}}{9}\times\frac{5}{\underset{1}{\cancel{4}}}=\frac{40}{9}=4\frac{4}{9}$

• $\frac{30}{7}\div\frac{3}{5}=\frac{\overset{10}{\cancel{30}}}{7}\times\frac{5}{\underset{1}{\cancel{3}}}=\frac{50}{7}=7\frac{1}{7}$

⇨ $4\frac{4}{9}$ ⓧ< $7\frac{1}{7}$

**15** ㉠ $\frac{8}{9}\div\frac{12}{13}=\frac{\overset{2}{\cancel{8}}}{9}\times\frac{13}{\underset{3}{\cancel{12}}}=\frac{26}{27}$

㉡ $2\frac{2}{9}\div\frac{5}{6}=\frac{20}{9}\div\frac{5}{6}=\frac{\overset{4}{\cancel{20}}}{\underset{3}{\cancel{9}}}\times\frac{\overset{2}{\cancel{6}}}{\underset{1}{\cancel{5}}}=\frac{8}{3}=2\frac{2}{3}$

㉢ $1\frac{1}{13}\div\frac{7}{11}=\frac{14}{13}\div\frac{7}{11}=\frac{\overset{2}{\cancel{14}}}{13}\times\frac{11}{\underset{1}{\cancel{7}}}=\frac{22}{13}=1\frac{9}{13}$

⇨ $2\frac{2}{3}>1\frac{9}{13}>\frac{26}{27}$이므로 몫이 큰 순서대로 기호를 쓰면 ㉡, ㉢, ㉠입니다.

**16** • $5\div\frac{4}{7}=5\times\frac{7}{4}=\frac{35}{4}=\mathbf{8\frac{3}{4}}$

• $2\frac{1}{8}\div\frac{2}{3}=\frac{17}{8}\div\frac{2}{3}=\frac{17}{8}\times\frac{3}{2}=\frac{51}{16}=\mathbf{3\frac{3}{16}}$

• $\frac{11}{10}\div\frac{5}{7}=\frac{11}{10}\times\frac{7}{5}=\frac{77}{50}=\mathbf{1\frac{27}{50}}$

**17** 서술형 가이드 수철이의 몸무게를 1파운드의 무게로 나누는 식을 쓰고 바르게 계산했는지 확인합니다.

채점 기준

| | |
|---|---|
| 상 | 식 $70\div\frac{9}{20}=155\frac{5}{9}$를 쓰고 답을 바르게 구했음. |
| 중 | 식 $70\div\frac{9}{20}$만 썼음. |
| 하 | 식을 쓰지 못함. |

$70\div\frac{9}{20}=70\times\frac{20}{9}=\frac{1400}{9}=155\frac{5}{9}$**(파운드)**

**18** ㉠ $3\frac{1}{4}\div\frac{5}{7}=\frac{13}{4}\div\frac{5}{7}=\frac{13}{4}\times\frac{7}{5}=\frac{91}{20}$

㉡ $7\frac{1}{2}\div\frac{5}{6}=\frac{15}{2}\div\frac{5}{6}=\frac{\overset{3}{\cancel{15}}}{\underset{1}{\cancel{2}}}\times\frac{\overset{3}{\cancel{6}}}{\underset{1}{\cancel{5}}}=9$

⇨ ㉡÷㉠$=9\div\frac{91}{20}=9\times\frac{20}{91}=\frac{180}{91}=\mathbf{1\frac{89}{91}}$**(배)**

**19** $1\frac{1}{8}\div\frac{2}{7}=\frac{9}{8}\div\frac{2}{7}=\frac{9}{8}\times\frac{7}{2}=\frac{63}{16}=3\frac{15}{16}$,

$6\div\frac{4}{7}=\overset{3}{\cancel{6}}\times\frac{7}{\underset{2}{\cancel{4}}}=\frac{21}{2}=10\frac{1}{2}$이므로

$3\frac{15}{16}<\square<10\frac{1}{2}$입니다.

⇨ □ 안에 들어갈 수 있는 자연수는 4, 5, 6, 7, 8, 9, 10이므로 모두 **7개**입니다.

**20** (어제와 오늘 마신 물의 양)

$=1\frac{1}{5}+\frac{9}{10}=1\frac{2}{10}+\frac{9}{10}=1\frac{11}{10}=2\frac{1}{10}$ (L)

⇨ $2\frac{1}{10}\div\frac{9}{10}=\frac{21}{10}\div\frac{9}{10}=21\div9=\frac{\overset{7}{\cancel{21}}}{\underset{3}{\cancel{9}}}=\frac{7}{3}=\mathbf{2\frac{1}{3}}$**(배)**

## 창의·융합 문제

**1)** $13\div\frac{1}{6}=13\times6=$ **78 (kg)**

**2)** (휘발유 1 L로 갈 수 있는 거리)

$=7\frac{1}{7}\div\frac{5}{8}=\frac{50}{7}\div\frac{5}{8}=\frac{\overset{10}{\cancel{50}}}{7}\times\frac{8}{\underset{1}{\cancel{5}}}=\frac{80}{7}=11\frac{3}{7}$ (km)

⇨ (A 도시와 B 도시 사이의 거리)

$=11\frac{3}{7}\times14=\frac{80}{\underset{1}{\cancel{7}}}\times\overset{2}{\cancel{14}}=$ **160 (km)**

# 2 소수의 나눗셈

## STEP 1 개념 파헤치기 42 ~ 45쪽

43쪽

1-1 (1) 23.4, 0.9
(2) 234, 234,
234, 26

1-2 (1) 1.84, 0.08
(2) 184, 184,
184, 23

2-1 10, 256, 8, 32 ; 32

2-2 100, 368, 8, 46 ; 46

3-1 12, 12

3-2 49, 49

45쪽

1-1 (1) 32, 8, 4
(2) 22, 198, 22, 9

1-2 (1) 24, 24, 3, 8
(2) 173, 1384, 173, 8

2-1 (위부터)
(1) 7, 4, 2
(2) 5, 6, 5, 6, 5

2-2 (위부터)
(1) 8, 5, 6
(2) 2, 3, 7, 5, 7, 5

3-1 (위부터)
3, 6, 2, 7, 6, 2, 7

3-2 (위부터)
2, 1, 1, 7, 4, 1, 7, 4

43쪽

1-1 (1) 색 테이프 23.4 cm를 0.9 cm씩 자를 때 만들어지는 도막 수를 구하는 식은 **23.4÷0.9**입니다.
(2) 23.4 cm=**234** mm, 0.9 cm=9 mm이므로 23.4÷0.9의 몫과 234÷9의 몫은 같습니다.
⇨ 23.4÷0.9=**234**÷9=**26**

1-2 (2) 1 m=100 cm입니다.
1.84 m=**184** cm, 0.08 m=8 cm이므로
1.84÷0.08=**184**÷8=**23**입니다.

2-1 25.6÷0.8에서 나누는 수와 나누어지는 수에 똑같이 10배를 하면 25.6÷0.8=256÷8이 됩니다.
**256**÷8=**32**이므로 25.6÷0.8=**32**입니다.

2-2 3.68÷0.08에서 나누는 수와 나누어지는 수에 똑같이 100배를 하면 3.68÷0.08=368÷8이 됩니다.
**368**÷8=**46**이므로 3.68÷0.08=**46**입니다.

3-1 7.2÷0.6에서 나누는 수와 나누어지는 수에 각각 10배를 하면 72÷6입니다.
72÷6=**12**이므로 7.2÷0.6=**12**입니다.

3-2 2.45÷0.05에서 나누는 수와 나누어지는 수에 각각 100배를 하면 245÷5입니다.
245÷5=**49**이므로 2.45÷0.05=**49**입니다.

45쪽

1-1 생각 열기 소수를 분모가 같은 분수로 바꾼 다음 분자끼리 계산합니다.
(1) $3.2\div0.8=\frac{32}{10}\div\frac{8}{10}=\mathbf{32\div8=4}$
(2) $1.98\div0.22=\frac{198}{100}\div\frac{22}{100}=\mathbf{198\div22=9}$

1-2 (1) $2.4\div0.3=\frac{\mathbf{24}}{10}\div\frac{3}{10}=\mathbf{24\div3=8}$
(2) $13.84\div1.73=\frac{1384}{100}\div\frac{\mathbf{173}}{100}=\mathbf{1384\div173=8}$

2-1 생각 열기 나누는 수와 나누어지는 수가 소수 한 자리 수이므로 두 수의 소수점을 각각 오른쪽으로 한 자리씩 옮깁니다.

(1)
```
      7
0.6)4.2
    4 2
      0
```
(2)
```
      1 5
1.3)19.5
    13
     6 5
     6 5
       0
```

2-2 (1)
```
      8
0.7)5.6
    5 6
      0
```
(2)
```
      2 3
2.5)57.5
    50
     7 5
     7 5
       0
```

3-1 생각 열기 나누는 수와 나누어지는 수가 소수 두 자리 수이므로 두 수의 소수점을 각각 오른쪽으로 두 자리씩 옮깁니다.
```
          1 3
2.09)2 7.1 7
     2 0 9
       6 2 7
       6 2 7
           0
```

3-2
```
          2 1
1.74)3 6.5 4
     3 4 8
       1 7 4
       1 7 4
           0
```

## STEP 2 개념 확인하기 46 ~ 47쪽

01 0 … 1.5 m ; 5개

02 (1) 10, 10, 8, 4 ; 4 (2) 100, 100, 868, 14 ; 14

03 7, 7

04 175, 7 ; 175, 7, 25
05 126, 14 ; 126, 14, 9
06 $5.4 \div 0.9 = \frac{54}{10} \div \frac{9}{10} = 54 \div 9 = 6$
07 (1) 37 (2) 16
08 (위부터) 9, 12
09 11개
10 7 cm

01 색 테이프 1.5 m를 나눈 한 칸은 0.1 m입니다.
1.5 m는 0.1 m가 15칸이고, 0.3 m는 0.1 m가 3칸이므로 15칸을 3칸씩 나누면 5개로 나누어집니다.
⇨ 1.5÷0.3=15÷3=**5**(개)

02 생각 열기 나누는 수와 나누어지는 수에 똑같이 ■배를 하여도 몫은 변하지 않습니다.
(1) 나누는 수와 나누어지는 수에 각각 10배를 합니다.
(2) 나누는 수와 나누어지는 수에 각각 100배를 합니다.

03 23.1÷3.3에서 두 수에 각각 10배를 하고, 2.31÷0.33에서 두 수에 각각 100배를 하면 231÷33과 같습니다.
231÷33=7이므로 23.1÷3.3=7, 2.31÷0.33=7입니다.

04 17.5 cm=**175** mm, 0.7 cm=**7** mm
⇨ 17.5÷0.7=**175**÷**7**=**25**(개)

05 1.26 m=**126** cm, 0.14 m=**14** cm
⇨ 1.26÷0.14=**126**÷**14**=**9**(도막)

06 소수 한 자리 수를 분모가 10인 분수로 고쳐서 계산합니다.

07 (1) 나누는 수와 나누어지는 수의 소수점을 각각 오른쪽으로 한 자리씩 옮겨서 계산합니다.

| | | | | | |
|---|---|---|---|---|---|
| | | | | 3 | 7 |
| 0 | .6 | ) | 2 | 2 | .2 |
| | | | 1 | 8 | |
| | | | | 4 | 2 |
| | | | | 4 | 2 |
| | | | | | 0 |

(2) 나누는 수와 나누어지는 수의 소수점을 각각 오른쪽으로 두 자리씩 옮겨서 계산합니다.

```
          1 6
3.81)6 0.9 6
     3 8 1
     2 2 8 6
     2 2 8 6
           0
```

08

```
        9              1 2
0.96)8.6 4      0.72)8.6 4
     8 6 4           7 2
         0           1 4 4
                     1 4 4
                         0
```

09 13.2÷1.2=**11**(개)

10 (높이)=(평행사변형의 넓이)÷(밑변의 길이)
=40.88÷5.84=**7** (cm)

## STEP 1 개념 파헤치기 48 ~ 51쪽

49쪽

1-1 2.3에 ○표
1-2 6.7에 ○표
2-1 (위부터) 2, 4, 6, 0, 4, 6, 0
2-2 (위부터) 3, 7, 8, 0, 7, 8, 0
3-1 (위부터) 9, 1, 5, 2, 3, 4, 2, 3, 4, 2
3-2 (위부터) 6, 3, 3, 0, 3, 9, 6, 3, 9, 6

51쪽

1-1 60, 15, 4
1-2 1100, 275, 4
2-1 (위부터) 10, 5, 5, 10
2-2 (위부터) 100, 8, 175, 8, 100
3-1 (위부터) (1) 4, 1, 8, 0 (2) 5, 7, 0, 7, 0
3-2 (위부터) 2, 5, 7, 0, 4, 1, 7, 6, 0, 1, 7, 6, 0

49쪽

1-1 생각 열기 몫의 소수점은 나누어지는 수의 옮긴 소수점 위치에 맞추어 찍습니다.

```
          2.3
1.60)3.6 8 0
```

1-2

```
        6.7
4.4)2 9.4 8
```

2-1 생각 열기 나누어지는 수의 소수점을 오른쪽으로 두 자리 옮기면 나누는 수의 소수점도 오른쪽으로 두 자리 옮겨 계산합니다.

```
                          4.2
2.3)9.6 6  ⇨  2.30)9.6 6 0
                   9 2 0
                     4 6 0
                     4 6 0
                         0
```

**2-2**

2.6)8.5 8 ⇨ 2.60)8.5 8 0

3.3
7 8 0
7 8 0
7 8 0
0

**주의**
나누는 수 2.6의 소수점을 오른쪽으로 두 자리 옮길 때 2.60과 같이 수가 없는 자리에는 0을 써 줍니다.

**3-1** 몫의 소수점은 나누어지는 수의 옮긴 소수점의 위치에 맞추어 찍습니다.

4.9
3.8)1 8.6 2
1 5 2
3 4 2
3 4 2
0

**3-2**

5.6
6.6)3 6.9 6
3 3 0
3 9 6
3 9 6
0

**51쪽**

**1-1** 생각 열기 자연수와 소수 한 자리 수를 분모가 10인 분수로 고치고, 분자끼리의 나눗셈으로 계산합니다.

$6\div1.5=\frac{60}{10}\div\frac{15}{10}=60\div15=4$

**1-2** 생각 열기 자연수와 소수 두 자리 수를 분모가 100인 분수로 고치고, 분자끼리의 나눗셈으로 계산합니다.

$11\div2.75=\frac{1100}{100}\div\frac{275}{100}=1100\div275=4$

**2-1** 나누는 수가 소수 한 자리 수이므로 나누는 수와 나누어지는 수에 각각 10배를 합니다.

$17\div3.4=5$ ⇨ $170\div34=5$

**2-2** 나누는 수가 소수 두 자리 수이므로 나누는 수와 나누어지는 수에 각각 100배를 합니다.

$14\div1.75=8$ ⇨ $1400\div175=8$

**3-1** 나누는 수가 자연수가 되도록 나누는 수와 나누어지는 수의 소수점을 각각 오른쪽으로 한 자리씩 옮겨서 계산합니다.

(1)
4
4.5)18.0
18 0
0

(2)
1 5
1.4)21.0
14
7 0
7 0
0

**3-2** 나누는 수가 자연수가 되도록 나누는 수와 나누어지는 수의 소수점을 각각 오른쪽으로 두 자리씩 옮겨서 계산합니다.

2 5
3.52)8 8.0 0
7 0 4
1 7 6 0
1 7 6 0
0

**참고**
자연수에서 소수점을 오른쪽으로 두 자리 옮기면 소수점 아래 0을 2개 써 줍니다.
예 88 ⇨ 88.00 ⇨ 88.00

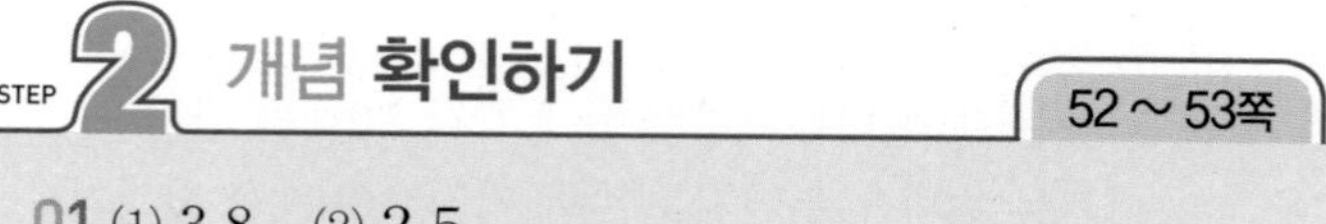


**01** (1) 3.8 (2) 2.5
**02** 3.6
**03** >
**04** 예

2.7
7.8)2 1.0 6
1 5 6
5 4 6
5 4 6
0

**05** 6.5
**06** 26.6 cm
**07** 2.1
**08** $13\div3.25=\frac{1300}{100}\div\frac{325}{100}=1300\div325=4$
**09** (1) 6 (2) 4
**10** 5, 50, 500
**11** 23, 230, 2300
**12** 2배

**01** 생각 열기 나누는 수와 나누어지는 수의 소수점을 똑같이 옮겨 계산합니다.

(1)
3.8
0.6)2.2 8
1 8
4 8
4 8
0

(2)
2.5
3.5)8.7 5
7 0
1 7 5
1 7 5
0

**02**

$$\begin{array}{r} 3.6 \\ 1.8\overline{)6.48} \\ 54 \\ \hline 108 \\ 108 \\ \hline 0 \end{array}$$

**03**

$$\begin{array}{r} 2.8 \\ 1.9\overline{)5.32} \\ 38 \\ \hline 152 \\ 152 \\ \hline 0 \end{array} \qquad \begin{array}{r} 2.1 \\ 4.3\overline{)9.03} \\ 86 \\ \hline 43 \\ 43 \\ \hline 0 \end{array}$$

⇨ 2.8 > 2.1이므로 5.32÷1.9 ⃝> 9.03÷4.3입니다.

**04** 소수점을 옮겨서 계산하는 경우 몫의 소수점은 나누어지는 수의 옮긴 소수점 위치에 맞추어 찍어야 합니다.

**05**

$$\begin{array}{r} 6.5 \\ 3.9\overline{)25.35} \\ 234 \\ \hline 195 \\ 195 \\ \hline 0 \end{array}$$

**06** (세로)=(직사각형의 넓이)÷(가로)
=595.84÷22.4=**26.6 (cm)**

**07** □×3.6=7.56 ⇨ □=7.56÷3.6=**2.1**

**08** 나누는 수가 소수 두 자리 수이므로 분모가 100인 분수로 고쳐서 계산합니다.

13을 분모가 100인 분수로 나타내면 $\frac{1300}{100}$입니다.

**09** (1)

$$\begin{array}{r} 6 \\ 3.5\overline{)21.0} \\ 210 \\ \hline 0 \end{array}$$

(2)

$$\begin{array}{r} 4 \\ 4.75\overline{)19.00} \\ 1900 \\ \hline 0 \end{array}$$

**10** 나누는 수가 $\frac{1}{10}$배, $\frac{1}{100}$배가 되면 몫은 10배, 100배가 됩니다.

45÷9=5 → ($\frac{1}{10}$배, 10배) → 45÷0.9=**50**

45÷9=5 → ($\frac{1}{100}$배, 100배) → 45÷0.09=**500**

**11** 나누어지는 수가 10배, 100배가 되면 몫도 10배, 100배가 됩니다.

1.84÷0.08=23 → (10배, 10배) → 18.4÷0.08=**230**

1.84÷0.08=23 → (100배, 100배) → 184÷0.08=**2300**

**12** 57÷28.5=**2(배)**

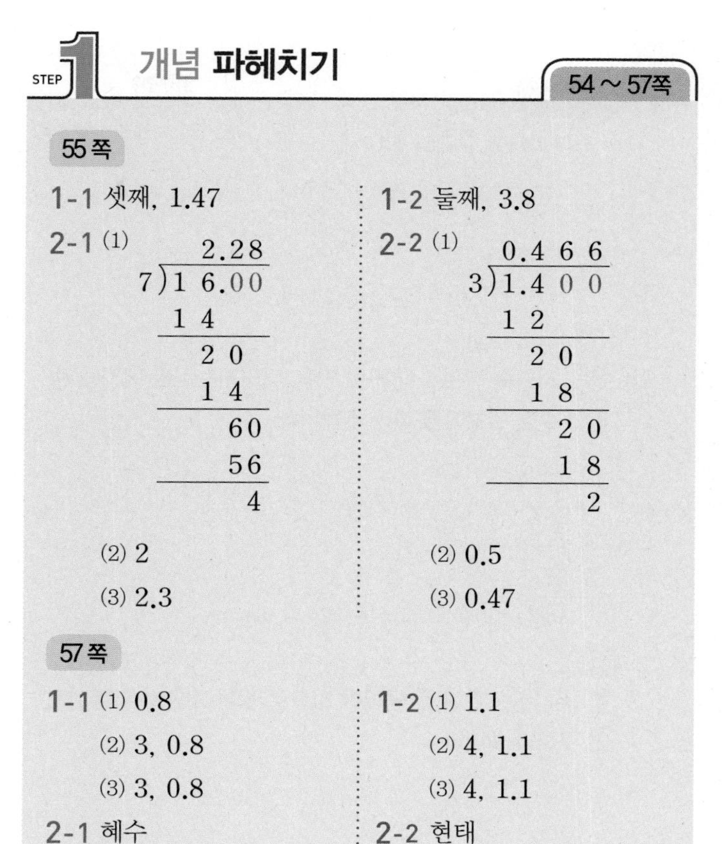

STEP 1 개념 파헤치기 54 ~ 57쪽

**55쪽**

**1-1** 셋째, 1.47

**1-2** 둘째, 3.8

**2-1** (1)

$$\begin{array}{r} 2.28 \\ 7\overline{)16.00} \\ 14 \\ \hline 20 \\ 14 \\ \hline 60 \\ 56 \\ \hline 4 \end{array}$$

(2) 2
(3) 2.3

**2-2** (1)

$$\begin{array}{r} 0.466 \\ 3\overline{)1.400} \\ 12 \\ \hline 20 \\ 18 \\ \hline 20 \\ 18 \\ \hline 2 \end{array}$$

(2) 0.5
(3) 0.47

**57쪽**

**1-1** (1) 0.8
(2) 3, 0.8
(3) 3, 0.8

**1-2** (1) 1.1
(2) 4, 1.1
(3) 4, 1.1

**2-1** 혜수

**2-2** 현태

**55쪽**

**1-1** 생각 열기 구하려는 자리 바로 아래의 숫자가 0, 1, 2, 3, 4이면 버리고 5, 6, 7, 8, 9이면 올리는 방법이 반올림입니다.
4.4÷3=1.466……에서 소수 **셋째** 자리 숫자가 6이므로 소수 둘째 자리 숫자를 1 크게 합니다.
⇨ 1.466 → **1.47**

**1-2** 23.05÷6=3.841……에서 소수 **둘째** 자리 숫자가 4이므로 소수 첫째 자리 숫자는 변하지 않습니다.
⇨ 3.84 → **3.8**

**2-1** 생각 열기 반올림하여 나타낼 때에는 구하려는 자리 바로 아래 자리의 숫자를 살펴봅니다.
(2) 몫을 반올림하여 자연수로 나타내려면 소수 첫째 자리에서 반올림합니다.
2.2 ⇨ **2**
(3) 몫을 반올림하여 소수 첫째 자리까지 나타내려면 소수 둘째 자리에서 반올림합니다.
2.28 ⇨ **2.3**

**2-2** (2) 몫을 반올림하여 소수 첫째 자리까지 나타내려면 소수 둘째 자리에서 반올림합니다.
0.46 ⇨ **0.5**
(3) 몫을 반올림하여 소수 둘째 자리까지 나타내려면 소수 셋째 자리에서 반올림합니다.
0.466 ⇨ **0.47**

57쪽

**1-1** 생각 열기 6 m씩 자른 조각 수를 구해야 하므로 몫을 자연수 부분까지만 구해야 합니다.

**2-1**

```
      5 → 5 kg씩 담은 봉지 수(봉지)
5)2 6.8
  2 5
    1.8 → 5 kg씩 담고 남은 설탕의 양(kg)
```

주의

몫은 자연수 부분까지 구한 다음 나머지는 나누어지는 수의 소수점 위치에 맞추어 찍습니다.

**2-2**

```
      6 → 6 L씩 담은 병 수(병)
6)3 7.2
  3 6
    1.2 → 6 L씩 담고 남은 물의 양(L)
```

주의

6 L씩 담은 병 수를 구해야 하므로 몫을 자연수 부분까지만 구해야 합니다.

## STEP 2 개념 확인하기

58 ~ 59쪽

01 1.7
02 2
03 0.81
04 9.8, 9.78
05 4.5배
06 1
07 1.5 ; 3, 1.5
08 3, 1.5 ; 3, 1.5
09 5, 6.2
10 7, 21, 0.7 ; 7, 0.7
11 21개, 1.1 m

**01** 몫을 반올림하여 소수 첫째 자리까지 나타내려면 소수 둘째 자리에서 반올림합니다.

```
   1.6 6 ⇨ 1.7
3)5.0 0
  3
  2 0
  1 8
    2 0
    1 8
      2
```

**02** 몫을 반올림하여 자연수로 나타내려면 몫을 소수 첫째 자리에서 반올림합니다.

```
   1.9
7)13.6
   7
   6 6
   6 3
     3
```

⇨ $13.6 \div 7 = 1.9 \cdots\cdots$이므로 몫을 소수 첫째 자리에서 반올림하여 나타내면 1.9 ⇨ 2입니다.

**03**

```
   0.8 1 1
9)7.3 0 0
  7 2
    1 0
      9
      1 0
        9
        1
```

⇨ $7.3 \div 9 = 0.811 \cdots\cdots$이므로 몫을 소수 셋째 자리에서 반올림하여 나타내면 0.811 ⇨ **0.81**입니다.

**04**

```
       9.7 7 7
0.9)8.8 0 0 0
    8 1
      7 0
      6 3
        7 0
        6 3
          7 0
          6 3
            7
```

$8.8 \div 0.9 = 9.777 \cdots\cdots$이므로 몫을 반올림하여
소수 첫째 자리까지 나타내면 9.77 ⇨ **9.8**이고,
소수 둘째 자리까지 나타내면 9.777 ⇨ **9.78**입니다.

**05**

```
    4.4 6
3)1 3.4 0
  1 2
    1 4
    1 2
      2 0
      1 8
        2
```

⇨ 반올림하여 소수 첫째 자리까지 나타내면 4.46 ⇨ 4.5배이므로 감은사지 삼층 석탑의 높이는 나무 높이의 **4.5**배입니다.

**06**

```
    3.1 1 1
9)2 8.0 0 0
  2 7
    1 0
      9
      1 0
        9
        1 0
          9
          1
```

⇨ 몫의 소수 첫째 자리부터 숫자 1이 반복되므로 소수 여섯째 자리 숫자는 1입니다.

09

```
     5 ← 몫
8)4 6.2
  4 0
  ───
    6.2 ← 나머지
```

11

```
     2 1
3)6 4.1
  6
  ──
    4
    3
  ──
    1.1
```

⇨ 노끈 한 묶음으로 상자를 **21개**까지 묶을 수 있고 남는 노끈은 **1.1 m**입니다.

## STEP 3 단원 마무리평가 (60 ~ 63쪽)

01 (위부터) 10, 10, 147, 21 ; 21
02 27, 216, 27, 8
03 4.9, 4, 4.9, 4, 4.9
04 (위부터) 7, 6.2
05 (1) 99 (2) 12
06 6.4
07 40
08 13
09 6, 5
10 7, 70, 700
11 >
12 예

```
         5.8
3.3)1 9.1 4
    1 6 5
    ─────
      2 6 4
      2 6 4
    ───────
          0
```

**이유** 예 소수점을 옮겨서 계산한 경우, 몫의 소수점은 옮긴 위치에 찍어야 합니다.

13 12 cm
14 18
15 2.64÷1.1=2.4 ; 2.4배
16 ㉠, ㉢, ㉡
17 4.33배
18 6
19 5, 7, 6 ; 8
20 4개, 96.7 g

**창의·융합 문제**

1) 5배
2) 2.3

01 나누는 수와 나누어지는 수에 똑같이 ■배를 하여도 몫은 변하지 않습니다.

02 소수 두 자리 수를 분모가 100인 분수로 바꾸어 분자끼리 계산합니다.

04 몫은 자연수까지 구하고 나머지는 나누어지는 수의 소수점의 위치에 맞게 소수점을 찍습니다.

```
     7
9)6 9.2
  6 3
  ────
    6.2
```

05 (1)

```
         9 9
0.8)7 9.2
    7 2
    ───
      7 2
      7 2
    ─────
        0
```

(2)

```
         1 2
6.3)7 5.6
    6 3
    ─────
    1 2 6
    1 2 6
    ─────
        0
```

06 소수 둘째 자리에서 반올림하여 나타냅니다.

```
      6.3 8 ⇨ 6.4
1.3)8.3 0 0
    7 8
    ─────
      5 0
      3 9
    ─────
      1 1 0
      1 0 4
    ───────
          6
```

07 34÷0.85=**40**

08 33.93>2.61이므로 33.93÷2.61=**13**입니다.

09 8.04÷1.34=**6**,
6÷1.2=**5**

10 **생각 열기** 나누는 수가 $\frac{1}{10}$배, $\frac{1}{100}$배가 되면 몫은 10배, 100배가 됩니다.

56÷8=7 → ($\frac{1}{10}$배, 10배) → 56÷0.8=**70**

56÷8=7 → ($\frac{1}{100}$배, 100배) → 56÷0.08=**700**

11 28.14÷6.7=4.2, 38.95÷9.5=4.1
⇨ 4.2 (>) 4.1

12 **서술형 가이드** 몫의 소수점 위치를 바르게 고치고, 잘못 계산한 이유를 알고 있는지 확인합니다.

**채점 기준**

| | |
|---|---|
| 상 | 바르게 계산하고 계산이 틀린 이유를 바르게 썼음. |
| 중 | 계산을 바르게 하거나 틀린 이유를 바르게 쓰거나 둘 중 하나만 바르게 썼음. |
| 하 | 바르게 계산하지 못하고 계산이 틀린 이유도 쓰지 못함. |

**13** $111 \div 9.25 = 12$ (cm)

**14** 빈칸에 알맞은 수를 □라 하면 $\square \times 1.6 = 28.8$, $\square = 28.8 \div 1.6 = 18$입니다.

**15** 서술형 가이드 식 $2.64 \div 1.1$을 바르게 계산하고 답을 구했는지 확인합니다.

채점 기준

| | |
|---|---|
| 상 | 식 $2.64 \div 1.1 = 2.4$를 쓰고 답을 바르게 구했음. |
| 중 | 식 $2.64 \div 1.1$만 썼음. |
| 하 | 식을 쓰지 못함. |

**16** ㉠
```
        9
1.6)14.4
    14 4
       0
```
㉡
```
         8
0.52)4.16
     4 16
        0
```
㉢
```
        8.5
2.5)21.25
    20 0
     1 25
     1 25
        0
```
⇨ ㉠>㉢>㉡

**17** 해왕성: 3.9, 금성: 0.9
$3.9 \div 0.9 = 4.333\cdots\cdots$이므로 반올림하여 소수 둘째 자리까지 나타내면 **4.33배**입니다.

**18** $6.8 \div 3 = 2.2666\cdots\cdots$
몫의 소수 둘째 자리부터 숫자 6이 반복되므로 소수 11째 자리 숫자는 **6**입니다.

**19** 몫이 가장 크게 되도록 하려면 수 카드 3장 중 2장을 사용하여 가장 큰 두 자리 수를 만들어 나누어지는 수 자리에 쓰고, 남은 수 카드 1장으로 나누는 수를 가장 작게 만들어 쓰면 됩니다.
⇨
```
        8
9.5)76.0
    76 0
       0
```

**20**
```
       4
139)652.7
    556
     96.7
```
⇨ 마라카스는 **4개**까지 만들 수 있고 남는 콩은 **96.7 g**입니다.

**창의·융합 문제**

**1** (줄어든 물의 양) $= 0.15 - 0.12 = 0.03$ (L)
⇨ $0.15 \div 0.03 = 5$(배)

**2** 3⓪1①=3.1, 7⓪1①3②=7.13이고 $7.13 > 3.1$입니다.
⇨ $7.13 \div 3.1 = 2.3$

# 3 공간과 입체

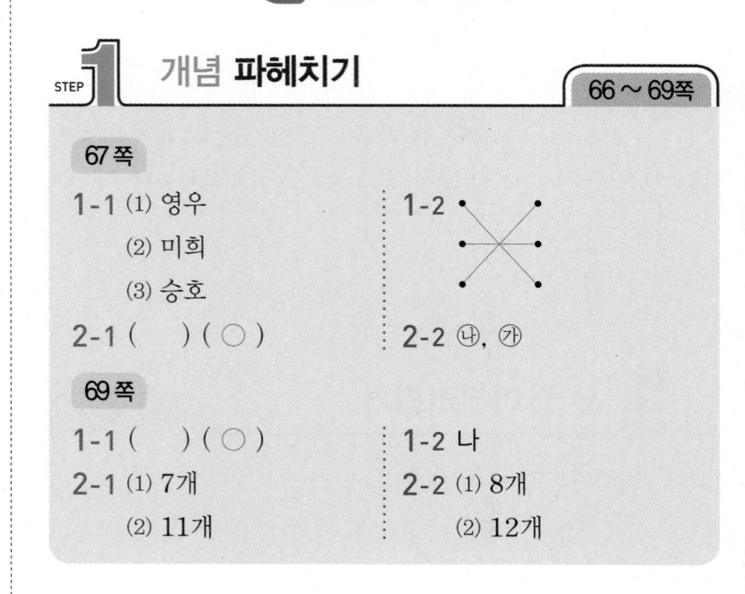

## STEP 1 개념 파헤치기 66 ~ 69쪽

**67쪽**

1-1 (1) 영우 (2) 미희 (3) 승호

1-2 (선 잇기)

2-1 ( ) (○)

2-2 ㉯, ㉮

**69쪽**

1-1 ( ) (○)

1-2 나

2-1 (1) 7개 (2) 11개

2-2 (1) 8개 (2) 12개

**67쪽**

**1-1** 생각 열기 보는 방향에 따라 조각상의 어떤 부분이 보이는지 살펴봅니다.

찍은 사진을 알아보면 다음과 같습니다.

**1-2**

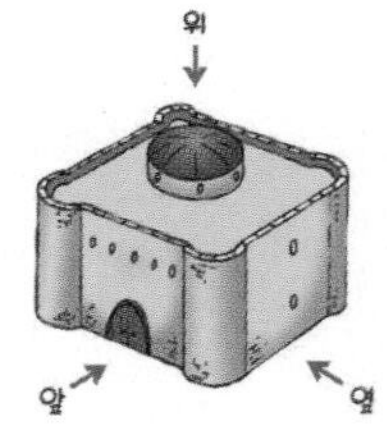


• 위에서 찍은 사진은 지붕 모양이 원 모양으로 보이고 가운데 놓인 모습입니다.
⇨

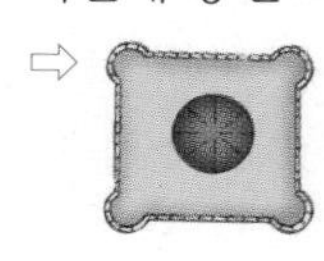

• 앞에서 찍은 사진은 성문이 보이는 모습입니다.

⇨ 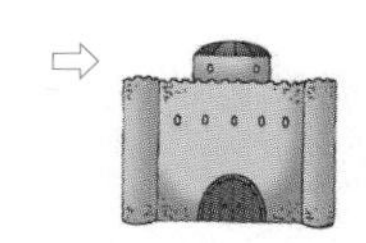

• 옆에서 찍은 사진은 아래, 위로 창이 나 있는 모습입니다.

⇨ 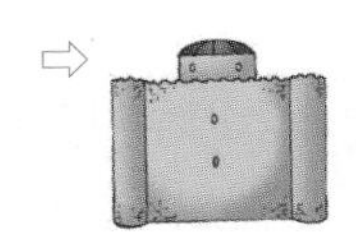

**2-1** 생각 열기 화살표 방향에서 찍으면 어떤 부분이 보이는지 살펴봅니다.

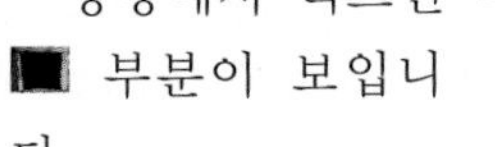

**2-2**

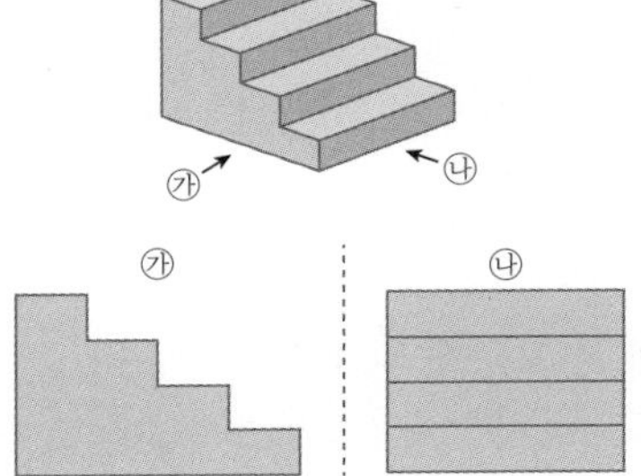

㉮ | ㉯

### 69쪽

**1-1** 오른쪽 모양을 보기 와 같은 모양이 되도록 돌려 보면 ○표 한 쌓기나무가 보이게 됩니다.

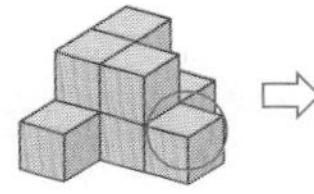 ⇨ 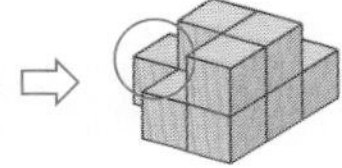

**1-2** 나 모양을 보기 와 같은 모양이 되도록 돌려 보면 ○표 한 쌓기나무가 보이게 됩니다.

 ⇨ 

**2-1** 생각 열기 위에서 본 모양을 보면 앞쪽에서 보이지 않는 쌓기나무가 있는지 없는지 알 수 있습니다.

(1) 뒤에 보이지 않는 쌓기나무가 없으므로 1층이 4개, 2층이 3개입니다. 따라서 주어진 모양과 똑같이 쌓는 데 쌓기나무 **7개**가 필요합니다.

(2) 1층: 5개, 2층: 4개, 3층: 2개

⇨ 5+4+2=**11**(개)

**2-2** (1) 뒤에 보이지 않는 쌓기나무가 없으므로 1층이 5개, 2층이 2개, 3층이 1개입니다. 따라서 주어진 모양과 똑같이 쌓는 데 쌓기나무 **8개**가 필요합니다.

(2) 1층: 5개, 2층: 5개, 3층: 2개

⇨ 5+5+2=**12**(개)

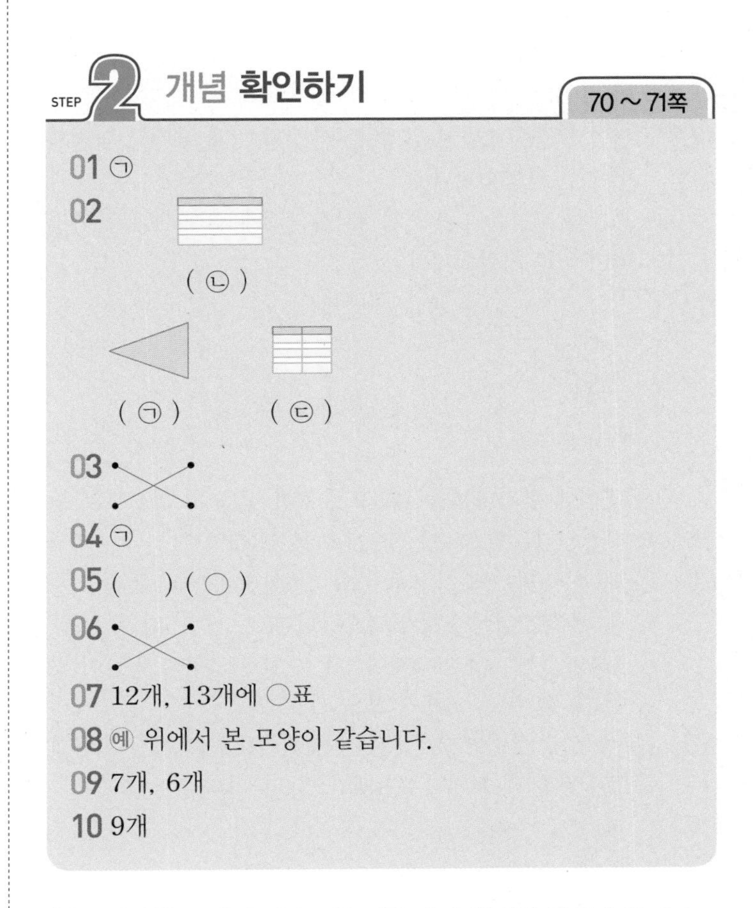

## STEP 2 개념 **확인하기** 70 ~ 71쪽

01 ㉠

02 ( ㉡ ) ( ㉠ ) ( ㉢ )

03

04 ㉠

05 (  ) ( ○ )

06

07 12개, 13개에 ○표

08 예 위에서 본 모양이 같습니다.

09 7개, 6개

10 9개

**01** 삼각형 모양이 나오도록 찍으려면 위에서 찍어야 합니다.

**02**

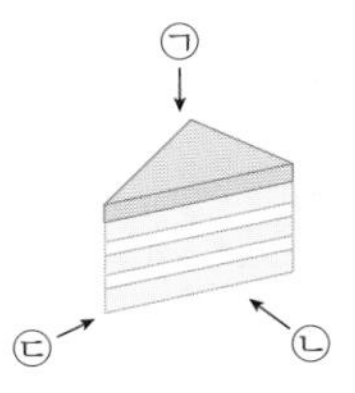


찍은 사진을 알아보면 다음과 같습니다.

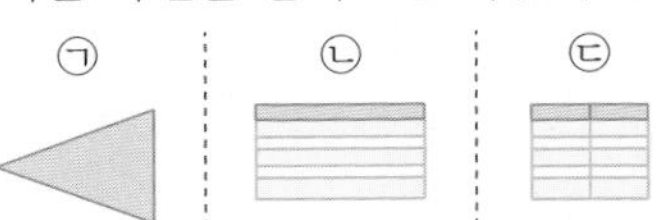


**03** • 나 방향에서 찍으면 차의 앞부분이 왼쪽으로 향합니다.
• 가 방향에서 찍으면 차의 앞부분이 오른쪽으로 향합니다.

**04** ㉡, ㉢ 방향에서 찍으면 직사각형 모양이 나옵니다.

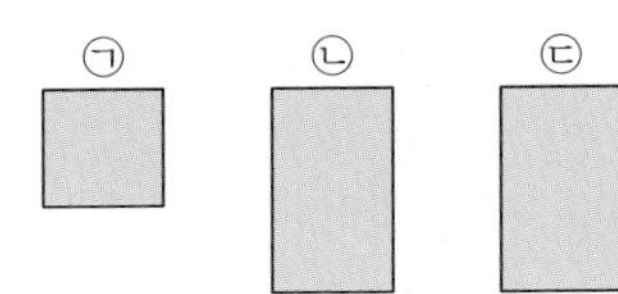

05

- 왼쪽 그림은 탁자의 뒤에서 본 모습입니다.
- 오른쪽 그림은 옆에서 본 모습으로 파란색 컵의 손잡이가 보이지 않아야 합니다.

06
- 왼쪽 모양은 1층이 위에서부터 2개, 2개, 1개로 연결되어 있는 모양입니다.
- 오른쪽 모양은 1층이 위에서부터 2개, 3개, 1개로 연결되어 있는 모양입니다.

07

㉠

위에서 본 모양

㉠ 자리에 쌓기나무를 1개 또는 2개 쌓을 수 있으므로 필요한 쌓기나무의 개수는 **12개** 또는 **13개**입니다.

09 ㉠ 1층이 5개, 2층이 2개이므로 주어진 모양과 똑같이 쌓는 데 쌓기나무 **7개**가 필요합니다.

㉡ 1층이 5개, 2층이 1개이므로 주어진 모양과 똑같이 쌓는 데 쌓기나무 **6개**가 필요합니다.

10 1층이 5개, 2층이 3개, 3층이 1개이므로 주어진 모양과 똑같이 쌓는 데 쌓기나무 **9개**가 필요합니다.

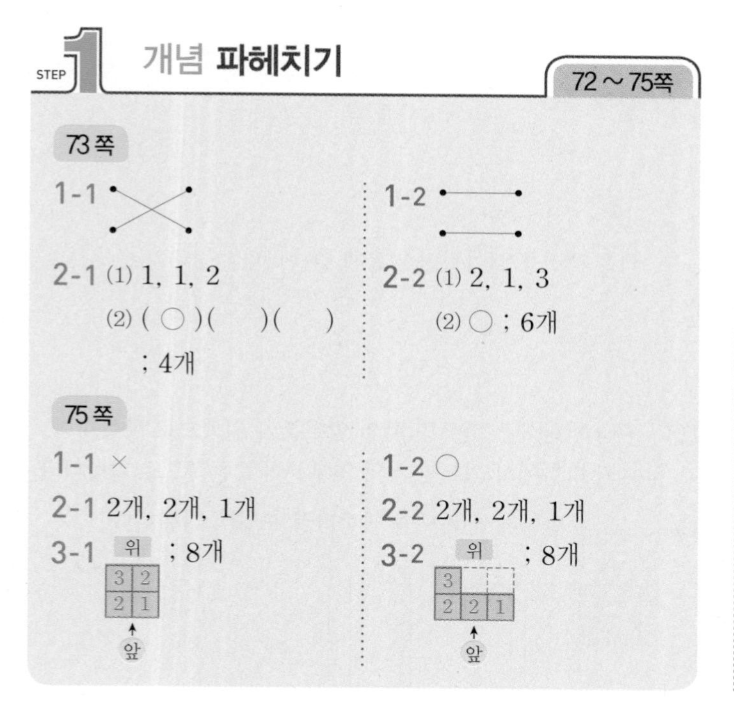

STEP 1 개념 **파헤치기** 72 ~ 75쪽

73쪽

1-1 (선 잇기)

1-2 (선 잇기)

2-1 (1) 1, 1, 2
(2) ( ○ )(　)(　) ; 4개

2-2 (1) 2, 1, 3
(2) ○ ; 6개

75쪽

1-1 ×

1-2 ○

2-1 2개, 2개, 1개

2-2 2개, 2개, 1개

3-1 위 (3, 2 / 2, 1) 앞 ; 8개

3-2 위 (3 / 2, 2, 1) 앞 ; 8개

73쪽

1-1 생각 열기 앞과 옆에서 보았을 때 각 방향에서 가장 높은 층의 모양을 찾아봅니다.

- 앞에서 보면 왼쪽부터 1층, 2층, 1층으로 보입니다.

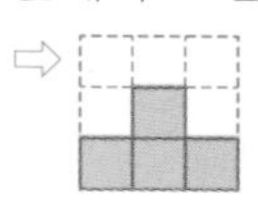

- 옆에서 보면 왼쪽부터 2층, 2층으로 보입니다.

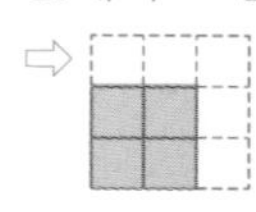

1-2
- 앞에서 보면 왼쪽부터 2층, 1층, 1층으로 보입니다.

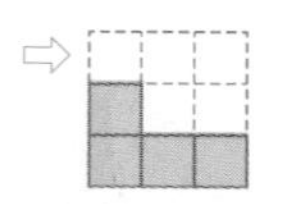

- 옆에서 보면 왼쪽부터 2층, 1층으로 보입니다.

2-1 (2) 위, 앞, 옆에서 본 모양에 맞게 쌓기나무를 쌓으면 오른쪽과 같습니다. 이때 1층에 3개, 2층에 1개이므로 쌓기나무가 **4개** 필요합니다.

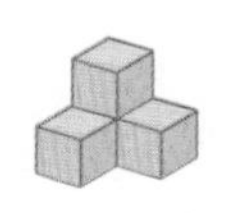

2-2 (2) 위, 앞, 옆에서 본 모양에 맞게 쌓기나무를 쌓으면 오른쪽과 같습니다. 이때 1층에 3개, 2층에 2개, 3층에 1개이므로 쌓기나무가 **6개** 필요합니다.

75쪽

1-1 ㉠ 자리에 쌓기나무가 3층으로 쌓여 있으므로 쌓기나무는 3개입니다.

1-2 ㉠에 쌓기나무가 3층으로 쌓여 있으므로 쌓기나무는 3개입니다.

2-1 ㉡: 2층으로 쌓여 있으므로 쌓기나무는 **2개**입니다.
㉢: 2층으로 쌓여 있으므로 쌓기나무는 **2개**입니다.
㉣: 1층으로 쌓여 있으므로 쌓기나무는 **1개**입니다.

2-2 ㉡: 2층으로 쌓여 있으므로 쌓기나무는 **2개**입니다.
㉢: 2층으로 쌓여 있으므로 쌓기나무는 **2개**입니다.
㉣: 1층으로 쌓여 있으므로 쌓기나무는 **1개**입니다.

3-1 생각 열기 각 자리에 쌓은 쌓기나무의 개수를 알아보고, 각 자리에 쌓은 쌓기나무의 개수를 모두 더합니다.

㉠+㉡+㉢+㉣=3+2+2+1=**8**(개)

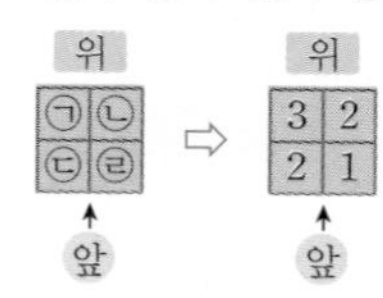

**3-2** ㉠+㉡+㉢+㉣=3+2+2+1=8(개)

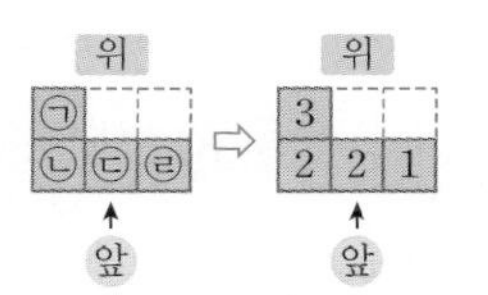


## STEP 2 개념 확인하기 76 ~ 77쪽

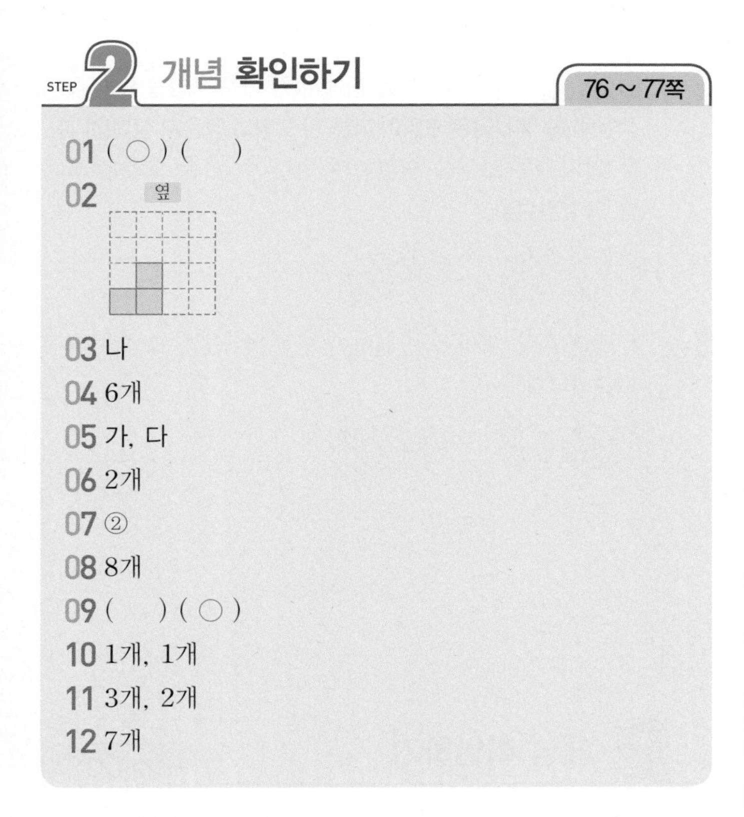

01 ( ○ ) (   )
02 (옆 그림)
03 나
04 6개
05 가, 다
06 2개
07 ②
08 8개
09 (   ) ( ○ )
10 1개, 1개
11 3개, 2개
12 7개

**01** 생각 열기 앞과 옆에서 본 모양은 각 방향에서 가장 높은 층의 모습과 같습니다.
앞에서 보면 왼쪽부터 1층, 2층, 1층, 1층으로 보입니다.

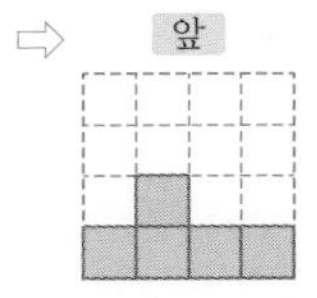


**02** 옆에서 보면 왼쪽부터 1층, 2층으로 보입니다.

**03** 옆에서 보았을 때 왼쪽부터 1층, 2층, 2층으로 보이는 모양은 **나**입니다.
가를 옆에서 본 모양은 다음과 같습니다.

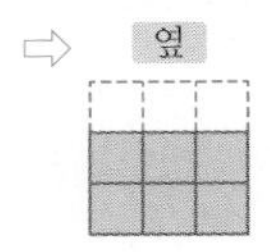


**04** 1층에 4개, 2층에 2개이므로 쌓기나무는 **6개** 필요합니다.

**05** 나는 앞에서 본 모양이 다음과 같습니다.

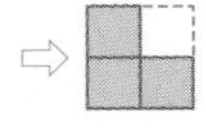

**06** ①에 쌓기나무가 2층으로 쌓여 있으므로 쌓기나무는 2개입니다.

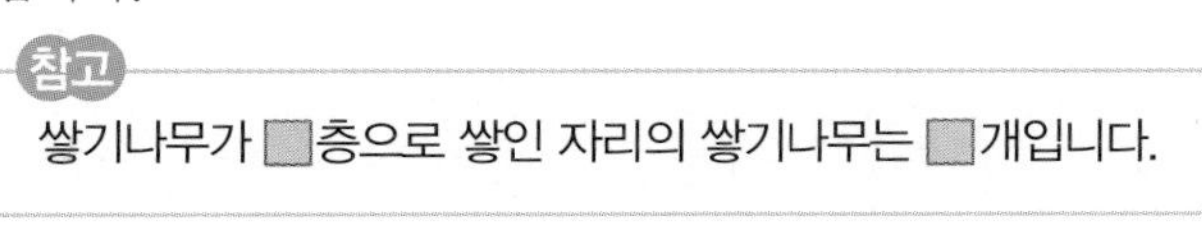

참고
쌓기나무가 ■층으로 쌓인 자리의 쌓기나무는 ■개입니다.

**07** 쌓기나무가 3층으로 쌓인 자리는 ②번입니다.

**08**

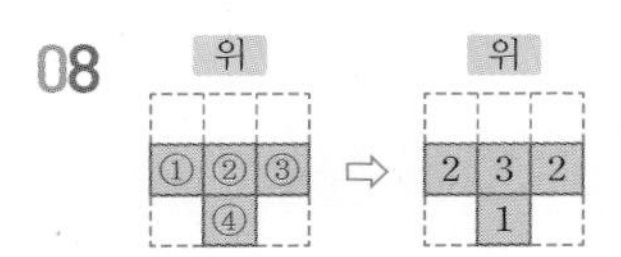


①+②+③+④=2+3+2+1=8(개)

**09** 생각 열기 옆에서 보았을 때 가장 높은 층의 모양을 찾아봅니다.
옆에서 보면 왼쪽부터 3층, 1층으로 보입니다.

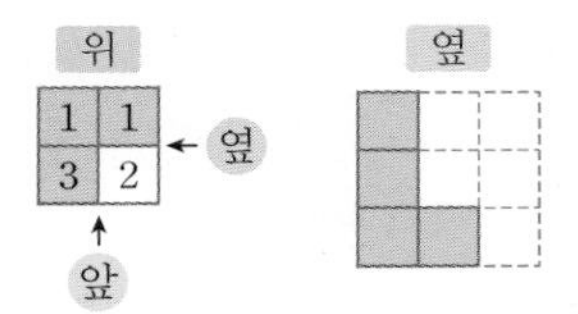


**10**

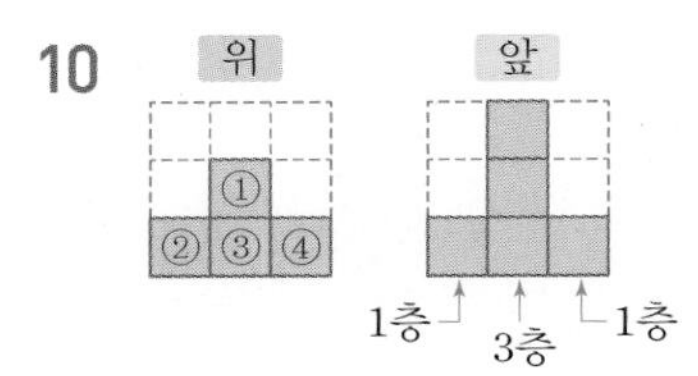


앞에서 보면 왼쪽부터 1층, 3층, 1층이므로 ②와 ④에 쌓인 쌓기나무는 각각 **1개**씩입니다.

**11**

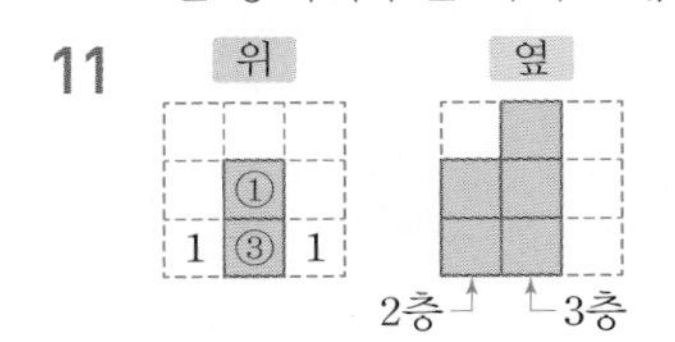


옆에서 보면 왼쪽부터 2층, 3층이므로 ①에 쌓인 쌓기나무는 **3개**이고, ③에 쌓인 쌓기나무는 **2개**입니다.

**12** ①+②+③+④=3+1+2+1=7(개)

## STEP 1 개념 파헤치기 78 ~ 81쪽

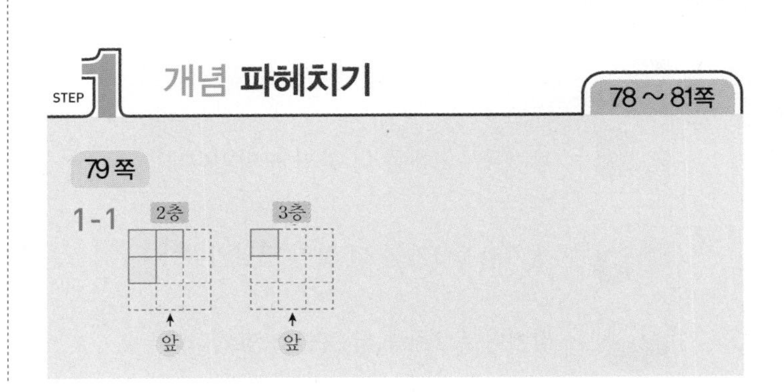

79쪽

**1-1**

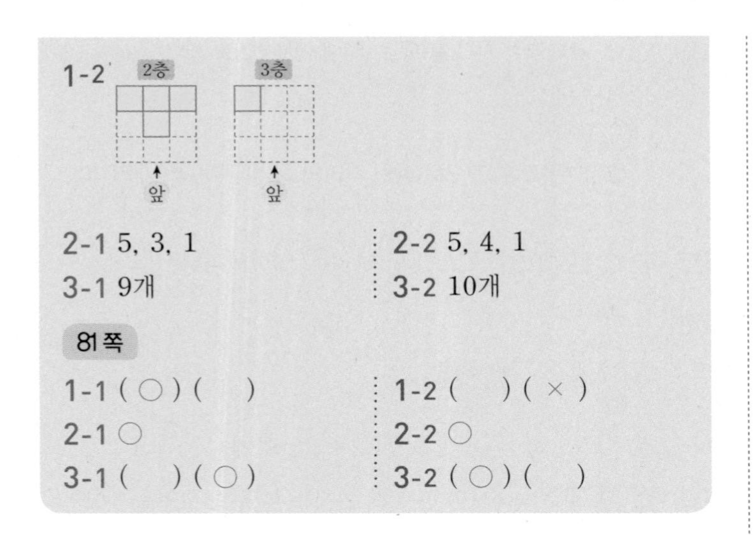

1-2 2층 3층

앞 앞

2-1 5, 3, 1 | 2-2 5, 4, 1
3-1 9개 | 3-2 10개

81쪽

1-1 ( ○ ) (   ) | 1-2 (   ) ( × )
2-1 ○ | 2-2 ○
3-1 (   ) ( ○ ) | 3-2 ( ○ ) (   )

## 79쪽

1-1 3층으로 쌓인 자리는 ㉠이므로 3층의 쌓기나무를 그릴 때 ㉠ 자리에 그려야 합니다.

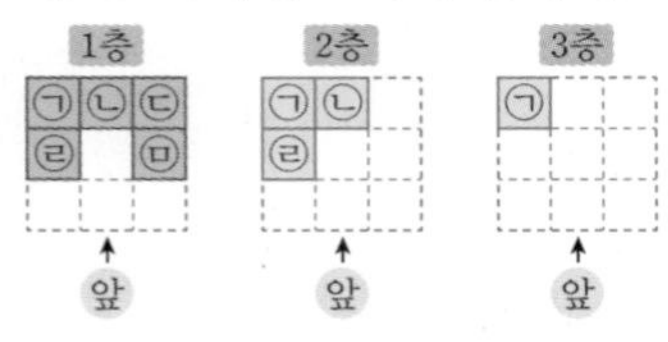


참고
같은 기호는 같은 자리에 쌓기나무가 놓여 있다는 뜻입니다.

1-2 3층으로 쌓인 자리는 ㉠이므로 3층의 쌓기나무를 그릴 때 ㉠ 자리에 그려야 합니다.

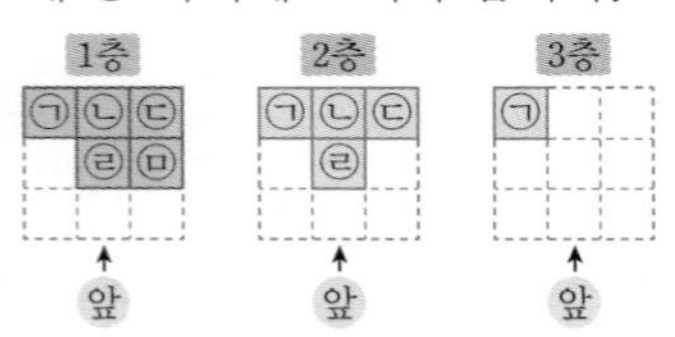


3-1 생각 열기 각 층에 쌓인 쌓기나무의 개수를 모두 더합니다.
(1층)+(2층)+(3층)=5+3+1=**9(개)**

3-2 (1층)+(2층)+(3층)=5+4+1=**10(개)**

## 81쪽

1-1 ⇨ 쌓기나무 1개를 더 붙인 모양입니다.

⇨ 쌓기나무 2개를 더 붙인 모양입니다.

1-2 ⇨ 쌓기나무 1개를 더 붙인 모양입니다.

⇨ 쌓기나무 2개를 더 붙인 모양입니다.

2-1 왼쪽 모양을 뒤쪽으로 뒤집으면 오른쪽 모양이 됩니다.

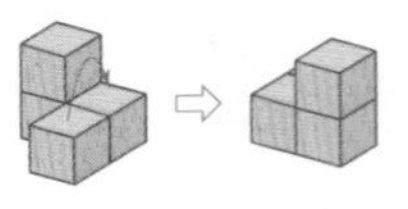

2-2 왼쪽 모양을 앞으로 뒤집으면 오른쪽 모양이 됩니다.

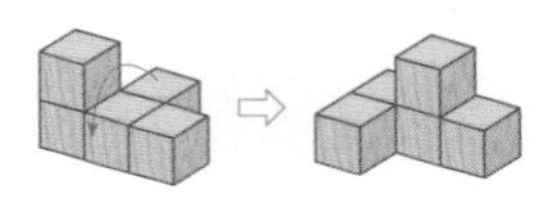

3-1 생각 열기 주어진 두 모양 중에서 한 가지 모양을 먼저 찾아 색칠해 봅니다. 남은 모양이 다른 한 모양과 같은지 살펴봅니다.
두 쌓기나무 모양을 연결하여 만들 수 있는 모양은 오른쪽 모양입니다.

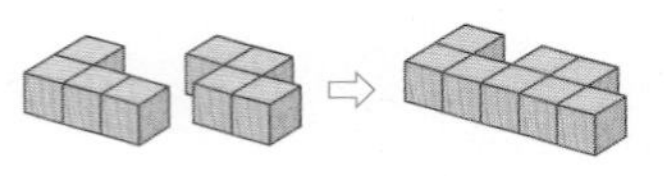

3-2 두 쌓기나무 모양을 연결하여 만들 수 있는 모양은 왼쪽 모양입니다.

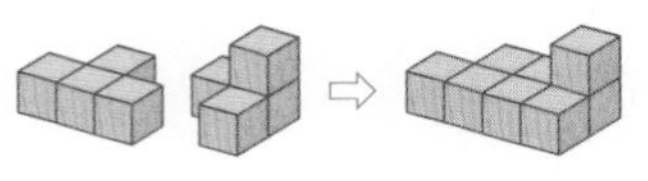

## STEP 2 개념 확인하기 82~83쪽

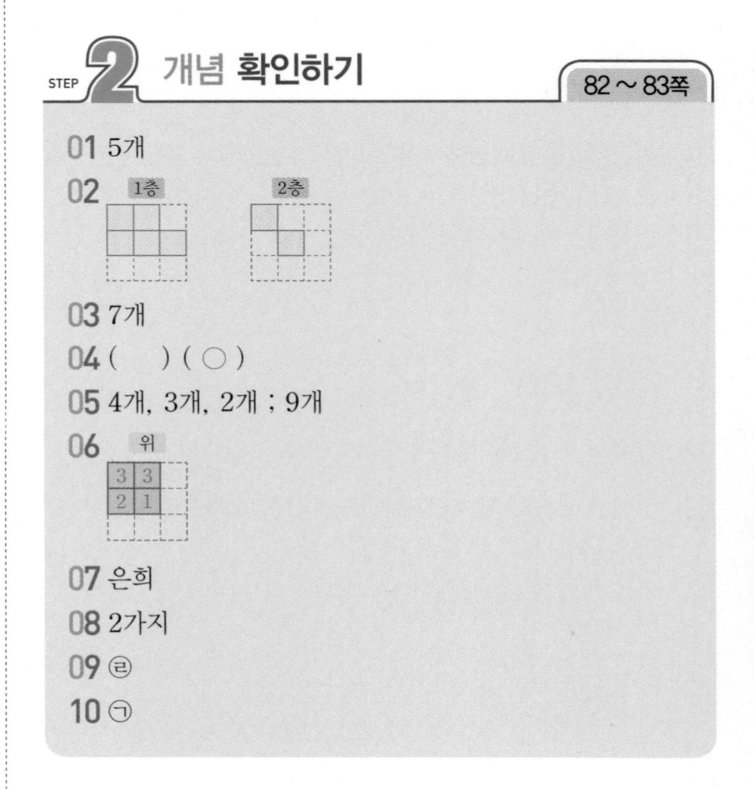

01 5개
02 1층 2층
03 7개
04 (   ) ( ○ )
05 4개, 3개, 2개 ; 9개
06 위

| 3 | 3 |
|---|---|
| 2 | 1 |

07 은희
08 2가지
09 ㉣
10 ㉠

01 1층에는 쌓기나무 **5개**가 와 같은 모양으로 놓여 있습니다.

02 2층의 쌓기나무 2개를 1층에 놓인 위치와 맞게 그립니다.

**03** (1층)+(2층)=5+2=**7**(개)

**04** 3층에 놓이는 쌓기나무의 위치에 주의하여 쌓은 모양을 찾습니다.

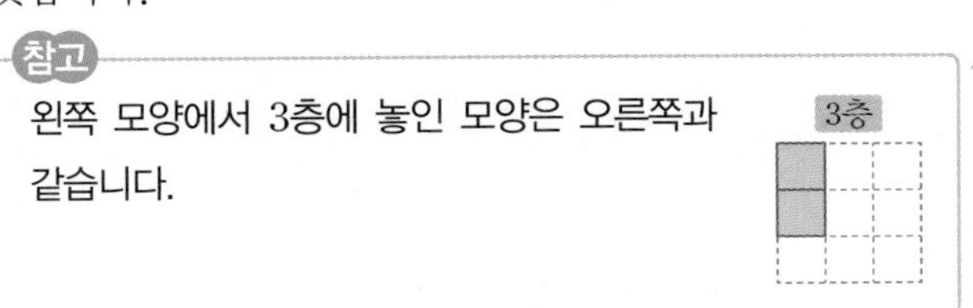
참고
왼쪽 모양에서 3층에 놓인 모양은 오른쪽과 같습니다.


**06** 각 층에 놓인 자리를 표시하면 다음과 같습니다.

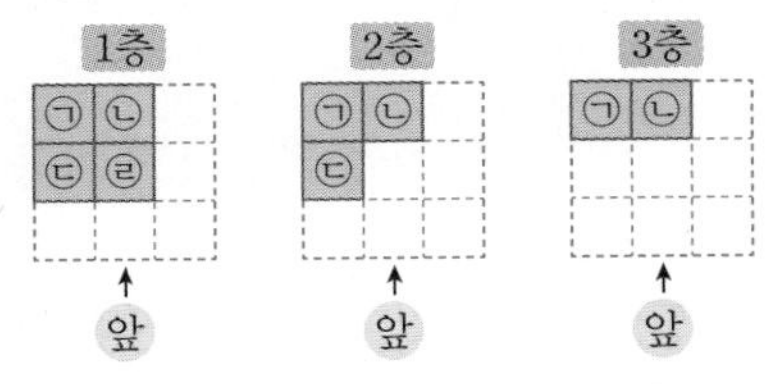


따라서 위에서 본 모양의 각 자리에 수를 쓰면 다음과 같습니다.

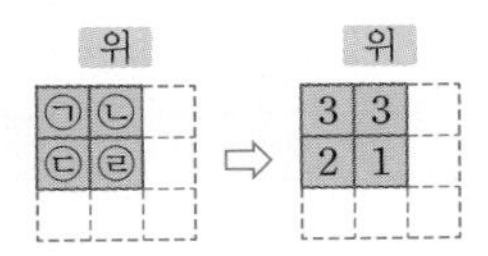


**07** 돌리거나 뒤집어서 같은 것은 같은 모양이므로 가와 나는 같은 모양이고 다와 라는 같은 모양입니다.
⇨ 서로 다른 모양은 2가지입니다.

**09** 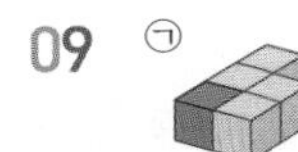  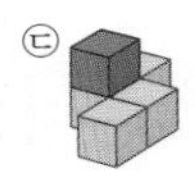 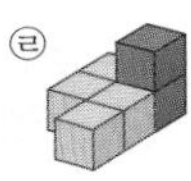


⇨ ㉣은 쌓기나무 2개를 더 붙여서 만든 모양입니다.

**10** 두 쌓기나무 모양을 연결하여 만들 수 있는 모양은 ㉠입니다.

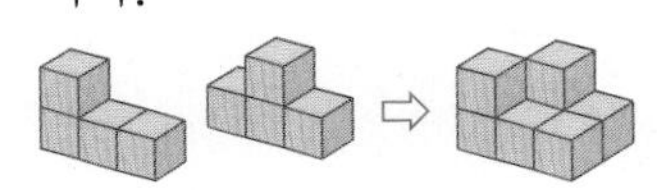

## STEP 3 단원 마무리평가 84 ~ 87쪽

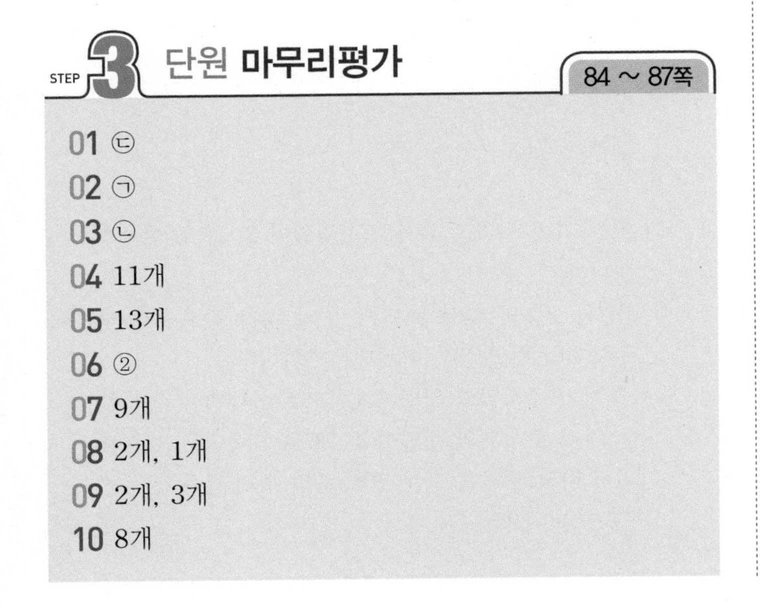

**01** ㉢
**02** ㉠
**03** ㉡
**04** 11개
**05** 13개
**06** ②
**07** 9개
**08** 2개, 1개
**09** 2개, 3개
**10** 8개

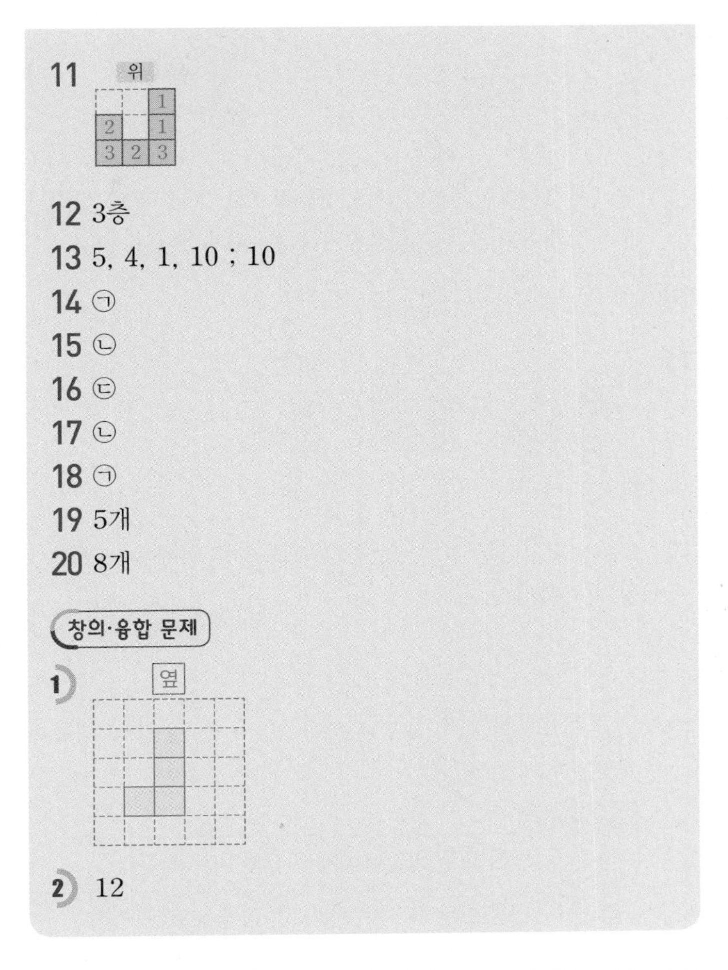

**11**


**12** 3층
**13** 5, 4, 1, 10 ; 10
**14** ㉠
**15** ㉡
**16** ㉢
**17** ㉡
**18** ㉠
**19** 5개
**20** 8개

창의·융합 문제

**1)**


**2)** 12

**01** 모자 쓴 조각상의 앞 모습을 찍었으므로 지혜가 찍은 사진은 ㉢입니다.

**02** 민호는 두 조각상의 가운데에서 찍었으므로 두 조각상이 모두 나온 사진을 찾으면 ㉠입니다.

**03** 은지는 모자를 쓰지 않은 조각상 앞에서 찍었으므로 은지가 찍은 사진은 ㉡입니다.

**04** 생각 열기 위에서 본 모양을 보면 앞쪽에서 보이지 않는 쌓기나무가 있는지 없는지 알 수 있습니다.
1층: 6개, 2층: 4개, 3층: 1개
⇨ 6+4+1=**11**(개)

**05** 1층: 6개, 2층: 5개, 3층: 2개
⇨ 6+5+2=**13**(개)

**06** ㉡에 쌓인 쌓기나무는 2개입니다.

**07**

| 1 | 2 | 3 |
|---|---|---|
|  | 1 | 2 |

⇨ 모두 **9**개입니다.

**08** 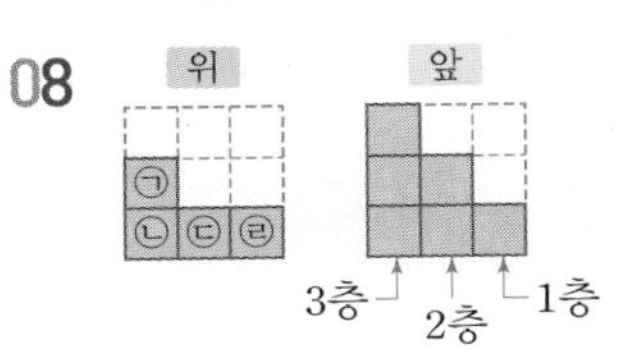


앞에서 보면 왼쪽부터 3층, 2층, 1층이므로 ㉢에 쌓인 쌓기나무는 **2**개이고, ㉣에 쌓인 쌓기나무는 **1**개입니다.

09 옆에서 보면 왼쪽부터 3층, 2층이므로 ㉠에 쌓인 쌓기나무는 2개이고, ㉡에 쌓인 쌓기나무는 3개입니다.

10 ㉠+㉡+㉢+㉣=2+3+2+1=8(개)

11

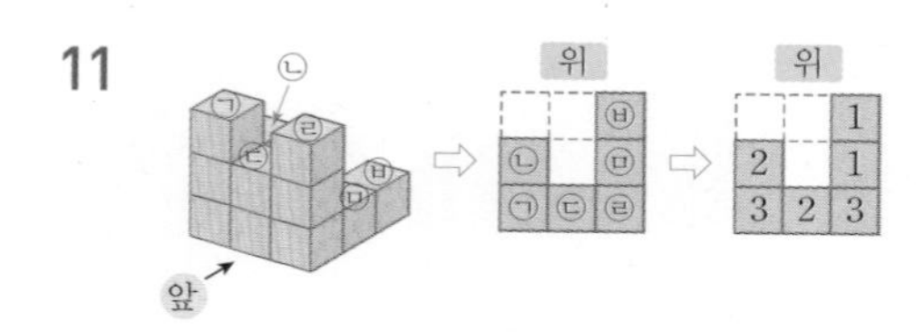

12 3층의 쌓기나무 위치는 2층의 앞줄 왼쪽 위에 쌓아야 합니다.

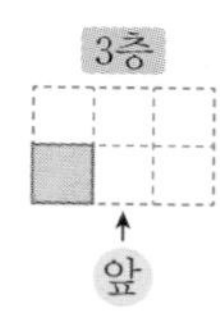

13 서술형 가이드 풀이 과정에 들어 있는 □ 안을 모두 알맞게 채웠는지 확인합니다.

채점 기준

| | |
|---|---|
| 상 | □ 안을 모두 알맞게 채우고 답을 바르게 구함. |
| 중 | □ 안을 모두 채우지 못했지만 답을 바르게 구함. |
| 하 | □ 안을 모두 채우지 못하고 답을 구하지 못함. |

14 위에서 본 모양이 같은 것은 ㉠이고, ㉠을 앞과 옆에서 본 모양이 주어진 그림과 같습니다.

15

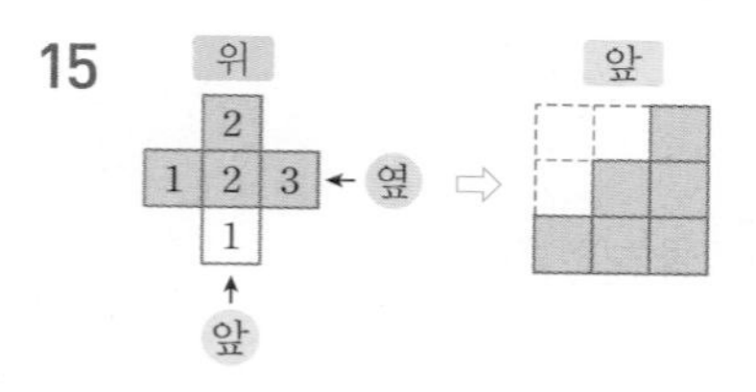

⇨ 앞에서 보면 왼쪽부터 1층, 2층, 3층으로 보입니다.

16

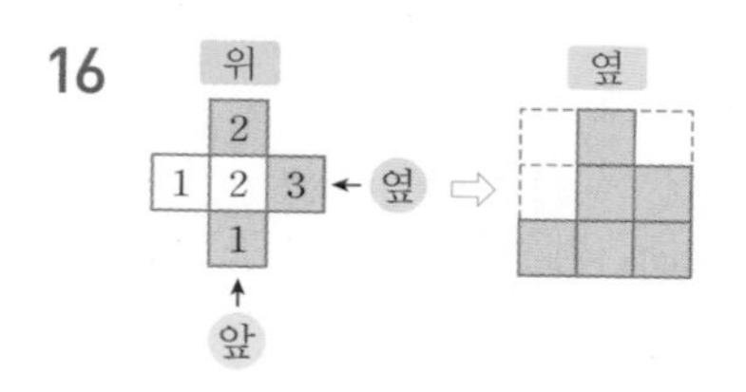

⇨ 옆에서 보면 왼쪽부터 1층, 3층, 2층으로 보입니다.

17 ㉡

⇨ 쌓기나무 1개를 더 붙인 모양입니다.

㉢

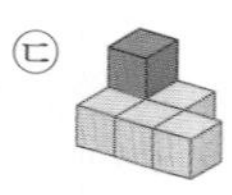

⇨ 쌓기나무 2개를 더 붙인 모양입니다.

18

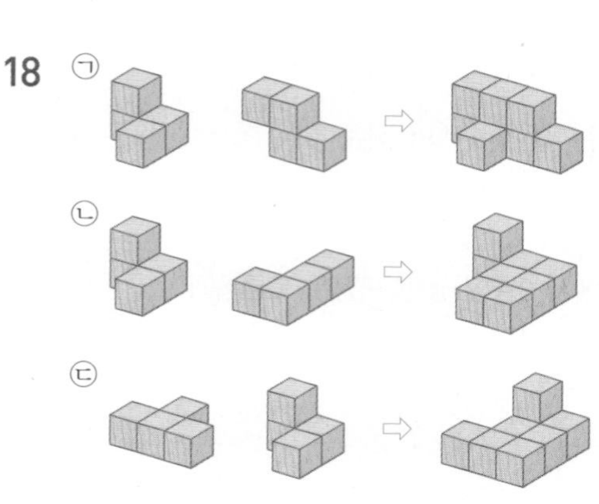

⇨ 두 쌓기나무 모양을 연결하여 만들 수 있는 모양은 ㉠입니다.

19 1층에 쌓인 쌓기나무는 7개이고 3층에 쌓인 쌓기나무는 2개이므로 7−2=5(개) 더 많습니다.

20 앞에서 보면 왼쪽부터 2층, 2층, 3층이므로 ㉠은 2입니다. 따라서 필요한 쌓기나무는 모두 2+2+1+3=8(개)입니다.

## 창의·융합 문제

1)

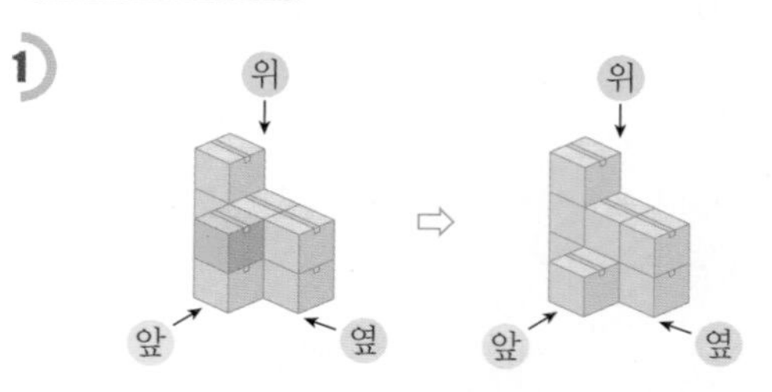


• 빨간색 상자 1개를 빼고 옆에서 보면 왼쪽부터 1층, 3층으로 보입니다.

• 빨간색 상자를 빼내도 위와 앞에서 본 모양은 달라지지 않습니다.

2) 주사위의 마주 보는 면의 눈의 수의 합은 항상 7이므로 1과 6, 2와 5, 3과 4의 눈이 마주 보고 있습니다.

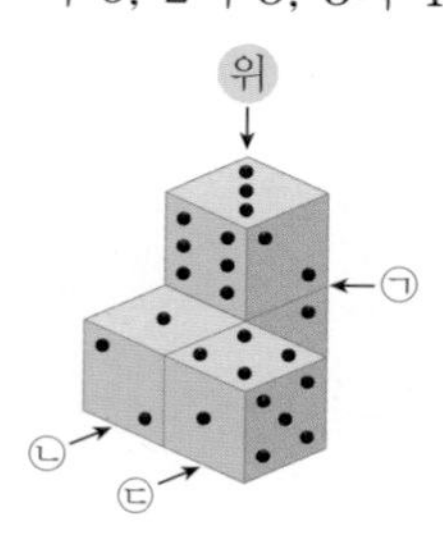


• ㉠ 자리에서 위쪽 주사위의 윗면이 3이므로 아랫면은 4입니다.
1층과 2층의 맞닿는 면의 눈의 수가 같으므로 아래쪽 주사위의 윗면은 4, 아랫면은 3입니다.

• ㉡ 자리 주사위의 윗면이 1이므로 아랫면은 6입니다.

• ㉢ 자리 주사위의 윗면이 4이므로 아랫면은 3입니다.

따라서 바닥에 닿는 모든 면의 눈의 수의 합은
3+6+3=12입니다.

# 4 비례식과 비례배분

## 개념 파헤치기 (90 ~ 93쪽)

**91쪽**

1-1 ○
1-2 ○
2-1 곱하여도
2-2 같습니다에 ○표
3-1 10
3-2 12

**93쪽**

1-1 나누어도
1-2 같습니다에 ○표
2-1 5
2-2 5
3-1 15 : 24 ⇨ 5 : [8] (전항 ÷3, 후항 ÷[3])
3-2 20 : 12 ⇨ [5] : 3 (전항 ÷[4], 후항 ÷4)

**91쪽**

**1-1** 생각 열기 ■ : ▲ ⇨ 기호 ':' 앞에 있는 ■를 전항, 뒤에 있는 ▲를 후항이라고 합니다.

전항 (기호 ':' 앞)
3 : 4
후항 (기호 ':' 뒤)

**1-2** 5 : 2 ⇨ 5를 전항, 2를 후항이라 합니다.

**2-1** 1 : 4 ⇨ $\frac{1}{4}$, 3 : 12 ⇨ $\frac{3}{12}\left(=\frac{1}{4}\right)$

**2-2** 2 : 7 ⇨ $\frac{2}{7}$, 4 : 14 ⇨ $\frac{4}{14}\left(=\frac{2}{7}\right)$

**3-1** 생각 열기 비의 전항과 후항에 0이 아닌 같은 수를 곱하여도 비율은 같습니다.
전항과 후항에 2를 곱하여도 비율은 같습니다.
- 전항: 3×2=6
- 후항: 5×2=10

**3-2** 전항과 후항에 3을 곱하여도 비율은 같습니다.
- 전항: 4×3=12
- 후항: 3×3=9

**93쪽**

**1-1** 3 : 12 ⇨ $\frac{3}{12}\left(=\frac{1}{4}\right)$, 1 : 4 ⇨ $\frac{1}{4}$

**1-2** 14 : 6 ⇨ $\frac{14}{6}\left(=\frac{7}{3}\right)$, 7 : 3 ⇨ $\frac{7}{3}$

**2-1** 생각 열기 비의 전항과 후항을 0이 아닌 같은 수로 나누어도 비율은 같습니다.
전항과 후항을 2로 나누어도 비율은 같습니다.
- 전항: 12÷2=6
- 후항: 10÷2=5

**2-2** 전항과 후항을 3으로 나누어도 비율은 같습니다.
- 전항: 15÷3=5
- 후항: 12÷3=4

**3-1** 15 : 24의 전항을 나눈 수로 후항도 나눕니다.
15 : 24 ⇨ 5 : 8 (전항 ÷3, 후항 ÷3)

**3-2** 20 : 12의 후항을 나눈 수로 전항도 나눕니다.
20 : 12 ⇨ 5 : 3 (전항 ÷4, 후항 ÷4)

## STEP 2 개념 확인하기 (94 ~ 95쪽)

01 (1) △5 : ⑥ (2) △11 : ⑨
02 2, 7
03 ㉡
04 4 : 9 ⇨ 8 : [18] (전항 ×2, 후항 ×[2])
05 3 : 8 ⇨ 15 : [40] (전항 ×[5], 후항 ×5)
06 6
07 예 12 : 22, 18 : 33
08 28 : 12 ⇨ 7 : [3] (전항 ÷4, 후항 ÷[4])
09 18 : 12 ⇨ 3 : [2] (전항 ÷[6], 후항 ÷6)
10 5
11 (선 잇기)
12 ㉢
13 예 15 : 10, 6 : 4

**01** (1) 비 5 : 6에서 기호 ':' 앞에 있는 5를 전항, 기호 ':' 뒤에 있는 6을 후항이라 합니다.
(2) 비 11 : 9에서 기호 ':' 앞에 있는 11을 전항, 기호 ':' 뒤에 있는 9를 후항이라 합니다.

**02** 생각 열기 전항 → ■ : ▲ ← 후항 / 전항 → 2 : 7 ← 후항

**03** 기호 ':' 앞에 있는 수가 뒤에 있는 수보다 더 큰 것은 5 : 4입니다.

**04** 전항과 후항에 2를 곱하여도 비율은 같습니다.
- 전항: 4×2=8
- 후항: 9×2=18

**05** 생각 열기 비의 전항과 후항에 0이 아닌 같은 수를 곱하여도 비율은 같습니다.

비의 후항에 5를 곱했으므로 비의 전항에도 5를 곱해야 합니다.

비의 후항에 5를 곱한 값은 **40**입니다.

**06** $7\times2=14$에서 비의 전항에 2를 곱한 것이므로 후항에도 2를 곱합니다.

$7:3 \Rightarrow 14:\mathbf{6}$ (×2, ×2)

**07** 비의 전항과 후항에 0이 아닌 같은 수를 곱하여도 비율은 같습니다.

$6:11 \Rightarrow 12:22$ (×2, ×2)  $6:11 \Rightarrow 18:33$ (×3, ×3)

**08** 전항과 후항을 4로 나누어도 비율은 같습니다.

전항: $28\div4=7$
후항: $12\div4=\mathbf{3}$

**09** 비의 후항을 6으로 나누었으므로 비의 전항도 6으로 나누어야 합니다. 비의 후항을 6으로 나눈 값은 **2**입니다.

**10** $21\div3=7$에서 비의 전항을 3으로 나눈 것이므로 후항도 3으로 나눕니다.

$21:15 \Rightarrow 7:\mathbf{5}$ (÷3, ÷3)

**11** 생각 열기 비의 전항과 후항을 0이 아닌 같은 수로 나누어도 비율은 같습니다.

$48:42 \Rightarrow 8:7$ (÷6, ÷6)  $40:48 \Rightarrow 5:6$ (÷8, ÷8)  $70:40 \Rightarrow 7:4$ (÷10, ÷10)

**12** 비의 전항과 후항을 0이 아닌 같은 수로 나누어 비율이 같은지 알아봅니다.

$45:30 \Rightarrow 15:10$ (÷3, ÷3)  $45:30 \Rightarrow 9:6$ (÷5, ÷5)  $45:30 \Rightarrow 3:2$ (÷15, ÷15)

**13** 비의 전항과 후항을 0이 아닌 같은 수로 나누어도 비율은 같습니다.

$30:20 \Rightarrow 15:10$ (÷2, ÷2)  $30:20 \Rightarrow 6:4$ (÷5, ÷5)

참고
비의 전항과 후항에 0이 아닌 같은 수를 곱하여 비율이 같은 비를 구할 수도 있습니다.

$30:20 \Rightarrow 60:40$ (×2, ×2)  $30:20 \Rightarrow 90:60$ (×3, ×3)

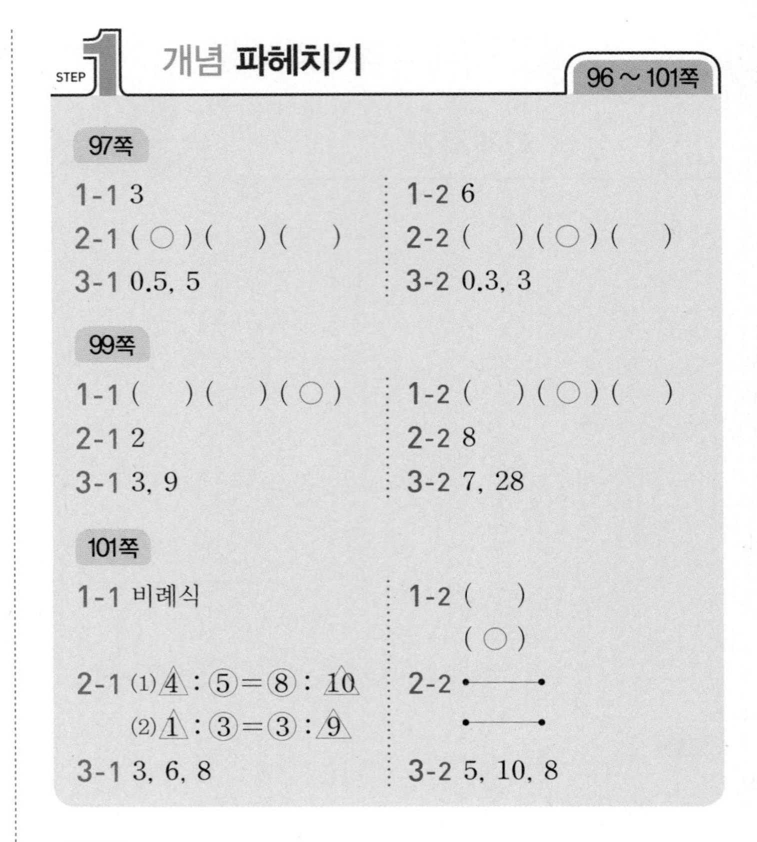
STEP 1 개념 파헤치기 96 ~ 101쪽

97쪽
1-1 3 / 1-2 6
2-1 (○)( )( ) / 2-2 ( )(○)( )
3-1 0.5, 5 / 3-2 0.3, 3

99쪽
1-1 ( )( )(○) / 1-2 ( )(○)( )
2-1 2 / 2-2 8
3-1 3, 9 / 3-2 7, 28

101쪽
1-1 비례식 / 1-2 ( ) (○)
2-1 (1) 4 : 5 = 8 : 10 (2) 1 : 3 = 3 : 9 / 2-2
3-1 3, 6, 8 / 3-2 5, 10, 8

97쪽

**1-1** 소수 한 자리 수의 비이므로 전항과 후항에 10을 곱합니다.

전항: $0.2\times10=2$
후항: $0.3\times10=\mathbf{3}$

**1-2** 소수 두 자리 수의 비이므로 전항과 후항에 100을 곱합니다.

전항: $0.06\times100=\mathbf{6}$
후항: $0.07\times100=7$

**2-1** 생각 열기 소수 한 자리 수의 비이므로 전항과 후항에 10을 곱합니다.

$1.2:1.3 \Rightarrow 12:13$ (×10, ×10)

**2-2** $1.5:0.8 \Rightarrow 15:8$ (×10, ×10)

**3-1** 생각 열기 분수를 소수로 고칠 때에는 분모가 10 또는 100인 분수로 고친 다음 소수로 나타냅니다.

$\frac{1}{2}=\frac{5}{10}=0.5$

$0.1:\frac{1}{2} \Rightarrow 0.1:0.5 \Rightarrow 1:5$ (×10, ×10)

**3-2** $\frac{3}{10}=0.3$

$0.4:\frac{3}{10} \Rightarrow 0.4:0.3 \Rightarrow 4:3$ (×10, ×10)

**99쪽**

**1-1** $\frac{1}{3}:\frac{1}{4}$ → 두 분모 3과 4의 공배수를 곱하면 간단한 자연수의 비로 나타낼 수 있습니다.
⇨ 3과 4의 공배수: 12, 24, 36……

**1-2** 생각 열기 분수의 비이므로 전항과 후항에 두 분모의 공배수를 곱합니다.
$\frac{1}{5}:\frac{1}{6}$ → 두 분모 5와 6의 공배수를 곱하면 간단한 자연수의 비로 나타낼 수 있습니다.
⇨ 5와 6의 공배수: 30, 60, 90……

**2-1** 전항과 후항에 두 분모 2와 5의 최소공배수인 10을 곱합니다.
$\frac{1}{2}:\frac{1}{5}$ ⇨ $\left(\frac{1}{2}\times 10\right):\left(\frac{1}{5}\times 10\right)$ ⇨ 5 : 2

**2-2** 전항과 후항에 두 분모 7과 8의 최소공배수인 56을 곱합니다.
$\frac{1}{7}:\frac{1}{8}$ ⇨ $\left(\frac{1}{7}\times 56\right):\left(\frac{1}{8}\times 56\right)$ ⇨ 8 : 7

**3-1** 생각 열기 소수를 분수로 고칠 때에는 분모가 10 또는 100인 분수로 나타냅니다.
$0.3=\frac{3}{10}$이므로 전항과 후항에 두 분모 10과 6의 최소공배수인 30을 곱합니다.
$0.3:\frac{1}{6}$ ⇨ $\frac{3}{10}:\frac{1}{6}$ ⇨ $\left(\frac{3}{10}\times 30\right):\left(\frac{1}{6}\times 30\right)$ ⇨ 9 : 5

**3-2** $0.7=\frac{7}{10}$이므로 전항과 후항에 두 분모 10과 8의 최소공배수인 40을 곱합니다.
$0.7:\frac{1}{8}$ ⇨ $\frac{7}{10}:\frac{1}{8}$ ⇨ $\left(\frac{7}{10}\times 40\right):\left(\frac{1}{8}\times 40\right)$ ⇨ 28 : 5

**101쪽**

**1-2** 생각 열기 비율이 같은 두 비를 기호 '='를 사용하여 나타낸 식을 비례식이라고 합니다.
4 : 8의 비율은 $\frac{1}{2}$, 1 : 4의 비율은 $\frac{1}{4}$이므로 비례식으로 나타낼 수 없습니다.

**2-1** 생각 열기 ■ : ▲ = ● : ★ ⇨ 바깥쪽에 있는 두 항 ■, ★을 외항, 안쪽에 있는 두 항 ▲, ●를 내항이라 합니다.

(1) 외항: 4, 10 / 4 : 5 = 8 : 10 / 내항: 5, 8
(2) 외항: 1, 9 / 1 : 3 = 3 : 9 / 내항: 3, 3

**2-2** 외항(바깥쪽에 있는 두 항)
2 : 5 = 4 : 10
내항(안쪽에 있는 두 항)

**3-1** 비율이 같은 두 비를 기호 '='를 사용하여 나타낸 식을 비례식이라고 합니다.

참고
[두 비를 비례식으로 나타내는 방법]
① 비를 비율로 나타냅니다. ⇨ ■ : ▲ = $\frac{■}{▲}$
② 비율이 같은지 다른지 알아봅니다.
③ 비율이 같으면 두 비를 기호 '='를 사용하여 나타냅니다.

STEP 2 개념 확인하기 102 ~ 103쪽

01 0.17 : 0.35 ⇨ 17 : 35 (×100, ×100)
02 0.5 : 0.9 ⇨ 5 : 9 (×10)
03 (선 잇기)
04 0.9 ; 5, 9
05 예 3 : 4
06 $\frac{1}{9}:\frac{1}{7}$ ⇨ 7 : 9 (×63)
07 ㉡
08 5 ; 5, 2
09 (1) 예 35 : 6 (2) 예 21 : 20
10 ㉠
11 6, 2, 9
12 1, 2, 3, 6 또는 3, 6, 1, 2
13 4에 ○표, 20에 ○표

01 소수 두 자리 수이므로 전항과 후항에 각각 100을 곱합니다.

02 생각 열기 (소수) : (소수)를 간단한 자연수의 비로 나타낼 때에는 10, 100……을 곱합니다.
0.5 : 0.9 ⇨ 5 : 9 (×10, ×10)

03 0.9 : 1.4 ⇨ 9 : 14 (×10, ×10)

**04** $\frac{9}{10}=0.9$입니다.

$0.5:\frac{9}{10} \Rightarrow 0.5:0.9 \Rightarrow 5:9$ (전항과 후항에 각각 $\times 10$)

**05** $\frac{2}{5}=\frac{4}{10}=0.4$입니다.

$0.3:\frac{2}{5} \Rightarrow 0.3:0.4 \Rightarrow 3:4$ (전항과 후항에 각각 $\times 10$)

**06** 생각 열기 (분수) : (분수)를 간단한 자연수의 비로 나타낼 때에는 전항과 후항에 두 분모의 공배수를 곱합니다.

전항과 후항에 두 분모 9와 7의 최소공배수인 63을 곱합니다.

$\frac{1}{9}:\frac{1}{7} \Rightarrow 7:9$ (전항과 후항에 각각 $\times 63$)

**07** 전항과 후항에 두 분모 4와 3의 최소공배수인 12를 곱합니다.

$\frac{1}{4}:\frac{2}{3} \Rightarrow \left(\frac{1}{4}\times 12\right):\left(\frac{2}{3}\times 12\right) \Rightarrow 3:8$

**08** $0.5:\frac{1}{5} \Rightarrow \frac{5}{10}:\frac{1}{5} \Rightarrow \left(\frac{5}{10}\times 10\right):\left(\frac{1}{5}\times 10\right) \Rightarrow 5:2$

**09** (1) 전항과 후항에 두 분모 6과 7의 최소공배수인 42를 곱합니다.

$\frac{5}{6}:\frac{1}{7} \Rightarrow \left(\frac{5}{6}\times 42\right):\left(\frac{1}{7}\times 42\right) \Rightarrow 35:6$

(2) $0.3:\frac{2}{7} \Rightarrow \frac{3}{10}:\frac{2}{7} \Rightarrow \left(\frac{3}{10}\times 70\right):\left(\frac{2}{7}\times 70\right) \Rightarrow 21:20$

**10** ㉠ $8:4 \Rightarrow \frac{8}{4}(=2)$, $2:1 \Rightarrow \frac{2}{1}(=2)$로 비율이 같으므로 비례식입니다.

**11** $3:2=9:6$ (외항: 3, 6 / 내항: 2, 9) ⇨ 3과 6을 외항이라 하고, 2와 9를 내항이라 합니다.

**12** $1:2 \rightarrow \frac{1}{2}$

$2:3 \rightarrow \frac{2}{3}$

$3:6 \rightarrow \frac{3}{6}\left(=\frac{1}{2}\right)$

비율이 같습니다.

⇨ 1 : 2와 3 : 6의 비율이 같으므로 비례식으로 나타내면 1 : 2=3 : 6 또는 3 : 6=1 : 2입니다.

**13** 생각 열기

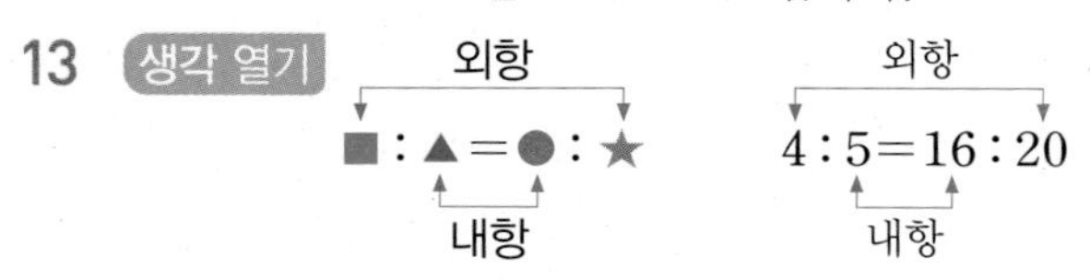


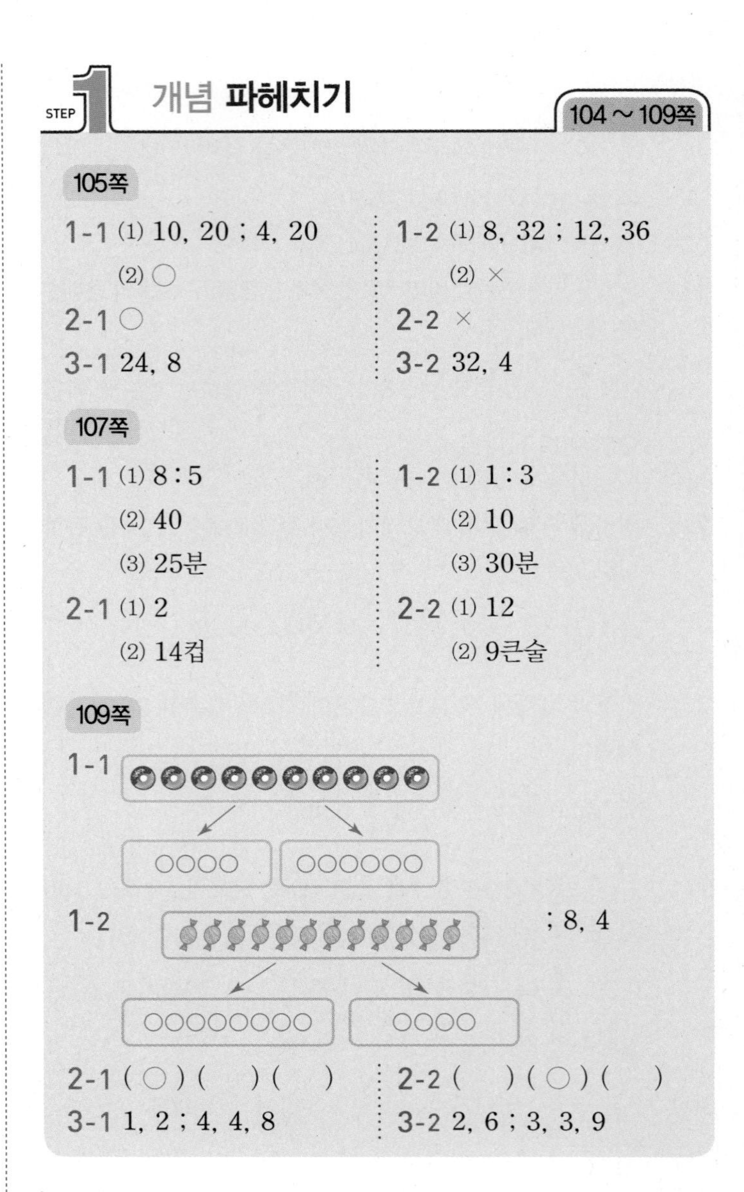


**105쪽**

**1-1** 생각 열기 비례식에서 외항의 곱과 내항의 곱은 같습니다.

외항의 곱: $2\times 10=20$

내항의 곱: $5\times 4=20$

⇨ 외항의 곱과 내항의 곱이 같으므로 비례식입니다.

**1-2** 외항의 곱: $4\times 8=32$

내항의 곱: $3\times 12=36$

⇨ 외항의 곱과 내항의 곱이 다르므로 비례식이 아닙니다.

**2-1** 생각 열기 외항의 곱과 내항의 곱이 같으면 비례식입니다.

외항의 곱: $3\times 2=6$

내항의 곱: $6\times 1=6$

⇨ 외항의 곱과 내항의 곱이 같으므로 비례식입니다.

**2-2** 외항의 곱: $9\times 3=27$

내항의 곱: $6\times 2=12$

⇨ 외항의 곱과 내항의 곱이 다르므로 비례식이 아닙니다.

**3-1** 생각 열기 외항의 곱과 내항의 곱이 같다는 성질을 이용합니다.

$3:4=6:★$
$3\times★=4\times6$
$3\times★=24$
$★=8$

**3-2** $2:8=♥:16$
$2\times16=8\times♥$
$32=8\times♥$
$♥=4$

**107쪽**

**1-1** (3) $8:5=40:●$, $8\times●=5\times40$,
$8\times●=200$, $●=25$
⇨ 트럭이 40 km를 달리는 데 걸리는 시간은 **25분**입니다.

**1-2** (3) $1:3=10:■$, $1\times■=3\times10$, $■=30$
⇨ 자전거가 10 km를 달리는 데 걸리는 시간은 **30분**입니다.

**2-1** (2) $7:1=◆:2$, $7\times2=1\times◆$, $◆=14$
⇨ 액젓을 2컵 넣었을 때 넣은 고춧가루는 **14컵**입니다.

**2-2** (2) $3:4=●:12$, $3\times12=4\times●$,
$4\times●=36$, $●=9$
⇨ 간장의 양이 12큰술일 때 고추장은 **9큰술**이 필요합니다.

**109쪽**

**1-1** 도넛을 2개, 3개씩 묶어서 배분하거나 하나씩 배분하여 그려 봅니다.

**1-2** 사탕을 2개, 1개씩 묶어서 배분하거나 하나씩 배분하여 그려 봅니다.

**2-1** (민주) : (은호) $=3:2$
⇨ 민주가 가지는 사탕은 전체의 $\frac{3}{3+2}$입니다.

**2-2** (재희) : (미소) $=6:7$
⇨ 미소가 가지는 초콜릿은 전체의 $\frac{7}{6+7}$입니다.

**3-1**
$10\times\frac{1}{1+4}=\overset{2}{\cancel{10}}\times\frac{1}{\underset{1}{\cancel{5}}}=2$
$10\times\frac{4}{1+4}=\overset{2}{\cancel{10}}\times\frac{4}{\underset{1}{\cancel{5}}}=8$

**3-2**
$15\times\frac{2}{2+3}=\overset{3}{\cancel{15}}\times\frac{2}{\underset{1}{\cancel{5}}}=6$
$15\times\frac{3}{2+3}=\overset{3}{\cancel{15}}\times\frac{3}{\underset{1}{\cancel{5}}}=9$

## STEP 2 개념 확인하기 (110 ~ 111쪽)

01 ○ 02 ㉢
03 48, 6 04 9
05 2 06 예 (1) $7:4=\square:16$ (2) 28초
07 예 $2:4000=6:\square$ ; 12000원
08 (1) $\frac{\boxed{3}}{3+\boxed{4}}$, $\frac{\boxed{3}}{\boxed{7}}$ (2) $\frac{\boxed{4}}{3+\boxed{4}}$, $\frac{\boxed{4}}{\boxed{7}}$
09 $\frac{\boxed{4}}{4+\boxed{5}}$, $\frac{\boxed{4}}{\boxed{9}}$, 12 10 $\frac{\boxed{5}}{4+\boxed{5}}$, $\frac{\boxed{5}}{\boxed{9}}$, 15
11 $\frac{\boxed{3}}{\boxed{5}}$, 3000 ; $\frac{\boxed{2}}{\boxed{5}}$, 2000

**01** 생각 열기 비례식에서 외항의 곱과 내항의 곱은 같습니다.

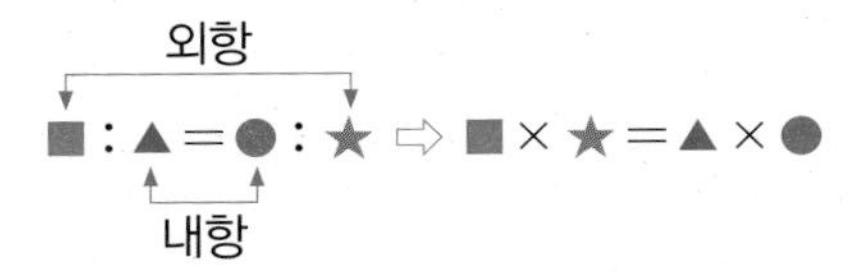


외항의 곱: $3\times3=9$
내항의 곱: $1\times9=9$
⇨ 외항의 곱과 내항의 곱이 같으므로 비례식입니다.

**02** ㉠ 외항의 곱: $4\times10=40$, 내항의 곱: $5\times12=60$
㉡ 외항의 곱: $\frac{1}{2}\times7=\frac{7}{2}$, 내항의 곱: $\frac{1}{7}\times2=\frac{2}{7}$
㉢ 외항의 곱: $0.3\times8=2.4$, 내항의 곱: $0.4\times6=2.4$
⇨ 외항의 곱과 내항의 곱이 같은 것은 ㉢입니다.

**03** $⊙:4=12:8$
$⊙\times8=4\times12$
$⊙\times8=48$
$⊙=6$

**04** $5:\square=10:18$, $5\times18=\square\times10$, $90=\square\times10$, $\square=9$

**05** $20:8=5:\square$, $20\times\square=8\times5$, $20\times\square=40$, $\square=2$

**06** (2) $7:4=\square:16$, $7\times16=4\times\square$,
$4\times\square=112$, $\square=28$
⇨ 16장을 인쇄하는 데 걸리는 시간은 **28초**입니다.

**07** 서술형 가이드 비례식을 세우고 답을 바르게 구했는지 확인합니다.

| 채점 기준 | |
|---|---|
| 상 | 비례식을 세우고 답을 바르게 구했음. |
| 중 | 비례식만 세웠음. |
| 하 | 비례식을 세우지 못함. |

08 (민경) : (재훈) = 3 : 4

(1) 민경: $\frac{3}{3+4}=\frac{3}{7}$

(2) 재훈: $\frac{4}{3+4}=\frac{4}{7}$

09 생각 열기 (민수) : (은혜) = 4 : 5

⇨ 민수는 전체의 $\frac{4}{4+5}$, 은혜는 전체의 $\frac{5}{4+5}$를 가집니다.

민수: $27\times\frac{4}{4+5}=\overset{3}{\cancel{27}}\times\frac{4}{\underset{1}{\cancel{9}}}=12$(개)

10 은혜: $27\times\frac{5}{4+5}=\overset{3}{\cancel{27}}\times\frac{5}{\underset{1}{\cancel{9}}}=15$(개)

11 하윤: $5000\times\frac{3}{3+2}=\overset{1000}{\cancel{5000}}\times\frac{3}{\underset{1}{\cancel{5}}}=3000$(원)

예윤: $5000\times\frac{2}{3+2}=\overset{1000}{\cancel{5000}}\times\frac{2}{\underset{1}{\cancel{5}}}=2000$(원)

## STEP 3 단원 마무리평가 (112 ~ 115쪽)

01 2, 1
02 (위부터) 12, 15 ; 3
03 (위부터) 4 ; 5, 4
04 ①
05 7, 12
06 ③
07 (위부터) 5 ; 40
08 (위부터) 5 ; 6
09 현태
10 15, 75, 10, 70, 다르므로에 ○표
11 예 27 : 25
12 ○
13 45, 3
14 7
15 3, 2, 9, 6 (또는 9, 6, 3, 2)
16 6, 6
17 $\frac{\boxed{3}}{\boxed{3}+\boxed{5}}$, $\frac{\boxed{3}}{\boxed{8}}$, 6 ; $\frac{\boxed{5}}{\boxed{3}+\boxed{5}}$, $\frac{\boxed{5}}{\boxed{8}}$, 10
18 $\frac{\boxed{3}}{7+\boxed{3}}$, $\frac{\boxed{3}}{\boxed{10}}$, 15
19 가
20 250, 250, 2000, 200 ; 200

**창의·융합 문제**

1) 예 0.2 : 0.8 ⇨ 1 : 4 ; 예 $\frac{1}{10}:\frac{2}{5}$ ⇨ 1 : 4
2) 720000원
3) 14시간, 10시간

01 전항 → 2 : 1 ← 후항

02 비의 전항과 후항에 0이 아닌 같은 수를 곱하여도 비율은 같습니다.

4 : 5 ⇨ 12 : 15 (×3, ×3)

03 비의 전항과 후항을 0이 아닌 같은 수로 나누어도 비율은 같습니다.

20 : 16 ⇨ 5 : 4 (÷4, ÷4)

04 생각 열기 (소수 한 자리 수) : (소수 한 자리 수)
⇨ 전항과 후항에 각각 10을 곱합니다.

0.8 : 1.3 ⇨ 8 : 13 (×10, ×10)

05 비례식에서 안쪽에 있는 두 항 7과 12를 내항이라 합니다.

06 (현수) : (재희) = 2 : 5

⇨ 현수가 가지는 딸기는 전체의 $\frac{2}{2+5}=\frac{2}{7}$입니다.

> 참고
> 재희가 가지는 딸기는 전체의 $\frac{5}{2+5}=\frac{5}{7}$입니다.

07 전항과 후항에 두 분모 5와 8의 최소공배수인 40을 곱합니다.

$\frac{2}{5}:\frac{1}{8}$ ⇨ 16 : 5 (×40, ×40)

08 전항과 후항을 36과 30의 최대공약수인 6으로 나눕니다.

36 : 30 ⇨ 6 : 5 (÷6, ÷6)

09 3 : 5 = 6 : 10 (외항: 3, 10 / 내항: 5, 6)

⇨ 바깥쪽에 있는 두 항 3과 10이 외항이므로 바르게 말한 친구는 **현태**입니다.

10 비례식에서 외항의 곱과 내항의 곱은 같습니다.

5 : 7 = 10 : 15

⇨ 외항의 곱: 5×15=75, 내항의 곱: 7×10=70 → 다릅니다.

⇨ 외항의 곱과 내항의 곱이 다르므로 비례식이 아닙니다.

서술형 가이드 비례식의 성질을 이용하여 비례식이 아닌 이유를 바르게 설명했는지 확인합니다.

채점 기준

| | |
|---|---|
| 상 | □ 안에 알맞은 수를 쓰고 알맞은 말을 골라 이유를 바르게 설명함. |
| 중 | □ 안에 알맞은 수를 썼지만 알맞은 말을 고르지 못함. |
| 하 | □ 안에 알맞은 수를 쓰지 못하고 알맞은 말도 고르지 못함. |

**11** 0.9를 분수로 고친 후 전항과 후항에 두 분모 10과 6의 최소공배수인 30을 곱합니다.

$0.9:\frac{5}{6} \Rightarrow \frac{9}{10}:\frac{5}{6} \Rightarrow \left(\frac{9}{\cancel{10}_1}\times\cancel{30}^3\right):\left(\frac{5}{\cancel{6}_1}\times\cancel{30}^5\right) \Rightarrow$ **27 : 25**

**12** 외항의 곱: $6\times5=30$
내항의 곱: $15\times2=30$
⇨ 외항의 곱과 내항의 곱이 같으므로 비례식입니다.

**13** $5:◆=15:9$
$5\times9=◆\times15$
$45=◆\times15$
**◆=3**

**14** $□:3=14:6$
$□\times6=3\times14$
$□\times6=42$
**□=7**

**15** $3:2 \rightarrow \frac{3}{2}$
$6:5 \rightarrow \frac{6}{5}$
$9:6 \rightarrow \frac{9}{6}\left(=\frac{3}{2}\right)$
비율이 같습니다.
⇨ 3 : 2와 9 : 6의 비율이 같으므로 비례식으로 나타내면 **3 : 2=9 : 6 또는 9 : 6=3 : 2**입니다.

**16** $24:36 \Rightarrow 4:6$ (÷6)
㉠에 알맞은 수는 **6**입니다.
$24:36 \Rightarrow 6:9$ (÷4)
㉡에 알맞은 수는 **6**입니다.

**17** $16\times\frac{3}{3+5}=\cancel{16}^2\times\frac{3}{\cancel{8}_1}=$ **6**

$16\times\frac{5}{3+5}=\cancel{16}^2\times\frac{5}{\cancel{8}_1}=$ **10**

**18** 생각 열기 끈을 7 : 3으로 나누어 잘랐으므로 긴 도막의 길이는 전체의 $\frac{7}{7+3}=\frac{7}{10}$이고 짧은 도막의 길이는 전체의 $\frac{3}{7+3}=\frac{3}{10}$입니다.
(짧은 도막의 길이)
$=50\times\frac{3}{7+3}=\cancel{50}^5\times\frac{3}{\cancel{10}_1}=$ **15 (cm)**

**19** $16:12 \Rightarrow 4:3$ (÷4)　$18:12 \Rightarrow 3:2$ (÷6)
⇨ 가로와 세로의 비가 4 : 3인 사진은 **가**입니다.

**20** 서술형 가이드 비례식을 세우고 비례식의 성질을 이용하여 답을 바르게 구했는지 확인합니다.

채점 기준

| | |
|---|---|
| 상 | □ 안에 알맞은 수를 쓰고 답을 바르게 구했음. |
| 중 | □ 안에 알맞은 수를 일부만 썼음. |
| 하 | □ 안에 알맞은 수를 쓰지 못함. |

## 창의·융합 문제

**1** 미라: $0.2:0.8 \Rightarrow 2:8$ (×10), $2:8 \Rightarrow 1:4$ (÷2)

진호: $\frac{1}{10}:\frac{2}{5} \Rightarrow 1:4$ (×10)

**2** 1달러는 1200원과 같으므로 600달러와 같은 우리나라 돈을 □원이라 하고 비례식을 세우면 $1:1200=600:□$입니다.
$1:1200=600:□$
$1\times□=1200\times600$
**□=720000**

참고
비례식을 $1:600=1200:□$, $1200:1=□:600$, $600:1=□:1200$ 등 여러 가지로 나타낼 수 있습니다.

**3** 하루는 24시간이므로 24를 7 : 5로 비례배분합니다.

낮: $24\times\frac{7}{7+5}=\cancel{24}^2\times\frac{7}{\cancel{12}_1}=$ **14(시간)**

밤: $24\times\frac{5}{7+5}=\cancel{24}^2\times\frac{5}{\cancel{12}_1}=$ **10(시간)**

# 5 원의 넓이

## STEP 1 개념 파헤치기 118 ~ 121쪽

**119쪽**

1-1 원주

2-1 원주, 원의 지름

3-1 (1) ○ (2) ×

1-2 원주에 ○표

2-2 원주

3-2 (1) × (2) ○

**121쪽**

1-1 원주율

2-1 3.1, 3.1

3-1 3.14

1-2 지름

2-2 3.1, 3.1

3-2 3.14

**119쪽**

1-1 원의 둘레를 **원주**라고 합니다.

2-1 생각 열기 원 위의 두 점을 이은 선분 중에서 원의 중심을 지나는 선분이 원의 지름이고, 원의 둘레가 원주입니다.

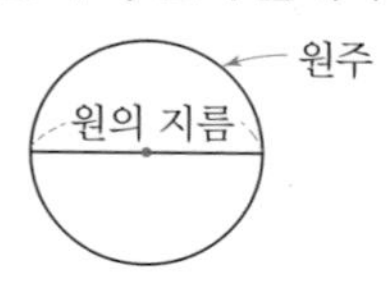


3-1 원주는 원의 지름과 길이가 같지 않습니다.
원주는 원의 지름보다 더 깁니다.

3-2 (1) 원의 지름이 길어지면 원주도 길어집니다.

**121쪽**

2-1 생각 열기 반올림하여 소수 첫째 자리까지 나타내려면 소수 둘째 자리 수를 살펴봅니다.

$9.4 \div 3 = 3.13\cdots\cdots$ ⇨ **3.1**

$12.5 \div 4 = 3.125$ ⇨ **3.1**

> 참고
> (원주)÷(지름)=(원주율)로 원주율은 원의 크기와 상관없이 일정합니다.

2-2 $18.8 \div 6 = 3.13\cdots\cdots$ ⇨ **3.1**

$21.9 \div 7 = 3.12\cdots\cdots$ ⇨ **3.1**

3-1 생각 열기 반올림하여 소수 둘째 자리까지 나타내려면 소수 셋째 자리 수를 살펴봅니다.

$25.14 \div 8 = 3.1425$ ⇨ **3.14**

3-2 $28.27 \div 9 = 3.141\cdots\cdots$ ⇨ **3.14**

## STEP 2 개념 확인하기 122 ~ 123쪽

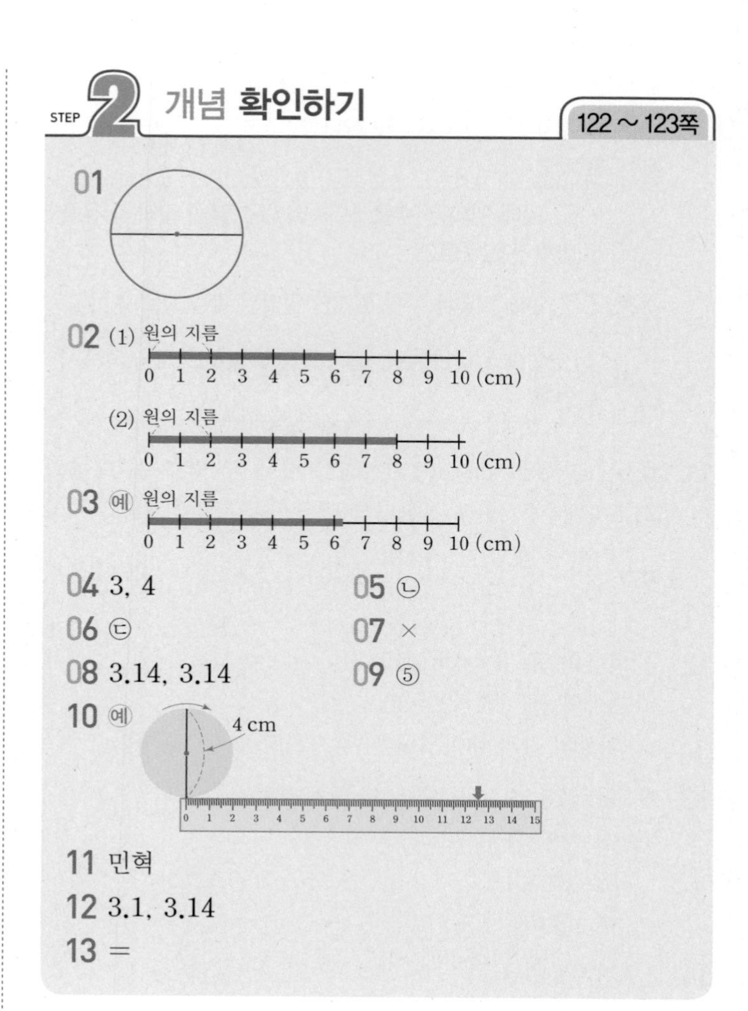

01 (풀이 참조)

02 (1) 원의 지름 0 1 2 3 4 5 6 7 8 9 10 (cm)
(2) 원의 지름 0 1 2 3 4 5 6 7 8 9 10 (cm)

03 예 원의 지름 0 1 2 3 4 5 6 7 8 9 10 (cm)

04 3, 4

05 ㉡

06 ㉢

07 ×

08 3.14, 3.14

09 ⑤

10 예 4 cm

11 민혁

12 3.1, 3.14

13 =

01 원의 둘레를 원주라고 하므로 원의 둘레를 따라 빨간색으로 그립니다.

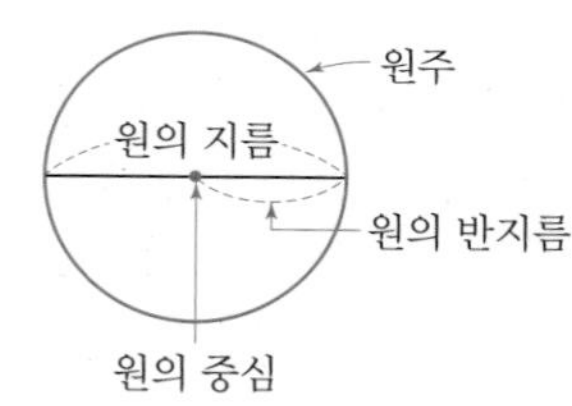


02 (1) 정육각형의 한 변의 길이가 1 cm이고, 길이가 같은 변이 6개 있으므로 정육각형의 둘레는 $1 \times 6 = 6$ (cm)입니다.
(2) 정사각형의 한 변의 길이가 2 cm이고, 길이가 같은 변이 4개 있으므로 정사각형의 둘레는 $2 \times 4 = 8$ (cm)입니다.

03 한 변의 길이가 1 cm인 정육각형의 둘레보다 길고, 한 변의 길이가 2 cm인 정사각형의 둘레보다 짧으므로 6 cm보다 길고, 8 cm보다 짧게 그립니다.

05 ㉠ 원주가 길어지면 원의 지름도 길어집니다.
㉢ 원주는 원의 지름의 3배보다 길고, 원의 지름의 4배보다 짧습니다.

06 지름이 6 cm인 원의 원주는 지름의 3배인 18 cm보다 길고, 지름의 4배인 24 cm보다 짧으므로 원주와 가장 비슷한 것은 ㉢입니다.

07 원주율은 원의 크기와 상관없이 일정합니다. 따라서 원의 지름이 길어져도 원주율은 그대로입니다.

**08** 생각 열기 (원주율)=(원주)÷(지름)

$6.27 \div 2 = 3.135$ ⇨ **3.14**, $15.71 \div 5 = 3.142$ ⇨ **3.14**

**09** ① 원의 지름이 다르면 크기도 다릅니다.

② 원의 지름이 다르면 원주도 다릅니다.

예 원주율이 3일 때

- 지름이 4 cm인 원의 원주: $4 \times 3 = 12$ (cm)
- 지름이 2 cm인 원의 원주: $2 \times 3 = 6$ (cm)

③ 원의 지름이 다르면 반지름도 다릅니다.

예 • 지름이 4 cm인 원의 반지름: 2 cm
- 지름이 2 cm인 원의 반지름: 1 cm

④ 원의 중심은 원의 위치에 따라 다릅니다.

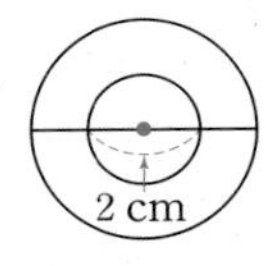


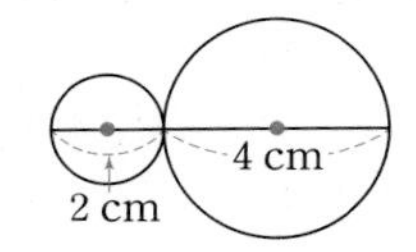


⇨ 원의 중심은 같을 수도 있고 다를 수도 있습니다.

⑤ 원주율은 원의 크기와 상관없이 일정합니다.

**10** 원주는 지름의 약 3.14배이므로 지름이 4 cm인 원의 원주는 $4 \times 3.14 = 12.56$ (cm)입니다. 그러므로 자의 12.56 cm 위치와 가까운 곳에 표시하면 됩니다.

**11** • 민혁: 원의 지름에 대한 원주의 비율은 3.141592…… 와 같이 끝없이 써야 하므로 어림하여 자연수로 나타내면 약 3이라고 할 수 있습니다.

따라서 바르게 말한 사람은 **민혁**이입니다.

**12** 소수 첫째 자리까지: $56.55 \div 18 = 3.14$…… ⇨ **3.1**

소수 둘째 자리까지: $56.55 \div 18 = 3.141$…… ⇨ **3.14**

**13** 지름에 대한 원주의 비율인 원주율은 항상 일정합니다.

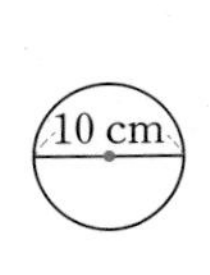


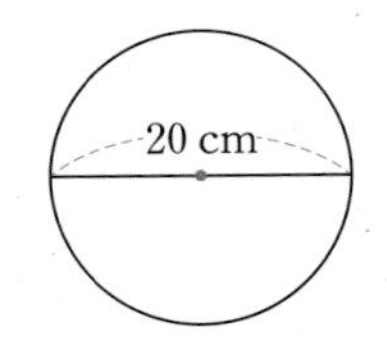


(원주)÷(지름) ⊜ (원주)÷(지름)

$31.4 \div 10 = 3.14$ $\quad$ $62.8 \div 20 = 3.14$

## STEP 1 개념 **파헤치기** 124 ~ 127쪽

**125쪽**

| | |
|---|---|
| 1-1 4, 12.56 | 1-2 9, 28.26 |
| 2-1 3, 8 | 2-2 3, 10 |
| 3-1 18.6, 3.1, 6 | 3-2 12.4, 3.1, 4 |

**127쪽**

| | |
|---|---|
| 1-1 (위부터) 32, 64, 32, 64 | 1-2 (위부터) 50, 100, 50, 100 |
| 2-1 32, 60 | 2-2 21, 45 |

### 125쪽

**1-1** 생각 열기 지름은 4 cm, 원주율은 3.14인 원입니다.

(원주)=(지름)×(원주율)

$= 4 \times 3.14 = $ **12.56** (cm)

**1-2** 생각 열기 지름은 9 cm, 원주율은 3.14인 원입니다.

(원주)=(지름)×(원주율)

$= 9 \times 3.14 = $ **28.26** (cm)

**2-1** 생각 열기 원주가 24 cm, 원주율이 3인 원입니다.

(지름)=(원주)÷(원주율)

$= 24 \div$ **3** $=$ **8** (cm)

**2-2** 생각 열기 원주가 30 cm, 원주율이 3인 원입니다.

(지름)=(원주)÷(원주율)

$= 30 \div$ **3** $=$ **10** (cm)

**3-1** (지름)=(원주)÷(원주율)

$=$ **18.6** $\div$ **3.1** $=$ **6** (cm)

**3-2** (지름)=(원주)÷(원주율)

$=$ **12.4** $\div$ **3.1** $=$ **4** (cm)

### 127쪽

**1-1** 생각 열기 원의 넓이는 원 안에 있는 정사각형의 넓이보다 크고, 원 밖에 있는 정사각형의 넓이보다 작습니다.

(원 안에 있는 정사각형의 넓이)$= 8 \times 8 \div 2 = $ **32** ($cm^2$)

(원 밖에 있는 정사각형의 넓이)$= 8 \times 8 = $ **64** ($cm^2$)

원의 넓이는 원 안에 있는 정사각형의 넓이보다 넓고 원 밖에 있는 정사각형의 넓이보다 좁으므로 32 $cm^2$보다 크고, 64 $cm^2$보다 작습니다.

**1-2** (원 안에 있는 정사각형의 넓이)

$= 10 \times 10 \div 2 = $ **50** ($cm^2$)

(원 밖에 있는 정사각형의 넓이)

$= 10 \times 10 = $ **100** ($cm^2$)

원의 넓이는 원 안에 있는 정사각형의 넓이보다 넓고 원 밖에 있는 정사각형의 넓이보다 좁으므로 50 $cm^2$보다 크고, 100 $cm^2$보다 작습니다.

**2-1** 원 안에 색칠한 노란색 모눈의 수: 32개

원 밖에 있는 빨간색 선 안쪽 모눈의 수: 60개

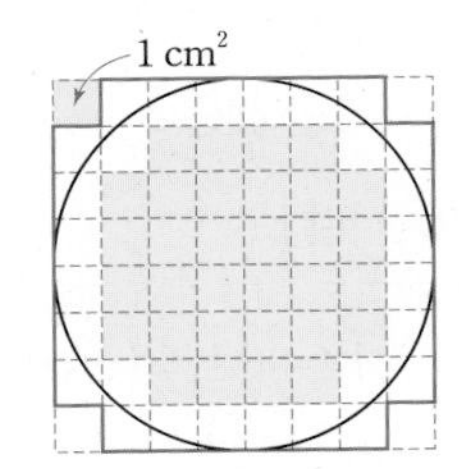


원의 넓이는 노란색 모눈의 넓이보다 넓고 빨간색 선 안쪽 모눈의 넓이보다 좁습니다. 모눈 한 개가 1 $cm^2$이므로 원의 넓이는 **32** $cm^2$보다 크고, **60** $cm^2$보다 작습니다.

**2-2** 원 안에 색칠한 노란색 모눈의 수: 21개
원 밖에 있는 빨간색 선 안쪽 모눈의 수: 45개
원의 넓이는 노란색 모눈의 넓이보다 넓고 빨간색 선 안쪽 모눈의 넓이보다 좁습니다.
모눈 한 개가 $1\,cm^2$이므로 원의 넓이는 **$21\,cm^2$**보다 크고, **$45\,cm^2$**보다 작습니다.

## STEP 2 개념 **확인하기** (128 ~ 129쪽)

**01** 25.12 cm　　**02** 26 cm
**03** 20, 30　　**04** (1) 원의 지름 (2) 40.82 m
**05** 18 mm　　**06** $50 \times 3.1 = 155$ ; 155 cm
**07** 31.4 cm
**08** (1) $72\,cm^2$, $144\,cm^2$ (2) 72, 144
**09** 60, 88
**10** (1) $150\,cm^2$ (2) $204\,cm^2$ (3) 예 $157\,cm^2$

**01** 생각 열기 주어진 원주율은 3.14입니다.
(원주) = (지름) × (원주율)
$= 8 \times 3.14 =$ **25.12 (cm)**

주의
원주율은 3.14, 3.1, 3 등으로 어림하여 사용할 수 있으므로 원주율을 잘 보고 계산해야 합니다.

**02** (지름) = (원주) ÷ (원주율)
$= 81.64 \div 3.14 =$ **26 (cm)**

**03** $62 \div 3.1 =$ **20** (cm), $93 \div 3.1 =$ **30** (cm)

**04** (1) 다리가 원의 중심을 지나므로 **원의 지름**을 나타냅니다.
(2) (연못의 둘레) $= 13 \times 3.14 =$ **40.82 (m)**

**05** (동전의 지름) = (원주) ÷ (원주율)
$= 56.52 \div 3.14 =$ **18 (mm)**

**06** 서술형 가이드 원주를 구할 수 있는지 확인합니다.

채점 기준

| | |
|---|---|
| 상 | 식 $50 \times 3.1 = 155$를 쓰고 답을 바르게 구했음. |
| 중 | 식 $50 \times 3.1$만 썼음. |
| 하 | 식을 쓰지 못함. |

**07** (원주) $= 10 \times 3.14 =$ **31.4 (cm)**

**08** (1) (정사각형 ㅁㅂㅅㅇ의 넓이)
$= 12 \times 12 \div 2 =$ **72 ($cm^2$)**
(정사각형 ㄱㄴㄷㄹ의 넓이)
$= 12 \times 12 =$ **144 ($cm^2$)**
(2) (정사각형 ㅁㅂㅅㅇ의 넓이) < (원의 넓이)
(원의 넓이) < (정사각형 ㄱㄴㄷㄹ의 넓이)
⇨ 원의 넓이는 **$72\,cm^2$**보다 크고, **$144\,cm^2$**보다 작습니다.

**09** 원 안에 색칠한 노란색 모눈의 수: 60개
원 밖에 있는 빨간색 선 안쪽 모눈의 수: 88개
원의 넓이는 노란색 모눈의 넓이보다 넓고 빨간색 선 안쪽 모눈의 넓이보다 좁습니다.
모눈 한 개가 $1\,cm^2$이므로 원의 넓이는 **$60\,cm^2$**보다 크고, **$88\,cm^2$**보다 작습니다.

**10** (1) (원 안에 있는 정육각형의 넓이)
= (삼각형 ㄹㅇㅂ의 넓이) × 6
$= 25 \times 6 =$ **150 ($cm^2$)**
(2) (원 밖에 있는 정육각형의 넓이)
= (삼각형 ㄱㅇㄷ의 넓이) × 6
$= 34 \times 6 =$ **204 ($cm^2$)**
(3) $150\,cm^2$ < (원의 넓이), (원의 넓이) < $204\,cm^2$이므로 $150\,cm^2$보다 크고 $204\,cm^2$보다 작은 값이라면 모두 정답으로 인정해 줍니다.

## STEP 1 개념 **파헤치기** (130 ~ 133쪽)

131쪽

**1-1** 원주　　**1-2** 반지름
**2-1** 24　　**2-2** 21
**3-1** 5, 5, 78.5　　**3-2** 12, 2, 6 ; 6, 6, 111.6

133쪽

**1-1** 12, 12, 3, 6, 6, 3 ; 432, 108 ; 324
**1-2** 10, 10, 3, 8, 8, 3 ; 300, 192 ; 108
**2-1** 14, 14, 7, 7 ; 196, 153.86 ; 42.14
**2-2** 20, 20, 10, 10 ; 400, 314 ; 86

131쪽

**1-1**
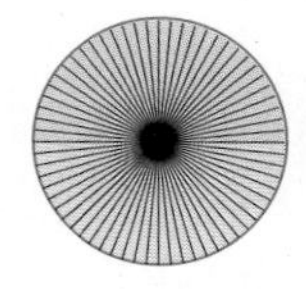 ⇨ 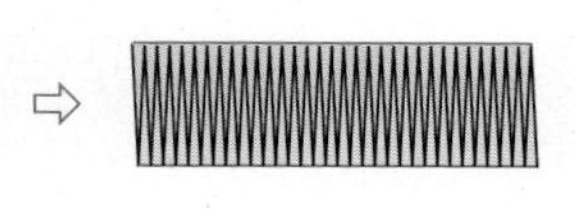

원을 한없이 잘라 이어 붙여서 점점 직사각형에 가까워지는 도형으로 만들었으므로 직사각형의 가로는 **(원주)** $\times \frac{1}{2}$과 같습니다.

**1-2** 원을 한없이 잘라 이어 붙여서 점점 직사각형에 가까워지는 도형으로 만들었으므로 직사각형의 세로는 원의 **반지름**과 같습니다.

**2-1** (직사각형의 가로)=(원주)$\times\frac{1}{2}$

$=16\times3\times\frac{1}{2}=$**24** (cm)

**2-2** 생각 열기 (직사각형의 가로)=(원주)$\times\frac{1}{2}$

$14\times3\times\frac{1}{2}=$**21** (cm)

**3-1** (원의 넓이)=(원주율)×(반지름)×(반지름)

$=5\times5\times3.14$

=**78.5** ($cm^2$)

**3-2** 생각 열기 (원의 넓이)=(원주율)×(반지름)×(반지름)

(반지름)=**12**÷**2**=**6** (cm)

⇨ (넓이)=**6**×**6**×**3.1**

=**111.6** ($cm^2$)

133쪽

**1-1** 생각 열기 (원의 넓이)=(원주율)×(반지름)×(반지름)

(큰 원의 반지름)=6+6=12 (cm)입니다.

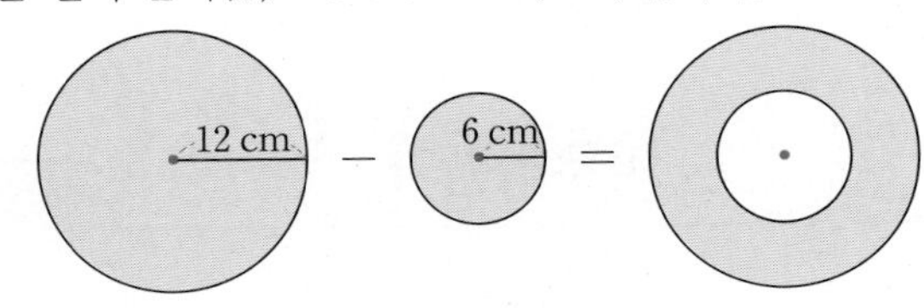


(색칠한 부분의 넓이)

=(반지름이 12 cm인 원의 넓이)

−(반지름이 6 cm인 원의 넓이)

=**12**×**12**×**3**−**6**×**6**×**3**

=**432**−**108**

=**324** ($cm^2$)

**1-2** 생각 열기 (색칠한 부분의 넓이)

=(큰 원의 넓이)−(작은 원의 넓이)

(큰 원의 반지름)=8+2=10 (cm)입니다.

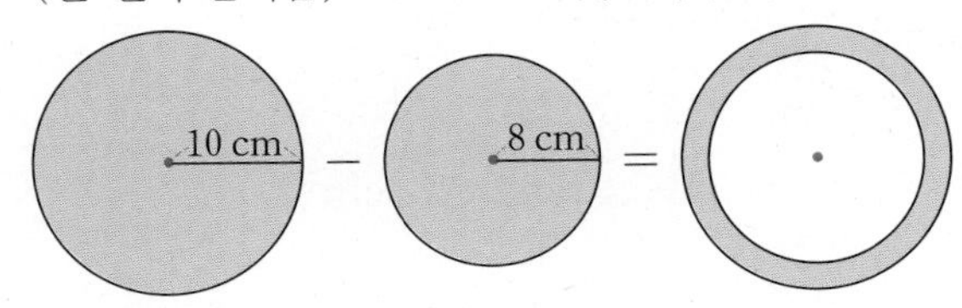


(색칠한 부분의 넓이)

=(반지름이 10 cm인 원의 넓이)

−(반지름이 8 cm인 원의 넓이)

=**10**×**10**×**3**−**8**×**8**×**3**

=**300**−**192**

=**108** ($cm^2$)

**2-1** 생각 열기 정사각형의 한 변의 길이는 원의 지름과 같습니다.

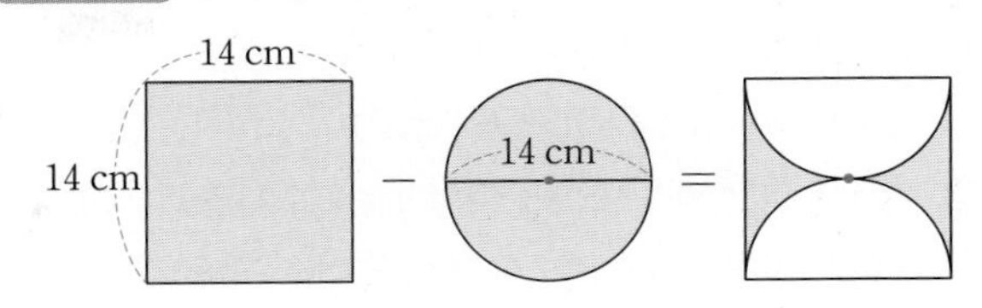


(원의 반지름)=14÷2=7 (cm)

(색칠한 부분의 넓이)

=(정사각형의 넓이)−(원의 넓이)

=**14**×**14**−**7**×**7**×**3.14**

=**196**−**153.86**

=**42.14** ($cm^2$)

**2-2** 생각 열기 색칠하지 않은 부분의 넓이는 반지름이 10 cm인 원의 넓이와 같습니다.

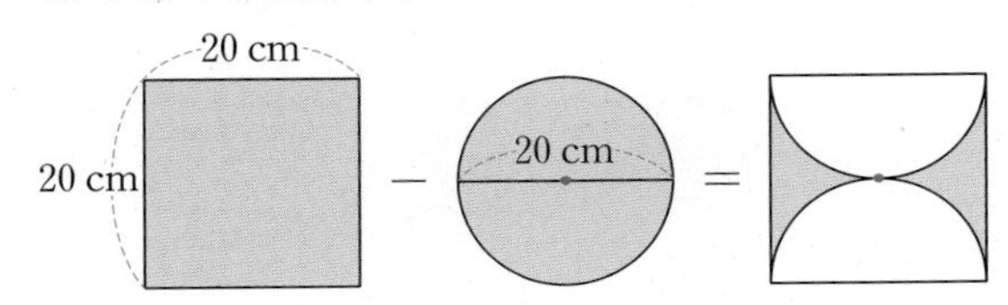


(원의 반지름)=20÷2=10 (cm)

(색칠한 부분의 넓이)

=(정사각형의 넓이)−(원의 넓이)

=**20**×**20**−**10**×**10**×**3.14**

=**400**−**314**

=**86** ($cm^2$)

## STEP 2 개념 **확인하기**

134 ~ 135쪽

**01** 198.4 $cm^2$ **02** 1256 $cm^2$

**03** 310 $cm^2$

**04**

| 지름(cm) | 반지름(cm) | 원의 넓이($cm^2$) |
|---|---|---|
| 14 | 7 | 153.86 |
| 18 | 9 | 254.34 |

**05** 2, 12 **06** 50.24 $cm^2$

**07**

| | 분홍색 | 노란색 | 파란색 |
|---|---|---|---|
| 반지름(cm) | 2 | 3 | 4 |
| 넓이($cm^2$) | 12.4 | 27.9 | 49.6 |

**08** 16 $cm^2$ **09** 120.9 $cm^2$

**10** 6×6×3.14=113.04 ; 113.04 $cm^2$

**11** 42.14 $cm^2$ **12** 43 $cm^2$

**01** $8\times8\times3.1=$ **198.4** $(\text{cm}^2)$

**02** 생각 열기 (원의 넓이)=(원주율)×(반지름)×(반지름)

$20\times20\times3.14=$ **1256** $(\text{cm}^2)$

**03** 생각 열기 원의 넓이를 구할 때 원의 지름이 주어져 있으면 원의 반지름을 먼저 구한 뒤 원의 넓이를 구해야 합니다.

지름이 20 cm이므로 반지름은 $20\div2=10$ (cm)입니다.

따라서 원의 넓이는 $10\times10\times3.1=$ **310** $(\text{cm}^2)$입니다.

**04** 지름이 14 cm인 원의 반지름은 **7** cm이고 원의 넓이는 $7\times7\times3.14=$ **153.86** $(\text{cm}^2)$입니다.

지름이 18 cm인 원의 반지름은 **9** cm이고 원의 넓이는 $9\times9\times3.14=$ **254.34** $(\text{cm}^2)$입니다.

**05** 생각 열기 컴퍼스를 벌린 길이가 반지름입니다.

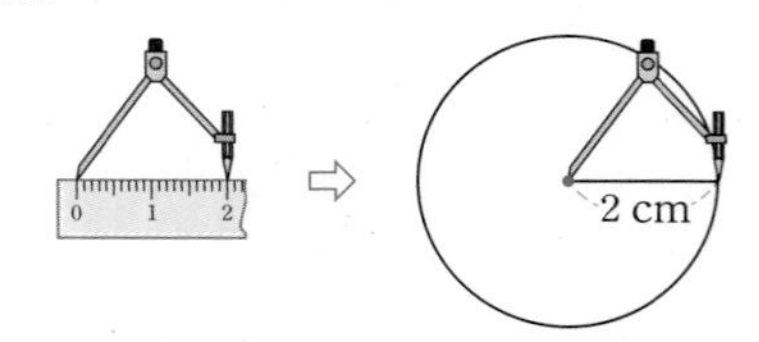


반지름이 **2** cm이므로 원의 넓이는 $2\times2\times3=$ **12** $(\text{cm}^2)$입니다.

**06** $4\times4\times3.14=$ **50.24** $(\text{cm}^2)$

**07** 분홍색: $2\times2\times3.1=$ **12.4** $(\text{cm}^2)$

노란색: $3\times3\times3.1=$ **27.9** $(\text{cm}^2)$

파란색: $4\times4\times3.1=$ **49.6** $(\text{cm}^2)$

**08**

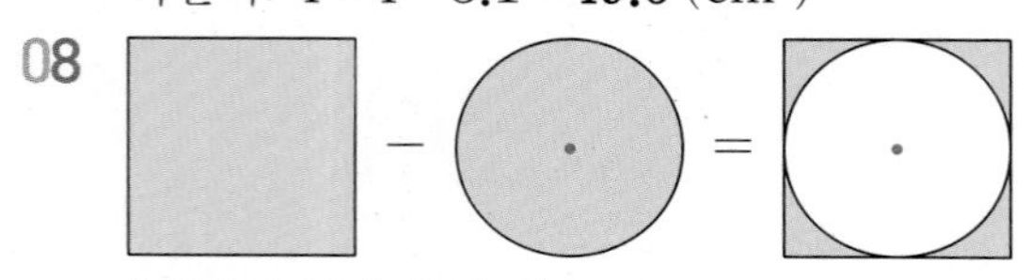

(색칠한 부분의 넓이)

=(정사각형의 넓이)−(원의 넓이)

$=8\times8-4\times4\times3$

$=64-48=$ **16** $(\text{cm}^2)$

**09**

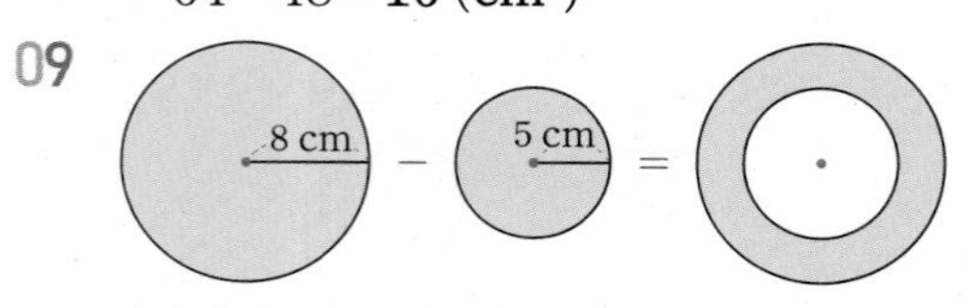


(색칠한 부분의 넓이)

=(반지름이 8 cm인 원의 넓이)

−(반지름이 5 cm인 원의 넓이)

$=8\times8\times3.1-5\times5\times3.1$

$=198.4-77.5$

$=$ **120.9** $(\text{cm}^2)$

**10** 서술형 가이드 색칠한 부분의 넓이가 지름이 12 cm인 원 1개의 넓이와 같은지 확인합니다.

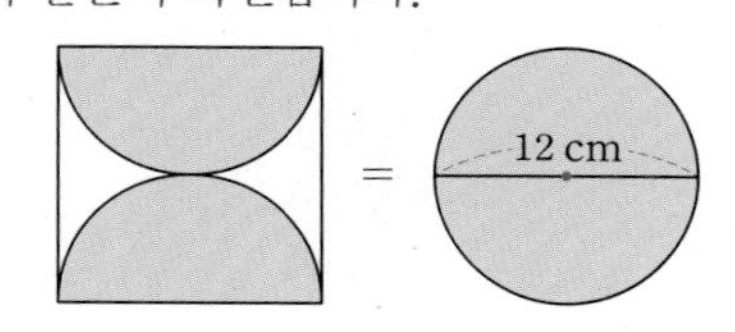


채점 기준

| | |
|---|---|
| 상 | 식 $6\times6\times3.14=113.04$를 쓰고 답을 바르게 구했음. |
| 중 | 식 $6\times6\times3.14$만 썼음. |
| 하 | 식을 쓰지 못함. |

**11**

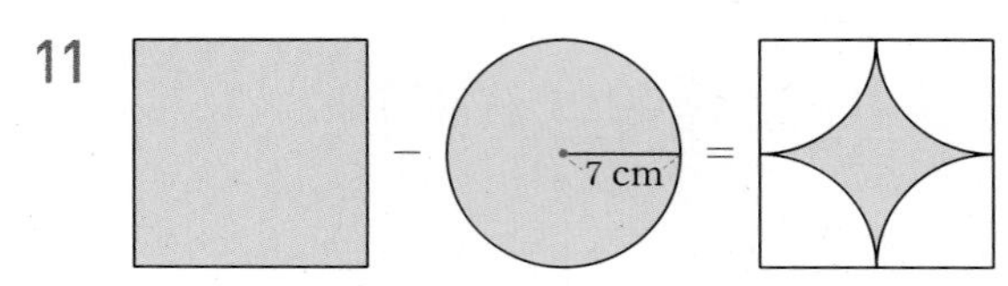


(색칠한 부분의 넓이)

=(정사각형의 넓이)−(반지름이 7 cm인 원의 넓이)

$=14\times14-7\times7\times3.14$

$=196-153.86$

$=$ **42.14** $(\text{cm}^2)$

**12**

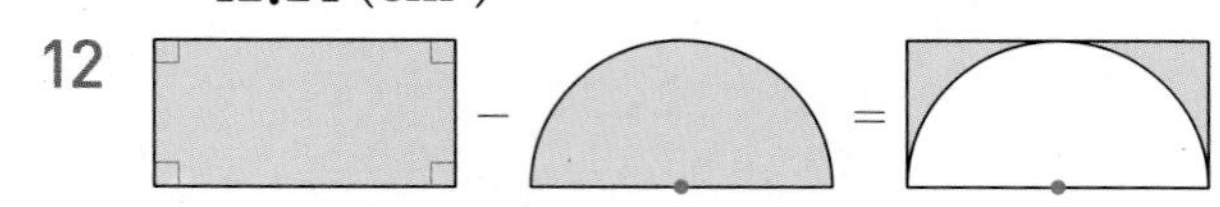

(색칠한 부분의 넓이)

=(직사각형의 넓이)−(반원의 넓이)

$=20\times10-10\times10\times3.14\div2$

$=200-157=$ **43** $(\text{cm}^2)$

## STEP 3 단원 마무리평가

136 ~ 139쪽

**01** 지름, 원주 **02** 7

**03** 3.1 **04** 3, 20

**05** 11, 11, 363 **06** (1) × (2) ○

**07** 7 cm **08** 55.8 cm

**09** 314 $\text{cm}^2$ **10** 706.5 $\text{cm}^2$

**11** 24.8 m

**12** $30\times30\times3.1=2790$ ; 2790 $\text{m}^2$

**13** 77.5 cm **14** 2.4 cm

**15** 189.97 $\text{cm}^2$ **16** 예 300 $\text{cm}^2$

**17** 현우 **18** ㉡, ㉢, ㉠

**19** 12.4 cm

**20** 198.4 $\text{cm}^2$, 595.2 $\text{cm}^2$, 992 $\text{cm}^2$

창의·융합 문제

**1)** 6.405 m **2)** 12.4 $\text{m}^2$

**3)** 예

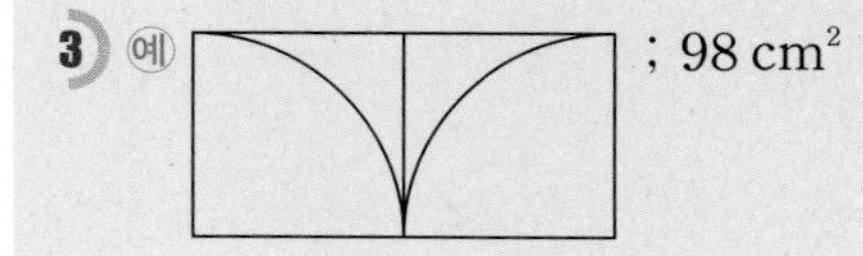

; 98 $\text{cm}^2$

**01** 원주율은 원의 **지름**에 대한 **원주**의 비율이므로 항상 일정합니다.
⇨ (원주율)=(원주)÷(지름)

**02** 생각 열기 직사각형의 가로는 (원주)$\times\frac{1}{2}$과 같고 직사각형의 세로는 원의 반지름과 같습니다.
(직사각형의 세로)=(원의 반지름)=**7 cm**

**03** $37.7\div12=3.14\cdots\cdots$ ⇨ **3.1**

**04** (지름)=(원주)÷(원주율)
$=60\div3=$**20** (cm)

**05** 생각 열기 (원의 넓이)=(원주율)×(반지름)×(반지름)
(원의 넓이)$=11\times11\times3=$**363** ($cm^2$)

**06** (1) 원의 지름이 길어지면 원주도 길어집니다.

**07** (지름)$=21.7\div3.1=$**7 (cm)**

**08** (원주)=(지름)×(원주율)
$=18\times3.1=$**55.8 (cm)**

**09** 생각 열기 (원의 넓이)=(원주율)×(반지름)×(반지름)
(원의 넓이)$=10\times10\times3.14=$**314 ($cm^2$)**

**10** 지름이 30 cm이므로 반지름은 $30\div2=15$ (cm)입니다.
⇨ (넓이)$=15\times15\times3.14=$**706.5 ($cm^2$)**

**11** (원주)=(지름)×(원주율)$=8\times3.1=$**24.8 (m)**

**12** 서술형 가이드 원의 반지름이 주어졌을 때 넓이 구하는 방법을 알고 있는지 확인합니다.

채점 기준

| | |
|---|---|
| 상 | 식 $30\times30\times3.1=2790$을 쓰고 답을 바르게 구했음. |
| 중 | 식 $30\times30\times3.1$만 썼음. |
| 하 | 식을 쓰지 못함. |

**13**
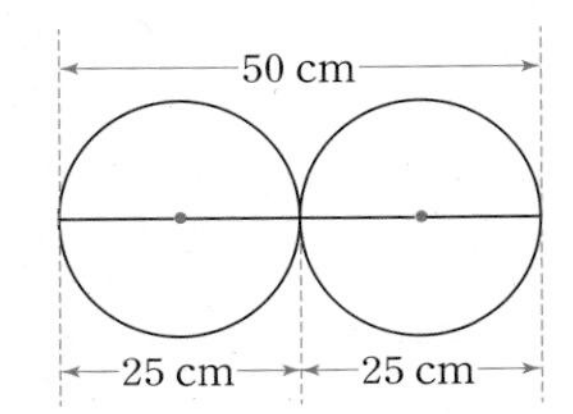


크기가 같은 원 2개를 겹치지 않게 그렸으므로 원의 지름은 $50\div2=25$ (cm)입니다.
⇨ (원주)$=25\times3.1=$**77.5 (cm)**

**14** 생각 열기 저금통에 동전을 넣으려면 구멍의 길이가 동전의 지름보다 길어야 합니다.
100원짜리 동전의 지름은 $7.536\div3.14=2.4$ (cm)이므로 구멍의 길이는 적어도 **2.4 cm**보다 길어야 합니다.

**15** 생각 열기 반원의 넓이는 원의 넓이의 반입니다.
(반지름)$=22\div2=11$ (cm)
(넓이)$=11\times11\times3.14\div2=$**189.97 ($cm^2$)**

**16** (원 안에 있는 정사각형의 넓이)
$=20\times20\div2=200$ ($cm^2$)
(원 밖에 있는 정사각형의 넓이)
$=20\times20=400$ ($cm^2$)
⇨ 200 $cm^2$<(원의 넓이)
(원의 넓이)<400 $cm^2$
따라서 원의 넓이를 **300 $cm^2$**라고 어림할 수 있습니다.

참고
200 $cm^2$보다 크고 400 $cm^2$보다 작은 값이라면 모두 정답으로 인정해 줍니다.

**17** 생각 열기 (지름)=(원주)÷(원주율)
민주가 돌리고 있는 훌라후프의 원주는 144 cm이므로 지름은 $144\div3=48$ (cm)입니다.
따라서 52>48이므로 **현우**가 돌리고 있는 훌라후프가 더 큽니다.

**18** 생각 열기 반지름을 이용하여 각각의 원의 넓이를 구한 다음 넓이를 비교합니다.
㉠ $7\times7\times3=147$ ($cm^2$)
㉡ 반지름은 $18\div2=9$ (cm)이므로 원의 넓이는 $9\times9\times3=243$ ($cm^2$)입니다.
⇨ 243>192>147이므로 넓이가 넓은 원부터 차례로 기호를 쓰면 ㉡, ㉢, ㉠입니다.

**19** (큰 원의 원주)$=23\times3.1=71.3$ (cm)
(작은 원의 원주)$=19\times3.1=58.9$ (cm)
⇨ $71.3-58.9=$**12.4 (cm)**

**20** 노란색 넓이: $8\times8\times3.1=$**198.4 ($cm^2$)**
빨간색 넓이: $16\times16\times3.1-8\times8\times3.1$
$=793.6-198.4=$**595.2 ($cm^2$)**
초록색 넓이: $24\times24\times3.1-16\times16\times3.1$
$=1785.6-793.6=$**992 ($cm^2$)**

## 창의·융합 문제

**1)** (원주)=(지름)×(원주율)
$=2.135\times3=$**6.405 (m)**

**2)** (반지름)$=4\div2=2$ (m)
⇨ (넓이)$=2\times2\times3.1=$**12.4 ($m^2$)**

**3)**
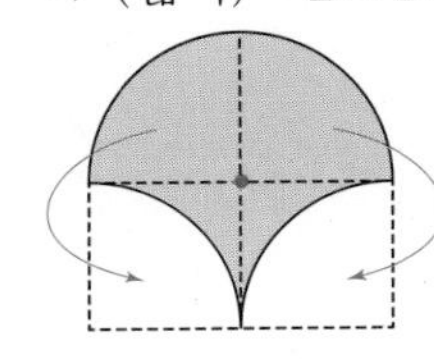
⇨
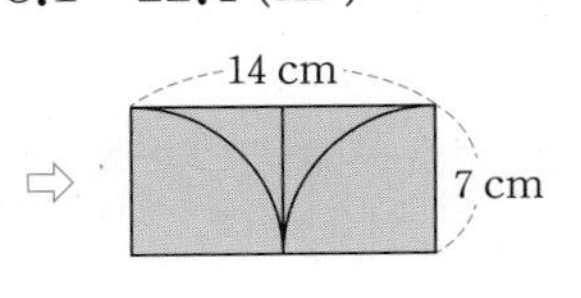


가로가 14 cm, 세로가 7 cm인 직사각형이 만들어집니다.
⇨ (넓이)$=14\times7=$**98 ($cm^2$)**

# 6 원기둥, 원뿔, 구

## STEP 1 개념 파헤치기

142 ~ 145쪽

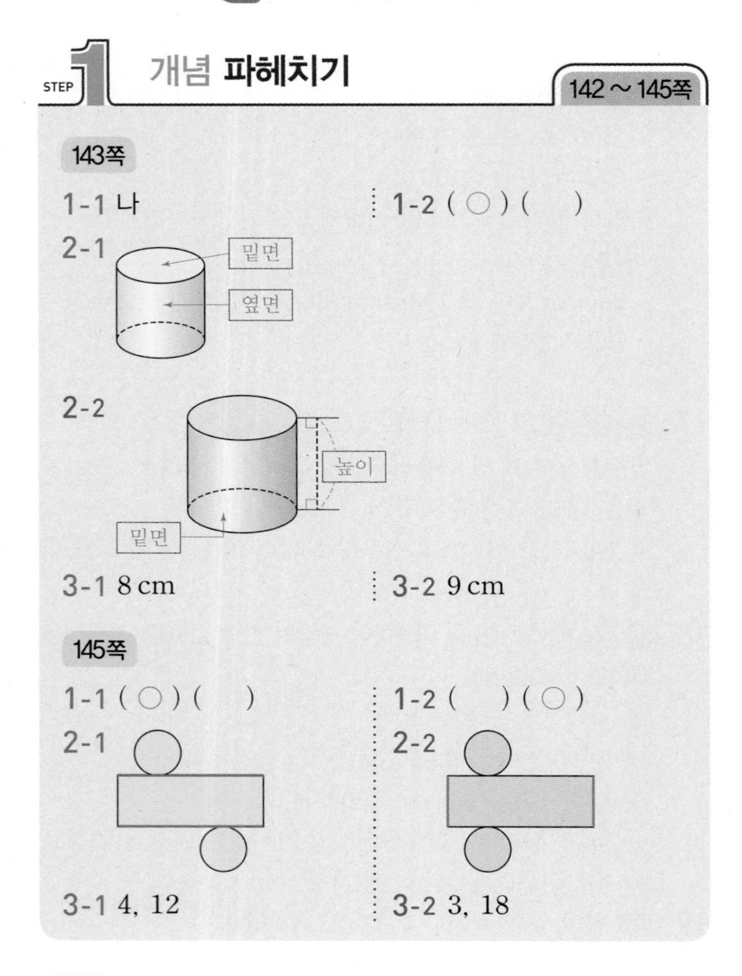


143쪽

**1-1** 생각 열기 위와 아래에 있는 면이 서로 평행하고 합동인 원으로 이루어진 입체도형을 원기둥이라고 합니다.

가: 사각기둥 **나**: 원기둥

**1-2** 왼쪽 입체도형은 원기둥이고, 오른쪽 입체도형은 삼각기둥입니다.

**2-1** 원기둥에서 서로 평행하고 합동인 두 면을 **밑면**이라 하고, 두 밑면과 만나는 면을 **옆면**이라고 합니다.

**2-2** 원기둥에서 서로 평행하고 합동인 두 면을 **밑면**이라 하고, 두 밑면에 수직인 선분의 길이를 **높이**라고 합니다.

**3-1** 생각 열기 원기둥에서 두 밑면에 수직인 선분의 길이를 높이라고 합니다.

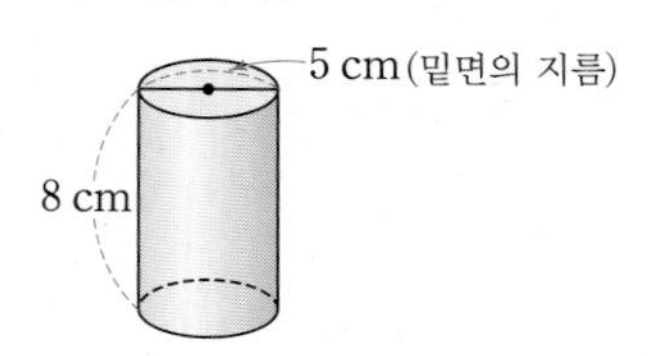


⇨ 두 밑면에 수직인 선분의 길이를 찾아보면 원기둥의 높이는 **8 cm**입니다.

**3-2**

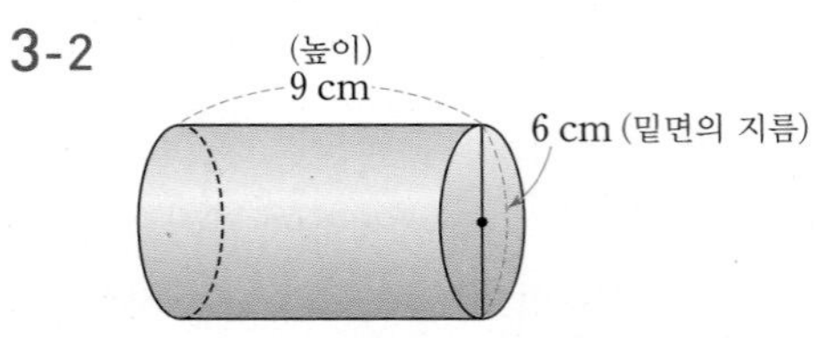


⇨ 두 밑면에 수직인 선분의 길이를 찾아보면 원기둥의 높이는 9 cm입니다.

145쪽

**1-1**

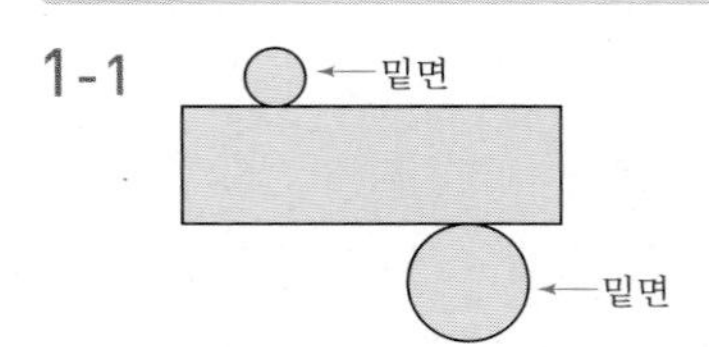


⇨ 두 밑면이 합동이 아니므로 원기둥의 전개도가 아닙니다.

**1-2**

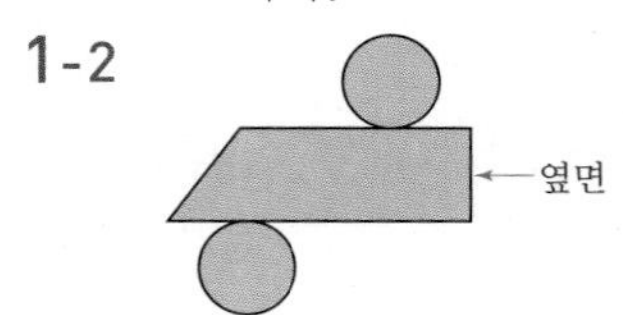


⇨ 옆면이 직사각형이 아니므로 원기둥의 전개도가 아닙니다.

**2-1** 생각 열기 원기둥의 전개도에서 밑면의 둘레는 옆면의 가로의 길이와 같습니다.

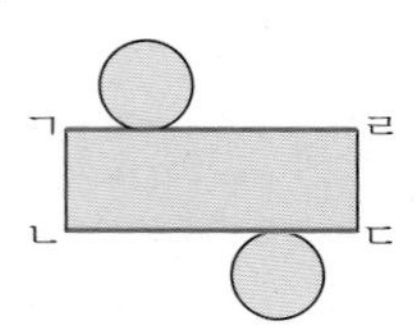


밑면의 둘레와 같은 길이의 선분은 옆면의 가로이므로 선분 ㄱㄹ과 선분 ㄴㄷ입니다.

**2-2** 생각 열기 원기둥의 전개도에서 원기둥의 높이는 옆면의 세로의 길이와 같습니다.

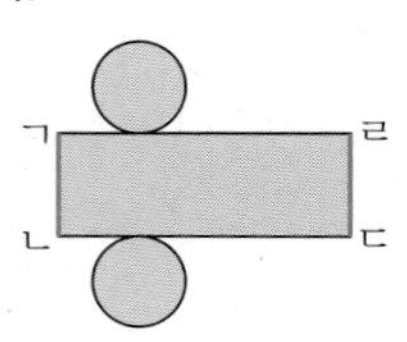


원기둥의 높이와 같은 길이의 선분은 옆면의 세로이므로 선분 ㄱㄴ과 선분 ㄹㄷ입니다.

**3-1** 생각 열기 원기둥의 전개도에서

(옆면의 가로의 길이) = (밑면의 둘레)
= (원의 둘레)
= (지름) × (원주율)입니다.

옆면의 가로(선분 ㄱㄹ)는 지름이 4 cm인 원의 둘레와 같으므로 $\mathbf{4 \times 3 = 12}$ (cm)입니다.

**3-2** 옆면의 가로(선분 ㄱㄹ)는 반지름이 3 cm인 원의 둘레와 같으므로 $\mathbf{3 \times 2 \times 3 = 18}$ (cm)입니다.

## STEP 2 개념 확인하기 146 ~ 147쪽

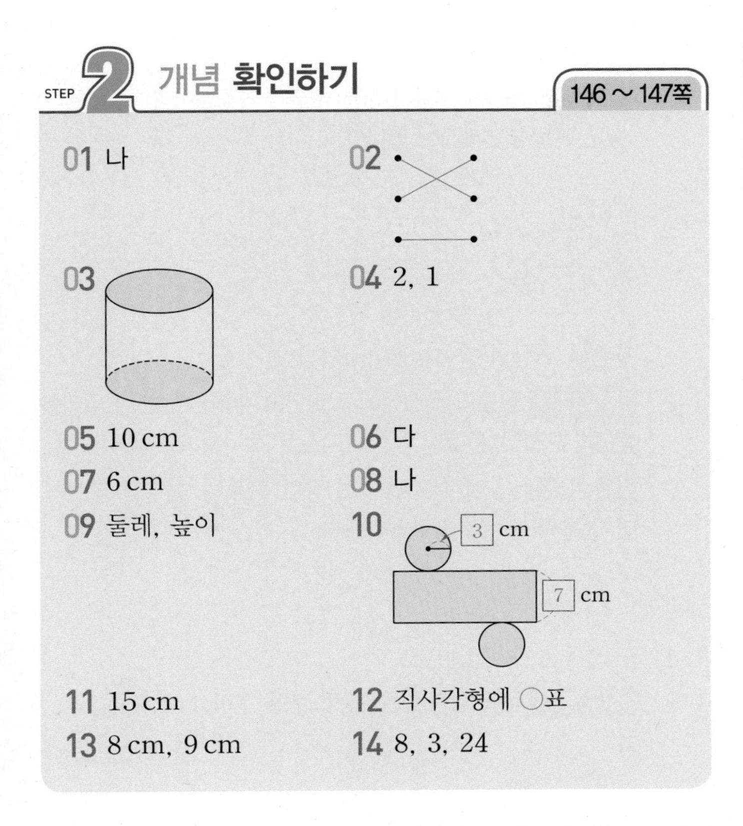

01 나
02 (선 잇기)
03 (원기둥 그림)
04 2, 1
05 10 cm
06 다
07 6 cm
08 나
09 둘레, 높이
10 3 cm, 7 cm
11 15 cm
12 직사각형에 ○표
13 8 cm, 9 cm
14 8, 3, 24

**01** 위와 아래에 있는 면이 서로 평행하고 합동인 원으로 이루어진 모양은 **나**입니다.

> **참고**
> 입체도형이 원기둥인지 아닌지 알아볼 때 확인할 부분
> ① 두 밑면의 모양이 원인지 알아봅니다.
> ② 두 밑면이 평행한지 알아봅니다.
> ③ 두 밑면이 합동인지 알아봅니다.
> ⇨ ①, ②, ③ 중 하나라도 만족하지 않으면 원기둥이 아닙니다.

**02** 원기둥에서
- 서로 평행하고 합동인 두 면: 밑면
- 두 밑면과 만나는 면: 옆면
- 두 밑면에 수직인 선분의 길이: 높이

**03** 원기둥에서 서로 평행하고 합동인 두 면에 모두 색칠합니다.

**04**

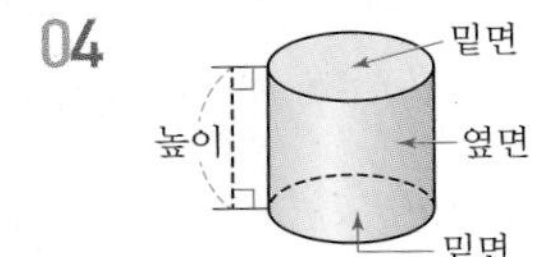


⇨ 밑면은 2개이고, 옆면은 1개입니다.

**05** 두 밑면에 수직인 선분의 길이를 찾아보면 원기둥의 높이는 10 cm입니다.

**06**

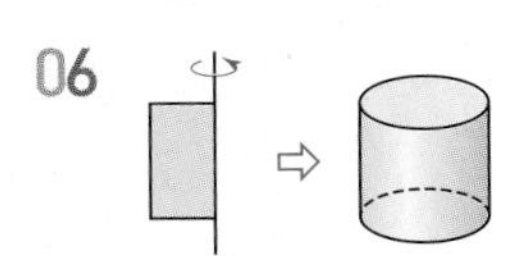

직사각형 모양의 종이를 돌리면 원기둥이 됩니다.

**07** 만들어진 입체도형은 원기둥이므로 밑면의 지름은 $3\times2=6$ (cm)입니다.

**08** 원기둥의 전개도에서 두 밑면은 합동인 원이고 옆면은 직사각형입니다.

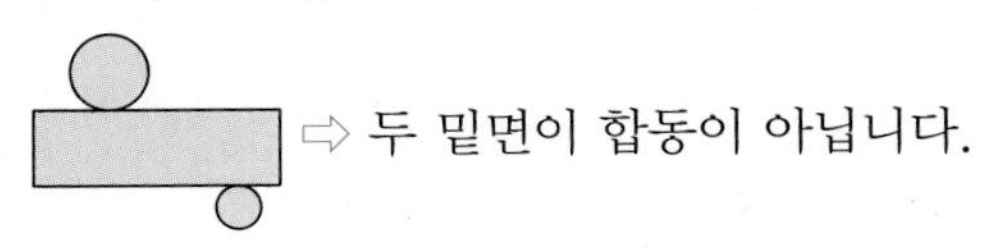

⇨ 두 밑면이 합동이 아닙니다.

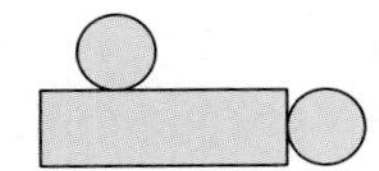

⇨ 밑면이 옆면의 아래에 붙어 있어야 하는데 옆에 붙어 있습니다.

**09** 원기둥의 전개도에서 옆면의 가로의 길이는 밑면의 **둘레**와 같고, 옆면의 세로의 길이는 원기둥의 **높이**와 같습니다.

**10** 원기둥의 전개도에서 밑면은 원이고 밑면의 반지름은 3 cm입니다.
옆면의 세로는 원기둥의 높이와 길이가 같으므로 7 cm입니다.

**11** 밑면의 둘레는 옆면의 가로와 길이가 같으므로 15 cm입니다.

**12** 서술형 가이드 원기둥의 전개도가 아닌지 알 수 있는지 확인합니다.

채점 기준

| | |
|---|---|
| 상 | 옆면이 직사각형이어야 원기둥의 전개도임을 알고 있음. |
| 하 | 원기둥의 전개도가 아닌 이유를 알지 못함. |

> **참고**
> 원기둥의 전개도인지 아닌지 알아볼 때 확인할 부분
> ① 두 밑면의 모양이 원인지 알아봅니다.
> ② 두 밑면이 합동인지 알아봅니다.
> ③ 옆면의 모양이 직사각형인지 알아봅니다.
> ⇨ ①, ②, ③ 중 하나라도 만족하지 않으면 원기둥의 전개도가 아닙니다.

**13** ㉠ (밑면의 지름)=(원의 지름)=(반지름)×2
$=4\times2=8$ (cm)
㉡ 옆면의 세로는 원기둥의 높이와 길이가 같으므로 9 cm입니다.

**14** 생각 열기 원기둥의 전개도에서
(옆면의 가로)=(밑면의 둘레)
=(원주)=(지름)×(원주율)
=(반지름)×2×(원주율)입니다.
(㉢의 길이)=(옆면의 가로)=(밑면의 둘레)
$=4\times2\times3$
$=8\times3=24$ (cm)

## STEP 1 개념 파헤치기

148 ~ 153쪽

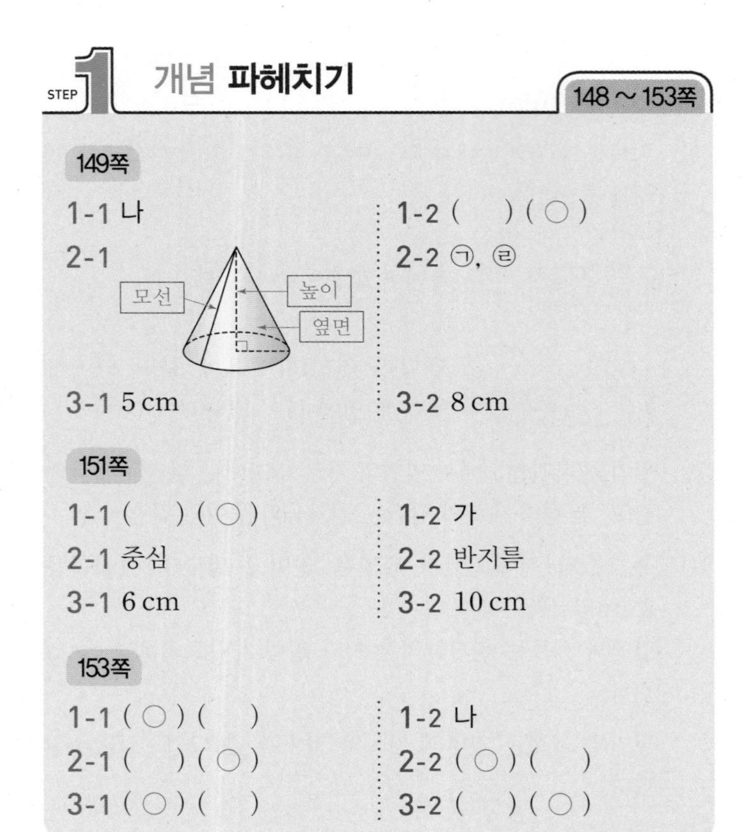

**149쪽**

1-1 나 | 1-2 (   ) ( ○ )

2-1



2-2 ㉠, ㉣

3-1 5 cm | 3-2 8 cm

**151쪽**

1-1 (   ) ( ○ ) | 1-2 가

2-1 중심 | 2-2 반지름

3-1 6 cm | 3-2 10 cm

**153쪽**

1-1 ( ○ ) (   ) | 1-2 나

2-1 (   ) ( ○ ) | 2-2 ( ○ ) (   )

3-1 ( ○ ) (   ) | 3-2 (   ) ( ○ )

### 149쪽

**1-1** 생각 열기 평평한 면이 원이고 옆을 둘러싼 면이 굽은 면인 뿔 모양의 입체도형을 원뿔이라고 합니다.

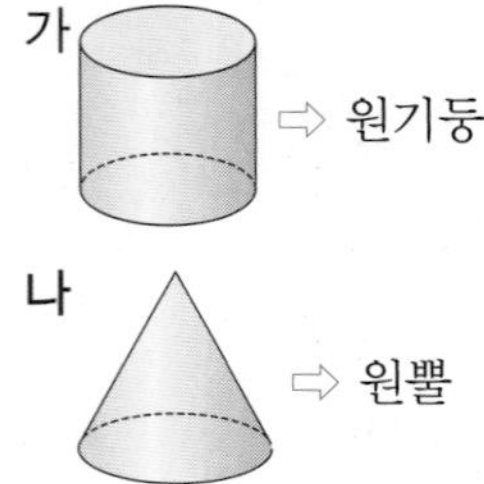



**1-2**

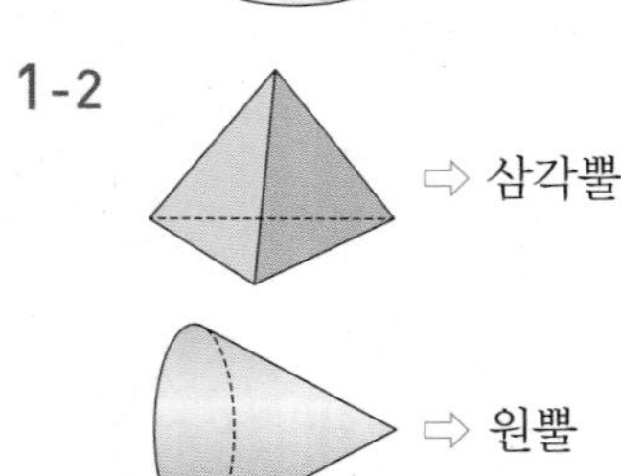



**2-1** 원뿔에서 옆을 둘러싼 굽은 면을 **옆면**이라 하고, 원뿔의 꼭짓점에서 밑면에 수직인 선분의 길이를 **높이**라고 합니다. 원뿔의 꼭짓점과 밑면인 원의 둘레의 한 점을 이은 선분을 **모선**이라고 합니다.

**2-2**

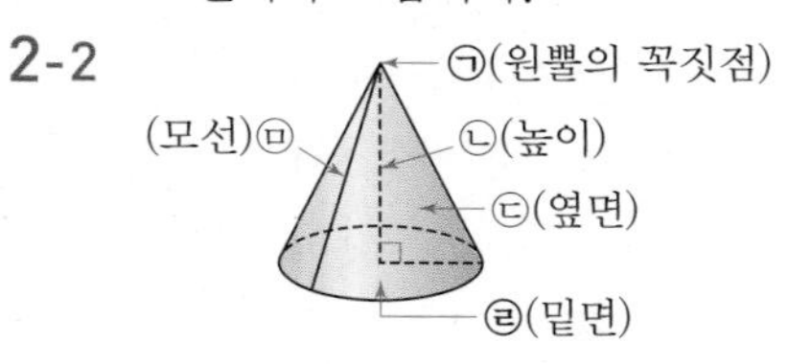



> **참고**
> 원뿔에서 뾰족한 부분의 점을 원뿔의 꼭짓점이라 하고, 평평한 면을 밑면이라고 합니다.

**3-1**

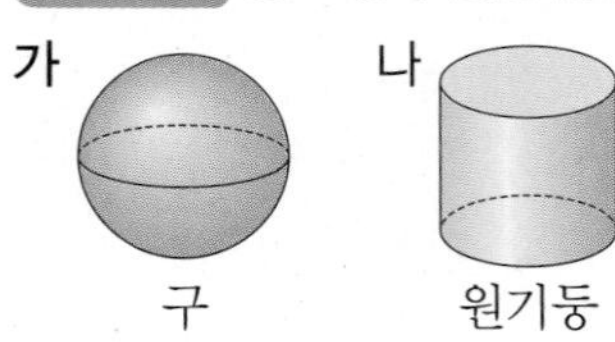



원뿔의 모선의 길이는 **5 cm**입니다.

**3-2** 생각 열기 원뿔의 꼭짓점에서 밑면에 수직인 선분의 길이를 높이라고 합니다.

원뿔의 꼭짓점에서 밑면에 수직인 선분의 길이를 찾아보면 원뿔의 높이는 **8 cm**입니다.

### 151쪽

**1-1** 구 모양은 수박입니다.

**1-2** 생각 열기 공 모양과 같은 입체도형을 구라고 합니다.

가   나

구   원기둥

**2-1** 구에서 가장 안쪽에 있는 점을 구의 **중심**이라고 합니다.

**2-2** 구의 중심에서 구의 겉면의 한 점을 이은 선분을 구의 **반지름**이라고 합니다.

**3-1** 생각 열기 구의 중심에서 구의 겉면의 한 점을 이은 선분을 구의 반지름이라고 합니다.

구의 중심에서 구의 겉면의 한 점을 이은 선분을 찾아보면 구의 반지름은 **6 cm**입니다.

**3-2** 구의 지름이 20 cm입니다.

⇨ (구의 반지름)=(구의 지름)÷2

$=20\div2=\mathbf{10}$ **(cm)**

### 153쪽

**1-1** 생각 열기 평평한 면이 원이고 옆을 둘러싼 면이 굽은 면인 뿔 모양의 입체도형 모양이 있는 건축물을 찾습니다.

피라미드는 각뿔 모양입니다.

**1-2** 가는 원뿔 모양이 아닙니다.

**2-1** 생각 열기 위와 아래에 있는 면이 서로 평행하고 합동인 원으로 이루어진 입체도형 모양이 있는 건축물을 찾습니다.

왼쪽 건축물은 각기둥 모양입니다.

**2-2** 오른쪽 건축물은 원기둥 모양이 아닙니다.

**3-1** 생각 열기 공 모양과 같은 입체도형 모양이 있는 조형물을 찾습니다.

오른쪽 조형물은 구 모양이 아닙니다.

**3-2** 왼쪽 조형물은 원기둥 모양만 사용하여 만들었습니다.

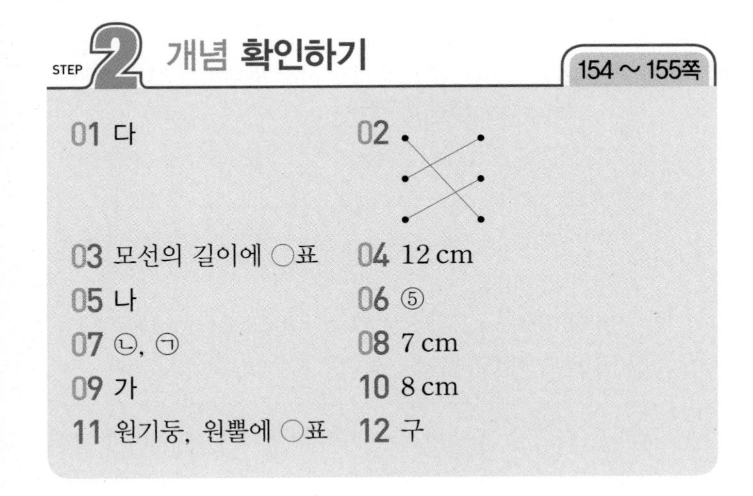

STEP 2 개념 확인하기 154 ~ 155쪽

01 다
02 (선 잇기)
03 모선의 길이에 ○표
04 12 cm
05 나
06 ⑤
07 ㉡, ㉠
08 7 cm
09 가
10 8 cm
11 원기둥, 원뿔에 ○표
12 구

01 평평한 면이 원이고 옆을 둘러싼 면이 굽은 면인 뿔 모양의 물건은 **다**(고깔)입니다.

참고
가: 밑면의 모양이 삼각형이면 삼각뿔이고, 밑면의 모양이 사각형이면 사각뿔입니다.
나: 선물 상자는 원기둥 모양입니다.

02 원뿔에서
- 평평한 면: 밑면
- 옆을 둘러싼 굽은 면: 옆면
- 뾰족한 부분의 점: 원뿔의 꼭짓점

03 원뿔의 꼭짓점과 밑면인 원의 둘레의 한 점을 이은 선분인 모선의 길이를 재는 그림입니다.

04 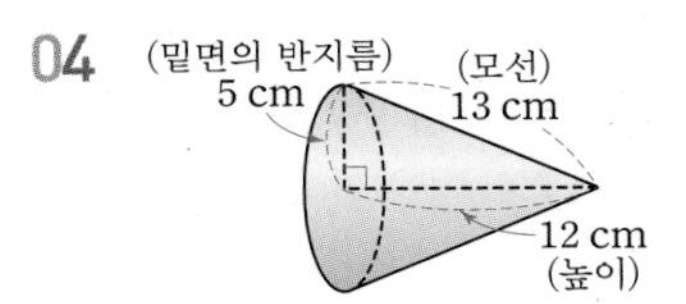


원뿔의 꼭짓점에서 밑면에 수직인 선분의 길이는 **12 cm**입니다.

05 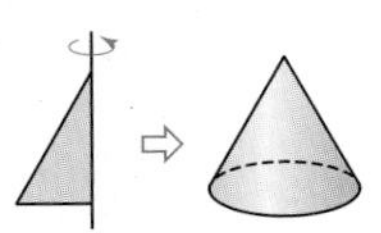

직각삼각형 모양의 종이를 돌리면 원뿔이 됩니다.

06 ① 농구공, ② 배구공, ③ 축구공, ④ 탁구공은 구 모양이고 ⑤ 럭비공은 구 모양이 아닙니다.

07 구의 가장 안쪽에 있는 점을 구의 중심이라 하고, 구의 중심에서 구의 겉면의 한 점을 이은 선분을 구의 반지름이라고 합니다.

08 구의 중심에서 구의 겉면의 한 점을 이은 선분을 찾아보면 구의 반지름은 **7 cm**입니다.

09 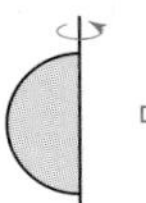 ⇨ 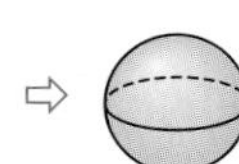 반원 모양의 종이를 돌리면 구가 됩니다.

10 생각 열기 (지름)=(반지름)×2

(선분 ㄱㄴ)=(구의 반지름)×2 $=4\times2=$**8 (cm)**

11 주어진 건축물에는 구 모양을 사용하지 않았습니다.

12 주어진 조형물은 공과 같은 모양으로 **구** 모양입니다.

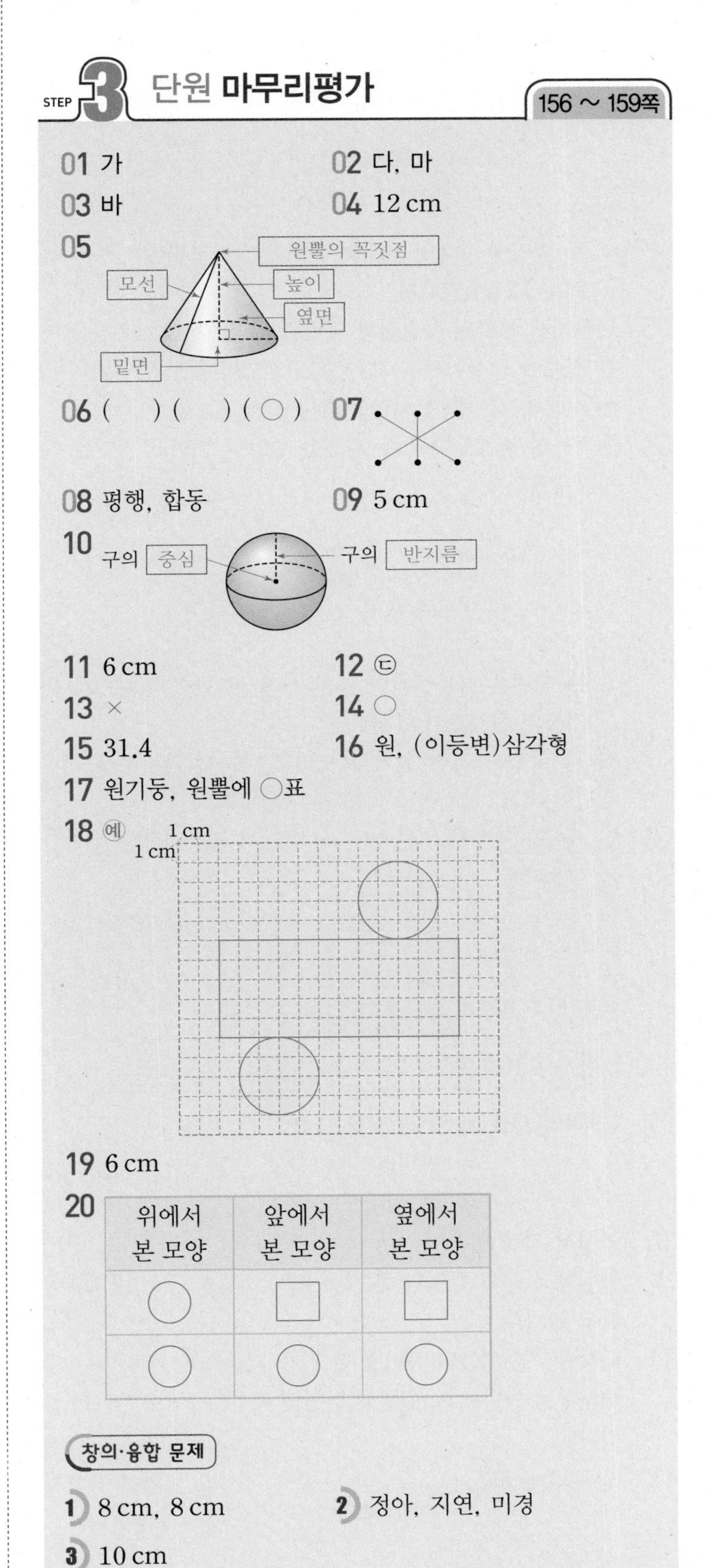

STEP 3 단원 마무리평가 156 ~ 159쪽

01 가
02 다, 마
03 바
04 12 cm
05

06 (  ) (  ) (○)
07 (선 잇기)
08 평행, 합동
09 5 cm
10

11 6 cm
12 ㉢
13 ×
14 ○
15 31.4
16 원, (이등변)삼각형
17 원기둥, 원뿔에 ○표
18 예

19 6 cm
20

| 위에서 본 모양 | 앞에서 본 모양 | 옆에서 본 모양 |
|---|---|---|
| ○ | □ | □ |
| ○ | ○ | ○ |

창의·융합 문제

1) 8 cm, 8 cm
2) 정아, 지연, 미경
3) 10 cm

**01** 위와 아래에 있는 면이 서로 평행하고 합동인 원으로 이루어진 입체도형을 원기둥이라고 합니다.

**02** 평평한 면이 원이고 옆을 둘러싼 면이 굽은 면인 뿔 모양의 입체도형을 원뿔이라고 합니다.

**03** 공 모양과 같은 입체도형을 구라고 합니다.

**04**

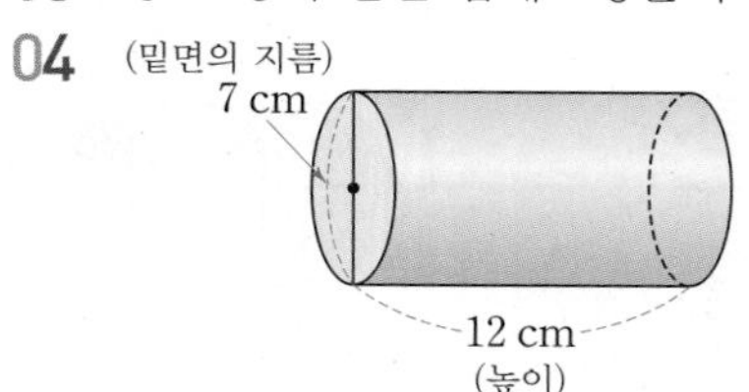


⇨ 두 밑면에 수직인 선분의 길이를 찾아보면 원기둥의 높이는 **12 cm**입니다.

**05** 원뿔에서 원뿔의 꼭짓점과 밑면인 원의 둘레의 한 점을 이은 선분을 모선이라 하고, 원뿔의 꼭짓점에서 밑면에 수직인 선분의 길이를 높이라고 합니다.

**06** 원기둥의 전개도에서 두 밑면은 합동인 원이고 옆면은 직사각형입니다.

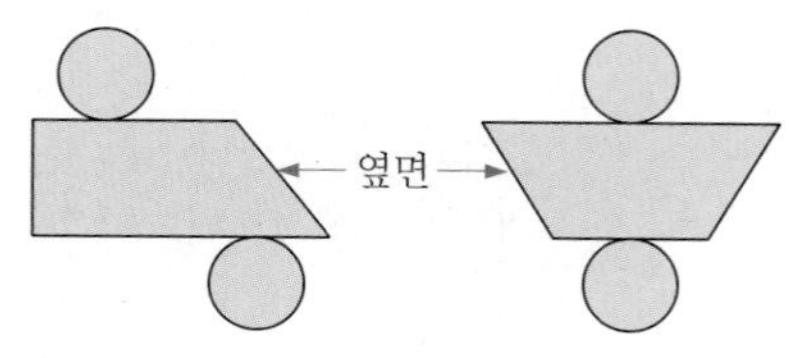


⇨ 두 밑면은 합동이지만 옆면이 직사각형이 아니므로 원기둥의 전개도가 아닙니다.

**07** 직사각형을 돌리면 원기둥이 되고, 직각삼각형을 돌리면 원뿔이 되고, 반원을 돌리면 구가 됩니다.

**08** 서술형 가이드 원기둥인지 아닌지 알 수 있는지 확인합니다.

채점 기준

| | |
|---|---|
| 상 | 두 밑면이 서로 평행하고 합동이어야 원기둥임을 알고 있음. |
| 중 | 두 밑면이 평행한 것만 바르게 썼음. |
| 하 | 이유를 쓰지 못함. |

**09** (구의 반지름) $=$ (구의 지름) $\div 2$

$=$ (반원의 지름) $\div 2$

$= 10 \div 2 = \mathbf{5}$ **(cm)**

**10** 구에서 가장 안쪽에 있는 점을 구의 **중심**이라 하고, 구의 중심에서 구의 겉면의 한 점을 이은 선분을 구의 **반지름**이라고 합니다.

**11** 직각삼각형 모양의 종이를 한 변을 기준으로 돌려 만든 입체도형은 원뿔이고, 원뿔의 밑면의 지름은 $3 \times 2 = \mathbf{6}$ **(cm)** 입니다.

**12** (높이) 12 cm, 15 cm (모선), 9 cm (밑면의 반지름)

⇨ ㉢ 밑면의 반지름은 9 cm입니다.

**13** 원뿔에서 모선은 셀 수 없이 많습니다.

**14** 원기둥의 두 밑면은 원 모양으로 서로 평행하고 합동입니다.

**15** (옆면의 가로) $=$ (밑면의 둘레)

$=$ (반지름) $\times 2 \times$ (원주율) $= 5 \times 2 \times 3.14 = \mathbf{31.4}$ (cm)

주의

옆면의 가로를 $5 \times 3.14 = 15.7$ (cm)로 계산하여 틀리는 경우가 있습니다.
(옆면의 가로) $=$ (지름) $\times$ (원주율) $=$ (반지름) $\times 2 \times$ (원주율)임을 알고 지름과 반지름을 확인하여 계산합니다.

**16** 원뿔을 위에서 본 모양은 밑면의 모양과 같은 **원**이고 앞에서 본 모양은 **(이등변)삼각형**입니다.

**17** 풍차를 만드는 데 사용한 입체도형은 원기둥과 원뿔입니다.

**18** 옆면의 가로의 길이는 밑면의 둘레와 같으므로 $4 \times 3 = 12$ (cm)이고, 옆면의 세로의 길이는 원기둥의 높이와 같으므로 5 cm입니다.

**19** 원기둥의 밑면의 지름은 $36 \div 3 = 12$ (cm)이고, 밑면의 반지름은 $12 \div 2 = \mathbf{6}$ **(cm)**입니다.

**20** 원기둥을 위에서 본 모양은 원이고, 앞이나 옆에서 본 모양은 직사각형입니다.
구는 어떤 방향에서 보아도 모양이 모두 원입니다.

## 창의·융합 문제

**1)** 밑면은 반지름이 4 cm인 원이므로 밑면의 지름은 $4 \times 2 = \mathbf{8}$ **(cm)**입니다.
앞에서 본 모양이 정사각형이므로 원기둥의 높이와 밑면의 지름은 같습니다. 따라서 높이는 **8 cm**입니다.

**2)** 모선: 원뿔의 꼭짓점과 밑면인 원의 둘레의 한 점을 이은 선분
높이: 원뿔의 꼭짓점에서 밑면에 수직인 선분의 길이

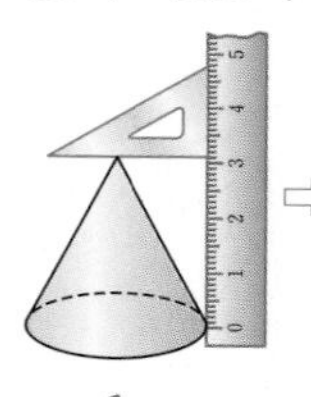

⇨ 높이

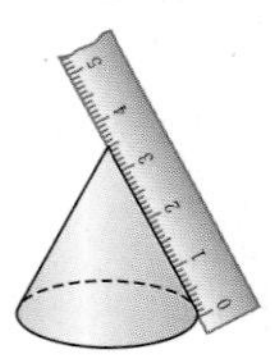

⇨ 모선의 길이

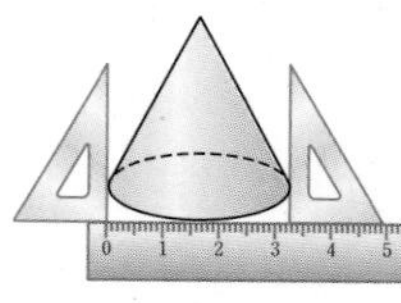

⇨ 밑면의 지름

**3)** 원기둥 안에 구가 꼭맞게 들어갔으므로 구의 반지름은 원기둥의 밑면의 반지름과 같습니다.
따라서 구의 반지름은 **10 cm**입니다.

# 참 잘했어요

수학의 모든 개념 문제를 풀 정도로
실력이 성장한 것을 축하하며
이 상장을 드립니다.

이름 ________________________

날짜 ________ 년 ____ 월 ____ 일

## 수학 전문 교재

● 연산 학습

| | |
|---|---|
| 빅터연산 | 예비초~6학년, 총 20권 |
| 창의융합 빅터연산 | 예비초~4학년, 총 16권 |

● 개념 학습

| | |
|---|---|
| 개념클릭 해법수학 | 1~6학년, 학기용 |

● 수준별 수학 전문서

| | |
|---|---|
| 해결의법칙(개념/유형/응용) | 1~6학년, 학기용 |

● 단원평가 대비

| | |
|---|---|
| 수학 단원평가 | 1~6학년, 학기용 |

● 단기완성 학습

| | |
|---|---|
| 초등 수학전략 | 1~6학년, 학기용 |

● 상위권 학습

| | |
|---|---|
| 최고수준 S 수학 | 1~6학년, 학기용 |
| 최고수준 수학 | 1~6학년, 학기용 |
| 최강 TOT 수학 | 1~6학년, 학년용 |

● 경시대회 대비

| | |
|---|---|
| 해법 수학경시대회 기출문제 | 1~6학년, 학기용 |

## 예비 중등 교재

| | |
|---|---|
| ● 해법 반편성 배치고사 예상문제 | 6학년 |
| ● 해법 신입생 시리즈(수학/영어) | 6학년 |

## 맞춤형 학교 시험대비 교재

| | |
|---|---|
| ● 열공 전과목 단원평가 | 1~6학년, 학기용(1학기 2~6년) |

## 한자 교재

| | |
|---|---|
| ● 해법 NEW 한자능력검정시험 자격증 한번에 따기 | 6~3급, 총 8권 |
| ● 씽씽 한자 자격시험 | 8~5급, 총 4권 |
| ● 한자 전략 | 8~5급Ⅱ, 총 12권 |

개념 해결의 법칙

# 연산의 법칙

수학

6·2

개념 해결의 법칙

# 연산의 법칙

# 차례


**1 분수의 나눗셈** ········· 2쪽

1. 분모가 같은 (분수)÷(분수) 계산하기
2. 분모가 다른 (분수)÷(분수) 계산하기
3. (자연수)÷(진분수) 계산하기
4. (진분수)÷(진분수) 계산하기
5. (자연수)÷(분수) 계산하기
6. (가분수)÷(분수) 계산하기
7. (대분수)÷(분수) 계산하기

**2 소수의 나눗셈** ········· 10쪽

1. 자연수의 나눗셈을 이용하여 (소수)÷(소수) 계산하기
2. 자릿수가 같은 (소수)÷(소수) 계산하기
3. 자릿수가 다른 (소수)÷(소수) 계산하기
4. (자연수)÷(소수) 계산하기
5. 몫을 반올림하여 나타내기

**4 비례식과 비례배분** ········· 20쪽

1. 비의 성질을 이용하여 비율이 같은 비 구하기 (1)
2. 비의 성질을 이용하여 비율이 같은 비 구하기 (2)
3. 간단한 자연수의 비로 나타내기 (1)
4. 간단한 자연수의 비로 나타내기 (2)
5. 비례식의 성질을 이용하여 □ 안에 알맞은 수 구하기
6. 비례배분하기

**5 원의 넓이** ········· 26쪽

1. 원주 구하기
2. 원의 넓이 구하는 방법 알아보기
3. 여러 가지 원의 넓이 구하기

**정답** ········· 30쪽

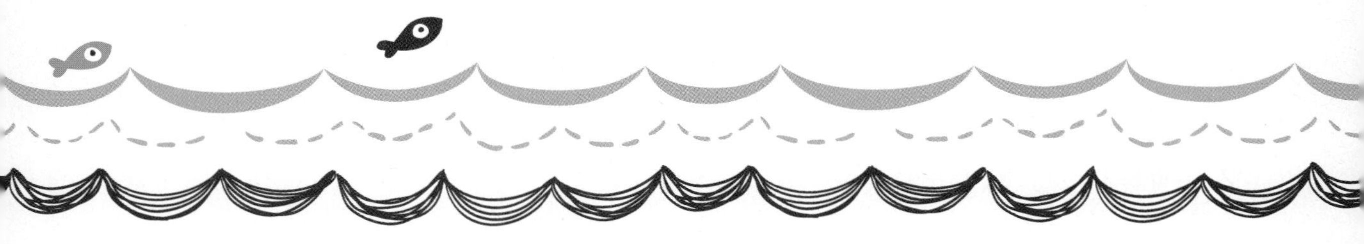

## 1. 분모가 같은 (분수)÷(분수) 계산하기

학습 POINT

분자끼리 나눕니다. → 나누어떨어지면 몫은 자연수로 나타내고, 나누어떨어지지 않으면 몫은 분수로 나타냅니다.

$\frac{4}{7} \div \frac{2}{7} = 4 \div 2 = \boxed{2}$

$\frac{5}{7} \div \frac{2}{7} = 5 \div 2 = \frac{\boxed{5}}{\boxed{2}} = 2\frac{1}{2}$

정답은 30쪽

**[01~18] 계산을 하시오.**

01 $\frac{6}{7} \div \frac{2}{7}$

02 $\frac{8}{9} \div \frac{2}{9}$

03 $\frac{10}{11} \div \frac{5}{11}$

04 $\frac{6}{14} \div \frac{3}{14}$

05 $\frac{12}{13} \div \frac{2}{13}$

06 $\frac{16}{17} \div \frac{8}{17}$

07 $\frac{8}{15} \div \frac{4}{15}$

08 $\frac{9}{20} \div \frac{3}{20}$

09 $\frac{21}{22} \div \frac{7}{22}$

10 $\frac{3}{4} \div \frac{2}{4}$

11 $\frac{4}{5} \div \frac{3}{5}$

12 $\frac{5}{6} \div \frac{2}{6}$

13 $\frac{7}{8} \div \frac{3}{8}$

14 $\frac{7}{9} \div \frac{2}{9}$

15 $\frac{10}{11} \div \frac{7}{11}$

16 $\frac{11}{13} \div \frac{8}{13}$

17 $\frac{13}{16} \div \frac{5}{16}$

18 $\frac{17}{20} \div \frac{9}{20}$

## 2. 분모가 다른 (분수)÷(분수) 계산하기

학습 POINT

분모를 같게 통분하고, 분자끼리 나눕니다.

$\frac{2}{3}\div\frac{2}{9}=\frac{6}{9}\div\frac{2}{9}=6\div2=\boxed{3}$

$\frac{3}{7}\div\frac{2}{5}=\frac{15}{35}\div\frac{14}{35}=15\div14=\frac{\boxed{15}}{\boxed{14}}=1\frac{1}{14}$

정답은 30쪽

**[01~14] 계산을 하시오.**

01 $\frac{1}{4}\div\frac{1}{8}$

02 $\frac{2}{3}\div\frac{2}{15}$

03 $\frac{5}{6}\div\frac{5}{24}$

04 $\frac{4}{7}\div\frac{2}{21}$

05 $\frac{8}{9}\div\frac{4}{27}$

06 $\frac{9}{10}\div\frac{3}{20}$

07 $\frac{6}{11}\div\frac{3}{44}$

08 $\frac{3}{5}\div\frac{2}{3}$

09 $\frac{5}{7}\div\frac{3}{4}$

10 $\frac{5}{8}\div\frac{1}{2}$

11 $\frac{7}{9}\div\frac{2}{3}$

12 $\frac{3}{4}\div\frac{2}{7}$

13 $\frac{4}{5}\div\frac{3}{8}$

14 $\frac{5}{6}\div\frac{4}{7}$

## 3. (자연수)÷(진분수) 계산하기

학습 POINT

■ ÷ $\frac{●}{▲}$ ⇨ 자연수(■)와 분자(●)를 나눈 다음 분모(▲)를 곱합니다.

$$8 \div \frac{2}{7} = (8 \div 2) \times 7 = \boxed{28}$$

정답은 30쪽

**[01~18] 계산을 하시오.**

01 $4 \div \frac{2}{3}$

07 $12 \div \frac{3}{5}$

13 $18 \div \frac{6}{13}$

02 $6 \div \frac{2}{5}$

08 $10 \div \frac{5}{11}$

14 $20 \div \frac{5}{9}$

03 $6 \div \frac{3}{4}$

09 $12 \div \frac{4}{9}$

15 $21 \div \frac{7}{8}$

04 $9 \div \frac{3}{5}$

10 $14 \div \frac{7}{8}$

16 $12 \div \frac{6}{7}$

05 $8 \div \frac{4}{7}$

11 $15 \div \frac{5}{6}$

17 $18 \div \frac{9}{14}$

06 $8 \div \frac{2}{9}$

12 $16 \div \frac{4}{5}$

18 $24 \div \frac{8}{15}$

## 4. (진분수)÷(진분수) 계산하기

학습 POINT

나눗셈을 곱셈으로 바꾸고 나누는 분수의 분모와 분자를 바꾸어 계산합니다.

$$\frac{4}{5} \div \frac{3}{4} = \frac{4}{5} \times \frac{4}{3} = \frac{\boxed{16}}{\boxed{15}} = 1\frac{1}{15}$$

정답은 30쪽

**[01~18] 계산을 하시오.**

01 $\frac{3}{5} \div \frac{2}{3}$

02 $\frac{4}{7} \div \frac{3}{5}$

03 $\frac{2}{5} \div \frac{5}{6}$

04 $\frac{3}{4} \div \frac{8}{9}$

05 $\frac{3}{8} \div \frac{5}{7}$

06 $\frac{2}{9} \div \frac{5}{8}$

07 $\frac{3}{4} \div \frac{2}{5}$

08 $\frac{4}{5} \div \frac{3}{7}$

09 $\frac{5}{6} \div \frac{4}{5}$

10 $\frac{7}{8} \div \frac{2}{3}$

11 $\frac{5}{9} \div \frac{2}{7}$

12 $\frac{7}{9} \div \frac{3}{8}$

13 $\frac{5}{6} \div \frac{2}{7}$

14 $\frac{6}{7} \div \frac{5}{9}$

15 $\frac{5}{8} \div \frac{3}{5}$

16 $\frac{9}{10} \div \frac{4}{7}$

17 $\frac{10}{11} \div \frac{7}{8}$

18 $\frac{13}{15} \div \frac{6}{7}$

## 5. (자연수)÷(분수) 계산하기

학습 POINT

나눗셈을 곱셈으로 바꾸고 나누는 분수의 분모와 분자를 바꾸어 계산합니다.

$3\div\frac{1}{2}=3\times\frac{2}{1}=3\times2=\boxed{6}$

$5\div\frac{3}{4}=5\times\frac{4}{3}=\frac{\boxed{20}}{\boxed{3}}=6\frac{2}{3}$

정답은 30쪽

**[01~18] 계산을 하시오.**

01 $4\div\frac{1}{3}$

02 $5\div\frac{1}{4}$

03 $7\div\frac{1}{6}$

04 $2\div\frac{3}{4}$

05 $3\div\frac{2}{3}$

06 $4\div\frac{5}{6}$

07 $5\div\frac{4}{5}$

08 $6\div\frac{5}{9}$

09 $7\div\frac{9}{10}$

10 $8\div\frac{7}{8}$

11 $5\div\frac{6}{7}$

12 $9\div\frac{8}{9}$

13 $3\div\frac{2}{5}$

14 $4\div\frac{5}{7}$

15 $2\div\frac{7}{11}$

16 $6\div\frac{5}{8}$

17 $5\div\frac{11}{12}$

18 $6\div\frac{13}{15}$

## 6. (가분수)÷(분수) 계산하기

학습 POINT

방법 1 분모를 같게 통분하여 계산합니다.

$$\frac{5}{4}\div\frac{3}{5}=\frac{25}{20}\div\frac{12}{20}=25\div12$$

$$=\frac{\boxed{25}}{\boxed{12}}=2\frac{1}{12}$$

방법 2 분수의 곱셈으로 바꾸어 계산합니다.

$$\frac{5}{4}\div\frac{3}{5}=\frac{5}{4}\times\frac{5}{3}=\frac{\boxed{25}}{\boxed{12}}=2\frac{1}{12}$$

정답은 30쪽

**[01~14] 계산을 하시오.**

01 $\frac{3}{2}\div\frac{4}{5}$

02 $\frac{5}{3}\div\frac{3}{4}$

03 $\frac{7}{5}\div\frac{2}{3}$

04 $\frac{7}{4}\div\frac{5}{9}$

05 $\frac{9}{7}\div\frac{2}{5}$

06 $\frac{13}{10}\div\frac{5}{7}$

07 $\frac{11}{7}\div\frac{8}{9}$

08 $\frac{4}{3}\div\frac{3}{7}$

09 $\frac{9}{5}\div\frac{2}{9}$

10 $\frac{6}{5}\div\frac{5}{6}$

11 $\frac{5}{2}\div\frac{2}{7}$

12 $\frac{8}{3}\div\frac{7}{10}$

13 $\frac{10}{9}\div\frac{3}{8}$

14 $\frac{13}{10}\div\frac{5}{9}$

## 7. (대분수)÷(분수) 계산하기

학습 POINT

대분수를 가분수로 바꾼 후 $1\frac{1}{2}\div\frac{2}{3}=\frac{3}{2}\div\frac{2}{3}$

**방법 1** 분모를 같게 통분하여 계산합니다.

**방법 2** 분수의 곱셈으로 바꾸어 계산합니다.

**방법 1** $=\frac{9}{6}\div\frac{4}{6}=9\div4=\frac{\boxed{9}}{\boxed{4}}=2\frac{1}{4}$

**방법 2** $=\frac{3}{2}\times\frac{3}{2}=\frac{\boxed{9}}{\boxed{4}}=2\frac{1}{4}$

정답은 31쪽

**[01~12] 계산을 하시오.**

**01** $1\frac{1}{3}\div\frac{3}{4}$

**02** $1\frac{1}{4}\div\frac{3}{5}$

**03** $1\frac{2}{5}\div\frac{2}{7}$

**04** $1\frac{2}{7}\div\frac{5}{6}$

**05** $1\frac{3}{8}\div\frac{4}{5}$

**06** $1\frac{2}{9}\div\frac{5}{8}$

**07** $2\frac{1}{2}\div\frac{2}{5}$

**08** $2\frac{1}{3}\div\frac{4}{7}$

**09** $2\frac{1}{4}\div\frac{2}{9}$

**10** $2\frac{2}{5}\div\frac{7}{8}$

**11** $3\frac{1}{3}\div\frac{3}{8}$

**12** $3\frac{1}{4}\div\frac{5}{7}$

[ 13 ~ 28 ] 계산을 하시오.

13 $2\frac{3}{4} \div \frac{3}{7}$

14 $2\frac{1}{5} \div \frac{4}{9}$

15 $3\frac{2}{5} \div \frac{2}{3}$

16 $3\frac{1}{6} \div \frac{3}{5}$

17 $1\frac{3}{5} \div \frac{5}{6}$

18 $2\frac{2}{9} \div \frac{3}{4}$

19 $3\frac{1}{2} \div \frac{5}{9}$

20 $3\frac{2}{3} \div \frac{6}{7}$

21 $1\frac{1}{8} \div \frac{2}{5}$

22 $4\frac{1}{2} \div \frac{7}{9}$

23 $3\frac{2}{3} \div \frac{3}{7}$

24 $2\frac{1}{7} \div \frac{4}{5}$

25 $1\frac{4}{9} \div \frac{2}{7}$

26 $3\frac{1}{5} \div \frac{5}{7}$

27 $5\frac{1}{4} \div \frac{5}{9}$

28 $6\frac{3}{5} \div \frac{7}{8}$

## 1. 자연수의 나눗셈을 이용하여 (소수)÷(소수) 계산하기

학습 POINT

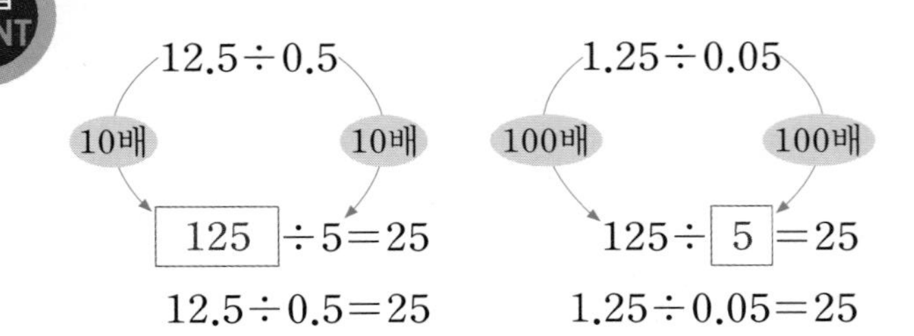


나눗셈에서 나누는 수와 나누어지는 수에 같은 수를 곱하여도 몫은 변하지 않습니다.

정답은 31쪽

**[01~08] □ 안에 알맞은 수를 써넣으시오.**

01

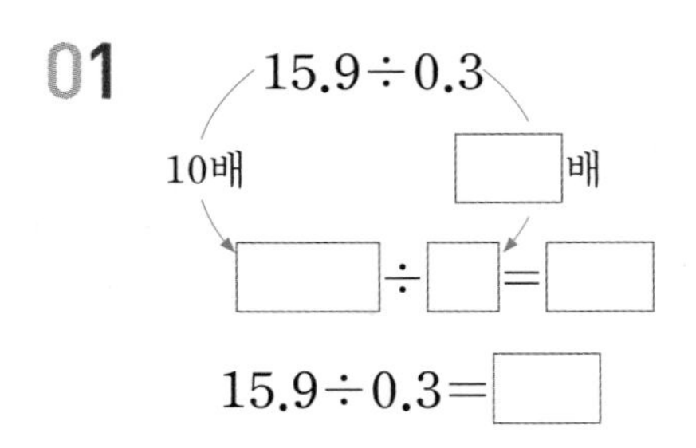


02

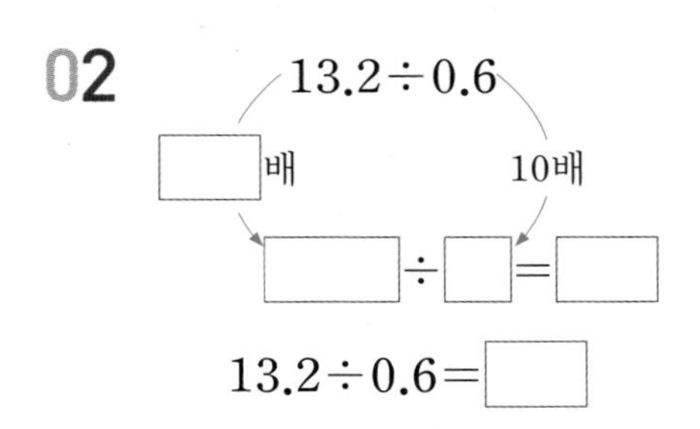


03

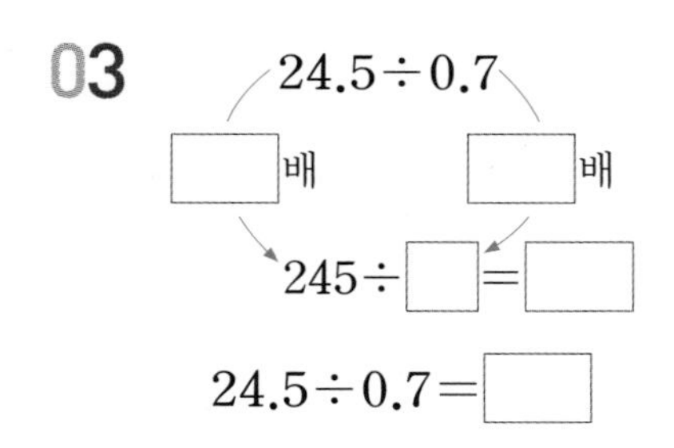


04

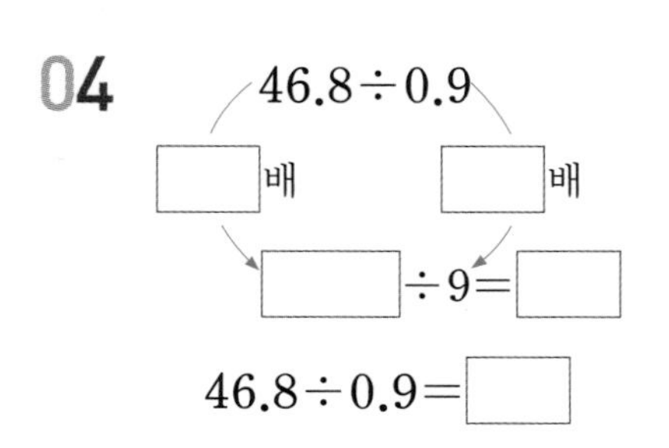


05

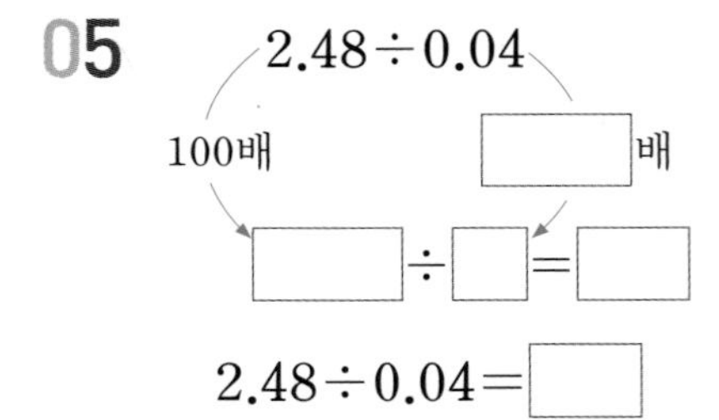


06

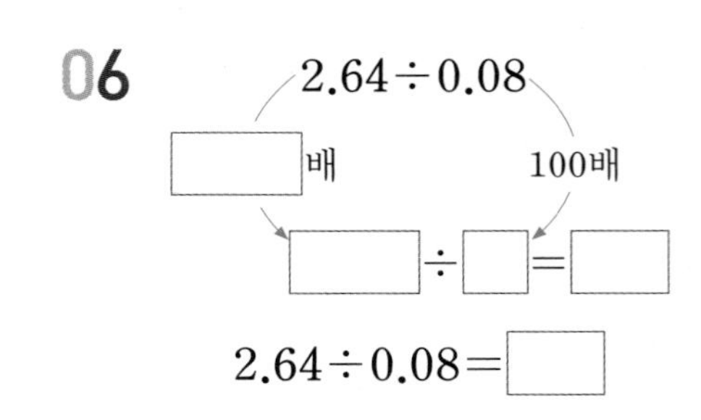


07

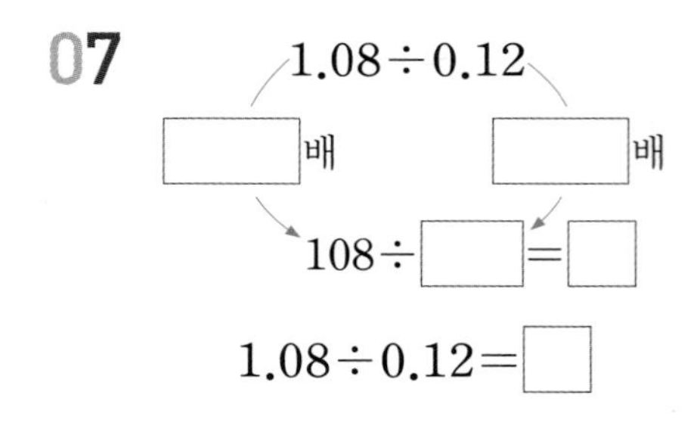


08

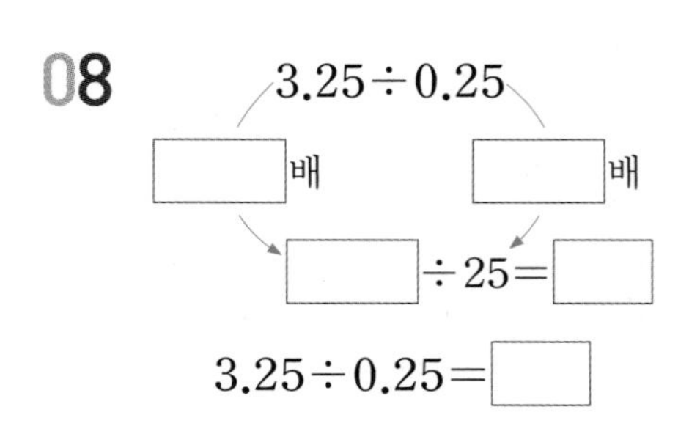

[09~24] □ 안에 알맞은 수를 써넣으시오.

09 $12.6 \div 0.2 = \square \div \square = \square$ (10배, 10배)

10 $20.8 \div 0.4 = \square \div \square = \square$ (10배, 10배)

11 $28.5 \div 0.5 = \square \div 5 = \square$ (10배, □배)

12 $25.2 \div 1.2 = \square \div 12 = \square$ (10배, □배)

13 $31.2 \div 0.6 = 312 \div \square = \square$ (□배, 10배)

14 $36.8 \div 2.3 = 368 \div \square = \square$ (□배, 10배)

15 $57.6 \div 0.8 = \square \div 8 = \square$

16 $80.5 \div 3.5 = 805 \div \square = \square$

17 $1.56 \div 0.03 = \square \div \square = \square$ (100배, 100배)

18 $2.16 \div 0.06 = \square \div \square = \square$ (100배, 100배)

19 $3.22 \div 0.07 = \square \div 7 = \square$ (100배, □배)

20 $3.45 \div 0.15 = \square \div 15 = \square$ (100배, □배)

21 $3.91 \div 0.23 = 391 \div \square = \square$ (□배, 100배)

22 $7.48 \div 0.34 = 748 \div \square = \square$ (□배, 100배)

23 $3.15 \div 0.09 = \square \div 9 = \square$

24 $9.52 \div 0.28 = 952 \div \square = \square$

## 2. 자릿수가 같은 (소수)÷(소수) 계산하기

(소수 한 자리 수)÷(소수 한 자리 수)
나누는 수와 나누어지는 수의 소수점을 각각 오른쪽으로 한 자리씩 옮겨서 계산합니다.

$0.5\overline{)4.5}$ ⇨ $0.5\overline{)4.5}$, 몫 9, 45, 0

(소수 두 자리 수)÷(소수 두 자리 수)
나누는 수와 나누어지는 수의 소수점을 각각 오른쪽으로 두 자리씩 옮겨서 계산합니다.

$0.32\overline{)1.28}$ ⇨ $0.32\overline{)1.28}$, 몫 4, 128, 0

정답은 31쪽

**[01 ~ 12] 계산을 하시오.**

01 $0.2\overline{)1.4}$

05 $0.6\overline{)2.4}$

09 $0.7\overline{)9.8}$

02 $0.6\overline{)3.6}$

06 $0.9\overline{)8.1}$

10 $0.8\overline{)9.6}$

03 $0.7\overline{)5.6}$

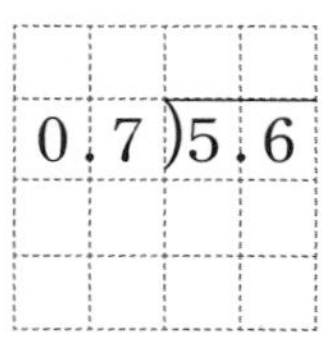

07 $1.2\overline{)7.2}$

11 $0.5\overline{)18.5}$

04 $1.1\overline{)8.8}$

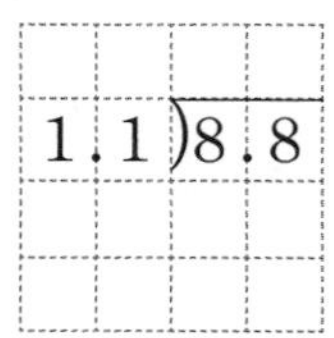

08 $1.8\overline{)7.2}$

12 $1.3\overline{)14.3}$

[ 13~27 ] 계산을 하시오.

13 $0.21\overline{)1.68}$

18 $0.44\overline{)2.64}$

23 $0.36\overline{)17.28}$

14 $0.78\overline{)3.12}$

19 $0.16\overline{)3.68}$

24 $0.72\overline{)25.92}$

15 $0.52\overline{)3.64}$

20 $0.55\overline{)7.15}$

25 $1.46\overline{)35.04}$

16 $0.45\overline{)2.25}$

21 $0.42\overline{)8.82}$

26 $1.64\overline{)37.72}$

17 $0.91\overline{)4.55}$

22 $0.24\overline{)11.52}$

27 $2.71\overline{)70.46}$

## 3. 자릿수가 다른 (소수)÷(소수) 계산하기

학습 POINT

(소수 두 자리 수)÷(소수 한 자리 수)

- 나누는 수와 나누어지는 수의 소수점을 각각 오른쪽으로 똑같이 옮겨 계산합니다.
- 몫을 쓸 때 옮긴 소수점의 위치에서 소수점을 찍어 줍니다.

```
         2.5                2.5
1.50)3.750         1.5)3.75
     300                30
      750                75
      750                75
        0                 0
```

정답은 31쪽

**[01~12] 계산을 하시오.**

01

$0.2\overline{)0.32}$

02

$0.6\overline{)0.78}$

03

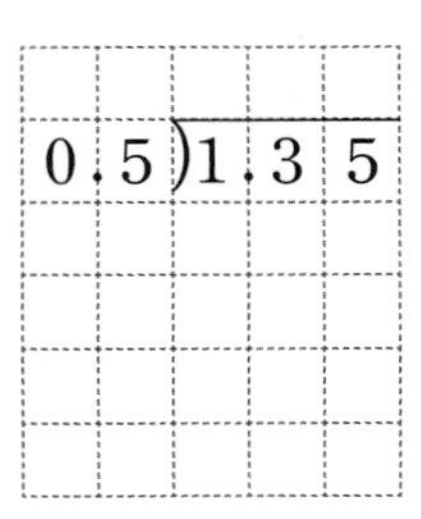

$0.5\overline{)1.35}$

04

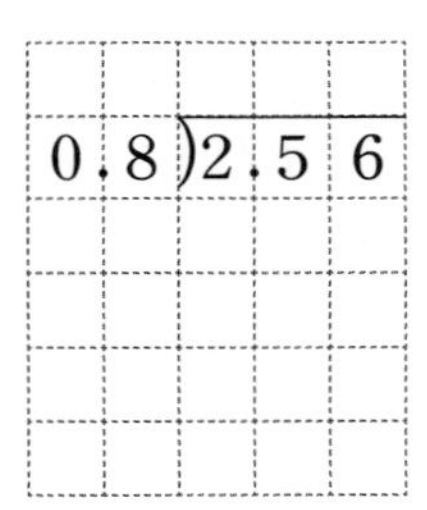

$0.8\overline{)2.56}$

05

$1.5\overline{)4.95}$

06

$1.2\overline{)5.52}$

07

$2.3\overline{)12.19}$

08

$2.4\overline{)13.68}$

09

$6.3\overline{)15.12}$

10

$9.5\overline{)71.25}$

11

$24.6\overline{)44.28}$

12

$13.6\overline{)53.04}$

**[13~27] 계산을 하시오.**

13 $0.69 \div 0.3$

18 $6.12 \div 1.8$

23 $25.76 \div 5.6$

14 $0.76 \div 0.4$

19 $7.54 \div 2.9$

24 $40.56 \div 7.8$

15 $0.91 \div 0.7$

20 $8.05 \div 3.5$

25 $54.81 \div 8.7$

16 $1.35 \div 0.9$

21 $15.96 \div 4.2$

26 $33.21 \div 12.3$

17 $3.38 \div 1.3$

22 $19.27 \div 4.7$

27 $57.28 \div 35.8$

## 4. (자연수)÷(소수) 계산하기

학습 POINT

(자연수)÷(소수 한 자리 수)
나누는 수와 나누어지는 수의 소수점을 각각 오른쪽으로 한 자리씩 옮겨서 계산합니다.

$7.5\overline{)15}$ ⇨ $7.5\overline{)15.0}$ = 2, 150, 0

(자연수)÷(소수 두 자리 수)
나누는 수와 나누어지는 수의 소수점을 각각 오른쪽으로 두 자리씩 옮겨서 계산합니다.

$1.25\overline{)10}$ ⇨ $1.25\overline{)10.00}$ = 8, 1000, 0

정답은 31쪽

**[01~12] 계산을 하시오.**

01 $3.6\overline{)18}$

05 $2.8\overline{)14}$

09 $6.5\overline{)26}$

02 $9.5\overline{)38}$

06 $4.4\overline{)22}$

10 $8.4\overline{)42}$

03 $5.5\overline{)44}$

07 $4.5\overline{)27}$

11 $5.6\overline{)28}$

04 $1.5\overline{)12}$

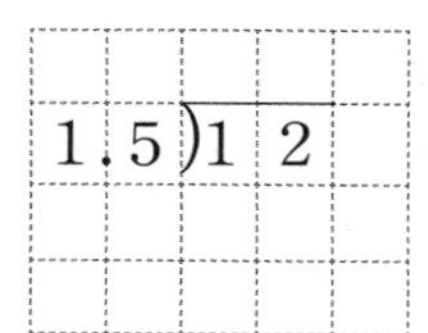

08 $2.4\overline{)12}$

12 $7.5\overline{)45}$

[ 13~27 ] 계산을 하시오.

13 $2.25 \overline{)9}$

18 $3.25 \overline{)26}$

23 $1.25 \overline{)20}$

14 $3.75 \overline{)15}$

19 $5.25 \overline{)21}$

24 $1.92 \overline{)48}$

15 $4.25 \overline{)34}$

20 $1.24 \overline{)62}$

25 $1.28 \overline{)32}$

16 $2.75 \overline{)22}$

21 $0.48 \overline{)24}$

26 $2.75 \overline{)66}$

17 $1.75 \overline{)14}$

22 $0.25 \overline{)12}$

27 $3.24 \overline{)81}$

## 5. 몫을 반올림하여 나타내기

학습 POINT

몫을 반올림하여 나타낼 때에는 구하려는 자리 바로 아래 자리의 숫자에서 반올림합니다.

$$\begin{array}{r} 1.283 \\ 6\overline{)7.700} \\ \underline{6\phantom{00}} \\ 17\phantom{0} \\ \underline{12\phantom{0}} \\ 50 \\ \underline{48} \\ 20 \\ \underline{18} \\ 0 \end{array}$$

7.7÷6의 몫을 반올림하여

자연수로 나타내면 1.2 ⇨ 1
(소수 첫째 자리에서 반올림)

소수 첫째 자리까지 나타내면 1.28 ⇨ 1.3
(소수 둘째 자리에서 반올림)

소수 둘째 자리까지 나타내면 1.283 ⇨ 1.28
(소수 셋째 자리에서 반올림)

정답은 32쪽

**[01~06] 몫을 반올림하여 자연수로 나타내시오.**

01 $3\overline{)5.2}$

(　　　　　　　　)

02 $6\overline{)8.5}$

(　　　　　　　　)

03 $7\overline{)14.9}$

(　　　　　　　　)

04 $9\overline{)15}$

(　　　　　　　　)

05 $0.3\overline{)1.4}$

(　　　　　　　　)

06 $0.6\overline{)2.3}$

(　　　　　　　　)

[07~10] 몫을 반올림하여 소수 첫째 자리까지 나타내시오.

07

$6\overline{)5.2}$

(　　　　　　　　　)

08

$3\overline{)4.9}$

(　　　　　　　　　)

09

$7\overline{)68}$

(　　　　　　　　　)

10

$2.2\overline{)8.4}$

(　　　　　　　　　)

[11~14] 몫을 반올림하여 소수 둘째 자리까지 나타내시오.

11

$9\overline{)4.4}$

(　　　　　　　　　)

12

$6\overline{)9.4}$

(　　　　　　　　　)

13

$3\overline{)2.5}$

(　　　　　　　　　)

14

$7\overline{)8.3}$

(　　　　　　　　　)

## 1. 비의 성질을 이용하여 비율이 같은 비 구하기 (1)

학습 POINT

비의 전항과 후항에 0이 아닌 같은 수를 곱하여도 비율은 같습니다.

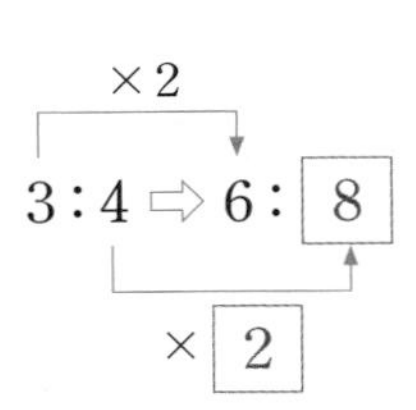


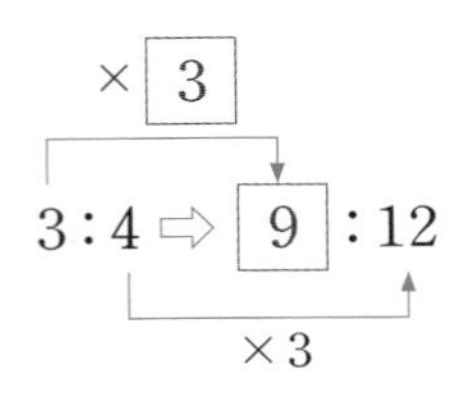


정답은 32쪽

**[01~12] 비의 성질을 이용하여 비율이 같은 비를 만들려고 합니다. □ 안에 알맞은 수를 써넣으시오.**

01 $3:2 \Rightarrow (3\times3):(2\times\square)$
$\Rightarrow 9:\square$

02 $6:4 \Rightarrow (6\times2):(4\times\square)$
$\Rightarrow 12:\square$

03 $2:5 \Rightarrow (2\times5):(5\times\square)$
$\Rightarrow 10:\square$

04 $4:7 \Rightarrow (4\times6):(7\times\square)$
$\Rightarrow 24:\square$

05 $11:8 \Rightarrow (11\times7):(8\times\square)$
$\Rightarrow 77:\square$

06 $9:14 \Rightarrow (9\times3):(14\times\square)$
$\Rightarrow 27:\square$

07 $5:8 \Rightarrow (5\times\square):(8\times4)$
$\Rightarrow \square:32$

08 $7:10 \Rightarrow (7\times\square):(10\times6)$
$\Rightarrow \square:60$

09 $12:5 \Rightarrow (12\times\square):(5\times5)$
$\Rightarrow \square:25$

10 $7:15 \Rightarrow (7\times\square):(15\times7)$
$\Rightarrow \square:105$

11 $20:13 \Rightarrow (20\times\square):(13\times2)$
$\Rightarrow \square:26$

12 $9:19 \Rightarrow (9\times\square):(19\times4)$
$\Rightarrow \square:76$

## 2. 비의 성질을 이용하여 비율이 같은 비 구하기 (2)

학습 POINT

비의 전항과 후항을 0이 아닌 같은 수로 나누어도 비율은 같습니다.

$12:6 \Rightarrow 6:\boxed{3}$ (전항 ÷2, 후항 ÷$\boxed{2}$)

$12:6 \Rightarrow \boxed{4}:2$ (전항 ÷$\boxed{3}$, 후항 ÷3)

정답은 32쪽

**[01~12] 비의 성질을 이용하여 비율이 같은 비를 만들려고 합니다. □ 안에 알맞은 수를 써넣으시오.**

**01** $6:8 \Rightarrow (6\div2):(8\div\square)$
$\Rightarrow 3:\square$

**02** $9:6 \Rightarrow (9\div3):(6\div\square)$
$\Rightarrow 3:\square$

**03** $16:20 \Rightarrow (16\div4):(20\div\square)$
$\Rightarrow 4:\square$

**04** $15:35 \Rightarrow (15\div5):(35\div\square)$
$\Rightarrow 3:\square$

**05** $21:28 \Rightarrow (21\div7):(28\div\square)$
$\Rightarrow 3:\square$

**06** $18:81 \Rightarrow (18\div9):(81\div\square)$
$\Rightarrow 2:\square$

**07** $5:10 \Rightarrow (5\div\square):(10\div5)$
$\Rightarrow \square:2$

**08** $8:12 \Rightarrow (8\div\square):(12\div4)$
$\Rightarrow \square:3$

**09** $14:4 \Rightarrow (14\div\square):(4\div2)$
$\Rightarrow \square:2$

**10** $25:30 \Rightarrow (25\div\square):(30\div5)$
$\Rightarrow \square:6$

**11** $48:18 \Rightarrow (48\div\square):(18\div6)$
$\Rightarrow \square:3$

**12** $66:77 \Rightarrow (66\div\square):(77\div11)$
$\Rightarrow \square:7$

## 3. 간단한 자연수의 비로 나타내기 (1)

**학습 POINT**

전항과 후항에 소수의 자리 수에 따라 10, 100, 1000……을 곱합니다.

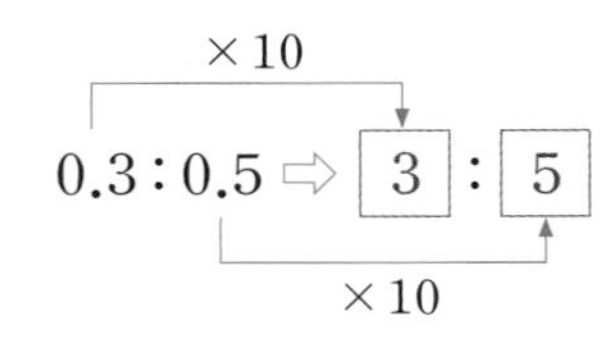


(소수) : (분수), (분수) : (소수)
⇨ 분수를 소수로 바꿉니다.

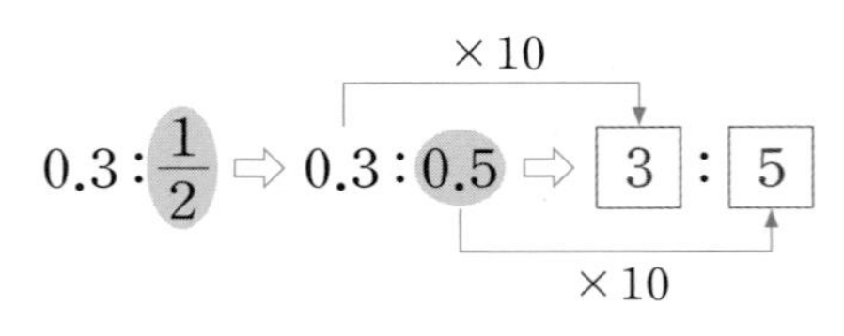


정답은 32쪽

**[01~12] 간단한 자연수의 비로 나타내시오.**

**01** 0.5 : 0.8

(　　　　)

**02** 0.7 : 1.2

(　　　　)

**03** 1.4 : 2.9

(　　　　)

**04** 0.16 : 0.33

(　　　　)

**05** 0.25 : 0.47

(　　　　)

**06** 0.04 : 0.19

(　　　　)

**07** 1.02 : 0.35

(　　　　)

**08** 3.15 : 1.04

(　　　　)

**09** 0.161 : 0.533

(　　　　)

**10** 0.052 : 0.09

(　　　　)

**11** $0.3 : \frac{1}{5}$

(　　　　)

**12** $\frac{1}{4} : 0.21$

(　　　　)

## 4. 간단한 자연수의 비로 나타내기 (2)

학습 POINT

전항과 후항에 각각 두 분모의 공배수 또는 최소공배수를 곱합니다.

$\times$ 12 — 분모 3과 4의 최소공배수

$\frac{1}{3} : \frac{1}{4} \Rightarrow \boxed{4} : \boxed{3}$

$\times$ 12

(소수) : (분수), (분수) : (소수)
⇨ 소수를 분수로 바꿉니다.

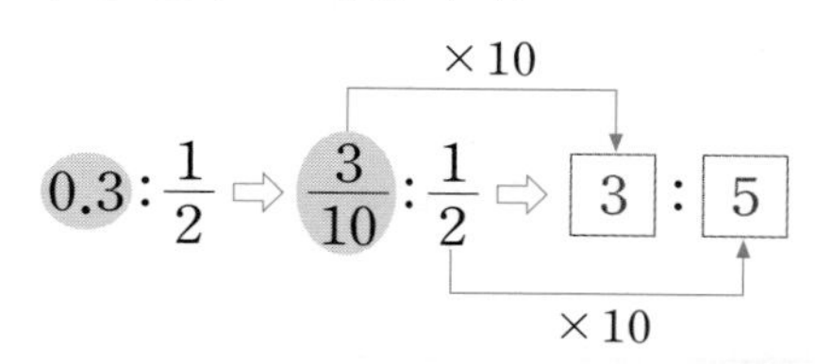

$0.3 : \frac{1}{2} \Rightarrow \frac{3}{10} : \frac{1}{2} \Rightarrow \boxed{3} : \boxed{5}$ ($\times$ 10)

정답은 32쪽

**[ 01 ~ 10 ] 간단한 자연수의 비로 나타내시오.**

**01** $\frac{1}{2} : \frac{1}{7}$

(　　　　　　　　)

**02** $\frac{1}{8} : \frac{1}{3}$

(　　　　　　　　)

**03** $\frac{2}{5} : \frac{1}{6}$

(　　　　　　　　)

**04** $\frac{1}{4} : \frac{2}{7}$

(　　　　　　　　)

**05** $\frac{2}{9} : \frac{3}{4}$

(　　　　　　　　)

**06** $\frac{3}{10} : \frac{1}{3}$

(　　　　　　　　)

**07** $\frac{5}{6} : \frac{2}{11}$

(　　　　　　　　)

**08** $\frac{1}{12} : \frac{3}{8}$

(　　　　　　　　)

**09** $0.3 : \frac{1}{7}$

(　　　　　　　　)

**10** $\frac{5}{8} : 0.7$

(　　　　　　　　)

## 5. 비례식의 성질을 이용하여 □ 안에 알맞은 수 구하기

학습 POINT

비례식에서 외항의 곱과 내항의 곱은 같습니다.

외항의 곱: $2\times10=$ 20

$2:5=4:10$

내항의 곱: $5\times4=$ 20

정답은 32쪽

**[01~14] 비례식의 성질을 이용하여 □ 안에 알맞은 수를 써넣으시오.**

01 $5:4=10:\square$

08 $14:\square=28:10$

02 $3:7=9:\square$

09 $4:\square=16:52$

03 $6:2=24:\square$

10 $7:\square=35:15$

04 $3:8=21:\square$

11 $6:\square=36:66$

05 $5:2=\square:12$

12 $\square:2=72:16$

06 $9:10=\square:70$

13 $\square:8=20:32$

07 $8:7=\square:49$

14 $\square:12=27:36$

# 6. 비례배분하기

9를 1 : 2로 비례배분하기 ⇨

전체를 주어진 비로 배분하는 것

$9\times\dfrac{\boxed{1}}{\boxed{1}+\boxed{2}}=\overset{3}{\cancel{9}}\times\dfrac{1}{\underset{1}{\cancel{3}}}=3$

$9\times\dfrac{\boxed{2}}{\boxed{1}+\boxed{2}}=\overset{3}{\cancel{9}}\times\dfrac{2}{\underset{1}{\cancel{3}}}=6$

정답은 32쪽

**[01~08]** ▭ 안의 수를 주어진 비로 비례배분하려고 합니다. □ 안에 알맞은 수를 써넣으시오.

**01** 10　2 : 3

$10\times\dfrac{2}{2+3}=10\times\dfrac{\square}{5}=\square$

$10\times\dfrac{\square}{2+3}=10\times\dfrac{\square}{5}=\square$

**02** 12　1 : 5

$12\times\dfrac{1}{1+5}=12\times\dfrac{\square}{6}=\square$

$12\times\dfrac{\square}{1+5}=12\times\dfrac{\square}{6}=\square$

**03** 20　3 : 1

$20\times\dfrac{3}{3+1}=20\times\dfrac{\square}{4}=\square$

$20\times\dfrac{\square}{3+1}=20\times\dfrac{\square}{4}=\square$

**04** 21　2 : 5

$21\times\dfrac{2}{2+5}=21\times\dfrac{\square}{7}=\square$

$21\times\dfrac{\square}{2+5}=21\times\dfrac{\square}{7}=\square$

**05** 28　4 : 3

$28\times\dfrac{4}{4+3}=28\times\dfrac{\square}{7}=\square$

$28\times\dfrac{\square}{4+3}=28\times\dfrac{\square}{7}=\square$

**06** 30　3 : 7

$30\times\dfrac{3}{3+7}=30\times\dfrac{\square}{10}=\square$

$30\times\dfrac{\square}{3+7}=30\times\dfrac{\square}{10}=\square$

**07** 42　11 : 3

$42\times\dfrac{11}{11+3}=42\times\dfrac{\square}{14}=\square$

$42\times\dfrac{\square}{11+3}=42\times\dfrac{\square}{14}=\square$

**08** 52　3 : 1

$52\times\dfrac{3}{3+1}=52\times\dfrac{\square}{4}=\square$

$52\times\dfrac{\square}{3+1}=52\times\dfrac{\square}{4}=\square$

## 1. 원주 구하기

학습 POINT

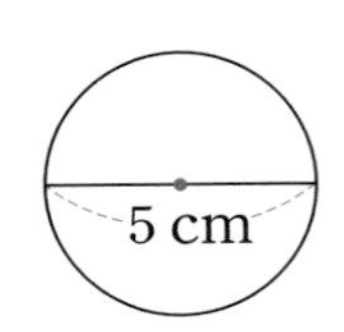


원주율: 3.14

(원주)=(지름)×(원주율)
=(반지름)×2×(원주율)

⇨ (원주)=5×3.14= 15.7 (cm)

정답은 32쪽

**[01~06] 원주를 구하시오.**

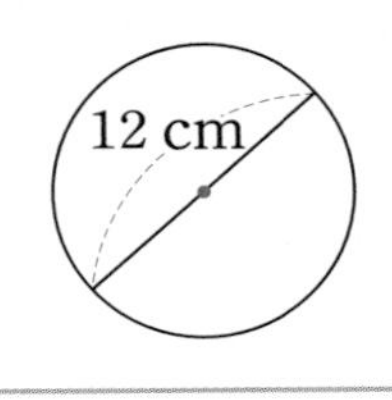


원주율: 3

(                    )

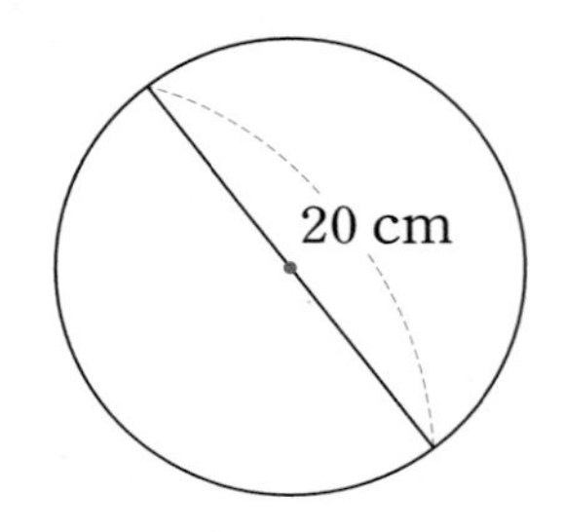


원주율: 3

(                    )

02

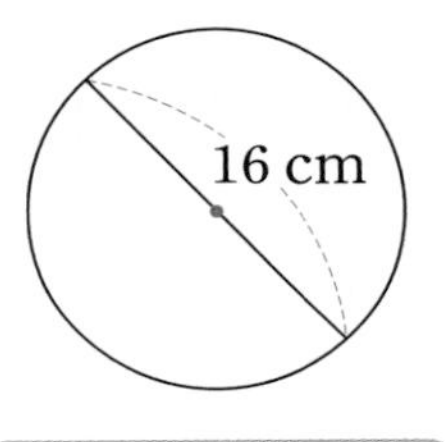


원주율: 3.1

(                    )

05

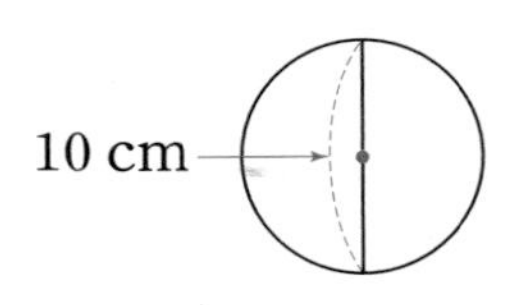


원주율: 3.14

(                    )

03

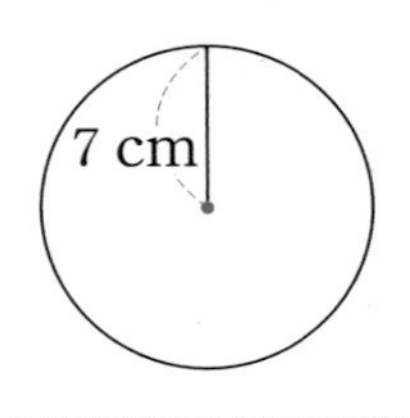


원주율: 3.1

(                    )

06

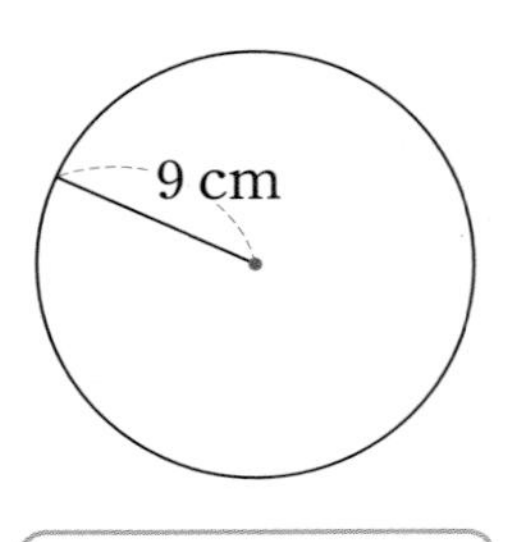


원주율: 3.1

(                    )

[07~14] 원주를 구하시오. (원주율: 3.14)

07

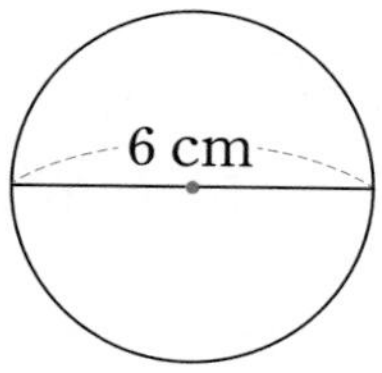

6 cm

(　　　　　　　　　　　　)

08

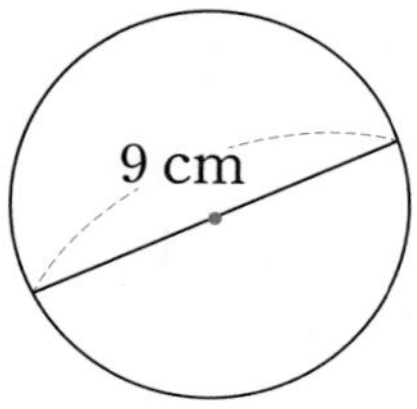

9 cm

(　　　　　　　　　　　　)

09

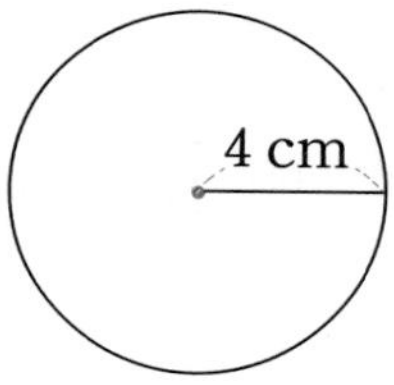

4 cm

(　　　　　　　　　　　　)

10

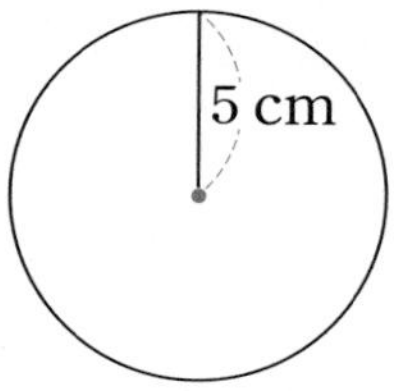

5 cm

(　　　　　　　　　　　　)

11

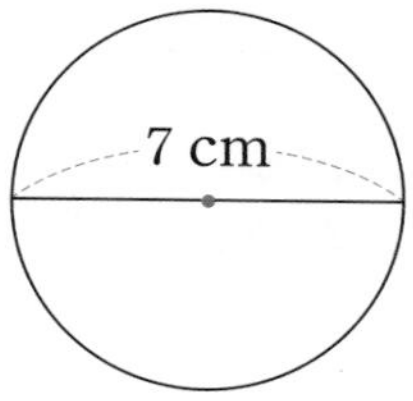

7 cm

(　　　　　　　　　　　　)

12

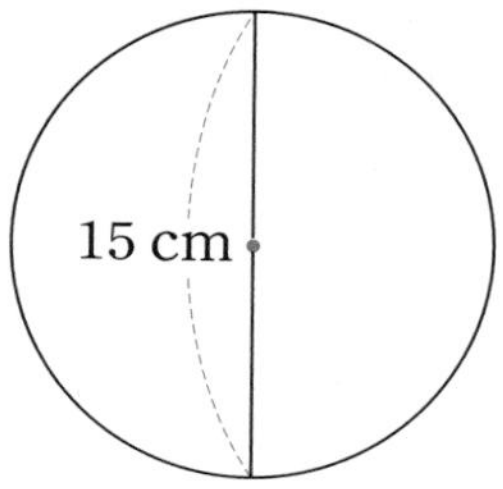

15 cm

(　　　　　　　　　　　　)

13

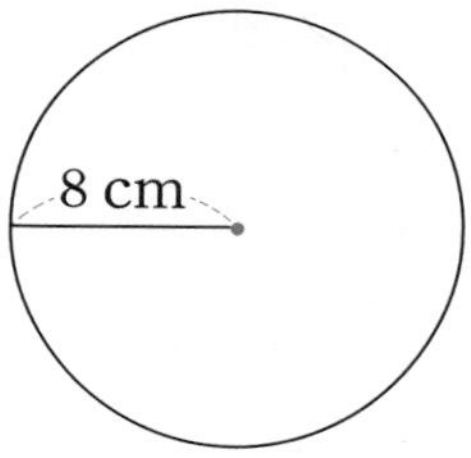

8 cm

(　　　　　　　　　　　　)

14

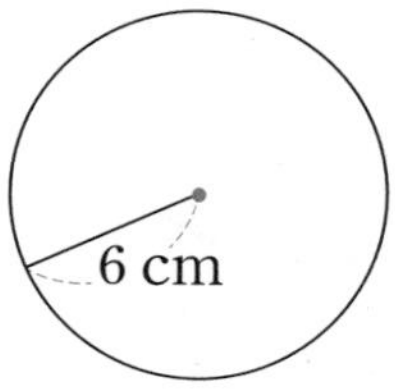

6 cm

(　　　　　　　　　　　　)

## 2. 원의 넓이 구하는 방법 알아보기

5 cm

원주율: 3.14

(원의 넓이)
=(원주율)×(반지름)×(반지름)

⇨ (원의 넓이)=5×5×3.14= 78.5 $(cm^2)$

정답은 32쪽

**[01~06] 원의 넓이를 구하시오.**

**01**

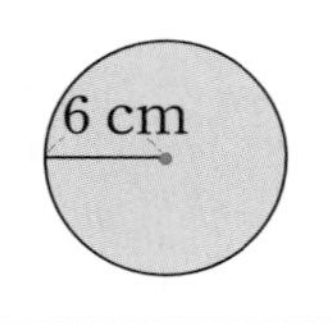


원주율: 3

(　　　　　　　　)

**02**

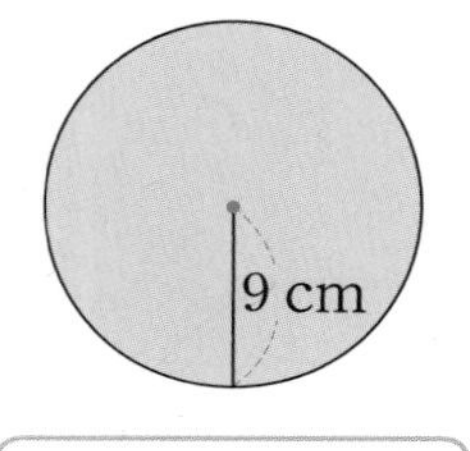


원주율: 3.1

(　　　　　　　　)

**03**

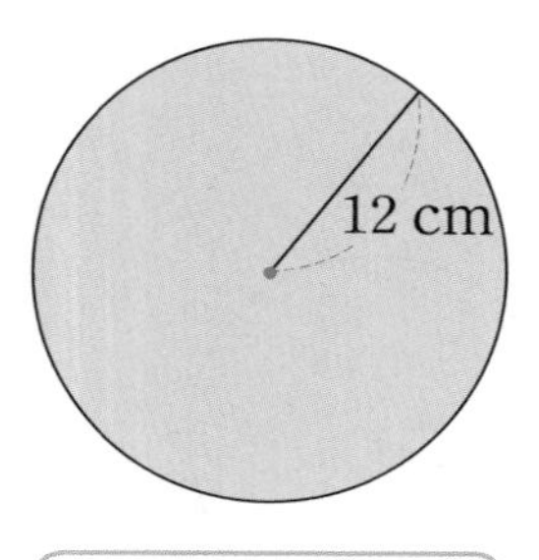


원주율: 3.14

(　　　　　　　　)

**04**

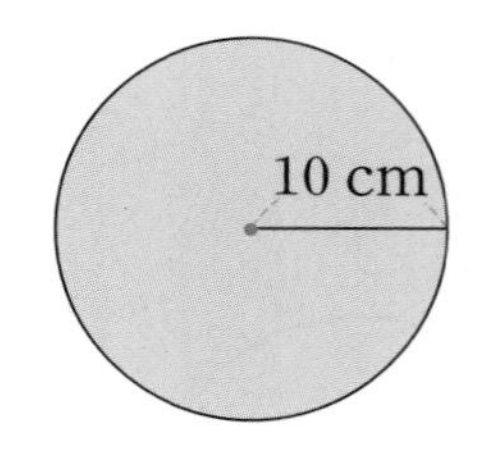


원주율: 3.14

(　　　　　　　　)

**05**

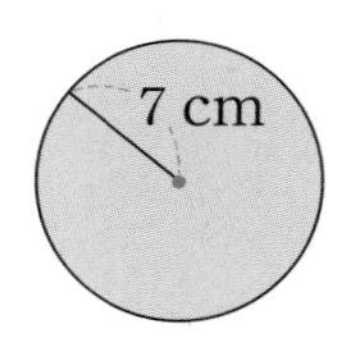


원주율: 3

(　　　　　　　　)

**06**

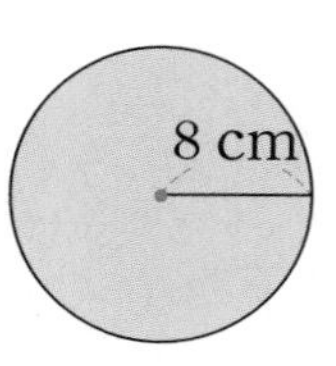


원주율: 3.14

(　　　　　　　　)

## 3. 여러 가지 원의 넓이 구하기

학습 POINT

• 반원의 넓이 구하기 (원주율: 3.14)

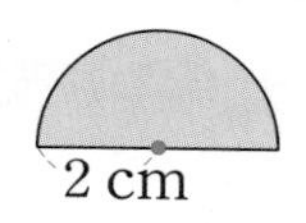


(반원의 넓이)=(원의 넓이)÷2

=2×2×3.14÷2

= 6.28 (cm²)

• 색칠한 부분의 넓이 구하기

(원주율: 3.14)

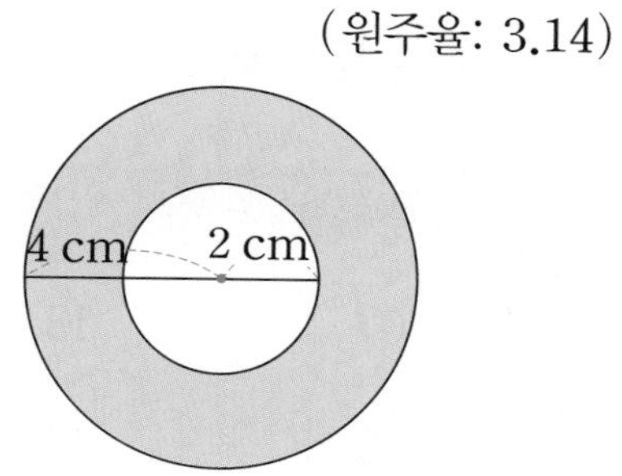


(색칠한 부분의 넓이)

=(큰 원의 넓이)−(작은 원의 넓이)

=4×4×3.14−2×2×3.14

= 37.68 (cm²)

정답은 32쪽

**[01~06] 색칠한 부분의 넓이를 구하시오. (원주율: 3)**

01

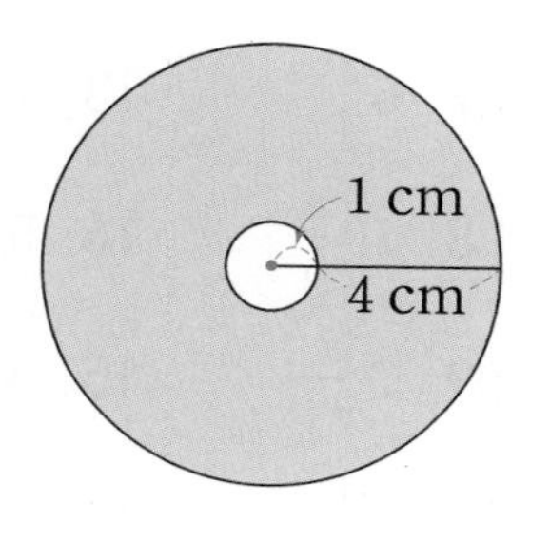


(                    )

02

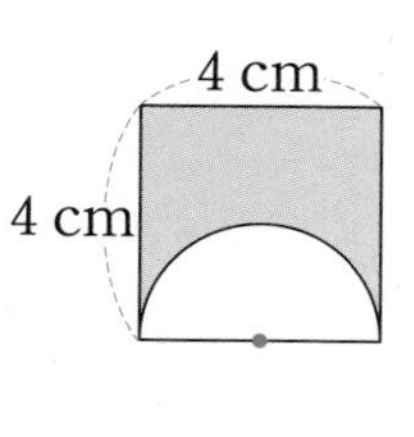


(                    )

03

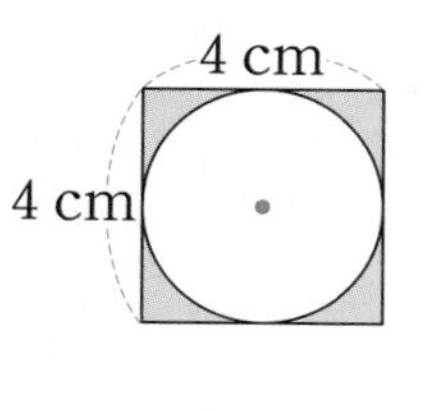


(                    )

04

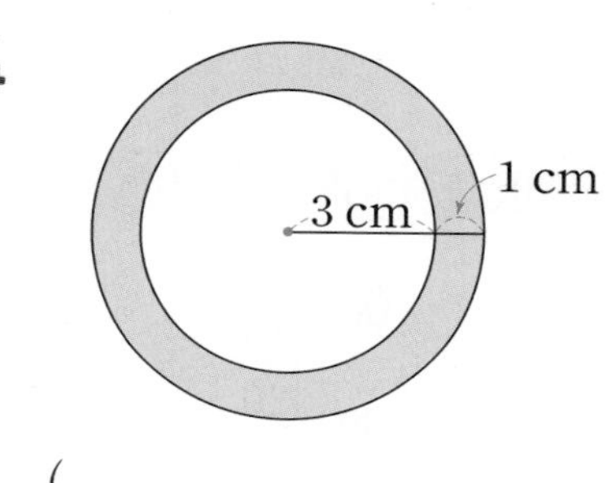


(                    )

05

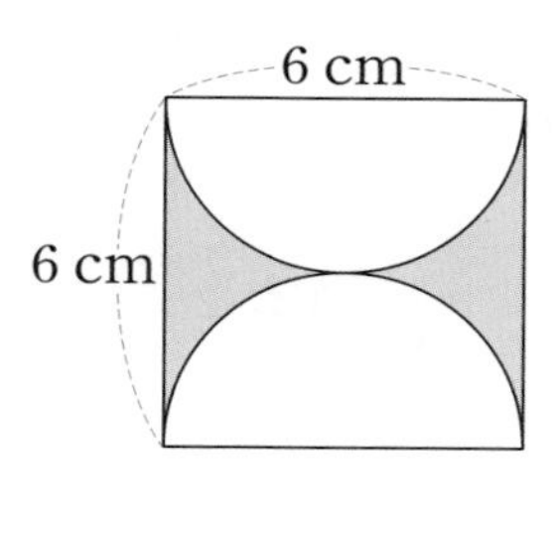


(                    )

06

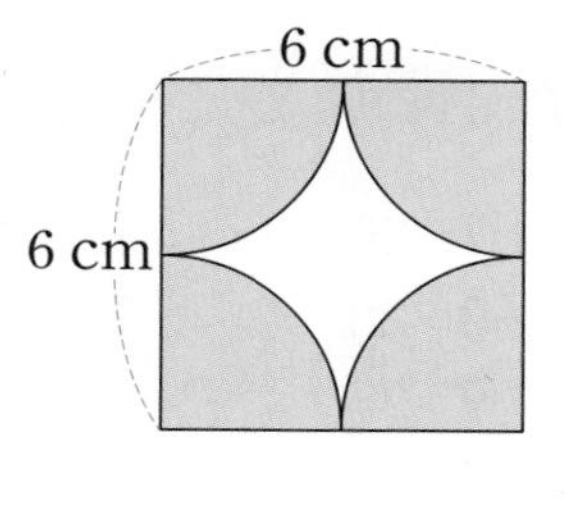


(                    )

# 1 분수의 나눗셈

### 2쪽 1. 분모가 같은 (분수)÷(분수) 계산하기

01 3
02 4
03 2
04 2
05 6
06 2
07 2
08 3
09 3
10 $1\frac{1}{2}$
11 $1\frac{1}{3}$
12 $2\frac{1}{2}$
13 $2\frac{1}{3}$
14 $3\frac{1}{2}$
15 $1\frac{3}{7}$
16 $1\frac{3}{8}$
17 $2\frac{3}{5}$
18 $1\frac{8}{9}$

### 3쪽 2. 분모가 다른 (분수)÷(분수) 계산하기

01 2
02 5
03 4
04 6
05 6
06 6
07 8
08 $\frac{9}{10}$
09 $\frac{20}{21}$
10 $1\frac{1}{4}$
11 $1\frac{1}{6}$
12 $2\frac{5}{8}$
13 $2\frac{2}{15}$
14 $1\frac{11}{24}$

### 4쪽 3. (자연수)÷(진분수) 계산하기

01 6
02 15
03 8
04 15
05 14
06 36
07 20
08 22
09 27
10 16
11 18
12 20
13 39
14 36
15 24
16 14
17 28
18 45

### 5쪽 4. (진분수)÷(진분수) 계산하기

01 $\frac{9}{10}$
02 $\frac{20}{21}$
03 $\frac{12}{25}$
04 $\frac{27}{32}$
05 $\frac{21}{40}$
06 $\frac{16}{45}$
07 $1\frac{7}{8}$
08 $1\frac{13}{15}$
09 $1\frac{1}{24}$
10 $1\frac{5}{16}$
11 $1\frac{17}{18}$
12 $2\frac{2}{27}$
13 $2\frac{11}{12}$
14 $1\frac{19}{35}$
15 $1\frac{1}{24}$
16 $1\frac{23}{40}$
17 $1\frac{3}{77}$
18 $1\frac{1}{90}$

### 6쪽 5. (자연수)÷(분수) 계산하기

01 12
02 20
03 42
04 $2\frac{2}{3}$
05 $4\frac{1}{2}$
06 $4\frac{4}{5}$
07 $6\frac{1}{4}$
08 $10\frac{4}{5}$
09 $7\frac{7}{9}$
10 $9\frac{1}{7}$
11 $5\frac{5}{6}$
12 $10\frac{1}{8}$
13 $7\frac{1}{2}$
14 $5\frac{3}{5}$
15 $3\frac{1}{7}$
16 $9\frac{3}{5}$
17 $5\frac{5}{11}$
18 $6\frac{12}{13}$

### 7쪽 6. (가분수)÷(분수) 계산하기

01 $1\frac{7}{8}$
02 $2\frac{2}{9}$
03 $2\frac{1}{10}$
04 $3\frac{3}{20}$
05 $3\frac{3}{14}$
06 $1\frac{41}{50}$
07 $1\frac{43}{56}$
08 $3\frac{1}{9}$
09 $8\frac{1}{10}$
10 $1\frac{11}{25}$
11 $8\frac{3}{4}$
12 $3\frac{17}{21}$
13 $2\frac{26}{27}$
14 $2\frac{17}{50}$

8쪽 7. (대분수)÷(분수) 계산하기

01 $1\frac{7}{9}$　05 $1\frac{23}{32}$　09 $10\frac{1}{8}$
02 $2\frac{1}{12}$　06 $1\frac{43}{45}$　10 $2\frac{26}{35}$
03 $4\frac{9}{10}$　07 $6\frac{1}{4}$　11 $8\frac{8}{9}$
04 $1\frac{19}{35}$　08 $4\frac{1}{12}$　12 $4\frac{11}{20}$

9쪽 7. (대분수)÷(분수) 계산하기

13 $6\frac{5}{12}$　19 $6\frac{3}{10}$　25 $5\frac{1}{18}$
14 $4\frac{19}{20}$　20 $4\frac{5}{18}$　26 $4\frac{12}{25}$
15 $5\frac{1}{10}$　21 $2\frac{13}{16}$　27 $9\frac{9}{20}$
16 $5\frac{5}{18}$　22 $5\frac{11}{14}$　28 $7\frac{19}{35}$
17 $1\frac{23}{25}$　23 $8\frac{5}{9}$
18 $2\frac{26}{27}$　24 $2\frac{19}{28}$

## 2 소수의 나눗셈

10쪽 1. 자연수의 나눗셈을 이용하여 (소수)÷(소수) 계산하기

01 (위쪽부터) 10 / 159, 3, 53 / 53
02 (위쪽부터) 10 / 132, 6, 22 / 22
03 (위쪽부터) 10, 10 / 7, 35 / 35
04 (위쪽부터) 10, 10 / 468, 52 / 52
05 (위쪽부터) 100 / 248, 4, 62 / 62
06 (위쪽부터) 100 / 264, 8, 33 / 33
07 (위쪽부터) 100, 100 / 12, 9 / 9
08 (위쪽부터) 100, 100 / 325, 13 / 13

11쪽 1. 자연수의 나눗셈을 이용하여 (소수)÷(소수) 계산하기

09 126, 2, 63　17 156, 3, 52
10 208, 4, 52　18 216, 6, 36
11 285, 57 / 10　19 322, 46 / 100
12 252, 21 / 10　20 345, 23 / 100
13 10 / 6, 52　21 100 / 23, 17
14 10 / 23, 16　22 100 / 34, 22
15 576, 72　23 315, 35
16 35, 23　24 28, 34

12쪽 2. 자릿수가 같은 (소수)÷(소수) 계산하기

01 7　05 4　09 14
02 6　06 9　10 12
03 8　07 6　11 37
04 8　08 4　12 11

13쪽 2. 자릿수가 같은 (소수)÷(소수) 계산하기

13 8　18 6　23 48
14 4　19 23　24 36
15 7　20 13　25 24
16 5　21 21　26 23
17 5　22 48　27 26

14쪽 3. 자릿수가 다른 (소수)÷(소수) 계산하기

01 1.6　05 3.3　09 2.4
02 1.3　06 4.6　10 7.5
03 2.7　07 5.3　11 1.8
04 3.2　08 5.7　12 3.9

15쪽 3. 자릿수가 다른 (소수)÷(소수) 계산하기

13 2.3　18 3.4　23 4.6
14 1.9　19 2.6　24 5.2
15 1.3　20 2.3　25 6.3
16 1.5　21 3.8　26 2.7
17 2.6　22 4.1　27 1.6

16쪽 4. (자연수)÷(소수) 계산하기

01 5　05 5　09 4
02 4　06 5　10 5
03 8　07 6　11 5
04 8　08 5　12 6

17쪽 4. (자연수)÷(소수) 계산하기

13 4　18 8　23 16
14 4　19 4　24 25
15 8　20 50　25 25
16 8　21 50　26 24
17 8　22 48　27 25

### 18쪽 5. 몫을 반올림하여 나타내기

01 2
02 1
03 2
04 2
05 5
06 4

### 19쪽 5. 몫을 반올림하여 나타내기

07 0.9
08 1.6
09 9.7
10 3.8
11 0.49
12 1.57
13 0.83
14 1.19

## 4 비례식과 비례배분

### 20쪽 1. 비의 성질을 이용하여 비율이 같은 비 구하기 (1)

01 3, 6
02 2, 8
03 5, 25
04 6, 42
05 7, 56
06 3, 42
07 4, 20
08 6, 42
09 5, 60
10 7, 49
11 2, 40
12 4, 36

### 21쪽 2. 비의 성질을 이용하여 비율이 같은 비 구하기 (2)

01 2, 4
02 3, 2
03 4, 5
04 5, 7
05 7, 4
06 9, 9
07 5, 1
08 4, 2
09 2, 7
10 5, 5
11 6, 8
12 11, 6

### 22쪽 3. 간단한 자연수의 비로 나타내기 (1)

01 예 5 : 8
02 예 7 : 12
03 예 14 : 29
04 예 16 : 33
05 예 25 : 47
06 예 4 : 19
07 예 102 : 35
08 예 315 : 104
09 예 161 : 533
10 예 52 : 90
11 예 3 : 2
12 예 25 : 21

### 23쪽 4. 간단한 자연수의 비로 나타내기 (2)

01 예 7 : 2
02 예 3 : 8
03 예 12 : 5
04 예 7 : 8
05 예 8 : 27
06 예 9 : 10
07 예 55 : 12
08 예 2 : 9
09 예 21 : 10
10 예 25 : 28

### 24쪽 5. 비례식의 성질을 이용하여 □ 안에 알맞은 수 구하기

01 8
02 21
03 8
04 56
05 30
06 63
07 56
08 5
09 13
10 3
11 11
12 9
13 5
14 9

### 25쪽 6. 비례배분하기

01 2, 4 / 3, 3, 6
02 1, 2 / 5, 5, 10
03 3, 15 / 1, 1, 5
04 2, 6 / 5, 5, 15
05 4, 16 / 3, 3, 12
06 3, 9 / 7, 7, 21
07 11, 33 / 3, 3, 9
08 3, 39 / 1, 1, 13

## 5 원의 넓이

### 26쪽 1. 원주 구하기

01 36 cm
02 49.6 cm
03 43.4 cm
04 60 cm
05 31.4 cm
06 55.8 cm

### 27쪽 1. 원주 구하기

07 18.84 cm
08 28.26 cm
09 25.12 cm
10 31.4 cm
11 21.98 cm
12 47.1 cm
13 50.24 cm
14 37.68 cm

### 28쪽 2. 원의 넓이 구하는 방법 알아보기

01 108 $cm^2$
02 251.1 $cm^2$
03 452.16 $cm^2$
04 314 $cm^2$
05 147 $cm^2$
06 200.96 $cm^2$

### 29쪽 3. 여러 가지 원의 넓이 구하기

01 72 $cm^2$
02 10 $cm^2$
03 4 $cm^2$
04 21 $cm^2$
05 9 $cm^2$
06 27 $cm^2$

개념 해결의 법칙

# 연산의 법칙

*주의
책 모서리에 다칠 수 있으니 주의하시기 바랍니다.
부주의로 인한 사고의 경우 책임지지 않습니다.

자르는 선